Python OpenCV

快速入门到精通

明日科技 编著

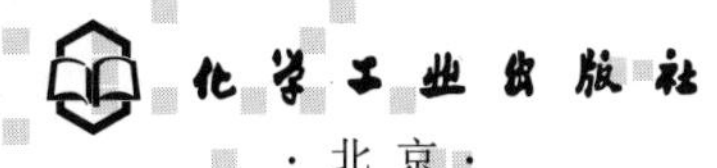

·北京·

内容简介

《Python OpenCV 快速入门到精通》是一本基础与实践相结合的图书。本书从学 Python OpenCV 到用 Python OpenCV 的角度出发，在帮助读者朋友快速掌握 Python OpenCV 基础的同时，引导读者朋友如何使用 Python OpenCV 开发简单的应用程序。

全书共 28 章，主要分为 3 个篇章（基础篇、实战篇、强化篇），基础篇包括搭建开发环境、图像处理基础、NumPy 工具包、绘图及交互、图像的几何变换、图像运算、阈值、形态学操作、滤波器、图形检测、图像轮廓、模板匹配、视频处理和人脸检测与识别；实战篇包括更改卡通人物的衣服颜色，图像操作之均分、截取和透视，计算轮廓的面积、周长和极点，掩模调试器，粘贴带透明区域的图像，鼠标操作之缩放和移动图像，机读答题卡，检测蓝色矩形的交通标志牌，滤镜编辑器，给图像打马赛克，给图像的任意区域打马赛克和手势识别；强化篇包括人工瘦脸和 MR 智能视频打卡系统。

本书提供丰富的源码资源，包含基础篇的实例、基础篇的 13 个综合实例、实战篇的 12 个案例和强化篇 2 个项目，力求为读者朋友打造一本既能学 Python OpenCV 又能用 Python OpenCV 的好书。

本书不仅适合作为软件开发者的自学用书，而且适合作为高等院校相关专业的教学参考书，还适合供初入职场的开发人员查阅、参考。

图书在版编目（CIP）数据

Python OpenCV 快速入门到精通 / 明日科技编著．—北京：化学工业出版社，2023.7

ISBN 978-7-122-43169-1

Ⅰ．① P… Ⅱ．①明… Ⅲ．①图像处理软件 - 程序设计Ⅳ．① TP391.413

中国国家版本馆 CIP 数据核字（2023）第 052456 号

责任编辑：周　红
责任校对：边　涛
装帧设计：王晓宇

出版发行：化学工业出版社
（北京市东城区青年湖南街13号　邮政编码100011）
印　　刷：三河市航远印刷有限公司
装　　订：三河市宇新装订厂
787mm×1092mm　1/16　印张24 1/4　字数608千字
2023年9月北京第1版第1次印刷

购书咨询：010-64518888
售后服务：010-64518899
网　　址：http://www.cip.com.cn
凡购买本书，如有缺损质量问题，本社销售中心负责调换。

定　　价：108.00元

前言

PREFACE

OpenCV 是一个开源的计算机视觉库，可以在 Windows、Linux、macOS 等操作系统上运行。它起源于英特尔性能实验室的实验研究，由俄罗斯的专家负责实现和优化，为计算机视觉提供通用性接口。为了快速建立精巧的视觉应用，OpenCV 提供了许多模块和方法。在日常开发工作中，不必过多关注这些模块和方法的具体实现细节，只需要关注如何使用它们对图像进行相应的处理。

本书内容

全书共分为 28 章，主要通过"基础篇（14 章）+ 实战篇（12 章）+ 强化篇（2 章）"3 大维度一体化的讲解方式，本书的知识结构如下图所示。

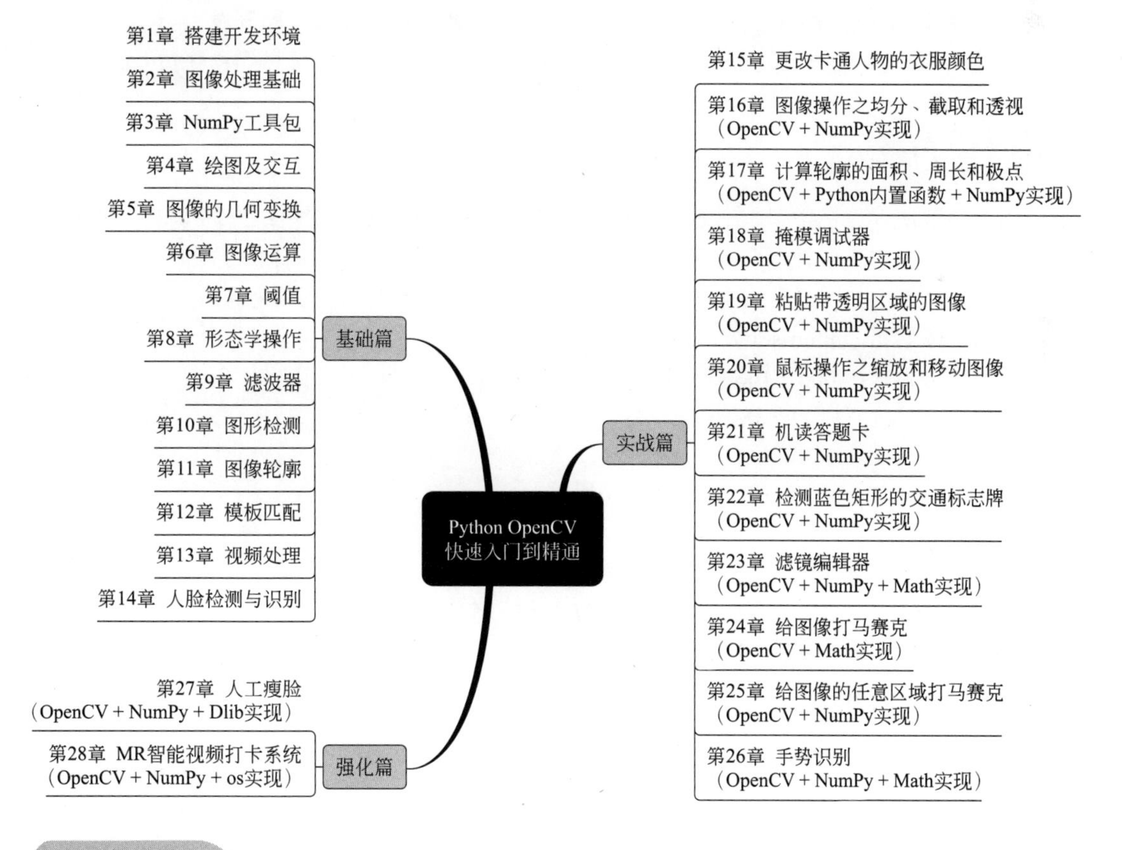

本书特色

1. 注释详尽、提升效率

书中的大部分实例都标注了详尽的代码注释，这样既能够降低代码的理解难度，又能够提高学习效率。

2. 整合思维、综合运用

基础篇除了第一章，其他章末尾都会有一个综合案例。这个综合实例打破了每一章知识点的局限性，通过结合之前讲解的知识点，实现比较强大的功能，进而得到让读者耳目一新的运行结果。

3. 趣味案例、实用项目

案例篇中的案例强调趣味性，希望能够快速地吸引读者，激发读者的主观能动性。项目篇中的两个项目兼顾趣味性和实用性，让读者学而不累，学有所得。

4. 高效栏目、贴心提示

本书根据讲解知识点的需要，设置了“注意”“说明”等高效栏目，既能够让读者快速理解知识点，又能够提醒读者规避编程陷阱。

本书读者对象

☑ 初学编程的自学者
☑ 编程爱好者
☑ 大中专院校的老师和学生
☑ 相关培训机构的老师和学员
☑ 毕业设计的学生
☑ 初、中、高级程序开发人员
☑ 程序测试及维护人员
☑ 参加实习的“菜鸟”程序员

读者服务

为方便解决读者在学习本书过程中遇到的疑难问题及获取更多图书配套资源，我们在明日学院网站为您提供了社区服务和配套学习服务支持。此外，我们还提供了质量反馈信箱及售后服务电话等，如图书有质量问题，可以及时联系我们，我们将竭诚为您服务。

质量反馈信箱：mingrisoft@mingrisoft.com

售后服务电话：4006751066

微信公众号：明日 IT 部落

致读者

本书由明日科技 Python 开发团队策划并组织编写，主要编写人员有赵宁、申小琦、王小科、赛奎春、刘书娟、李磊、王国辉、高春艳、李再天、张鑫、周佳星、葛忠月、李春林、宋万勇、张宝华、杨丽、刘媛媛、庞凤、谭畅、何平、李菁菁、依莹莹等。在编写本书的过程中，我们本着科学、严谨的态度，力求精益求精，但疏漏之处在所难免，敬请广大读者批评斧正。

感谢您阅读本书，希望本书能成为您编程路上的领航者。

祝您读书快乐！

编著者

如何使用本书

本书资源下载及在线交流服务

方法1：使用微信立体学习系统获取配套资源。用手机微信扫描下方二维码，根据提示关注“易读书坊”公众号，选择您需要的资源和服务，点击获取。微信立体学习系统提供的资源包括：

- 视频讲解：快速掌握编程技巧
- 源码下载：全书代码一键下载
- 配套答案：自主检测学习效果
- 学习打卡：学习计划及进度表
- 拓展资源：术语解释指令速查

扫码享受
全方位沉浸式学习

操作步骤指南：①微信扫描本书二维码。②根据提示关注“易读书坊”公众号。③选取您需要的资源，点击获取。④如需重复使用可再次扫码。

方法2：推荐加入QQ群：337212027（若此群已满，请根据提示加入相应的群），可在线交流学习，作者会不定时在线答疑解惑。

方法3：使用学习码获取配套资源。

（1）激活学习码，下载本书配套的资源。

第一步：打开图书后勒口，查看并确认本书学习码（如图1所示），用手机扫描下方二维码（如图2所示），进入如图3所示的登录页面，单击图3页面中的“立即注册”成为明日学院会员。

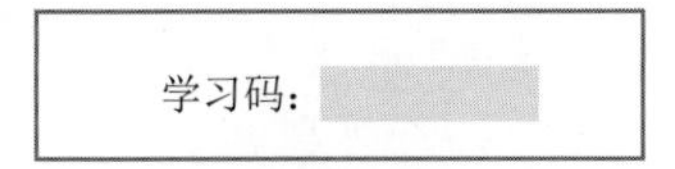

图1　图书后勒口的学习码

图2　手机扫描二维码

登录后可激活学习码/验证码
用户名/手机/邮箱
请输入密码
忘记密码？
请按住滑块，拖动到最右侧
7天内免登录　没有账号？立即注册
登录
其他方式登录

图3　扫描后弹出的登录页面

第二步：登录后，进入如图4所示的激活页面，在“激活图书VIP会员”文本框输入后勒口的学习码（如图），单击“立即激活”，成为本书的“图书VIP会员”，专享明日学院为您提供的有关本书的服务。

第三步：学习码激活成功后，还可以查看您的激活记录。如果您需要下载本书的资源，请单击如图5所示的云盘资源地址，输入密码后即可进行下载。

图 4　输入图书学习码

图 5　学习码激活成功页面

（2）打开下载到的资源包，找到源码资源。本书共计 28 章，源码文件夹主要包括：实例源码（130 个 <包括综合案例>）、案例源码（12 个）、项目源码（2 个），具体文件夹结构如下图所示。

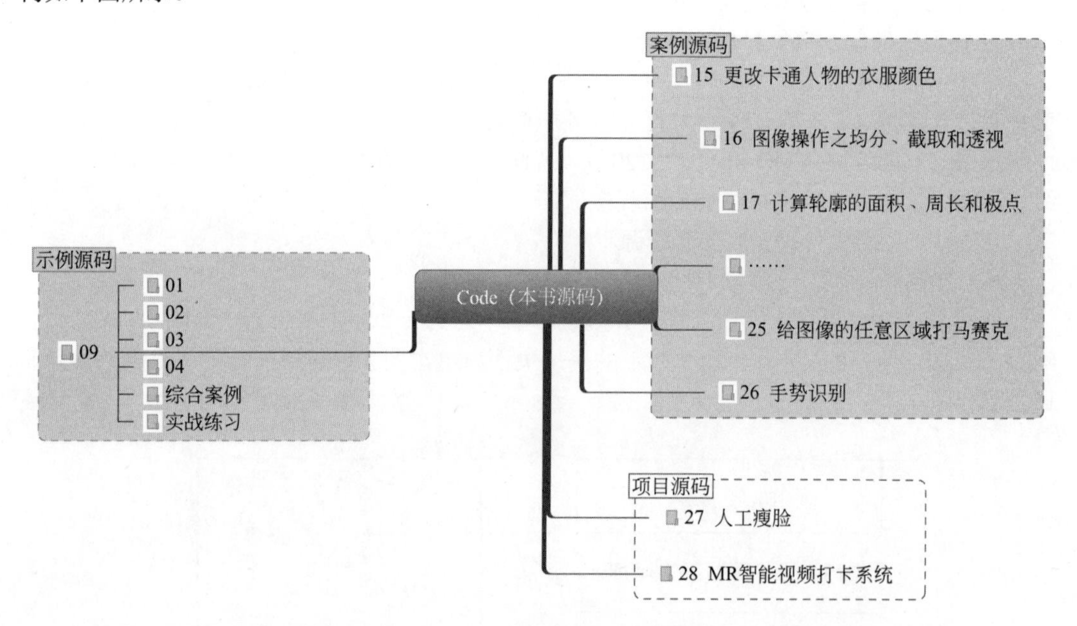

（3）使用开发环境（如 pycharm）打开实例或项目所对应的 .py 文件，运行即可。

本书约定

推荐系统及开发工具		
Win10 系统 （Win7、Win11 兼容）	Python 3.8.2 及其以上版本	pycharm-community-2019.3.3.exe 及其以上版本
Windows10		PC

目录
CONTENTS

扫码享受
全方位沉浸式学习

第1篇 基础篇

Python
OpenCV

第 1 章
搭建开发环境

本书将在 Python 环境中讲解 OpenCV 的相关内容。本书使用的开发工具主要有 Python 解释器、OpenCV-Contrib-Python 工具包、NumPy 工具包和集成开发工具 PyCharm。因此，本章首先分别对它们各自的下载和安装进行讲解，然后讲解如何在 PyCharm 中把 OpenCV 添加到 Python 项目中。

本章的知识结构如下。

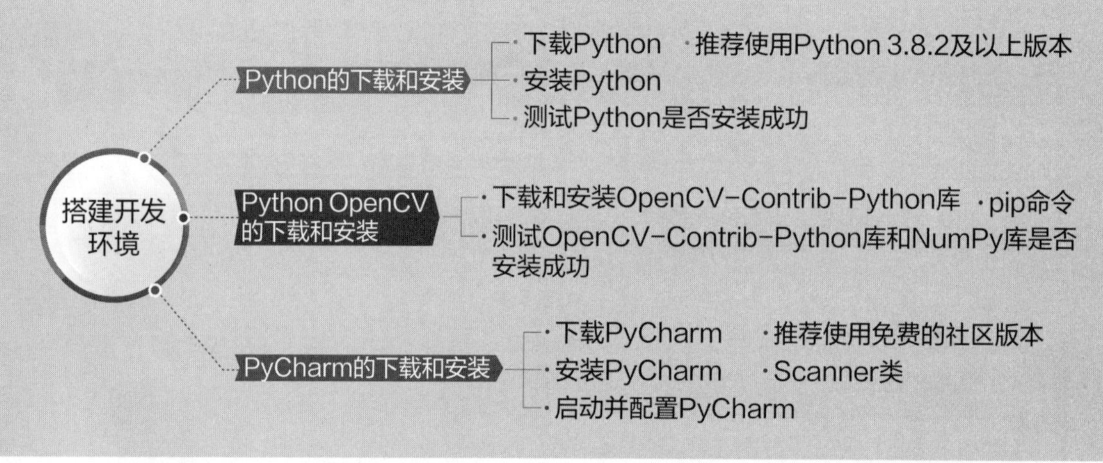

1.1 Python 的下载和安装

因为本书使用 Python OpenCV 对图像进行处理，所以将依次介绍 Python、Python OpenCV 和 PyCharm 的下载和安装。

Python 是跨平台的开发工具，可以在 Windows、Linux、MacOS 等操作系统上使用，这使得编写好的 Python 程序也可以在上述系统上运行。

1.1.1 下载 Python

在 Python 的官网中，可以很方便地下载 Python 的开发环境，具体下载步骤如下。

① 打开浏览器，在浏览器的地址栏中输入 Python 的官网地址“https://www.python.org/”，按下 Enter 键后，将得到 Python 的官网首页；将鼠标移动到“Downloads”菜单上，将显示如图 1.1 所示的菜单项。

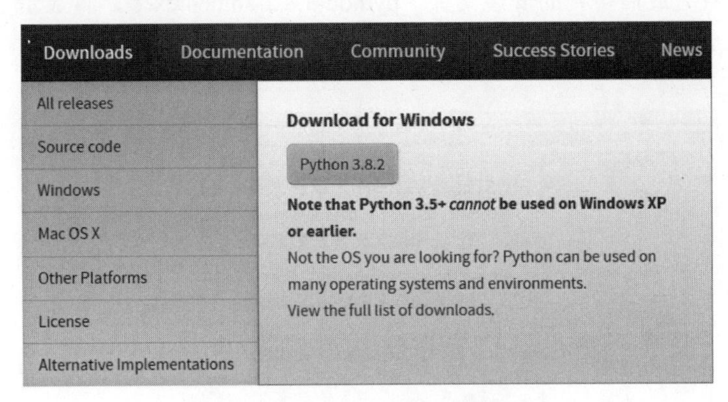

图 1.1　Downloads 菜单中的菜单项

② 单击图 1.1 中的“Windows”菜单项后，将进入到详细的下载列表中，如图 1.2 所示。

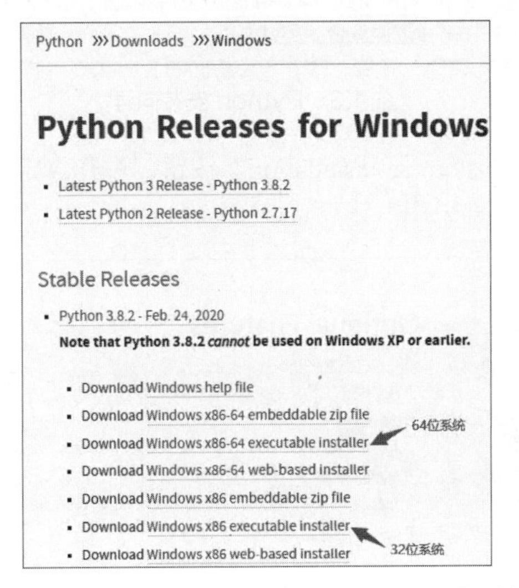

图 1.2　适合 Windows 系统的 Python 下载列表

对于如图 1.2 所示的下载列表，说明如下。

☑ 带有“x86”字样的压缩包：表示该开发工具可以在 Windows 32 位系统上使用。

☑ 带有“x86-64”字样的压缩包：则表示该开发工具可以在 Windows 64 位系统上使用。

☑ 标记为“web-based installer”字样的压缩包：表示需要通过联网完成安装。

☑ 标记为“executable installer”字样的压缩包：表示通过可执行文件（*.exe）方式离线安装。

☑ 标记为“embeddable zip file”字样的压缩包：表示嵌入式版本，可以集成到其他应用中。

③ 在如图 1.2 所示的下载列表中，列出了各个版本的下载链接，读者朋友可以根据需要选择相应的版本进行下载。因为本书使用的是 64 位的 Windows 10 操作系统，所以选择并单击“Windows x86-64 executable installer”超链接进行下载。

④ 下载完成后，将得到一个名为“python-3.8.2-amd64.exe”的安装文件。

1.1.2 安装 Python

安装 Python 的步骤如下。

① 双击下载完成后得到的安装文件“python-3.8.2-amd64.exe”，将显示如图 1.3 所示的安装向导对话框；勾选当前对话框中的“Add Python 3.8 to PATH”复选框，表示自动配置环境变量。

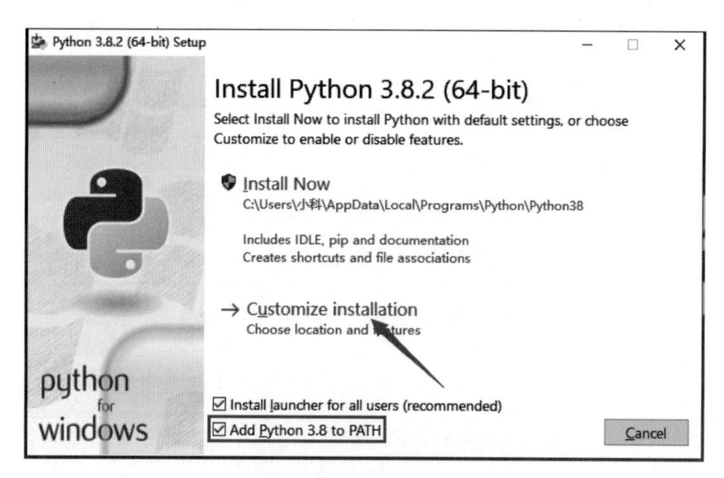

图 1.3 Python 安装向导

② 单击图 1.3 中的“Customize installation”按钮，进行自定义安装；在弹出的如图 1.4 所示的安装选项对话框中，都采用默认设置。

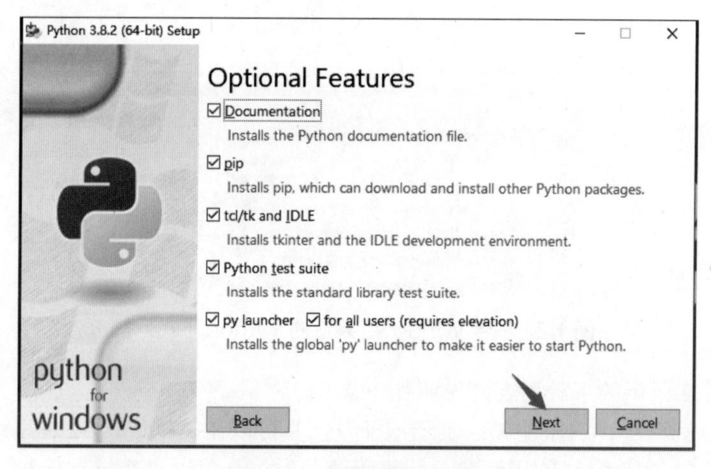

图 1.4 安装选项对话框

③ 单击图 1.4 中的“Next”按钮，弹出如图 1.5 所示的高级选项对话框。在当前对话框中，除了默认设置外，勾选“Install for all users”复选框（表示当前计算机的所有用户都可以使用）；单击“Browse”按钮，设置 Python 的安装路径。

在设置安装路径时，建议路径中不要有中文，避免使用过程中出现错误。

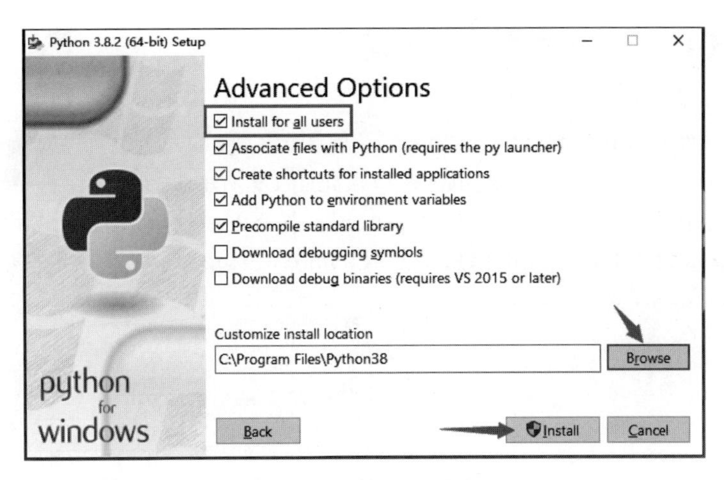

图 1.5　高级选项对话框

④ 单击图 1.5 中的“Install”按钮后，将显示如图 1.6 所示的 Python 安装进度。

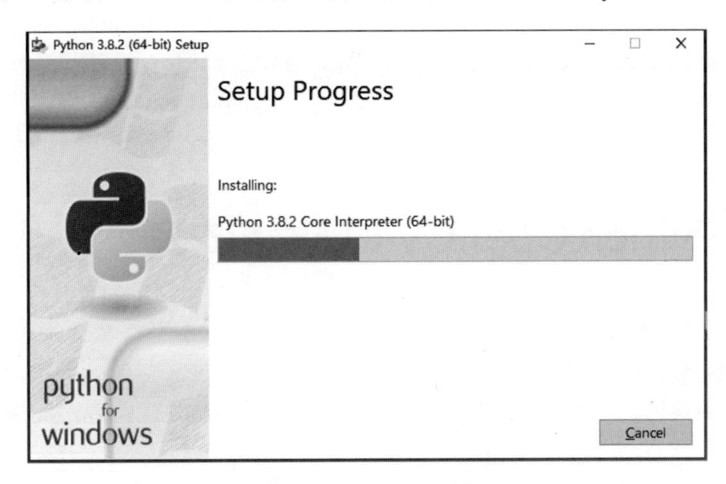

图 1.6　Python 安装进度

⑤ 安装完成后，将显示如图 1.7 所示的对话框，单击“Close”按钮关闭当前对话框即可。

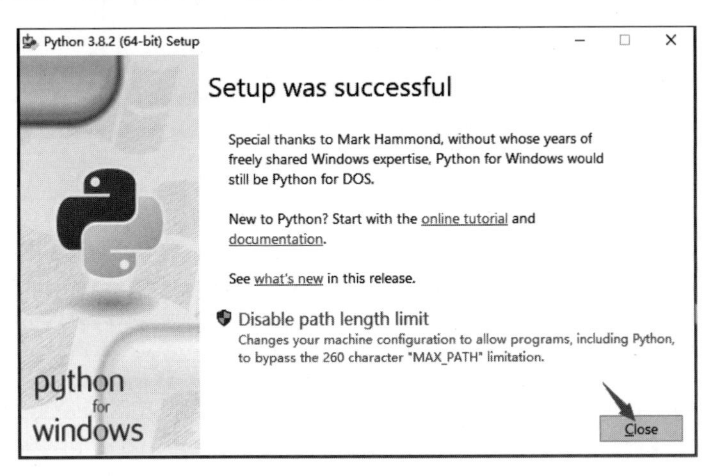

图 1.7　安装完成对话框

1.1.3 测试 Python 是否安装成功

测试 Python 是否安装成功的步骤如下。

① 单击“开始”按钮，直接输入“cmd”，如图 1.8 所示。

② 按下 Enter 键后，打开命令提示符窗口，如图 1.9 所示。

③ 在命令提示符窗口中的光标处输入“python”，按下 Enter 键；如果当前窗口显示如图 1.10 所示的信息，说明 Python 安装成功。

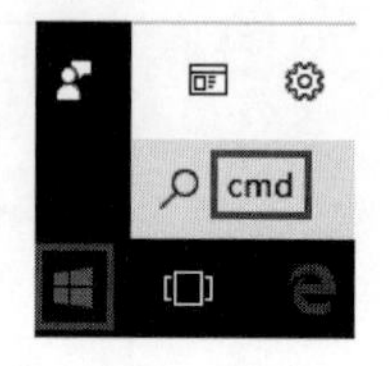

图 1.8 单击“开始”按钮，直接输入“cmd”

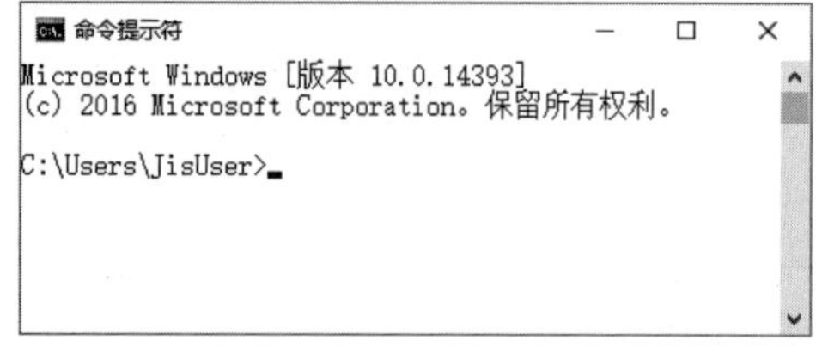

图 1.9 命令提示符窗口

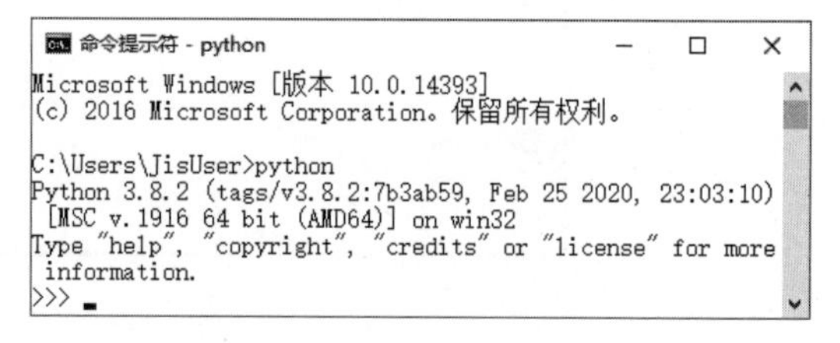

图 1.10 输入“python”后显示的信息

图 1.10 中的信息是笔者在命令提示符窗口中的光标处输入“python”后显示的。由于下载的 Python 版本不同，测试时显示的信息会与图 1.10 中显示的信息有所差异。

但是，当命令提示符窗口出现“>>>”时，说明 Python 已经安装成功，而且已经进入 Python，正在等待用户输入 Python 命令。

1.2 Python OpenCV 的下载和安装

为了更快速地、更简单地下载和安装 Python OpenCV，本书将从清华镜像下载和安装 OpenCV-Contrib-Python 工具包。在这个工具包中，除包括 OpenCV-Contrib-Python 工具包外，还包括 NumPy 工具包。NumPy 工具包是 Python 的一个扩展程序工具包，支持大量的维度数组与矩阵运算。

1.2.1 下载和安装 OpenCV-Contrib-Python 工具包

从清华镜像下载和安装 OpenCV-Contrib-Python 工具包的步骤如下。

① 参照图 1.8 和图 1.9，打开命令提示符窗口。

② 在命令提示符窗口中的光标处输入“pip install -i https://pypi.tuna.tsinghua.edu.cn/simple opencv-contrib-python”，如图 1.11 所示。

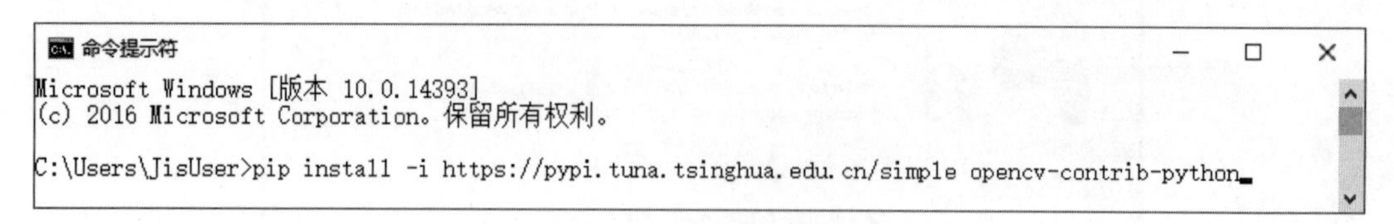

图 1.11 输入 pip 命令

☑ https://pypi.tuna.tsinghua.edu.cn/simple 是清华提供的用于下载和安装 OpenCV-Contrib-Python 工具包的镜像地址。

☑ pip 命令是用于查找、下载、安装和卸载 Python 工具包的管理工具。如果图 1.11 中的 pip 命令得不到如图 1.12 所示的界面，那么要将 pip 命令修改为“pip install opencv-python”。

③ 按下 Enter 键后，系统将自动从 https://pypi.tuna.tsinghua.edu.cn/simple 先下载 OpenCV-Contrib-Python 工具包，再下载 NumPy 工具包。待 OpenCV-Contrib-Python 工具包和 NumPy 工具包都下载完成后，系统将自动安装 NumPy 工具包和 OpenCV-Contrib-Python 工具包，如图 1.12 所示。

```
命令提示符
Microsoft Windows [版本 10.0.14393]
(c) 2016 Microsoft Corporation。保留所有权利。

C:\Users\JisUser>pip install -i https://pypi.tuna.tsinghua.edu.cn/simple opencv-contrib-python
Looking in indexes: https://pypi.tuna.tsinghua.edu.cn/simple
Collecting opencv-contrib-python
  Downloading https://pypi.tuna.tsinghua.edu.cn/packages/8f/2a/a835183c0e05af3f1d355869e852ba35356ca37a66a0186749cb91264
8eb/opencv_contrib_python-4.2.0.34-cp38-cp38-win_amd64.whl (39.5 MB)
     |████████████████████████████████| 39.5 MB 328 kB/s
Collecting numpy>=1.17.3
  Downloading https://pypi.tuna.tsinghua.edu.cn/packages/fd/9f/61cf1b4519753579a85d901dfaf0e5742c46c9d08d625eec5f00387c9
5c5/numpy-1.18.2-cp38-cp38-win_amd64.whl (12.8 MB)
     |████████████████████████████████| 12.8 MB 60 kB/s
Installing collected packages: numpy, opencv-contrib-python
Successfully installed numpy-1.18.2 opencv-contrib-python-4.2.0.34

C:\Users\JisUser>
```

图 1.12　安装 NumPy 工具包和 OpenCV-Contrib-Python 工具包

1.2.2　测试 OpenCV-Contrib-Python 工具包和 NumPy 工具包是否安装成功

测试 OpenCV-Contrib-Python 工具包和 NumPy 工具包是否安装成功的步骤如下。

① 在光标处输入“python”，按下 Enter 键，进入 Python。

② 当命令提示符窗口出现“>>>”时，在光标处输入“import cv2”，按下 Enter 键。如果命令提示符窗口在新的一行出现“>>>”，说明 OpenCV-Contrib-Python 工具包安装成功。

③ 在新的一行的“>>>”后的光标处输入“import numpy as np”，按下 Enter 键。如果命令提示符窗口在新的一行出现“>>>”，说明 NumPy 工具包安装成功。

④ 在新的一行的“>>>”后的光标处输入“exit()”，按下 Enter 键，退出 Python。

⑤ 在命令提示符窗口的光标处输入“exit”“exit()”或者“exit;”，按下 Enter 键，退出命令提示符窗口。

整个过程如图 1.13 所示。

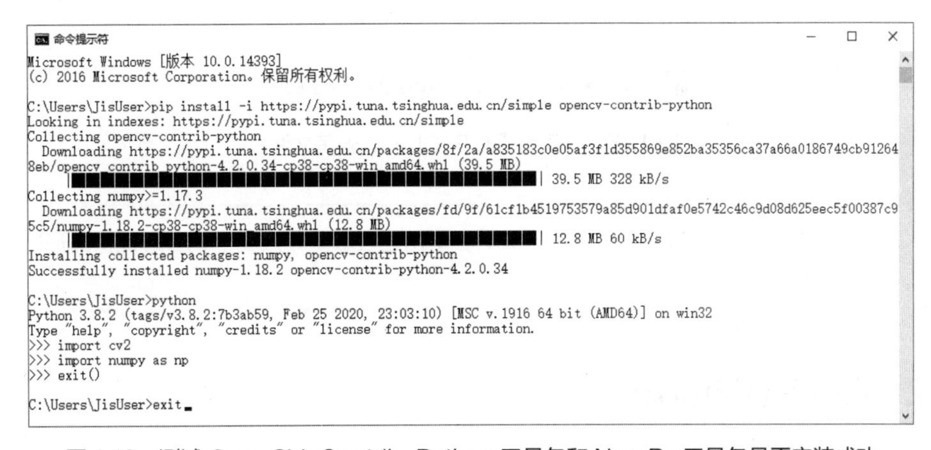

图 1.13　测试 OpenCV-Contrib-Python 工具包和 NumPy 工具包是否安装成功

1.3 PyCharm 的下载和安装

PyCharm 是由 JetBrains 公司开发的一款 Python 开发工具，在 Windows、MacOS 和 Linux 操作系统中都可以使用，它具有语法高亮显示、项目管理代码跳转、智能提示、自动完成、调试、单元测试和版本控制等功能。使用 PyCharm 可以大大提高 Python 项目的开发效率，本节将对 PyCharm 的下载和安装进行讲解。

1.3.1 下载 PyCharm

PyCharm 的下载非常简单，打开浏览器，在浏览器的地址栏中输入 PyCharm 的官网地址“https://www.jetbrains.com/pycharm/download/”。单击 PyCharm 官网首页右侧 Community 下的“Download”按钮，即可下载 PyCharm 的免费社区版，如图 1.14 所示。

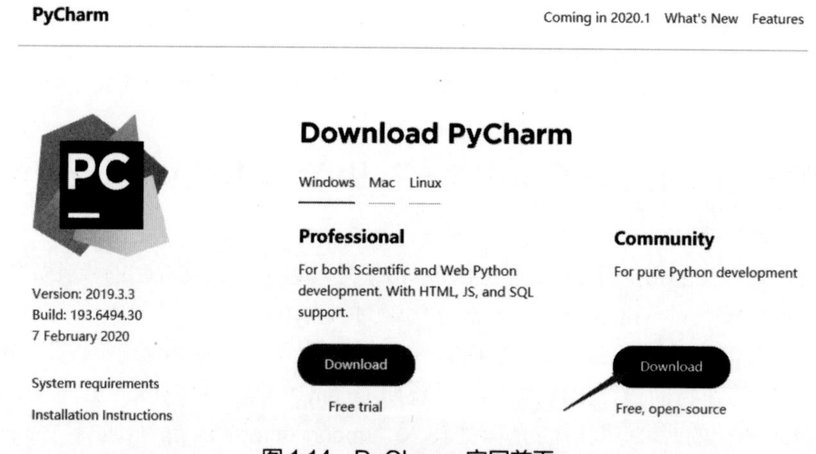

图 1.14　PyCharm 官网首页

PyCharm 有两个版本：一个是社区版（免费并且提供源程序）；另一个是专业版（免费试用，正式使用时需要付费）。建议读者下载和使用免费的社区版本。

下载完成后的 PyCharm 安装文件如图 1.15 所示。

pycharm-community-2019.3.3.exe

图 1.15　下载完成的 PyCharm 安装文件

PyCharm 版本是随时更新的，读者在下载时，不用担心版本，只要下载官方提供的最新版本，即可正常使用。

1.3.2 安装 PyCharm

安装 PyCharm 的步骤如下。

① 双击图 1.15 中的 PyCharm 安装文件，单击欢迎界面中的“Next”按钮，进入更改 PyCharm 安装路径的界面。

② 如图 1.16 所示，建议单击“Browse”按钮更改 PyCharm 默认的安装路径。更改安装路径后，单击“Next”按钮，进入设置快捷方式和关联文件界面。

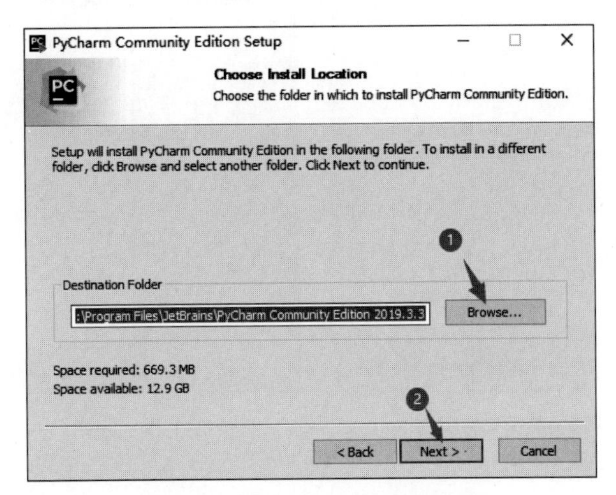

图 1.16　更改 PyCharm 安装路径

注意

当更改 PyCharm 安装路径时，强烈建议读者朋友不要把软件安装到操作系统所在的磁盘，避免因重装系统，损坏 PyCharm 路径下的 Python 程序。此外，在新的安装路径中，建议不要有中文。

③ 如图 1.17 所示，首先勾选“64-bit launcher”复选框（因为笔者使用的操作系统是 64 位的 Windows 10），然后勾选“.py”复选框（默认使用 PyCharm 打开 .py 文件，即 Python 脚本文件），最后勾选“Add launchers dir to the PATH”复选框。单击“Next”按钮，进入选择“开始”菜单文件夹界面。

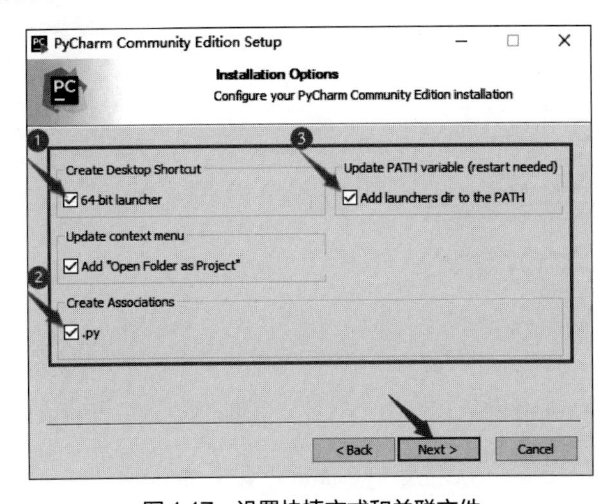

图 1.17　设置快捷方式和关联文件

④ 如图 1.18 所示，不用对选择“开始”菜单文件夹界面中的内容进行设置，采用默认设置即可。单击“Install”按钮（安装时间在 10min 左右）。

⑤ 如图 1.19 所示，安装完成后，单击“Finish”按钮。

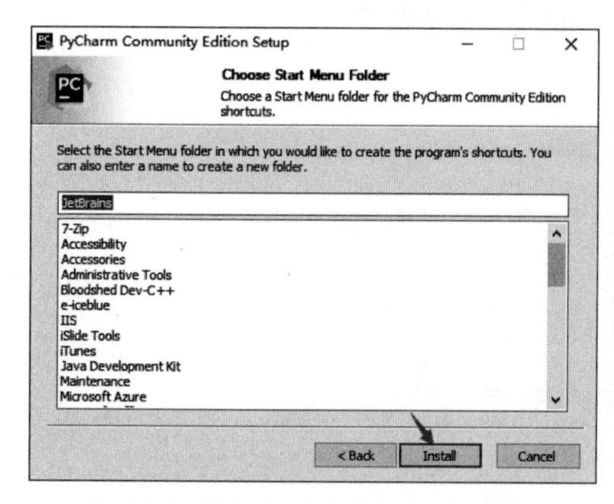

图 1.18　选择“开始”菜单文件夹界面

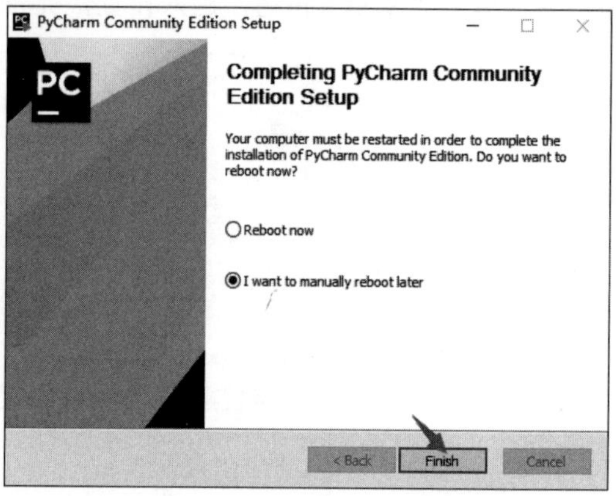

图 1.19　完成 PyCharm 的安装

1.3.3　启动并配置 PyCharm

启动并配置 PyCharm 的步骤如下。

① 如图 1.20 所示，双击桌面上的 PyCharm Community Edition 2019.3.3 快捷方式，即可启动 PyCharm。

图 1.20　PyCharm 桌面快捷方式

② 启动 PyCharm 后，进入如图 1.21 所示的阅读协议界面，先勾选“I confirm that I have read and accept the terms of this User Agreement”复选框，再单击“Continue”按钮。

③ 进入如图 1.22 所示的 PyCharm 欢迎界面后，单击“Create New Project”，创建一个名为“PythonDevelop”的 Python 项目。

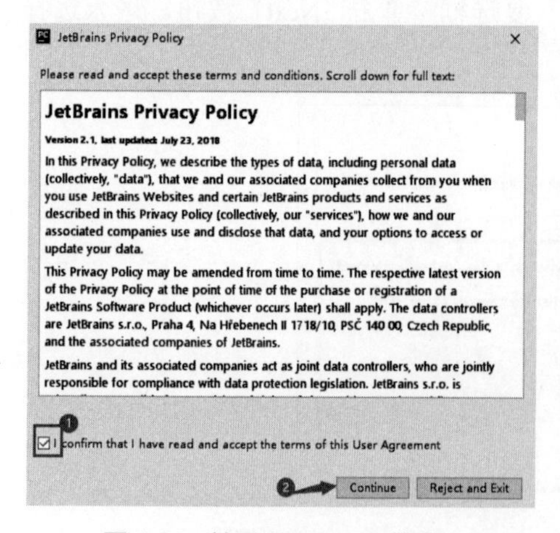

图 1.21　接受 PyCharm 协议

图 1.22　PyCharm 欢迎界面

④ 如图 1.23 所示，在第一次利用 PyCharm 创建 Python 项目时，需要先设置 Python 项目的存储位置和虚拟环境路径（python.exe 的存储位置）。

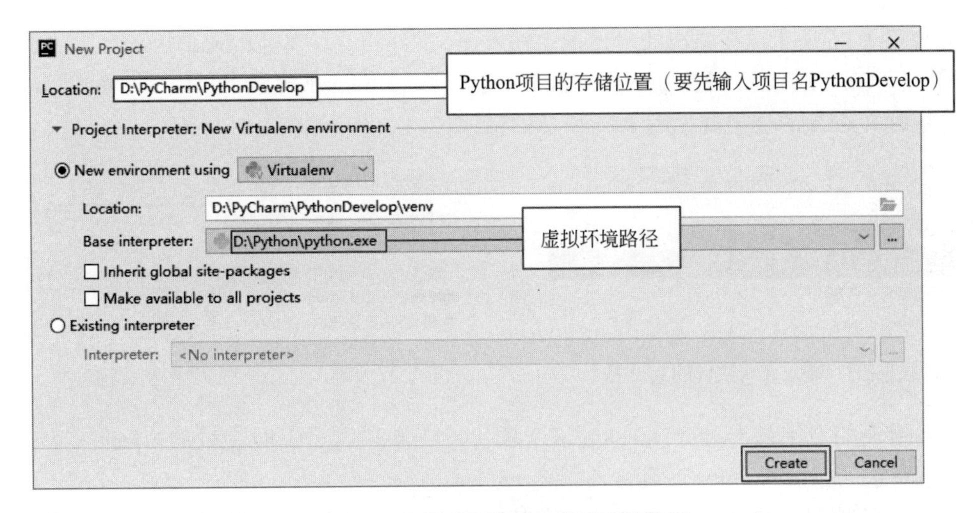

图 1.23　设置项目路径及虚拟环境路径

注意 

当设置 Python 项目的存储位置和虚拟环境路径时，建议路径中不要有中文。

⑤ 单击图 1.23 中的“Create”按钮，即可进入如图 1.24 所示的 PyCharm 主窗口。

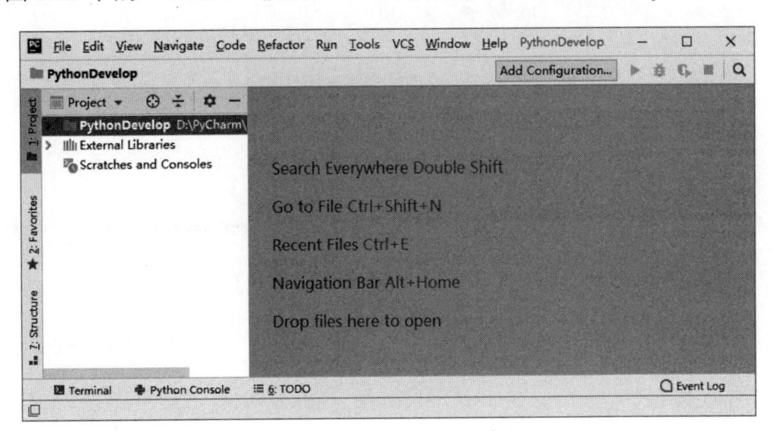

图 1.24　PyCharm 主窗口

⑥ 如图 1.25 所示，在 PyCharm 中，右击“PythonDevelop”，在弹出的快捷菜单中选择“New”→“Python File”命令，这样就能够在 PythonDevelop 中新建一个 .py 文件。

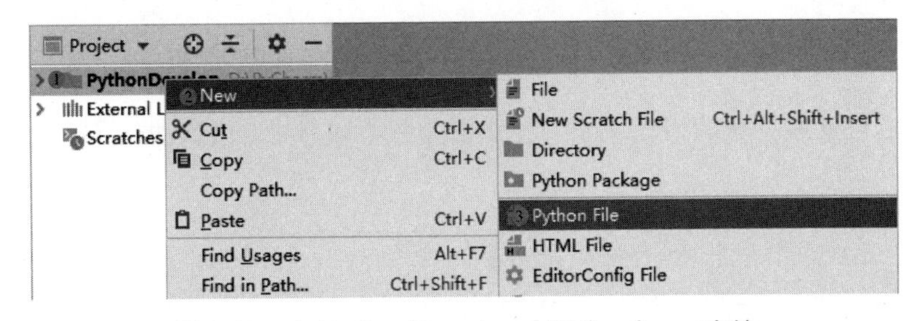

图 1.25　在 PythonDevelop 中新建一个 .py 文件

⑦ 如图 1.26 所示，在弹出的对话框中输入 .py 文件的文件名（ImageTest）。

⑧ 按下 Enter 键后，进入 ImageTest.py 文件。在 ImageTest.py 文件中，输入“import cv2”，这时 PyCharm 会出现如图 1.27 所示的错误。

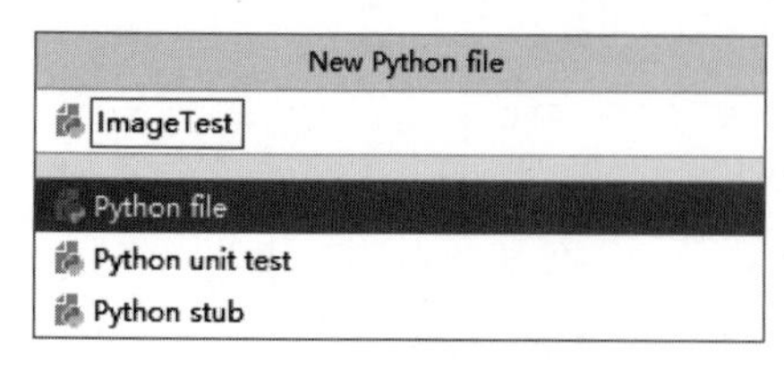

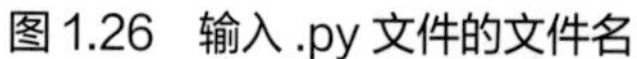
图 1.26　输入 .py 文件的文件名

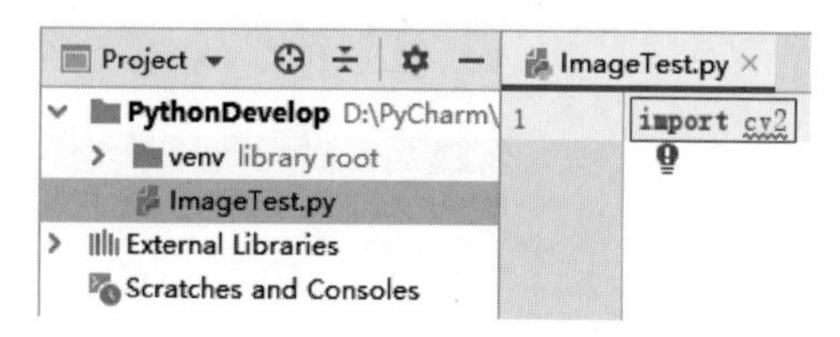

图 1.27　输入 import cv2 时出现错误

导致错误的原因是 PythonDevelop 这个项目没有添加已经下载完成的 OpenCV-Contrib-Python 工具包（包括 NumPy 工具包）。

⑨ 为了消除图 1.27 中出现的错误，单击 PyCharm 菜单栏中的“File”→“Settings”命令，操作步骤如图 1.28 所示。

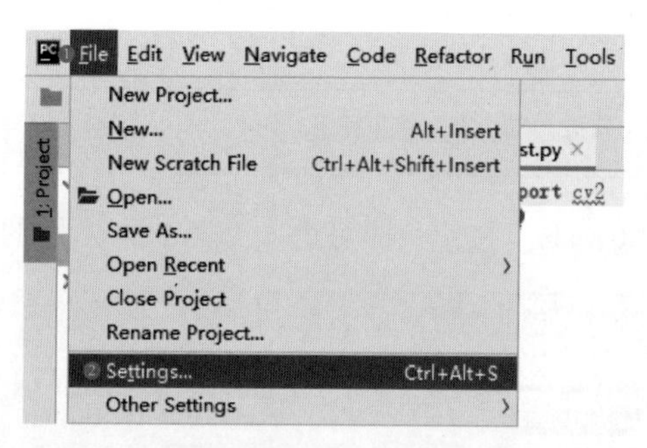

图 1.28　单击“File”→“Settings”命令

⑩ 打开“Settings”对话框后，找到并单击“Project: PythonDevelop”→“Project Interpreter”，单击“Project Interpreter”后的界面效果如图 1.29 所示。

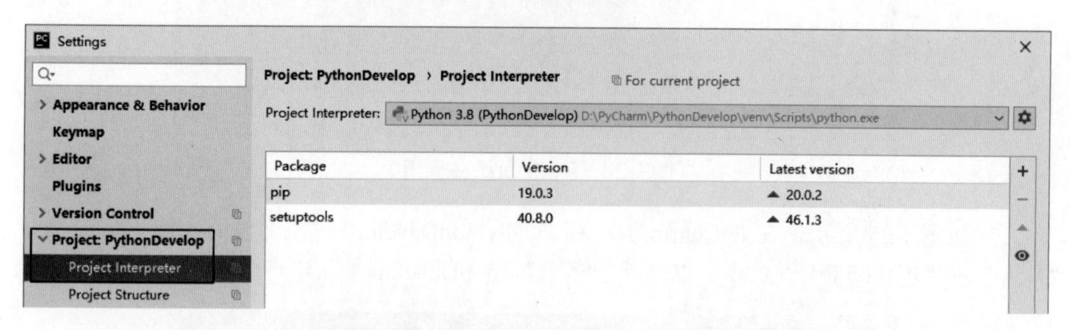

图 1.29　单击“Project Interpreter”后的界面效果

⑪ 单击图 1.29 右上角的齿轮按钮，会弹出如图 1.30 所示的对话框，选择并单击对话框中的“Add”。

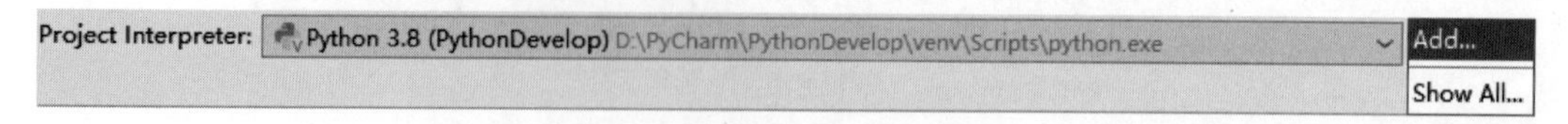

图 1.30　选择并单击“Add”

⑫ 打开如图1.31所示的“Add Python Interpreter”对话框后，选择并单击“Virtualenv Environment”，选中“Existing environment”单选按钮，单击“Interpreter”后的省略号按钮，选择python.exe的存储位置，将其填入“Interpreter”后的文本框中，单击“OK”按钮。

笔者把python.exe存储在D盘下的Python文件夹中，因此图1.31中“Interpreter”后的文本框中的路径是“D:\Python\python.exe”。读者朋友需根据具体情况键入python.exe的存储位置。

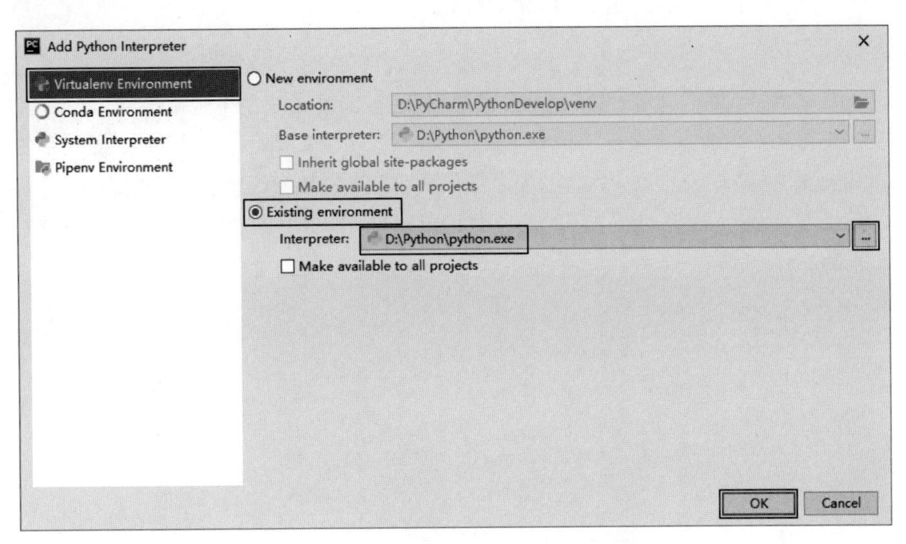

图1.31　键入python.exe的存储位置

⑬ 这时窗口将返回至如图1.29所示的界面，但是与图1.29不同的是OpenCV-Contrib-Python工具包和NumPy工具包已经添加到PythonDevelop项目中，如图1.32所示。

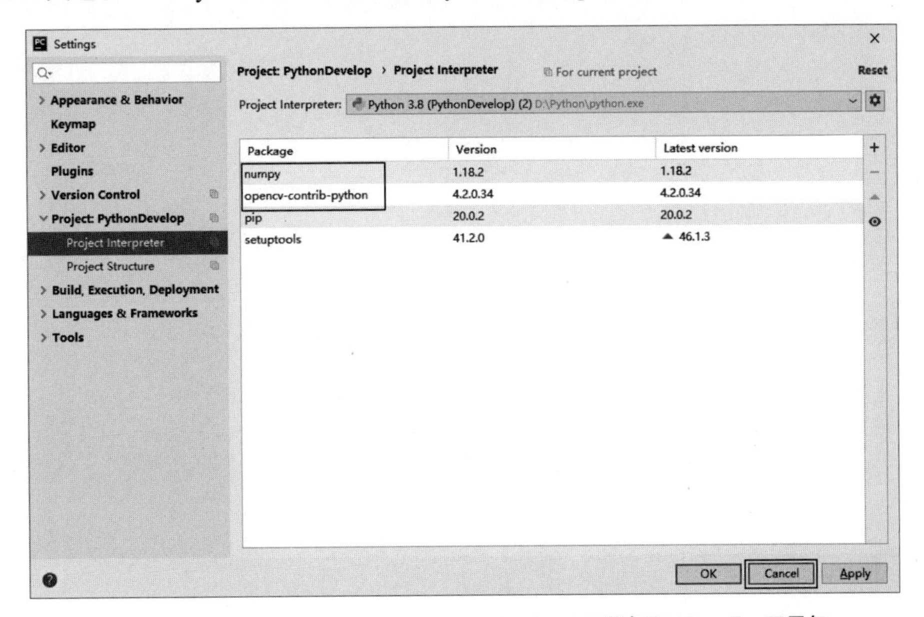

图1.32　成功添加OpenCV-Contrib-Python工具包和NumPy工具包

⑭ 单击图 1.32 中的“OK”按钮后，即可消除图 1.27 中出现的错误，如图 1.33 所示。PyCharm 消除错误会用时 30s 左右。

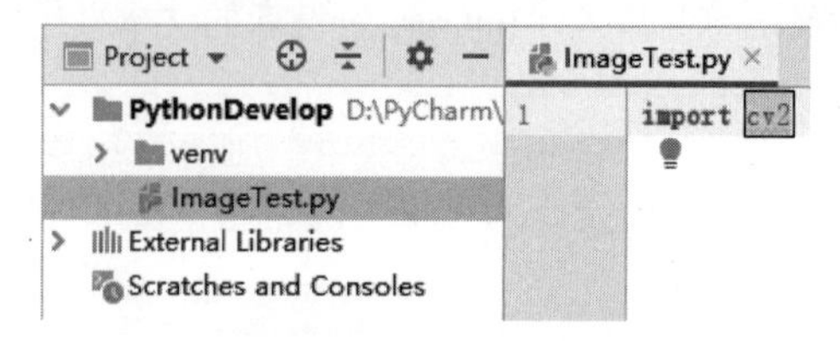

图 1.33 消除图 1.27 中出现的错误

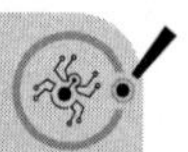

小结

本章分别对 Python 的下载和安装、Python OpenCV 的下载和安装、PyCharm 的下载和安装等内容进行了逐步讲解。其中，在安装 Python 的过程中，要特别注意每一步需要勾选的选项，切勿遗漏；在下载和安装 Python OpenCV 的过程中，要熟练地掌握 pip 命令的使用方法；在下载和安装 PyCharm 的过程中，需重点掌握如何配置 PyCharm。

第2章 图像处理基础

图像处理是指在计算机上使用算法和代码处理、操控、分析和解释图像。像素是构成数字图像的基本单位。色彩空间是一种色彩模型，这种色彩模型包含不同的色彩范围。通道是一幅图像的重要组成部分，它与图像的格式是密不可分的，图像的颜色和格式决定了通道的数量和模式。本章将逐一对图像处理的基本操作、像素、色彩空间和通道等内容进行讲解。

本章的知识结构如下。

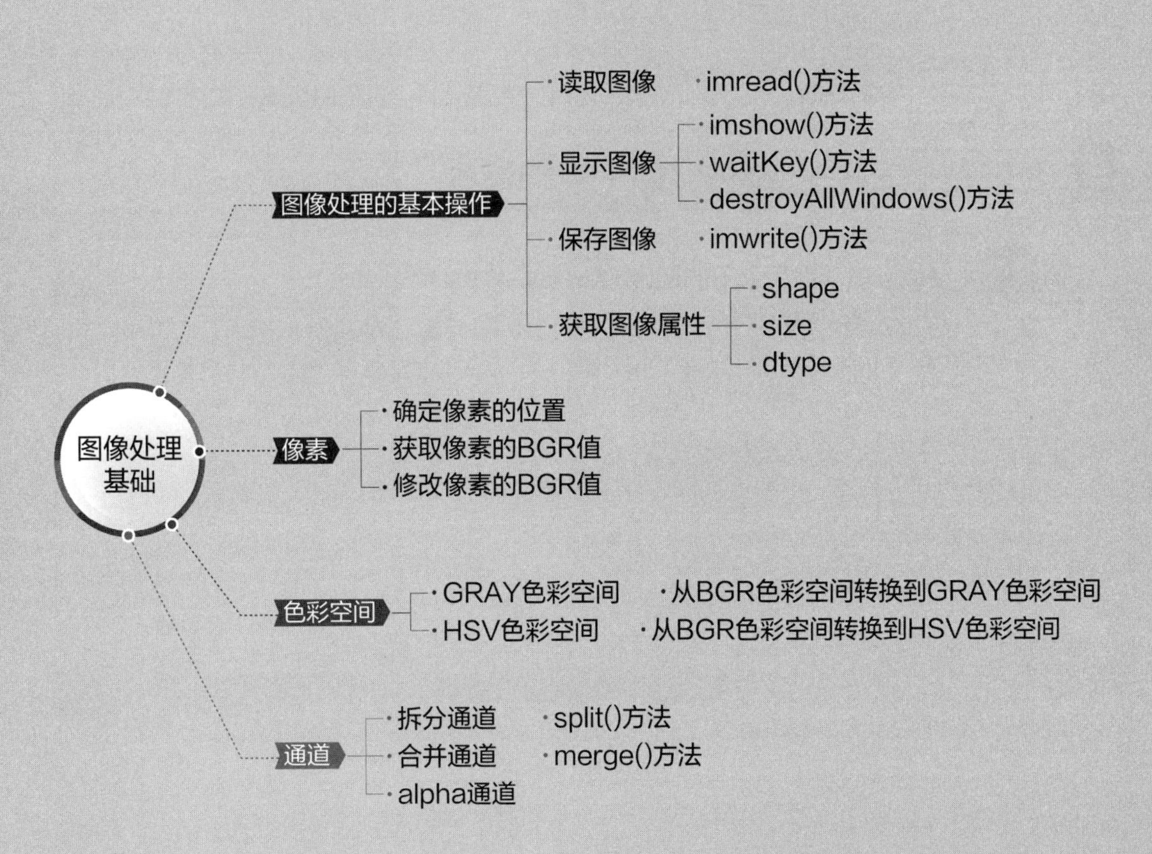

2.1 图像处理的基本操作

图像处理包括 4 个基本操作：读取图像、显示图像、保存图像和获取图像属性。

2.1.1 读取图像

OpenCV 提供了用于读取图像的 imread() 方法，其语法格式如下。

```
image = cv2.imread(filename, flags)
```

参数说明：

☑ filename：目标图像的完整路径名。

注意 

如果要读取的图像是当前项目目录下的 1.jpg，那么 filename 的值就是 “1.jpg”（双引号须是英文格式的）。

☑ flags：图像的颜色类型的标记，有 0 和 1 两个值，其中 1 为默认值。当目标图像是一幅彩色图像时，读取目标图像后，如果想要得到一幅彩色图像，那么 flags 的值为 1（此时 flags 的值可以省略）；如果想要得到一幅灰度图像，那么 flags 的值为 0。

返回值说明：

☑ image：是 imread() 方法的返回值，返回的是读取到的彩色图像或者灰度图像。

说明　在本章的 2.3.1 一节中，将对灰度图像的相关内容进行讲解。

实例 2.1　读取当前项目目录下的图像（源码位置：资源包 \Code\02\01）

如图 2.1 所示，在 PyCharm 中的 Demos 项目下，有一幅名为 1.jpg 的图像。在 Demo_01.py 文件中，先使用 imread() 方法读取 1.jpg，再使用 print() 方法打印 1.jpg。代码如下所示。

```
01 import cv2
02
03 # 读取 1.jpg，等价于 image = cv2.imread("1.jpg", 1)
04 image = cv2.imread("1.jpg")
05 print(image) # 打印 1.jpg
```

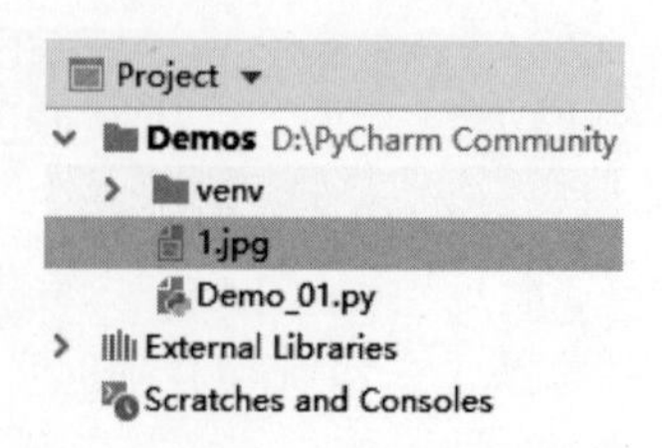

图 2.1　Demos 项目下的 1.jpg

上述代码打印的部分结果如图 2.2 所示。

```
Run:  Demo_01
D:\Python\python.exe "D:/PyCharm Community Edition 2020.2.1/Demos/Demo_01.py"
[[[238 245 248]
  [233 240 243]
  [225 230 233]
  ...
  [ 28  37  41]
  [ 44  53  57]
  [147 156 159]]

 [[248 255 255]
  [245 252 255]
  [235 240 243]
  ...
  [164 173 177]
  [ 78  87  91]
  [122 129 132]]
```

图 2.2　打印 1.jpg

图 2.2 输出的数字是 1.jpg 的部分像素值。有关像素和像素值的内容，将在后文进行讲解。

如果 1.jpg 在 D 盘的根目录下，应该如何使用 imread() 方法进行读取呢？

只需将实例 2.1 第 4 行代码：修改为：

```
image = cv2.imread("D:/1.jpg")        # 路径中不能出现中文
```

注意

"D:/1.jpg" 等价于 "D:\\1.jpg"。

2.1.2　显示图像

相比图 2.2 中密密麻麻的数字，将图像显示出来，效果会更加直观。为此，OpenCV 提供了 imshow() 方法、waitKey() 方法和 destroyAllWindows() 方法。

（1）imshow() 方法

imshow() 方法用于显示图像，其语法格式如下。

```
cv2.imshow(winname, mat)
```

参数说明：

☑ winname：显示图像的窗口名称。

☑ mat：要显示的图像。

（2）waitKey() 方法

waitKey() 方法用于等待用户按下键盘上的按键。当用户按下键盘上的任意按键时，将执行 waitKey() 方法，并且获取 waitKey() 方法的返回值。其语法格式如下。

```
retval = cv2.waitKey(delay)
```

参数说明：

☑ delay：等待用户按下键盘上按键的时间，单位为毫秒（ms）。当 delay 的值为负数、0 或者为空时，表示无限等待用户按下键盘上按键的时间。

返回值说明：

☑ retval：与被按下的按键相对应的 ASCII 码。例如，Esc 键的 ASCII 码是 27，当用户按下 Esc 键时，waitKey() 方法的返回值是 27。如果没有按键被按下，waitKey() 方法的返回值是 −1。

（3）destroyAllWindows() 方法

destroyAllWindows() 方法用于销毁所有正在显示图像的窗口，其语法格式如下。

```
cv2.destroyAllWindows()
```

实例 2.2 窗口显示图像（源码位置：资源包 \Code\02\02）

编写一个程序，使用 imread() 方法、imshow() 方法、waitKey() 方法和 destroyAllWindows() 方法，读取并在窗口里显示 Demos 项目下的 1.jpg。代码如下所示。

```
01 import cv2
02
03 image = cv2.imread("1.jpg")                # 读取 1.jpg
04 cv2.imshow("train", image)                 # 在名为 train 的窗口中显示 1.jpg
05 cv2.waitKey()                              # 按下任何键盘按键后
06 cv2.destroyAllWindows()                    # 销毁所有窗口
```

上述代码的运行结果如图 2.3 所示（彩图见二维码）。

注意

① 显示图像的窗口名称不能是中文（例如，把实例 2.2 第 4 行代码中的 "train" 不能修改为 " 火车 "），否则会出现如图 2.4 所示的乱码。

② 为了能够正常显示图像，要在 cv2.imshow() 后紧跟着 cv2.waitKey()。

图 2.3 窗口显示 1.jpg

图 2.4 窗口名称是中文时会出现乱码

依据 imread() 方法的语法，如果把实例 2.2 第 3 行代码：修改为：

```
image = cv2.imread("1.jpg", 0)
```

即可把 1.jpg 读取为灰度图像，如图 2.5 所示。

图 2.5　把 1.jpg 读取为灰度图像

如果想设置窗口显示图像的时间为 5s，又该如何编写代码呢？

只需将实例 2.2 第 5 行代码：修改为：

```
cv2.waitKey(5000)      # 1000ms 为 1s，5000ms 为 5s
```

2.1.3　保存图像

OpenCV 提供了用于按照指定路径保存图像的 imwrite() 方法，其语法格式如下。

```
cv2.imwrite(filename, img)
```

参数说明：

☑ filename：保存图像时所用的完整路径。

☑ img：要保存的图像。

实例 2.3　保存图像（源码位置：资源包 \Code\02\03）

编写一个程序，把 Demos 项目下的 1.jpg 保存为 E 盘根目录下的 Pictures 文件夹中的 1.jpg。代码如下所示。

```
01 import cv2
02
03 image = cv2.imread("1.jpg")      # 读取 1.jpg
04 # 把 1.jpg 保存为 E 盘根目录下的 Pictures 文件夹中的 1.jpg
05 cv2.imwrite("E:/Pictures/1.jpg", image)
```

注意

运行上述代码前，要在 E 盘根目录下新建一个空的 Pictures 文件夹。

运行上述代码后，打开 E 盘根目录下的 Pictures 文件夹，即可看到 1.jpg，如图 2.6 所示。

图 2.6　E 盘根目录下的 Pictures 文件夹中的 1.jpg

2.1.4　获取图像属性

处理图像的过程中，经常需要获取图像的大小、类型等图像属性。为此，OpenCV 提供了 shape、size 和 dtype 这 3 个常用属性。这 3 个常用属性的具体含义分别如下。

☑ shape：如果是彩色图像，那么获取的是一个包含图像的像素行数、像素列数、通道数的数组，数组的格式为“（像素行数，像素列数，通道数）”；如果是灰度图像，那么获取的是一个包含图像的像素行数、像素列数的数组，数组的格式为“（像素素行数，像素列数）”。

像素行数指的是图像在垂直方向上有多少行像素；像素列数指的是图像在水平方向上有多少列像素。

☑ size：获取的是图像包含的像素总数，其值为“像素行数 × 像素列数 × 通道数”。（灰度图像的通道数为 1）

☑ dtype：获取的是图像的数据类型。

实例 2.4 获取并打印彩色图像和灰度图像的属性（源码位置：资源包 \Code\02\04）

编写一个程序，先获取 Demos 项目下的 1.jpg 的属性，再获取把 1.jpg 读取为灰度图像后的属性。代码如下所示。

```
01 import cv2
02
03 image_Color = cv2.imread("1.jpg")           # 读取 1.jpg
04 print(" 获取彩色图像的属性：")
05 print("shape =", image_Color.shape)         # 打印彩色图像的（像素行数，像素列数，通道数）
06 print("size =", image_Color.size)           # 打印彩色图像包含的像素总数
07 print("dtype =", image_Color.dtype)         # 打印彩色图像的数据类型
08 image_Gray = cv2.imread("1.jpg", 0)         # 把 1.jpg 读取为灰度图像
09 print(" 获取灰度图像的属性：")
10 print("shape =", image_Gray.shape)          # 打印灰度图像的（像素行数，像素列数）
11 print("size =", image_Gray.size)            # 打印灰度图像包含的像素总数
12 print("dtype =", image_Gray.dtype)          # 打印灰度图像的数据类型
```

上述代码的运行结果如图 2.7 所示。

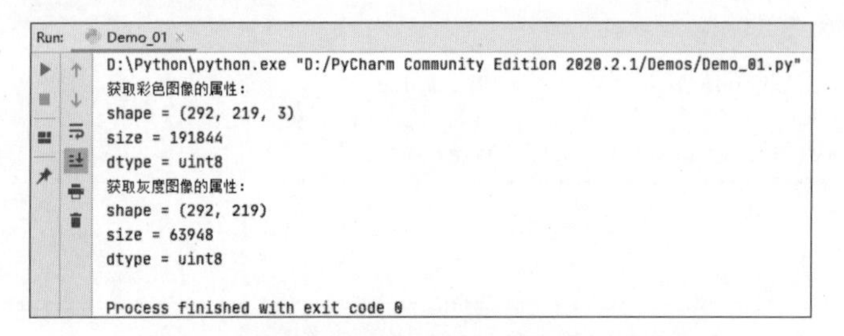

图 2.7　获取并打印彩色图像和灰度图像的属性

（292, 219, 3）的含义是 1.jpg 的像素行数是 292，像素列数是 219，通道数是 3。（292, 219）的含义是把 1.jpg 读取为灰度图像后，其像素行数是 292，像素列数是 219，通道数是 1。

2.2 像素

像素是构成数字图像的基本单位。现有一幅显示花朵的图像，如图 2.8 所示，提取并放大图 2.8 中被圆环圈住的区域，将得到一幅如图 2.9 所示的图像。

图 2.8　一幅显示花朵的图像（彩图见二维码）

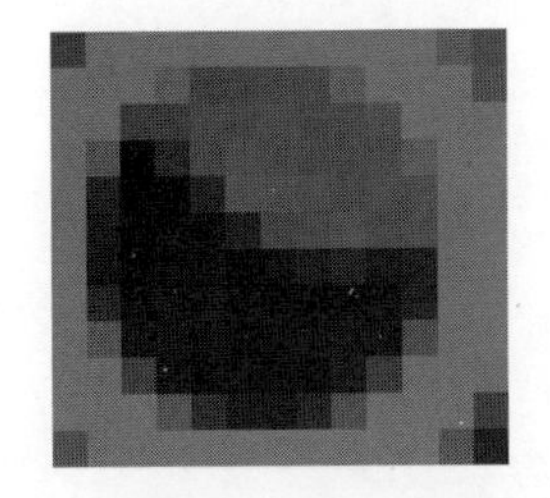

图 2.9　提取并放大图 2.8 中被圆环圈住的区域

不难发现，图 2.9 中的图像是由许多个小方块组成的，通常把一个小方块称作一个像素。因此，一个像素是具有一定面积的一个块，而不是一个点。需要注意的是，像素的形状是不固定的，大多数情况下，像素被认为是方形的，但有时也可能是圆形的或者是其他形状的。

图 2.10　图 2.8 的水平方向和垂直方向

2.2.1　确定像素的位置

以图 2.8 为例，在访问图 2.8 中的某个像素之前，要确定这个像素在图 2.8 中的位置。那么，这个位置应该如何确定呢？

首先，确定图 2.8 的水平方向和垂直方向。图 2.8 的水平方向和垂直方向如图 2.10 所示。

在 Windows 10 系统的“画图”工具中打开图 2.8，将得到如图 2.11 所示的界面。在这个界面中，会得到图 2.8 在垂直方向上的像素行数是 292 个，在水平方向上的像素列数是 219。

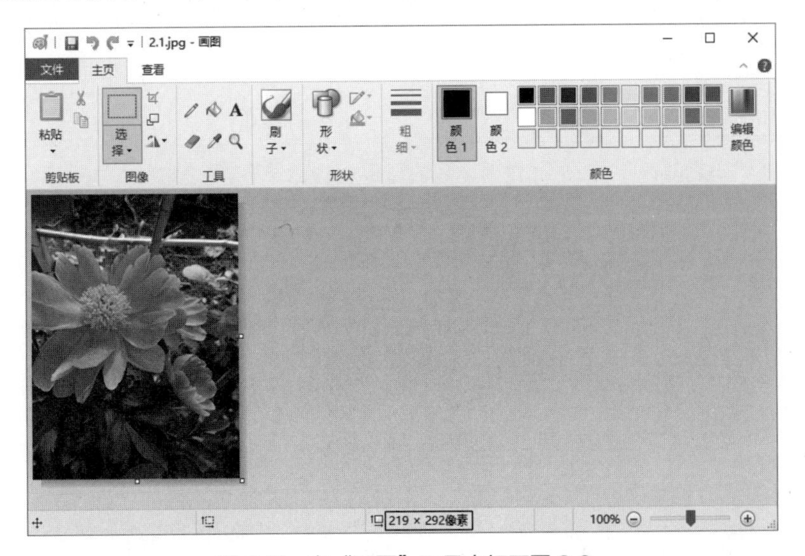

图 2.11　在“画图”工具中打开图 2.8

然后，根据从图 2.11 得到的像素行数和像素列数，绘制如图 2.12 所示的坐标系。

图 2.12　根据像素行数和像素列数绘制坐标系

图 2.8 的像素行数是 292 个，与其对应的是 y 轴的取值范围，即 0 ~ 291；同理，图 2.8 的像素列数是 219，与其对应的是 x 轴的取值范围，即 0 ~ 218。

这样，就能够通过坐标来确定某个像素在图 2.8 中的位置。在 OpenCV 中，正确表示图 2.8 中某个像素坐标的格式是“(y, x)”。例如，在如图 2.12 所示的坐标系中，图 2.8 右下角的像素坐标是“(291, 218)”。

实例 2.5　表示图 2.8 中的指定像素（源码位置：资源包 \Code\02\05）

编写一段代码，先读取 D 盘根目录下的 2.jpg，再表示坐标“(291, 218)”上的像素。代码如下所示。

```
01 import cv2
02
03 image = cv2.imread("D:/2.jpg")                # 读取 D 盘根目录下的 2.jpg
04 px = image[291, 218]                          # 坐标 (291, 218) 上的像素
```

注意

编写上述代码之前，要把 2.jpg 复制、粘贴到 D 盘根目录下。

2.2.2　获取像素的 BGR 值

在实例 2.5 中，凭借一个标签 px 成功地表示了坐标“(291, 218)”上的像素。如果使用 print() 方法打印这个像素，就会得到这个像素的 BGR 值。代码如下所示。

```
print(" 坐标 (291, 218) 上的像素的 BGR 值是 ", px)
```

上述代码的运行结果如下所示。

```
坐标 (291, 218) 上的像素的 BGR 值是 [36 42 49]
```

不难发现，坐标 (291, 218) 上的像素的 BGR 值是由 36、42 和 49 这 3 个数值组成的。在讲解这 3 个数值各自代表的含义之前，先了解下三基色。

如图 2.13 所示，人眼能够感知红色、绿色和蓝色这 3 种不同的颜色，因此把这 3 种颜色称作三基色。如果将这 3 种颜色以不同的比例进行混合，人眼就会感知到丰富多彩的颜色。

那么，对于计算机而言，是如何对这些颜色进行编码的呢？答案就是利用色彩空间。也就是说，色彩空间是计算机对颜色进行编码的模型。对于计算机而言，把与三基色对应的色彩空间称作 RGB 色彩空间，它是一种较为常用的色彩空间。

在 RGB 色彩空间中，包含 3 个通道：R 通道、G 通道和 B 通道。其中，R 通道指的是红色（red）通道；G 通道指的是绿色（green）通道；B 通道指的是蓝色（blue）通道。每个色彩通道都在区间 [0, 255] 内进行取值。

这样，计算机将通过为这 3 个色彩通道取不同的值来表示不同的颜色。如图 2.14 所示，通过截图工具，能够得到坐标“(291, 218)”上的像素的 RGB 值为 (49, 42, 36)。

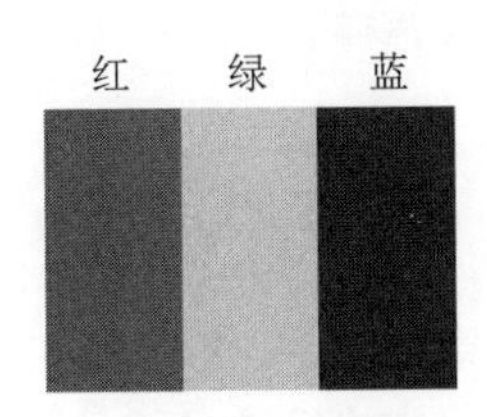

图 2.13　三基色

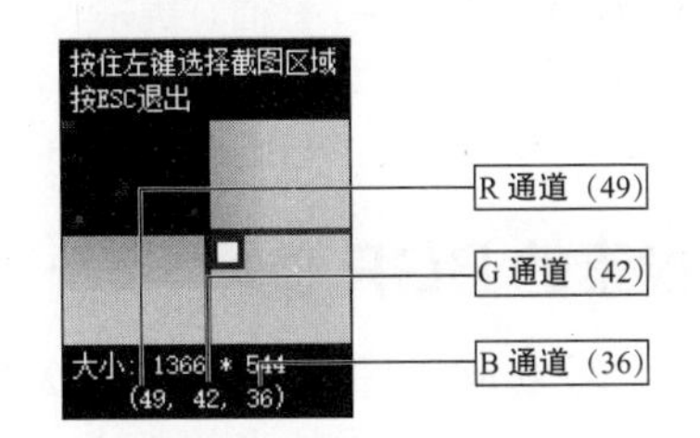

图 2.14　坐标为 (291, 218) 上的像素的 RGB 值

使用 print() 方法打印图 2.8 中坐标“(291, 218)”上的像素的结果是“(36, 42, 49)”，而在图 2.14 中，这个坐标上的像素的 RGB 值是“(49, 42, 36)”。这时会发现这两个结果中的数值是相同的，但顺序是相反的，这是为什么呢？

原因就是 OpenCV 默认的通道顺序是 B → G → R。也就是说，当 OpenCV 获取图像内某个像素的值时，这个值指的是这个像素的 BGR 值。

因为 OpenCV 默认的通道顺序是 B → G → R，所以 OpenCV 默认使用的色彩空间是 BGR 色彩空间。

因此，把与图 2.8 中坐标“(291, 218)”上的像素的 RGB 值“(49, 42, 36)”对应的通道顺序 R（49）→ G（42）→ B（36）颠倒下，就会得到 B（36）→ G（42）→ R（36），即这个像素的 BGR 值是“(36, 42, 49)”。

在 OpenCV 中，获取坐标 (291, 218) 上的像素 px 的 BGR 值有如下两种方式。

① 同时获取图 2.8 中坐标“(291, 218)”上的像素的 B 通道、G 通道和 R 通道的值。代码如下所示。

```
01 import cv2
02
03 image = cv2.imread("D:/2.jpg")
04 px = image[291, 218]                    # 坐标 (291, 218) 上的像素
05 print(px)
```

上述代码的运行结果如下所示。

```
[36 42 49]
```

② 分别获取图 2.8 中坐标“(291, 218)”上的像素的 B 通道、G 通道和 R 通道的值。代码如下所示。

```
01 import cv2
02
03 image = cv2.imread("D:/2.jpg")
04 blue = image[291, 218, 0]                    # 坐标 (291, 218) 上的像素的 B 通道的值
05 green = image[291, 218, 1]                   # 坐标 (291, 218) 上的像素的 G 通道的值
06 red = image[291, 218, 2]                     # 坐标 (291, 218) 上的像素的 R 通道的值
07 print(blue, green, red)
```

上述代码的运行结果如下所示。

```
36 42 49
```

image[291, 218, 0] 中的最后一个数值 0 表示 B 通道；image[291, 218, 1] 中的最后一个数值 1 表示 G 通道；image[291, 218, 2] 中的最后一个数值 2 表示 R 通道。

2.2.3 修改像素的 BGR 值

在 2.2.2 节中，已经获取到图 2.8 中坐标“(291, 218)”上的像素的 BGR 值，即“(36, 42, 49)”。现要将像素 px 的 BGR 值由原来的“(36, 42, 49)”修改为“(255, 255, 255)”，代码如下所示。

```
01 import cv2
02
03 image = cv2.imread("D:/2.jpg")
04 px = image[291, 218]
05 print(" 坐标 (291, 218) 上的像素的初始 BGR 值是 ", px)
06 px = [255, 255, 255]        # 把坐标 (291, 218) 上的像素的值修改为 [255, 255, 255]
07 print(" 坐标 (291, 218) 上的像素修改后的 BGR 值是 ", px)
```

上述代码的运行结果如下所示。

```
坐标 (291, 218) 上的像素的初始 BGR 值是 [36 42 49]
坐标 (291, 218) 上的像素修改后的 BGR 值是 [255, 255, 255]
```

当图像中的每个像素的 B、G、R 这 3 个数值相等时，就可以得到灰度图像。其中，当 B = G = R = 0 时，像素呈现纯黑色；当 B = G = R = 255 时，像素呈现纯白色。

实例 2.6 修改图 2.8 中的指定区域内的所有像素（源码位置：资源包 \Code\02\06）

编写一个程序，将图 2.8 中的由坐标为 (241, 168)、(241, 218)、(291, 168) 和 (291, 218) 的 4 个点所围成的区域内的所有像素都修改为纯白色。代码如下所示。

```
01 import cv2
02
03 image = cv2.imread("D:/2.jpg")
04 cv2.imshow("img_01", image)                  # 显示图 2.8
05 for i in range(241, 292):                    # i 表示横坐标，在区间 [241, 291] 内取值
06     for j in range(168, 219):                # j 表示纵坐标，在区间 [168, 218] 内取值
07         image[i, j] = [255, 255, 255]        # 把区域内的所有像素都修改为白色
```

```
08 cv2.imshow("img_02", image)                  # 显示像素被修改后的图像
09 cv2.waitKey()
10 cv2.destroyAllWindows()                      # 关闭所有的窗口时，销毁所有窗口
```

上述代码的运行结果如图 2.15 所示（左侧的图片是原图）。

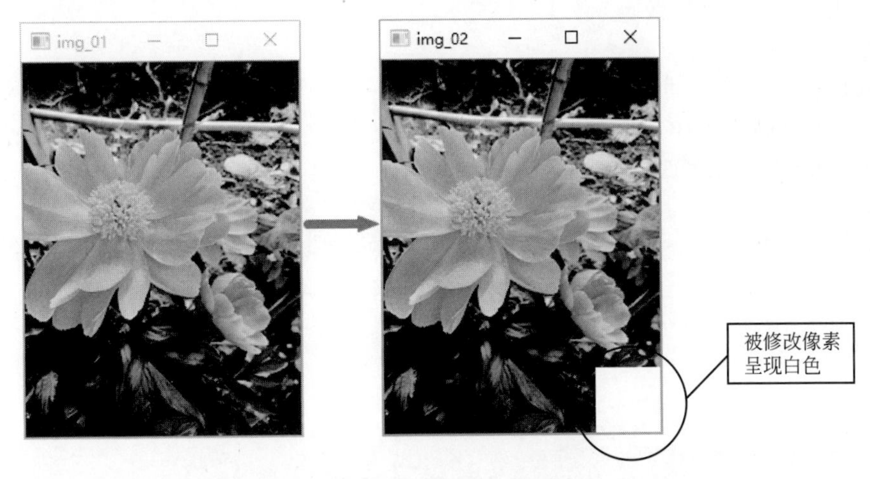

图 2.15　把指定区域内的所有像素都修改为白色

2.3 色彩空间

2.2.2 节简单介绍了 RGB 色彩空间和 BGR 色彩空间，本节将介绍 OpenCV 中另外两个比较常见的色彩空间：GRAY 色彩空间和 HSV 色彩空间。

2.3.1 GRAY 色彩空间

（1）什么是 GRAY 色彩空间

GRAY 色彩空间通常指的是灰度图像，灰度图像是一种每个像素都是从黑到白，被处理为 256 个灰度级别的单色图像。这 256 个灰度级别分别用区间 [0, 255] 中的数值表示。其中，“0”表示纯黑色，“255”表示纯白色，0 ～ 255 之间的数值表示不同亮度（色彩的深浅程度）的深灰色或者浅灰色。因此，一幅灰度图像也能够展示丰富的细节信息，如图 2.16 所示。

图 2.16　一幅显示花朵的灰度图像

（2）从 BGR 色彩空间转换到 GRAY 色彩空间

看过图 2.16 后，会发现它和图 2.8 是同一幅图像。只不过，图 2.16 是灰度图像，而图 2.8 是彩色图像。也就是说，同一幅图像可以从一个色彩空间转换到另一个色彩空间，OpenCV 把这个转换过程称作色彩空间类型转换。

OpenCV 可以使用 imread() 方法把图 2.8 读取为灰度图像，进而得到图 2.16。那么，除了使用 imread() 方法外，OpenCV 是否提供了其他方法能够将图 2.8 从 BGR 色彩空间转换到 GRAY 色彩空间，进而得到图 2.16 呢？答案就是 cvtColor() 方法。cvtColor() 方法用于转换图像的色彩空间，其语法格式如下。

```
dst = cv2.cvtColor(src, code)
```

参数说明：

☑ src：转换色彩空间前的初始图像。

☑ code：色彩空间转换码。

返回值说明：

☑ dst：转换色彩空间后的图像。

当一幅彩色图像从 BGR 色彩空间转换到 GRAY 色彩空间时，需要使用的色彩空间转换码是 cv2.COLOR_BGR2GRAY。

实例 2.7 从 BGR 色彩空间转换到 GRAY 色彩空间（源码位置：资源包 \Code\02\07）

编写一个程序，将图 2.8 从 BGR 色彩空间转换到 GRAY 色彩空间。代码如下所示。

```
01 import cv2
02
03 image = cv2.imread("D:/2.jpg")
04 cv2.imshow("img_01", image)                  # 显示图 2.8
05 # 将图 2.8 从 BGR 色彩空间转换到 GRAY 色彩空间
06 gray_image = cv2.cvtColor(image, cv2.COLOR_BGR2GRAY)
07 cv2.imshow("GRAY", gray_image)               # 显示灰度图像
08 cv2.waitKey()
09 cv2.destroyAllWindows()
```

上述代码的运行结果如图 2.17 所示。

彩图（见二维码）

图 2.17　从 BGR 色彩空间转换到 GRAY 色彩空间

虽然色彩空间类型转换是双向的，而且 OpenCV 也提供了 cv2.COLOR_GRAY2BGR（从 GRAY 色彩空间转换到 BGR 色彩空间）这个色彩空间转换码，但是灰度图像是无法转换成彩色图像的。这是因为在彩色图像转换成灰度图像的过程中，已经丢失了颜色比例（红色、绿色和蓝色之间的混合比例）。这些比例一旦丢失，就再也找不回来了。

2.3.2 HSV 色彩空间

（1）什么是 HSV 色彩空间

RGB 色彩空间是基于三基色而言的，即红色、绿色和蓝色；而 HSV 色彩空间则是基于

色调、饱和度和亮度而言的。

其中，色调（H）是指光的颜色，例如，彩虹中的赤、橙、黄、绿、青、蓝、紫分别表示不同的色调，如图 2.18 所示。在 OpenCV 中，色调在区间 [0, 180] 内取值。例如，代表红色、黄色、绿色和蓝色的色调值分别为 0、30、60 和 120。

图 2.18　彩虹中的色调（彩图见二维码）

饱和度（S）是指色彩的深浅。在 OpenCV 中，饱和度在区间 [0, 255] 内取值。当饱和度为 0 时，图像将变为灰度图像。例如，图 2.19 是用手机拍摄的原图像，图 2.20 是把这幅图像的饱和度调为 0 时的效果。

图 2.19　原图像（彩图见二维码）

图 2.20　饱和度调为 0 时的图像

如图 2.21 所示，亮度（V）是指光的明暗。与饱和度相同，在 OpenCV 中，亮度在区间 [0, 255] 内取值。亮度值越大，图像越亮。当亮度值为 0 时，图像呈纯黑色。

图 2.21　光的明暗

（2）从 BGR 色彩空间转换到 HSV 色彩空间

OpenCV 提供的 cvtColor() 方法不仅能将图像从 BGR 色彩空间转换到 GRAY 色彩空间，还能将图像从 BGR 色彩空间转换到 HSV 色彩空间。当一幅彩色图像从 BGR 色彩空间转换到 HSV 色彩空间时，需要使用的色彩空间转换码是 cv2.COLOR_BGR2HSV。

实例 2.8　从 BGR 色彩空间转换到 HSV 色彩空间（源码位置：资源包 \Code\02\08）

编写一个程序，将图 2.8 从 BGR 色彩空间转换到 HSV 色彩空间。代码如下所示。

```
01 import cv2
02
03 image = cv2.imread("D:/2.jpg")
04 cv2.imshow("img_01", image)                    # 显示图 2.8
05 # 将图 2.8 从 BGR 色彩空间转换到 HSV 色彩空间
06 hsv_image = cv2.cvtColor(image, cv2.COLOR_BGR2HSV)
07 cv2.imshow("HSV", hsv_image)                   # 用 HSV 色彩空间显示图像
08 cv2.waitKey()
09 cv2.destroyAllWindows()
```

上述代码的运行结果如图 2.22 所示。

图 2.22　从 BGR 色彩空间转换到 HSV 色彩空间（彩图见二维码）

2.4　通道

在 2.2.2 节中已经介绍了因为 OpenCV 默认的通道顺序是 B → G → R，所以 OpenCV 默认使用的色彩空间是 BGR 色彩空间。也就是说，在 BGR 色彩空间中，包含 3 个通道：B 通道、G 通道和 R 通道。明确了什么是通道后，本节将对拆分通道和合并通道这两个内容进行讲解，以达到处理图像的目的。

2.4.1　拆分通道

为了拆分一幅图像中的通道，OpenCV 提供了 split() 方法。

（1）拆分一幅 BGR 图像中的通道

当使用 split() 方法拆分一幅色彩空间是 BGR 的图像（以下简称“BGR 图像”）中的通道时，split() 方法的语法格式如下。

```
b, g, r = cv2.split(bgr_image)
```

参数说明：

☑ bgr_image：一幅 BGR 图像。

返回值说明：

☑ b：B 通道图像。

☑ g：G 通道图像。

☑ r：R 通道图像。

注意

因为 OpenCV 默认的通道顺序是 B→G→R，所以当拆分一幅 BGR 图像中的通道时，“=”左边的“b, g, r”这 3 个字母的顺序不能颠倒。

实例 2.9　拆分一幅 BGR 图像中的通道（源码位置：资源包 \Code\02\09）

编写一个程序，先拆分图 2.8 中的通道，再显示拆分后的通道图像。代码如下所示。

```
01 import cv2
02
03 bgr_image = cv2.imread("D:/2.jpg")
04 cv2.imshow("img_01", bgr_image)                # 显示图 2.8
05 b, g, r = cv2.split(bgr_image)                 # 拆分图 2.8 中的通道
06 cv2.imshow("B", b)                             # 显示图 2.8 中的 B 通道图像
07 cv2.imshow("G", g)                             # 显示图 2.8 中的 G 通道图像
08 cv2.imshow("R", r)                             # 显示图 2.8 中的 R 通道图像
09 cv2.waitKey()
10 cv2.destroyAllWindows()
```

运行上述代码后，会得到如下所示的 4 个窗口。其中，图 2.23 是原图像（图 2.8），图 2.24 是图 2.23 中的 B 通道图像，图 2.25 是图 2.23 中的 G 通道图像，图 2.26 是图 2.23 中的 R 通道图像。

B 通道是蓝色通道，G 通道是绿色通道，R 通道是红色通道，但是，图 2.24、图 2.25 和图 2.26 是 3 幅不同亮度的灰度图像，这是为什么呢？

图 2.23　原图像（彩图见二维码）

图 2.24　B 通道图像

图 2.25　G 通道图像

图 2.26　R 通道图像

原因是当程序执行到 cv2.imshow("B", b) 时，原图像 B、G、R 这 3 个通道的值都会被修改为 B 通道的值，即 (B, B, B)。同理，当程序执行到 cv2.imshow("G", g) 和 cv2.imshow("R", r) 时，原图像 B、G、R 这 3 个通道的值将依次被修改为 G 通道的值 (G, G, G) 和 R 通道的值 (R, R, R)。对于 BGR 图像，只要 B = G = R（数值相等），就可以得到灰度图像。

（2）拆分一幅 HSV 图像中的通道

当使用 split() 方法拆分一幅色彩空间是 HSV 的图像（以下简称"HSV 图像"）中的通道时，split() 方法的语法格式如下。

```
h, s, v = cv2.split(hsv_image)
```

参数说明：

☑ hsv_image：一幅 HSV 图像。

返回值说明：

☑ h：H 通道图像。

☑ s：S 通道图像。

☑ v：V 通道图像。

实例 2.10 拆分一幅 HSV 图像中的通道（源码位置：资源包 \Code\02\10）

编写一个程序，首先将图 2.8 从 BGR 色彩空间转换到 HSV 色彩空间，然后拆分得到的 HSV 图像中的通道，最后显示拆分后的通道图像。代码如下所示。

```
01 import cv2
02
03 bgr_image = cv2.imread("D:/2.jpg")
04 cv2.imshow("img_01", bgr_image)                # 显示图 2.8
05 # 把图 2.8 从 BGR 色彩空间转换到 HSV 色彩空间
06 hsv_image = cv2.cvtColor(bgr_image, cv2.COLOR_BGR2HSV)
07 h, s, v = cv2.split(hsv_image)                 # 拆分 HSV 图像中的通道
08 cv2.imshow("H", h)                             # 显示 HSV 图像中的 H 通道图像
09 cv2.imshow("S", s)                             # 显示 HSV 图像中的 S 通道图像
10 cv2.imshow("V", v)                             # 显示 HSV 图像中的 V 通道图像
11 cv2.waitKey()
12 cv2.destroyAllWindows()
```

运行上述代码后，会得到如下所示的 4 个窗口。其中，图 2.27 是原图像（图 2.8），图 2.28 是图2.27 中的H通道图像，图2.29是图2.27中的S通道图像，图2.30是图2.27中的V通道图像。

图 2.27　原图像（彩图见二维码）

图 2.28　H 通道图像

图 2.29　S 通道图像

图 2.30　V 通道图像

2.4.2　合并通道

合并通道是拆分通道的逆过程。在 2.4.1 节中，拆分图 2.8 中的通道后，得到

了 3 幅不同亮度的灰度图像。如果将上述拆分后的 3 个通道合并，那么会构成一幅彩色图像吗？答案是肯定的。为此，OpenCV 提供了 merge() 方法。

（1）合并 B 通道图像、G 通道图像和 R 通道图像

当使用 merge() 方法按 B → G → R 的顺序合并通道时，merge() 方法的语法格式如下。

```
bgr = cv2.merge([b, g, r])
```

参数说明：

☑ b：B 通道图像。

☑ g：G 通道图像。

☑ r：R 通道图像。

返回值说明：

☑ bgr：按 B → G → R 的顺序合并通道后得到的图像。

实例 2.11　按 B → G → R 的顺序合并通道（源码位置：资源包 \Code\02\11）

编写一个程序，先拆分图 2.8 中的通道，再按 B → G → R 的顺序合并通道。代码如下所示。

```
01 import cv2
02
03 bgr_image = cv2.imread("D:/2.jpg")
04 cv2.imshow("img_01", bgr_image)                # 显示图 2.8
05 b, g, r = cv2.split(bgr_image)                  # 拆分图 2.8 中的通道
06 bgr = cv2.merge([b, g, r])                      # 按 B→G→R 的顺序合并通道
07 cv2.imshow("BGR", bgr)
08 cv2.waitKey()
09 cv2.destroyAllWindows()
```

运行上述代码后，会得到如下所示的 2 个窗口。其中，图 2.31 是原图像（图 2.8），图 2.32 是按 B → G → R 的顺序合并通道得到的图像。

图 2.31　原图像（彩图见二维码）　　图 2.32　按 B → G → R 的顺序合并通道得到的图像

（2）合并 H 通道图像、S 通道图像和 V 通道图像

当使用 merge() 方法合并 H 通道图像、S 通道图像和 V 通道图像时，merge() 方法的语法格式如下。

```
hsv = cv2.merge([h, s, v])
```

参数说明：

☑ h：H 通道图像。

☑ s：S 通道图像。

☑ v：V 通道图像。

返回值说明：

☑ hsv：合并 H 通道图像、S 通道图像和 V 通道图像后得到的图像。

实例 2.12 合并 H 通道图像、S 通道图像和 V 通道图像（源码位置：资源包\Code\02\12）

编写一个程序，首先将图 2.8 从 BGR 色彩空间转换到 HSV 色彩空间，然后拆分得到的 HSV 图像中的通道，接着合并拆分后的通道图像，最后显示合并通道的 HSV 图像。代码如下所示：

```
01 import cv2
02
03 bgr_image = cv2.imread("D:/2.jpg")
04 cv2.imshow("img_01", bgr_image)                # 显示图 2.8
05 # 把图 2.8 从 BGR 色彩空间转换到 HSV 色彩空间
06 hsv_image = cv2.cvtColor(bgr_image, cv2.COLOR_BGR2HSV)
07 h, s, v = cv2.split(hsv_image)                 # 拆分 HSV 图像中的通道
08 hsv = cv2.merge([h, s, v])                     # 合并拆分后的通道图像
09 cv2.imshow("HSV", hsv)                         # 显示合并通道的 HSV 图像
10 cv2.waitKey()
11 cv2.destroyAllWindows()
```

运行上述代码后，会得到如下所示的2个窗口。其中，图2.33是原图像（图2.8），图2.34是合并 H 通道图像、S 通道图像和 V 通道图像后得到的图像。

图 2.33　原图像（彩图见二维码）　　图 2.34　合并 H 通道图像、S 通道图像和 V 通道图像后得到的图像

把图 2.33 和图 2.34 进行对比后，会发现合并 H 通道图像、S 通道图像和 V 通道图像后无法得到原图，而图 2.34 更像是对图 2.33 渲染过度后产生的结果。

2.4.3 alpha 通道

BGR 色彩空间包含 3 个通道，即 B 通道、G 通道和 R 通道。OpenCV 在这 3 个通道的基础上，又增加了一个 A 通道，即 alpha 通道，用于设置图像的透明度。这样，一个由 B 通道、G 通道、R 通道和 A 通道构成的色彩空间诞生了，即 BGRA 色彩空间。在 BGRA 色彩空间中，alpha 通道在区间 [0, 255] 内取值。其中，0 表示透明，255 表示不透明。

实例 2.13 调整A通道的值（源码位置：资源包\Code\02\13）

编写一个程序，首先将图2.8从BGR色彩空间转换到BGRA色彩空间；然后拆分得到的BGRA图像中的通道；接着把BGRA图像的透明度调整为172后，合并拆分后的通道图像；再把BGRA图像的透明度调整为0后，合并拆分后的通道图像；最后分别显示BGRA图像、透明度为172的BGRA图像和透明度为0的BGRA图像。代码如下所示。

```
01 import cv2
02
03 bgr_image = cv2.imread("D:/2.jpg")
04 # 把图2.8从BGR色彩空间转换到BGRA色彩空间
05 bgra_image = cv2.cvtColor(bgr_image, cv2.COLOR_BGR2BGRA)
06 cv2.imshow("BGRA", bgr_image)                # 显示BGRA图像
07 b, g, r, a = cv2.split(bgra_image)           # 拆分BGRA图像中的通道
08 a[:, :] = 172                                # 将BGRA图像的透明度调整为172（半透明）
09 bgra_172 = cv2.merge([b, g, r, a])           # 合并拆分后并将透明度调整为172的通道图像
10 a[:, :] = 0                                  # 将BGRA图像的透明度调整为0（透明）
11 bgra_0 = cv2.merge([b, g, r, a])             # 合并拆分后并将透明度调整为0的通道图像
12 cv2.imshow("A = 172", bgra_172)              # 显示透明度为172的BGRA图像
13 cv2.imshow("A = 0", bgra_0)                  # 显示透明度为0的BGRA图像
14 cv2.waitKey()
15 cv2.destroyAllWindows()
```

“a[:,:]表示A通道的所有像素”

运行上述代码后，会得到如下所示的3个窗口。其中，图2.35是BGRA图像，图2.36是把BGRA图像的透明度调整为172后的图像，图2.37是把BGRA图像的透明度调整为0后的图像。彩图见二维码。

图2.35 BGRA图像

图2.36 透明度调整为172

图2.37 透明度调整为0

如图2.35、图2.36和图2.37所示，虽然在代码中已经调整了BGRA图像中A通道的值，但是在窗口里显示的图像是相同的。为了显示这3幅图像的不同效果，需要使用imwrite()方法保存这3幅图像。（笔者将这3幅图像保存在D盘根目录下）代码如下所示。

```
01 import cv2
02
03 bgr_image = cv2.imread("D:/2.jpg")
04 # 把图2.8从BGR色彩空间转换到BGRA色彩空间
05 bgra_image = cv2.cvtColor(bgr_image, cv2.COLOR_BGR2BGRA)
```

```
06 b, g, r, a = cv2.split(bgra_image)                   # 拆分 BGRA 图像中的通道
07 a[:, :] = 172                                        # 将 BGRA 图像的透明度调整为 172（半透明）
08 bgra_172 = cv2.merge([b, g, r, a])                   # 合并拆分后并将透明度调整为 172 的通道图像
09 a[:, :] = 0                                          # 将 BGRA 图像的透明度调整为 0（透明）
10 bgra_0 = cv2.merge([b, g, r, a])                     # 合并拆分后并将透明度调整为 0 的通道图像
11 cv2.imwrite("D:/bgra_image.png", bgra_image)         # 在 D 盘根目录下，保存 BGRA 图像
12 cv2.imwrite("D:/bgra_172.png", bgra_172)             # 在 D 盘根目录下，保存透明度为 172 的 BGRA 图像
13 cv2.imwrite("D:/bgra_0.png", bgra_0)                 # 在 D 盘根目录下，保存透明度为 0 的 BGRA 图像
```

运行上述代码后，在 D 盘根目录下，依次双击打开 bgra_image.png、bgra_172.png 和 bgra_0.png，这 3 幅图像的显示效果分别如图 2.38、图 2.39 和图 2.40 所示（彩图效果见二维码）。

图 2.38　bgra_image.png

图 2.39　bgra_172.png

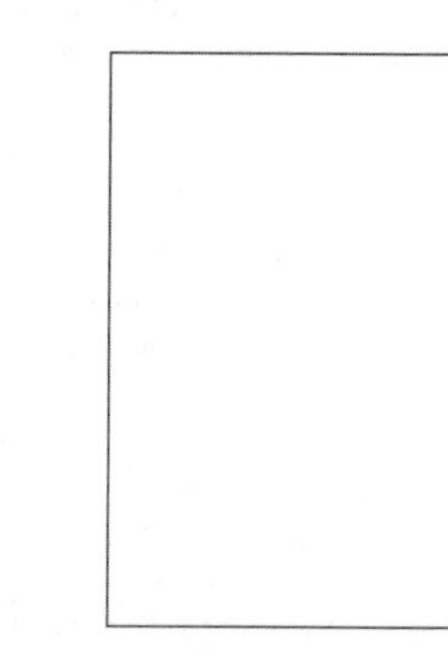

图 2.40　bgra_0.png

说明　PNG 图像是一种典型的 4 通道（R 通道、G 通道、B 通道和 A 通道）图像，因此被保存的 3 幅图像的格式为 .png。

2.5　综合案例——显示不同艺术效果下的图像

在 HSV 色彩空间内，如果保持其中两个通道的值不变，调整第 3 个通道的值，会得到相应的艺术效果。

下面将利用 HSV 色彩空间的特点，编写如下程序：首先将图 2.8 从 BGR 色彩空间转换到 HSV 色彩空间；然后拆分得到 HSV 图像中的通道；接着让 S 通道和 V 通道的值保持不变，把 H 通道的值调整为 180；再合并拆分后的通道图像，把这个图像从 HSV 色彩空间转换到 BGR 色彩空间；最后显示得到的 BGR 图像。

```
01 import cv2
02
03 bgr_image = cv2.imread("D:/2.jpg")
04 cv2.imshow("img_01", bgr_image)
05 # 把图 2.8 从 BGR 色彩空间转换到 HSV 色彩空间
06 hsv_image = cv2.cvtColor(bgr_image, cv2.COLOR_BGR2HSV)
07 h, s, v = cv2.split(hsv_image)                 # 拆分 HSV 图像中的通道
08 h[:, :] = 180                                  # 将 H 通道的值调整为 180
09 hsv = cv2.merge([h, s, v])                     # 合并拆分后的通道图像
10 # 将合并通道后的图像从 HSV 色彩空间转换到 BGR 色彩空间
11 new_Image = cv2.cvtColor(hsv, cv2.COLOR_HSV2BGR)
```

```
12 cv2.imshow("NEW",new_Image)
13 cv2.waitKey()
14 cv2.destroyAllWindows()
```

上述代码的运行结果如图 2.41 和图 2.42 所示（彩图见二维码）。

图 2.41　原图像

图 2.42　只把 H 通道的值调整为 180

如果让 H 通道和 S 通道的值保持不变，把 V 通道的值调整为 255，会得到什么样的效果呢？把该综合案例中的第 8 行代码修改为：

```
v[:, :] = 255                                    # 将 V 通道的值调整为 255
```

上述代码的运行结果如图 2.43 和图 2.44 所示。

图 2.43　原图像

图 2.44　只把 V 通道的值调整为 255

如果让 H 通道和 V 通道的值保持不变，把 S 通道的值调整为 255，又会得到什么样的效果呢？把该综合案例中的第 8 行代码修改为：

```
s[:, :] = 255                                    # 将 S 通道的值调整为 255
```

上述代码的运行结果如图 2.45 和图 2.46 所示（彩图见二维码）。

图 2.45　原图像

图 2.46　只把 S 通道的值调整为 255

2.6 实战练习

① 编写一个程序，让如图 2.8 所示的图像实现暖色滤镜的效果。所谓暖色滤镜，就是让一幅图像的整体颜色偏红，进而达到暖色调的效果。

② 编写一个程序，让如图 2.8 所示的图像实现冷色滤镜的效果。所谓冷色滤镜，就是让一幅图像的整体颜色偏蓝，进而达到冷色调的效果。

小结

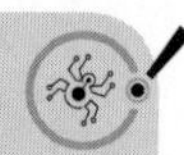

本章分别对图像处理的基本操作、像素、色彩空间，通道这 4 个内容进行了详解。学完了本章后，不仅要熟练掌握 imread() 方法、imshow() 方法、waitKey() 方法和 destroyAllWindows() 方法的使用，而且要熟练掌握用于转换图像色彩空间的 cvtColor() 方法，还要掌握分别用于拆分通道和合并通道的 split() 方法和 merge() 方法。

第 3 章 NumPy 工具包

NumPy 是 Python 中一个非常重要的工具包，它既包含了大量用于表示向量、矩阵、图像等信息的数组对象，又包含了许多用于实现向量乘积、矩阵乘积、图像变形等操作的线性函数。本书在下载 OpenCV-Contrib-Python 工具包的同时，也下载了 NumPy 工具包。下面将详细讲解 NumPy 工具包。

本章的知识结构如下。

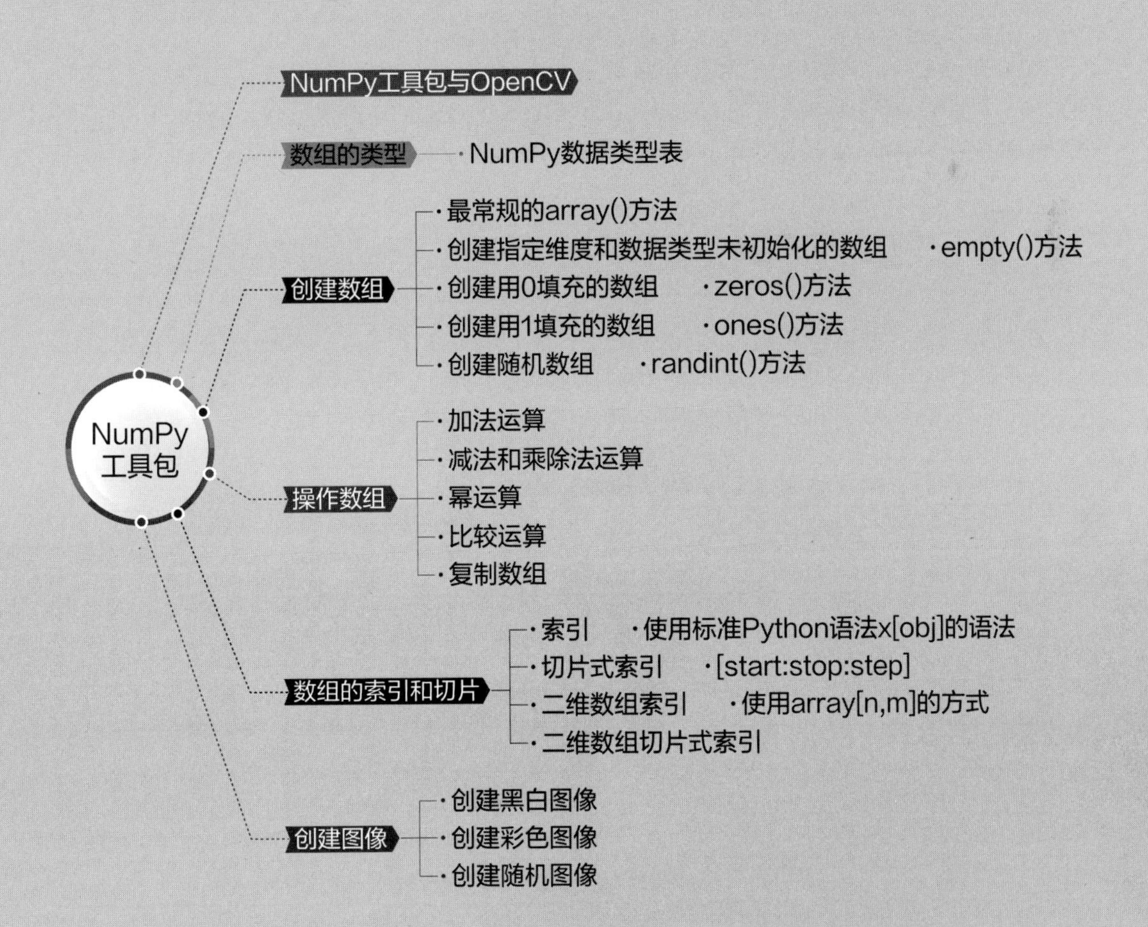

3.1 NumPy 工具包与 OpenCV

NumPy（见图 3.1）更像是一个魔方，如图 3.2 所示，它是 Python 数组计算、矩阵运算和科学计算的核心库。NumPy 这个词来源于 Numerical 和 Python 两个单词。NumPy 提供了一个高性能的数组对象，可以轻松创建一维数组、二维数组和多维数组等大量实用方法，帮助开发者轻松地进行数组计算，从而广泛地应用于数据分析、机器学习、图像处理和计算机图形学、数学任务等领域当中。由于 NumPy 是用 C 语言实现的，所以其运算速度非常快。具体功能如下。

☑ 有一个强大的 *N* 维数组对象 ndarray。
☑ 广播功能方法。
☑ 线性代数、傅里叶变换、随机数生成、图形操作等功能。
☑ 整合 C、C++、Fortran 代码的工具。

图 3.1　NumPy

图 3.2　魔方

在 OpenCV 中，图像是由二维数组或者三维数组表示的，数组中的每一个值就是图像的像素值。因此，善于操作数组的 NumPy 工具包就成了 OpenCV 的依赖包。OpenCV 中很多操作都要依赖 NumPy 工具包，如创建纯色图像、创建掩模、创建卷积核等。

3.2 数组的类型

在对数组进行基本操作前，首先了解一下 NumPy 的数据类型。NumPy 的数据类型比 Python 的数据类型增加了更多种类的数值类型，如表 3.1 所示。为了区别于 Python 的数据类型，像 bool、int、float、complex 等数据类型名称末尾都加了短下划线“_”。

表 3.1　NumPy 的数据类型表

数据类型	描述
bool_	存储为一个字节的布尔值（真或假）
int_	默认整数，相当于 C 语言的 long，通常为 int32 或 int64
intc	相当于 C 语言的 int，通常为 int32 或 int64
intp	用于索引的整数，相当于 C 语言的 size_t，通常为 int32 或 int64
int8	字节（−128 ～ 127）
int16	16 位整数（−32768 ～ 32767）
int32	32 位整数（−2147483648 ～ 2147483647）
int64	64 位整数（−9223372036854775808 ～ 9223372036854775807）

续表

数据类型	描述
uint8	8 位无符号整数（0 ～ 255）
uint16	16 位无符号整数（0 ～ 65535）
uint32	32 位无符号整数（0 ～ 4294967295）
uint64	64 位无符号整数（0 ～ 18446744073709551615）
float_	float64 的简写
float16	半精度浮点：1 个符号位，5 位指数，10 位尾数
float32	单精度浮点：1 个符号位，8 位指数，23 位尾数
float64	双精度浮点：1 个符号位，11 位指数，52 位尾数
complex_	complex128 类型的简写
omplex64	复数，由两个 32 位浮点表示（实部和虚部）
complex128	复数，由两个 64 位浮点表示（实部和虚部）
datatime64	日期时间类型
timedelta64	两个时间之间的间隔

每一种数据类型都有相应的数据转换方法。代码如下所示。

```
np.int8(3.141)
```

结果为：3。

```
np.float64(8)
```

结果为：8.0。

```
np.float(True)
```

结果为：1.0。

3.3 创建数组

NumPy 提供了很多创建数组的方法，下面分别介绍。

3.3.1 最常规的 array() 方法

在 NumPy 中，创建简单的数组主要使用 array() 方法，通过传递列表、元组来创建 NumPy 数组，其中的元素可以是任何对象，语法格式如下。

```
numpy.array(object, dtype, copy, order, subok, ndmin)
```

参数说明：

☑ object：任何具有数组接口方法的对象。

☑ dtype：数据类型。

☑ copy：可选参数，布尔型，默认值为 True。Copy 取值为 True 时，object 对象被复制，否则只有当 __array__ 返回副本，object 参数为嵌套序列，或者需要副本满足数据类型和顺序要求时，才会生成副本。

☑ order：元素在内存中的出现顺序，值为 K、A、C、F。如果 object 参数不是数组，则新创建的数组将按行排列（C），如果值为 F，则按列排列；如果 object 参数是一个数组，则以下成立：C（按行）、F（按列）、A（原顺序）、K（元素在内存中的出现顺序）。

当 order 是 'A'，object 是一个 order 既不是 'C' 也不是 'F' 的数组，并且由于 dtype 的更改而强制执行了一个副本时，那么结果的顺序不一定是 'C'。这可能是一个 bug。

☑ subok：布尔型。如果值为 True，则将传递子类，否则返回的数组将强制为基类数组（默认值）。

☑ ndmin：指定生成数组的最小维数。

下面通过一个实例演示如何创建一维数组和二维数组。

实例 3.1 创建一维和二维数组（源码位置：资源包 \Code\03\01）

分别创建一维数组和二维数组，示意图如图 3.3 所示。

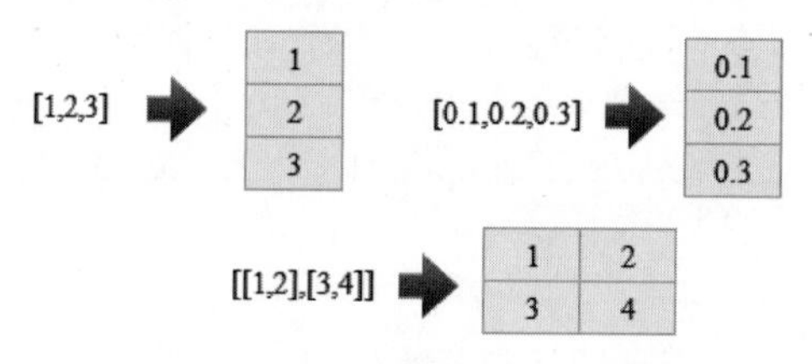

图 3.3 创建一维数组和二维数组

代码如下所示。

```
01 import numpy as np                         # 导入 NumPy 工具包
02
03 n1 = np.array([1,2,3])                     # 创建一个简单的一维数组
04 n2 = np.array([0.1,0.2,0.3])               # 创建一个包含小数的一维数组
05 n3 = np.array([[1,2],[3,4]])               # 创建一个简单的二维数组
```

实例 3.2 创建浮点类型数组（源码位置：资源包 \Code\03\02）

NumPy 支持比 Python 更多种类的数据类型，通过 dtype 参数可以指定数组的数据类型，代码如下所示。

```
01 import numpy as np                         # 导入 NumPy 工具包
02
03 list = [1, 2, 3]                           # 列表
04 # 创建浮点型数组
05 n1 = np.array(list, dtype=np.float_)
06 # 或者
07 n1 = np.array(list, dtype=float)
08 print(n1)
09 print(n1.dtype)
10 print(type(n1[0]))
```

运行结果如下所示。

```
[1. 2. 3.]
float64
<class 'numpy.float64'>
```

实例 3.3　创建三维数组（源码位置：资源包 \Code\03\03）

将 ndmin 参数值设为 3 即可得到三维数组，代码如下所示。

```
01 import numpy as np
02
03 nd1 = [1, 2, 3]
04 nd2 = np.array(nd1, ndmin=3)                    # 三维数组
05 print(nd2)
```

运行结果如下所示。

```
[[[1 2 3]]]
```

由此结果可以看到一维数组被转换成了三维数组。

3.3.2　创建指定维度和数据类型未初始化的数组

创建指定维度和数据类型未初始化的数组主要使用 empty() 方法，数组元素因为未被初始化会自动取随机值。如果要改变数组类型，可以使用 dtype 参数。例如，将数组类型修改为整型，可通过设置 dtype=int 实现。

实例 3.4　创建 2 行 3 列的未初始化数组（源码位置：资源包 \Code\03\04）

创建 2 行 3 列的未初始化数组，代码如下所示。

```
01 import numpy as np
02
03 n = np.empty([2, 3])
04 print(n)
```

运行结果如下所示。

```
[[2.22519099e-307 2.33647355e-307 1.23077925e-312]
 [2.33645827e-307 2.67023123e-307 1.69117157e-306]]
```

3.3.3　创建用 0 填充的数组

创建用 0 填充的数组需要使用 zeros() 方法，利用该方法创建的数组元素均为 0。OpenCV 经常使用该方法创建纯黑图像。

实例 3.5　创建纯 0 数组（源码位置：资源包 \Code\03\05）

创建 3 行 3 列、数据类型为无符号 8 位整数的纯 0 数组，代码如下所示。

```
01 import numpy as np
02
```

```
03 n = np.zeros((3, 3), np.uint8)
04 print(n)
```

运行结果如下所示。

```
[[0 0 0]
[0 0 0]
[0 0 0]]
```

3.3.4 创建用 1 填充的数组

创建用 1 填充的数组需要使用 ones() 方法，利用该方法创建的数组元素均为 1。OpenCV 经常使用该方法创建纯掩模、卷积核等用于计算的二维数组。

实例 3.6 创建纯 1 数组（源码位置：资源包 \Code\03\06）

创建 3 行 3 列、数据类型为无符号 8 位整数的纯 1 数组，代码如下所示。

```
01 import numpy as np
02
03 n = np.ones((3, 3), np.uint8)
04 print(n)
```

运行结果如下所示。

```
[[1 1 1]
[1 1 1]
[1 1 1]]
```

3.3.5 创建随机数组

randint() 方法用于生成一定范围内的随机整数数组，左闭右开区间，即 [low,high)，语法如下。

```
numpy.random.randint(low,high,size)
```

参数说明：

☑ low：随机数最小取值范围。

☑ high：可选参数，随机数最大取值范围。若 high 为空，取值范围为（0，low）；若 high 不为空，则 high 必须大于 low

☑ size：可选参数，数组维数。

实例 3.7 创建随机数组（源码位置：资源包 \Code\03\07）

生成一定范围内的随机数组，代码如下所示。

```
01 import numpy as np
02
03 n1 = np.random.randint(1, 3, 10)
04 print('随机生成10个1到3之间且不包括3的整数：')
05 print(n1)
06 n2 = np.random.randint(5, 10)
```

```
07 print('size 数组大小为空随机返回一个整数：')
08 print(n2)
09 n3 = np.random.randint(5, size=(2, 5))
10 print( '随机生成 5 以内二维数组' )
11 print(n3)
```

运行结果如下所示。

```
随机生成 10 个 1 到 3 之间且不包括 3 的整数：
[1 1 2 1 1 1 2 2 2 1]
size 数组大小为空随机返回一个整数：
7
随机生成 5 以内二维数组
[[2 4 3 2 2]
[1 2 2 4 1]]
```

3.4 操作数组

不用编写循环即可对数据执行批量运算，这是 NumPy 数组运算的特点，NumPy 称之为矢量化。大小相等的数组之间的任何算术运算 NumPy 都可以实现。本节主要介绍如何复制数组和简单的数组运算。

3.4.1 加法运算

数组的加法运算是数组中对应位置的元素相加（每行对应相加），如图 3.4 所示。

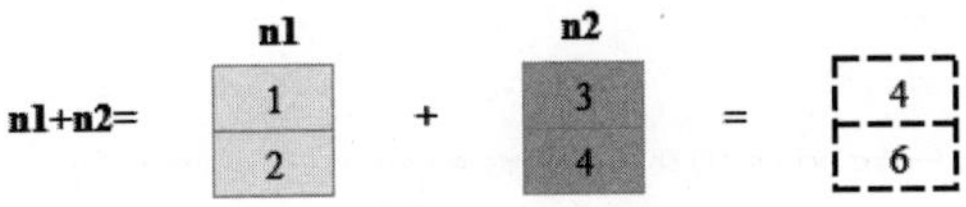

n1+n2= [1, 2] (n1) + [3, 4] (n2) = [4, 6]

图 3.4　数组加法运算示意图

实例 3.8　对数组做加法运算（源码位置：资源包 \Code\03\08）

使用 NumPy 创建两个数组，并让两个数组进行加法运算，代码如下所示。

```
01 import numpy as np
02
03 n1 = np.array([1, 2])                    # 创建一维数组
04 n2 = np.array([3, 4])
05 print(n1 + n2)                           # 加法运算
```

运行结果如下所示。

```
[4 6]
```

3.4.2 减法、乘法和除法运算

除了加法运算，还可以实现数组的减法、乘法和除法运算，如图 3.5 所示。

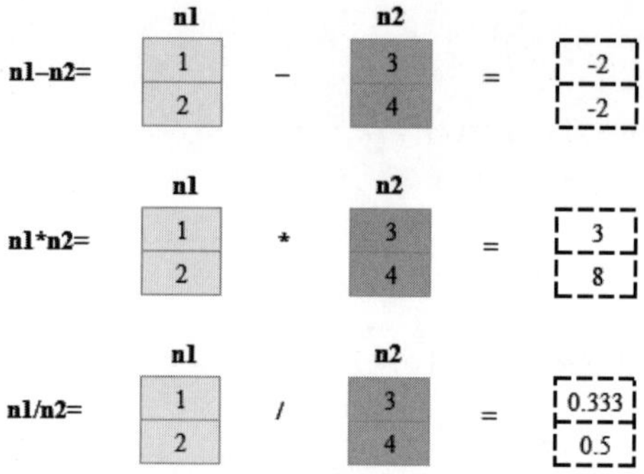

	n1		n2		
n1-n2=	1 2	-	3 4	=	-2 -2
n1*n2=	1 2	*	3 4	=	3 8
n1/n2=	1 2	/	3 4	=	0.333 0.5

图 3.5　数组减法、乘法和除法运算示意图

实例 3.9　对数组做减法、乘法和除法运算（源码位置：资源包 \Code\03\09）

使用 NumPy 创建两个数组，并让两个数组分别进行减法、乘法和除法运算，代码如下所示。

```
01 import numpy as np
02
03 n1 = np.array([1, 2])                    # 创建一维数组
04 n2 = np.array([3, 4])
05 print(n1 - n2)                           # 减法运算
06 print(n1 * n2)                           # 乘法运算
07 print(n1 / n2)                           # 除法运算
```

运行结果如下所示。

```
[-2 -2]
[3 8]
[0.33333333 0.5]
```

3.4.3　幂运算

数组幂运算是指数组中对应位置的元素运行幂运算，使用"**"运算符进行运算，效果如图 3.6 所示。从图中得知，数组 n1 的元素 1 和数组 n2 的元素 3，通过幂运算得到的是 1 的 3 次幂；数组 n1 的元素 2 和数组 n2 的元素 4，通过幂运算得到的是 2 的 4 次幂。

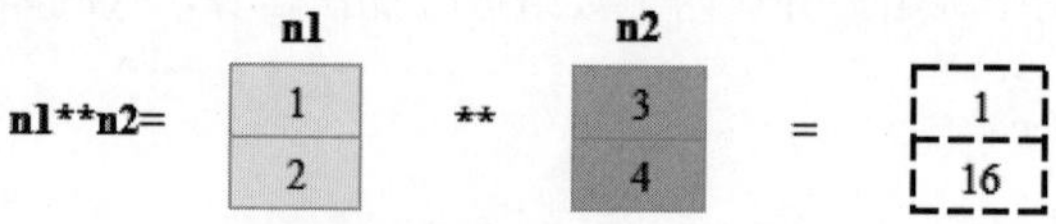

	n1		n2		
n1**n2=	1 2	**	3 4	=	1 16

图 3.6　数组幂运算示意图

实例 3.10　两个数组做幂运算（源码位置：资源包 \Code\03\10）

使用 NumPy 创建两个数组，并让两个数组做幂运算，代码如下所示。

```
01 import numpy as np
02
03 n1 = np.array([1, 2])                    # 创建一维数组
04 n2 = np.array([3, 4])
05 print(n1 ** n2)                          # 幂运算
```

运行结果如下所示。

```
[ 1 16]
```

3.4.4 比较运算

对于利用 NumPy 创建的数组，可以使用逻辑运算符进行比较运算，运算的结果是布尔值数组，数组中的布尔值为相比较的数组在相同位置元素的比较结果。

实例 3.11 使用逻辑运算符比较数组（源码位置：资源包 \Code\03\11）

使用 NumPy 创建两个数组，分别使用“>=”“==”“<=”和“!=”运算符比较两个数组，代码如下所示。

```
01 import numpy as np
02
03 n1 = np.array([1, 2])                    # 创建一维数组
04 n2 = np.array([3, 4])
05 print(n1 >= n2)                          # 大于等于
06 print(n1 == n2)                          # 等于
07 print(n1 <= n2)                          # 小于等于
08 print(n1 != n2)                          # 不等于
```

运行结果如下所示。

```
[False False]
[False False]
[ True  True]
[ True  True]
```

3.4.5 复制数组

NumPy 提供的 array() 方法可以使用如下语法复制数据。

```
n2 = np.array(n1, copy=True)
```

但开发过程中更常用的是 copy() 方法，其语法格式如下。

```
n2 = n1.copy()
```

这两种方法都可以按照原数组的结构、类型、元素值创建出一个副本，修改副本中的元素不会影响到原数组。

实例 3.12 复制数据，比较复制的结果与原数组是否相同（源码位置：资源包 \Code\03\12）

使用 copy() 方法复制数组，比较两个数组是否相同。修改副本数组中的元素值后，再查看两数组是否相同。代码如下所示。

```
01 import numpy as np
02
03 n1 = np.array([1, 2])                    # 创建一维数组
04 n2 = n1.copy()                           # 复制第一个数组
05 print(n1 == n2)                          # 比较两个数组是否相同
```

```
06 n2[0] = 9                                # 修改副本数组的第一个元素
07 print(n1)                                # 输出两个数组的元素值
08 print(n2)
09 print(n1 == n2)                          # 比较两个数组是否相同
```

运行结果如下所示。

```
[ True  True]
[1 2]
[9 2]
[False  True]
```

3.5 数组的索引和切片

NumPy 数组元素是通过数组的索引和切片来访问和修改的，因此索引和切片是 NumPy 中最重要的、最常用的操作。

3.5.1 索引

所谓数组的索引，是指用于标记数组中对应元素的唯一数字，从 0 开始，即数组中的第一个元素的索引是 0，依此类推。NumPy 数组可以使用标准的 Python 语法 x[obj] 对数组进行索引，其中 x 是数组，obj 是选择方式。

实例 3.13 查找一维数组索引为 0 的元素（源码位置：资源包 \Code\03\13）

查找数组 n1 索引为 0 的元素，代码如下所示。

```
01 import numpy as np
02
03 n1=np.array([1,2,3])  #创建一维数组
04 print(n1[0])
```

运行结果如下所示。

```
1
```

3.5.2 切片式索引

数组的切片可以理解为对数组的分割，按照等分或者不等分，将一个数组分割为多个片段，与 Python 中列表的切片操作一样。NumPy 中的切片用冒号分隔切片参数来进行切片操作，语法格式如下。

```
[start:stop:step]
```

参数说明：

☑ start：起始索引，若不写任何值，则表示从 0 开始的全部索引。

☑ stop：终止索引，若不写任何值，则表示直到末尾的全部索引。

☑ step：步长。

例如，对数组 n1 进行一系列切片式索引操作的示意图如图 3.7 所示。

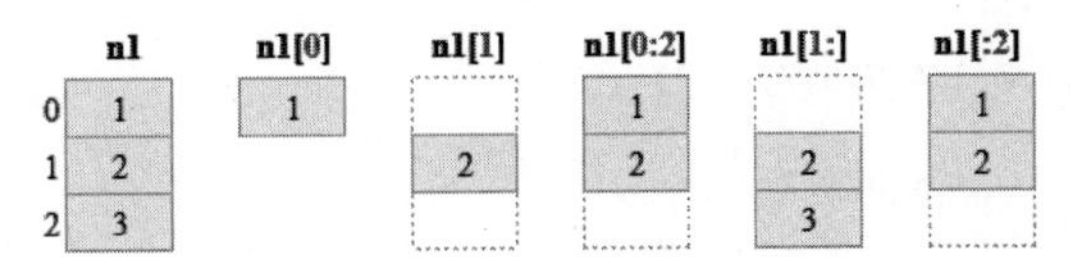

图 3.7　切片式索引示意图

实例 3.14　获取数组中某范围内的元素（源码位置：资源包 \Code\03\14）

按照图 3.7 所示的切片式索引操作获取数据中某范围的元素，代码如下所示。

```
01 import numpy as np
02
03 n1=np.array([1,2,3])  #创建一维数组
04 print(n1[0])
05 print(n1[1])
06 print(n1[0:2])
07 print(n1[1:])
08 print(n1[:2])
```

运行结果如下所示。

```
1
2
[1 2]
[2 3]
[1 2]
```

切片式索引操作需要注意以下几点。

① 索引是左闭右开区间，如上述代码中的 n1[0:2]，只能取到索引从 0 到 1 的元素，而取不到索引为 2 的元素。

② 当没有 start 参数时，代表从索引 0 开始取数，如上述代码中的 n1[:2]。

③ start、stop 和 step 3 个参数都可以是负数，代表反向索引。以 step 参数为例，如图 3.8 所示。

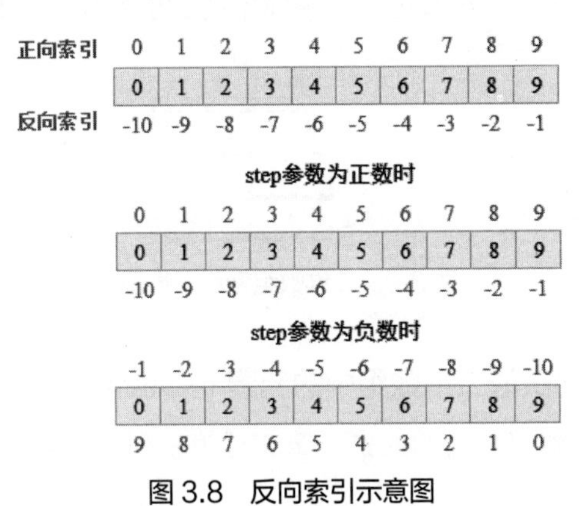

图 3.8　反向索引示意图

实例 3.15　使用不同的切片式索引操作获取数组中的元素（源码位置：资源包 \Code\03\15）

分别演示 start、stop、step 取不同值的切片场景，代码如下所示。

```
01 import numpy as np
02
03 n = np.array([0,1,2,3,4,5,6,7,8,9])
04 print(n)
05 print(n[:3])          # 0 1 2
06 print(n[3:6])         # 3 4 5
07 print(n[6:])          # 6 7 8 9
08 print(n[::])          # 0 1 2 3 4 5 6 7 8 9
09 print(n[:])
10 print(n[::2])         # 0 2 4 6 8
11 print(n[1::5])        # 1 6
12 print(n[2::6])        # 2 8
13 #start、stop、step 为负数时
14 print(n[::-1])        # 9 8 7 6 5 4 3 2 1 0
15 print(n[:-3:-1])      # 9 8
16 print(n[-3:-5:-1])    # 7 6
17 print(n[-5::-1])      # 5 4 3 2 1 0
```

运行结果如下所示。

```
[0 1 2 3 4 5 6 7 8 9]
[0 1 2]
[3 4 5]
[6 7 8 9]
[0 1 2 3 4 5 6 7 8 9]
[0 1 2 3 4 5 6 7 8 9]
[0 2 4 6 8]
[1 6]
[2 8]
[9 8 7 6 5 4 3 2 1 0]
[9 8]
[7 6]
[5 4 3 2 1 0]
```

3.5.3 二维数组索引

二维数组索引可以使用 array[n,m] 的方式，以逗号分隔，表示第 *n* 个数组的第 *m* 个元素。例如，创建一个 3 行 4 列二维数组，实现简单的索引操作，效果如图 3.9 所示。

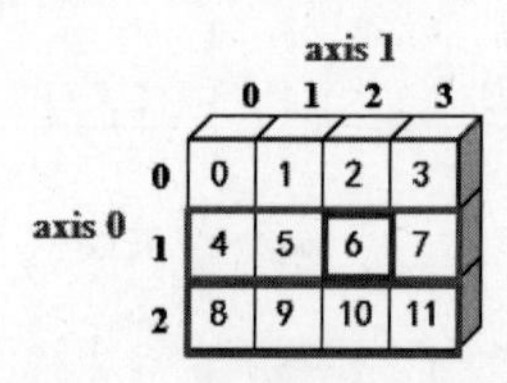

图 3.9 二维数组索引示意图

实例 3.16 用 3 种方式获取二维数组中的元素（源码位置：资源包\Code\03\16）

分别获取二维数组中索引为 1 的元素、第 2 行第 3 列的元素、索引为 −1 的元素，代码如下所示。

```
01 import numpy as np
02
03 # 创建 3 行 4 列的二维数组
04 n=np.array([[0,1,2,3],[4,5,6,7],[8,9,10,11]])
```

```
05 print(n[1])
06 print(n[1,2])
07 print(n[-1])
```

运行结果如下所示。

```
[4 5 6 7]
6
[ 8  9 10 11]
```

上述代码中，n[1]表示第2个数组，n[1,2]表示第2个数组的第3个元素，它等同于n[1][2]，表示数组 n 中第 2 行第 3 列的值，实际上 n[1][2] 是先索引第一个维度得到一个数组，然后在此基础上再索引。

3.5.4　二维数组切片式索引

二维数组也支持切片式索引操作，如图 3.10 所示就是获取二维数组中某一块区域的索引。

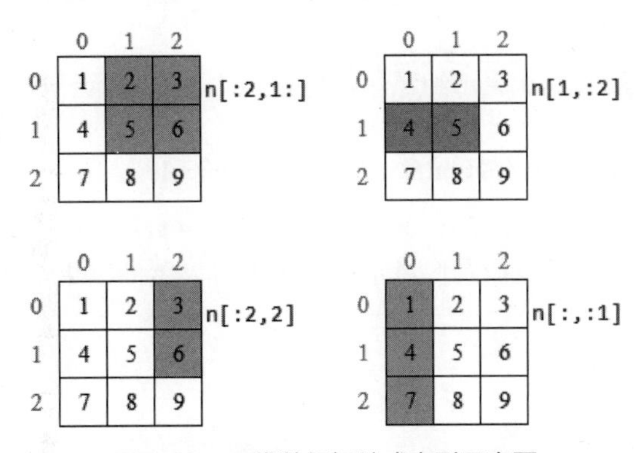

图 3.10　二维数组切片式索引示意图

实例 3.17　对二维数组进行切片式索引操作（源码位置：资源包 \Code\03\17）

参照图 3.10 创建二维数组，对该数组进行切片式索引操作，代码如下所示。

```
01 import numpy as np
02
03 # 创建 3 行 3 列的二维数组
04 n = np.array([[1, 2, 3], [4, 5, 6], [7, 8, 9]])
05 print(n[:2, 1:])
06 print(n[1, :2])
07 print(n[:2, 2])
08 print(n[:, :1])
```

运行结果如下所示。

```
[[2 3]
[5 6]]
[4 5]
[3 6]
[[1]
[4]
[7]]
```

3.6 创建图像

在 OpenCV 中，黑白图像实际上就是一个二维数组，彩色图像是一个三维数组。数组中每个元素就是图像对应位置的像素值，因此修改图像像素的操作实际上就是修改数组的操作。本节将介绍几个在 OpenCV 中常用的操作。

注意

数组索引、像素行列、像素坐标的关系如下所示。

```
数组行索引 = 像素所在行数 - 1 = 像素纵坐标
数组列索引 = 像素所在列数 - 1 = 像素横坐标
```

3.6.1 创建黑白图像

在黑白图像中，像素值为 0 表示纯黑色，像素值为 255 表示纯白色。

实例 3.18 创建纯黑色图像（源码位置：资源包 \Code\03\18）

创建一个 100 行 200 列（宽 200、高 100）的数组，数组元素格式为无符号 8 位整数，用 0 填充整个数组，将该数组当作图像显示出来，查看显示的结果。代码如下所示。

```
01 import cv2
02 import numpy as np
03
04 width = 200                                    # 图像的宽
05 height = 100                                   # 图像的高
06 # 创建指定宽和高、单通道、像素值都为 0 的图像
07 img = np.zeros((height, width), np.uint8)
08 cv2.imshow("img", img)                         # 展示图像
09 cv2.waitKey()                                  # 按下任何键盘按键后
10 cv2.destroyAllWindows()                        # 释放所有窗体
```

运行结果如图 3.11 所示。

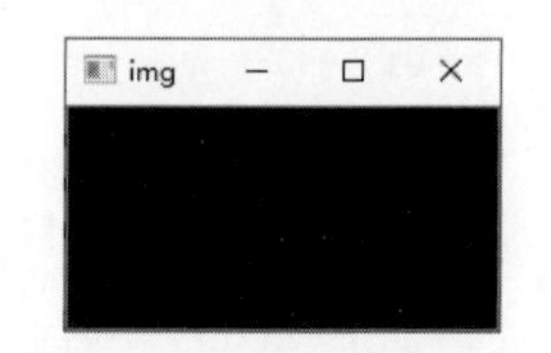

图 3.11 宽 200、高 100 的纯黑色图像

创建纯白色图像有两种方式：第一种是先纯黑色图像，然后将图像中所有的像素值改为 255；第二种使用 NumPy 提供的 ones() 方法创建一个像素值均为 1 的数组，然后让数组乘以 255，同样可以得到一张纯白色图像。

实例 3.19 创建纯白色图像（源码位置：资源包 \Code\03\19）

创建一个 100 行 200 列（宽 200、高 100）的数组，数组元素格式为无符号 8 位整数，用 1 填充整个数组，然后让数组乘以 255，最后将该数组当作图像显示出来，查看显示的结果。代码如下所示。

```
01 import cv2
02 import numpy as np
03
04 width = 200  # 图像的宽
```

```
05 height = 100  # 图像的高
06 # 创建指定宽和高、单通道、像素值都为 1 的图像
07 img = np.ones((height, width), np.uint8) * 255
08 cv2.imshow("img", img)  # 展示图像
09 cv2.waitKey()  # 按下任何键盘按键后
10 cv2.destroyAllWindows()  # 释放所有窗体
```

运行结果如图 3.12 所示。

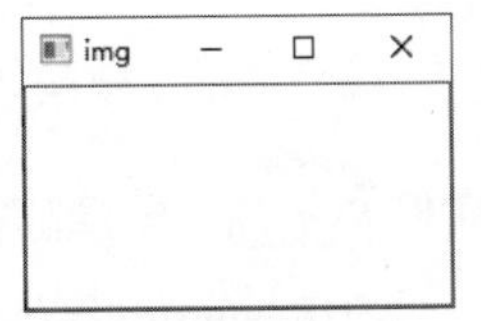

图 3.12　宽 200、高 100 的纯白色图像

通过切片式索引操作可以修改图像中指定区域内的像素，可以达到修改图像内容的效果。

3.6.2　创建彩色图像

以上实例演示的都是用二维数组表示的黑白图像，而显示生活中丰富多彩的颜色需要引入光谱三基色的概念，无法用二维数组表示，而是用到三维数组。OpenCV 中彩色图像默认为 BGR 格式，彩色图像的第三个索引表示的就是蓝、绿、红这三个颜色的颜色分量。

实例 3.20　创建彩色图像（源码位置：资源包 \Code\03\20）

创建彩色图像数组是要将数组创建成三维数组，元素类型仍然为无符号 8 位整数。创建好表示纯黑色图像的三维数组后，复制出三个副本，分别修改三个副本最后一个索引代表的元素值。根据 BGR 的顺序，索引 0 表示蓝色分量，索引 1 表示绿色分量，索引 2 表示红色分量，让三个副本分别显示纯蓝色、纯绿色和纯红色。代码如下所示。

```
01 import cv2
02 import numpy as np
03
04 width = 200                                    # 图像的宽
05 height = 100                                   # 图像的高
06 # 创建指定宽和高、3 通道、像素值都为 0 的图像
07 img = np.zeros((height, width, 3), np.uint8)
08 blue = img.copy()                              # 复制图像
09 blue[:, :, 0] = 255                            # 1 通道所有像素都为 255
10 green = img.copy()
11 green[:, :, 1] = 255                           # 2 通道所有像素都为 255
12 red = img.copy()
13 red[:, :, 2] = 255                             # 3 通道所有像素都为 255
14 cv2.imshow("blue", blue)                       # 展示图像
15 cv2.imshow("green", green)
16 cv2.imshow("red", red)
17 cv2.waitKey()                                  # 按下任何键盘按键后
18 cv2.destroyAllWindows()                        # 释放所有窗体
```

运行结果如图 3.13、图 3.14 和图 3.15 所示（彩图见二维码）。

图 3.13　纯蓝色图像

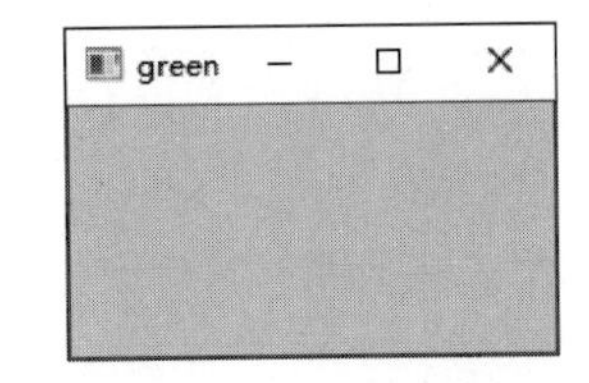

图 3.14　纯绿色图像

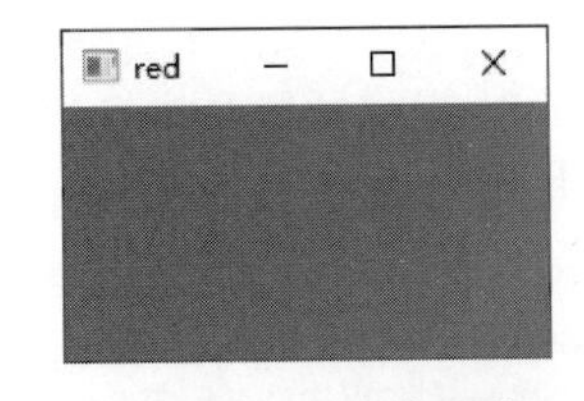

图 3.15　纯红色图像

3.6.3 创建随机图像

随机图像是指图像中每一个像素值都是随机生成的，因为像素之间不会组成有效的视觉信息，所以这样的图像看上去就像杂乱无章的沙子。虽然随机图像没有任何视觉信息，但对于图像处理技术仍然很重要。毫无规律的像素数组称为干扰图像的噪声，或者当作图像加密的密钥。

这一节就介绍如何利用 NumPy 创建随机图像。

实例 3.21 创建随机像素的雪花点图像（源码位置：资源包 \Code\03\21）

使用 NumPy 提供的 random.randint() 方法就可以创建随机数组，将随机值的取值范围定在 0 ～ 256 之间（像素值范围），元素类型定为无符号 8 位整数，代码如下所示。

```
01 import cv2
02 import numpy as np
03
04 width = 200                                               # 图像的宽
05 height = 100                                              # 图像的高
06 # 创建指定宽和高、单通道、随机像素值的图像，随机值在 0 ～ 256 之间，类型为无符号 8 位整数
07 img = np.random.randint(256, size=(height, width), dtype=np.uint8)
08 cv2.imshow("img", img)                                    # 展示图像
09 cv2.waitKey()                                             # 按下任何键盘按键后
10 cv2.destroyAllWindows()                                   # 释放所有窗体
```

运行结果如图 3.16 所示。

这个实例演示的是随机黑白图像，因为 random.randint() 方法在指定数组行列后默认创建二维数组。如果创建的是三维数组，就可以看到随机彩色图像了。创建三维随机数组仅需修改 size 参数中的维度参数，修改后的代码如下所示。

```
img = np.random.randint(256, size=(height, width, 3), dtype=np.uint8)
```

再次运行后就会变成如图 3.17 所示的随机彩色图像效果（彩图见二维码）。

图 3.16 随机黑白图像

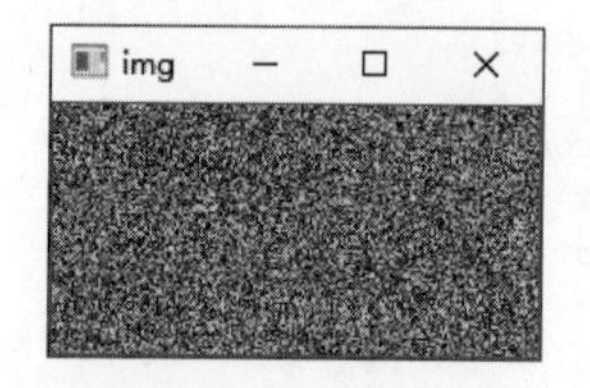

图 3.17 随机彩色图像

3.7 综合案例——拼接图像

NumPy 提供了两个拼接数组的方法，分别是 hstack() 方法和 vstack() 方法。这两个拼接方法同样可用于拼接图像，下面分别介绍。

hstack() 方法可以对数组进行水平拼接（或叫横向拼接），其语法格式如下。

```
array = numpy.hstack(tup)
```

参数说明：

☑ tup：要拼接的数组元组。

返回值说明：

☑ array：将参数元组中的数组水平拼接后生成的新数组。

hstack() 方法可以拼接多个数组，拼接效果如图 3.18 所示。被拼接的数组必须在每一个维度都具有相同的长度，也就是数组“形状相同”，如 2 行 2 列的数组只能拼接 2 行 2 列的数组，否则会出现错误。

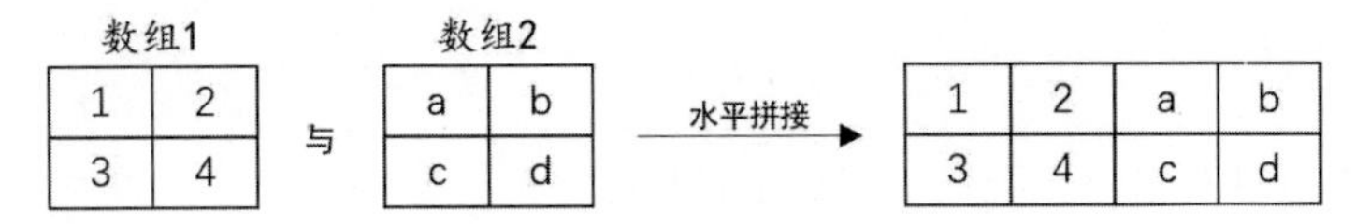

图 3.18　水平拼接两个数组

例如，创建三个一维数组，将这三个数组进行水平拼接，代码如下所示。

```
01 import numpy as np
02
03 a = np.array([1, 2, 3])
04 b = np.array([4, 5, 6])
05 c = np.array([7, 8, 9])
06 result = np.hstack((a, b, c))
07 print(result)
```

运行结果如下所示。

```
[1 2 3 4 5 6 7 8 9]
```

从这个结果可以看出，一维数组进行水平拼接之后，会生成一个较长的、包含所有元素的新一维数组。

vstack() 方法可以对数组进行垂直拼接（或叫纵向拼接），其语法格式如下。

```
array = numpy.vstack(tup)
```

参数说明：

☑ tup：要拼接的数组元组。

返回值说明：

☑ array：将参数元组中的数组垂直拼接后生成的新数组。

vstack() 方法可以拼接多个数组，拼接效果如图 3.19 所示。被拼接的数组的格式要求与 hstack() 方法的格式要求相同。

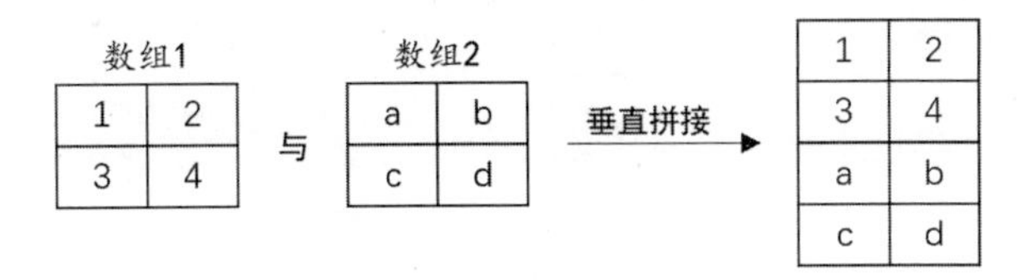

图 3.19　垂直拼接两个数组

例如，创建三个一维数组，将这三个数组进行垂直拼接，代码如下所示。

```
01 import numpy as np
02
03 a = np.array([1, 2, 3])
04 b = np.array([4, 5, 6])
05 c = np.array([7, 8, 9])
06 result = np.vstack((a, b, c))
07 print(result)
```

运行结果如下所示。

```
[[1 2 3]
[4 5 6]
[7 8 9]]
```

从这个结果可以看出，一维数组进行垂直拼接之后，会生成一个二维数组，每一个被拼接的一维数组都形成二维数组中的一个行。

在 OpenCV 中，图像就是一个二维或三维的数组，这些数组同样可以被 NumPy 拼接，下面将通过一个实例展示图像拼接后的效果。

读取一幅图像，先分别让这幅图像与其自身进行水平拼接和垂直拼接，再使用两个窗口分别展示水平拼接和垂直拼接后的效果。代码如下所示。

```
01 import cv2
02 import numpy as np
03
04 img = cv2.imread("stone.jpg")              # 读取原始图像
05
06 img_h = np.hstack((img, img))              # 水平拼接两个图像
07 img_v = np.vstack((img, img))              # 垂直拼接两个图像
08
09 cv2.imshow("img_h", img_h)                 # 展示拼接之后的效果
10 cv2.imshow("img_v", img_v)
11 cv2.waitKey()                              # 按下任何键盘按键后
12 cv2.destroyAllWindows()                    # 释放所有窗体
```

运行结果如图 3.20 和图 3.21 所示。

图 3.20　水平拼接的效果

图 3.21　垂直拼接的效果

3.8 实战练习

① 编写一个程序，先绘制纯黑色图像作为背景，然后使用切片式索引操作将图像中横坐标为 50 ～ 100、纵坐标为 25 ～ 75 的矩形区域颜色改为纯白色。

② 编写一个程序，先绘制纯黑色图像作为背景，然后在循环中使用切片式索引操作绘制黑白间隔图像。

小结

NumPy 工具包是 OpenCV 的依赖包。与 Python 数据类型相比，NumPy 的数据类型增加了更多种类的数值类型，具体内容可参考表 3.1。本章着重讲解了使用 NumPy 创建 5 种不同的数组的方法；使用 NumPy 对数组执行加、减、乘、除、幂运算和比较运算；使用 NumPy 复制数组；使用 NumPy 创建黑白图像、彩色图像和随机图像；使用 NumPy 水平拼接、垂直拼接数组和图像。

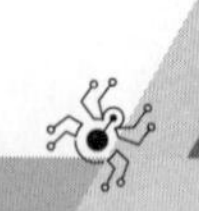

第 4 章
绘图及交互

OpenCV 提供了许多用于绘制图形的方法，通过使用这些方法，即可绘制线段、矩形、圆形、多边形、文字等。此外，OpenCV 还提供了鼠标交互和滑动条交互这两个功能。其中，鼠标交互可以理解为程序对某个鼠标事件做出的响应；滑动条交互可以理解为用户通过滑动滑块为某个变量在一定范围内设置特定的值。本章将依次讲解绘图、鼠标交互和滑动条交互这 3 个内容。

本章的知识结构如下。

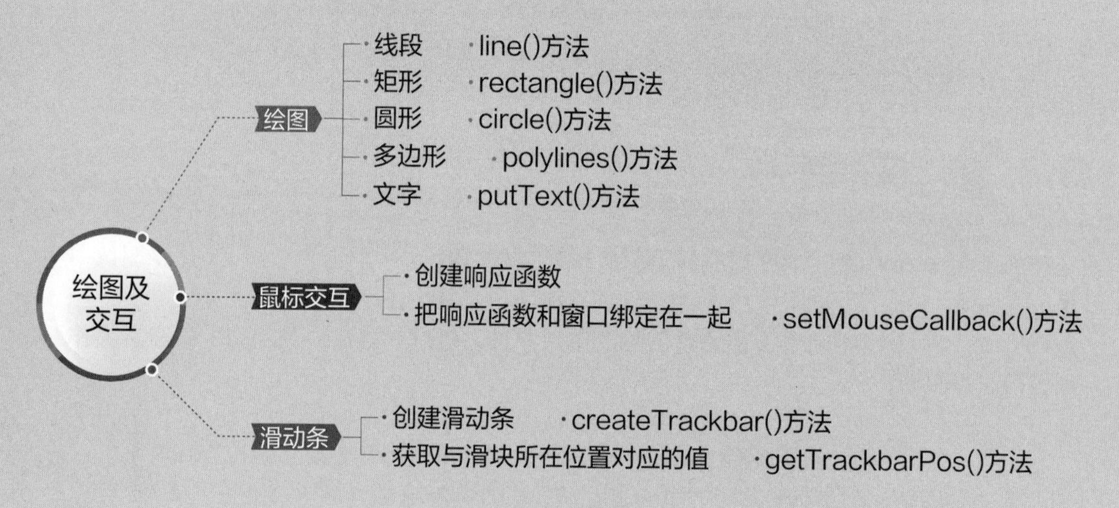

4.1 线段的绘制

OpenCV 提供了用于绘制线段的 line() 方法，使用这个方法即可绘制长短不一的、粗细各异的、五颜六色的线段。line() 方法的语法格式如下。

```
img = cv2.line(img, pt1, pt2, color, thickness)
```

参数说明：

☑ img：画布。
☑ pt1：线段的起点坐标。
☑ pt2：线段的终点坐标。
☑ color：绘制线段时的线条颜色。
☑ thickness：绘制线段时的线条宽度。

返回值说明：

☑ img：画布。

当使用 line() 方法绘制线段时，要指定线条颜色。那么，在 OpenCV 中，如何表示线条颜色呢？以“红色”为例，在 RGB 颜色查询对照表中，表示“红色”的 RGB 值是“(255, 0, 0)”。由于 OpenCV 默认的通道顺序是 B → G → R，致使在 OpenCV 中，要用与 RGB 值对应的 BGR 值表示“红色”，即“(0, 0, 255)”。

实例 4.1　绘制线段并拼成一个“王”字（源码位置：资源包 \Code\04\01）

编写一个程序，使用 line() 方法分别绘制颜色为蓝色、绿色、红色和黄色，线条宽度为 5，10，15 和 20 的 4 条线段，并且这 4 条线段能够拼成一个“王”字。代码如下所示。

```
01 import numpy as np # 导入 Python 中的 NumPy 模块
02 import cv2
03
04 # np.zeros()：创建了一个画布
05 # (300, 300, 3)：一个 300 x 300，具有 3 个通道（Red、Green 和 Blue）的画布
06 # np.uint8：OpenCV 中的灰度图像和 RGB 图像都是以 uint8 存储的，因此这里的类型也是 uint8
07 canvas = np.zeros((300, 300, 3), np.uint8)
08 # 在画布上，绘制一条起点坐标为 (50, 50)、终点坐标为 (250, 50)、蓝色的、线条宽度为 5 的线段
09 canvas = cv2.line(canvas, (50, 50), (250, 50), (255, 0, 0), 5)
10 # 在画布上，绘制一条起点坐标为 (50, 150)、终点坐标为 (250, 150)、绿色的、线条宽度为 10 的线段
11 canvas = cv2.line(canvas, (50, 150), (250, 150), (0, 255, 0), 10)
12 # 在画布上，绘制一条起点坐标为 (50, 250)、终点坐标为 (250, 250)、红色的、线条宽度为 15 的线段
13 canvas = cv2.line(canvas, (50, 250), (250, 250), (0, 0, 255), 15)
14 # 在画布上，绘制一条起点坐标为 (150, 50)、终点坐标为 (150, 250)、黄色的、线条宽度为 20 的线段
15 canvas = cv2.line(canvas, (150, 50), (150, 250), (0, 255, 255), 20)
16 cv2.imshow("Lines", canvas) # 显示画布
17 cv2.waitKey()
18 cv2.destroyAllWindows()
```

上述代码的运行结果如图 4.1 所示。

为了明确每条线段的起点坐标和终点坐标，把图 4.1 的主体部分放在一个如图 4.2 所示的坐标系里。彩图见二维码。

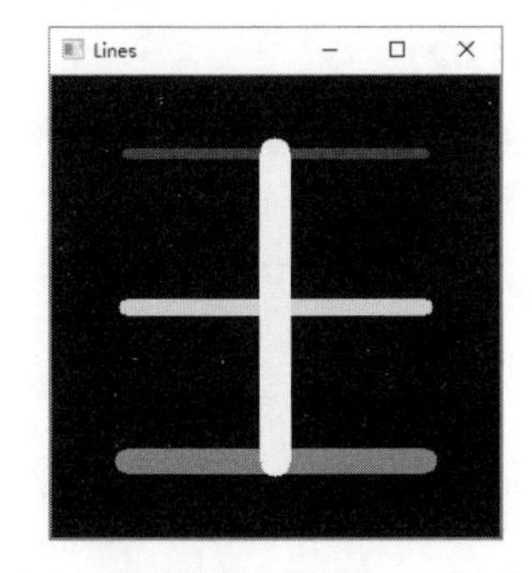

图 4.1　绘制线段并拼成一个“王”字

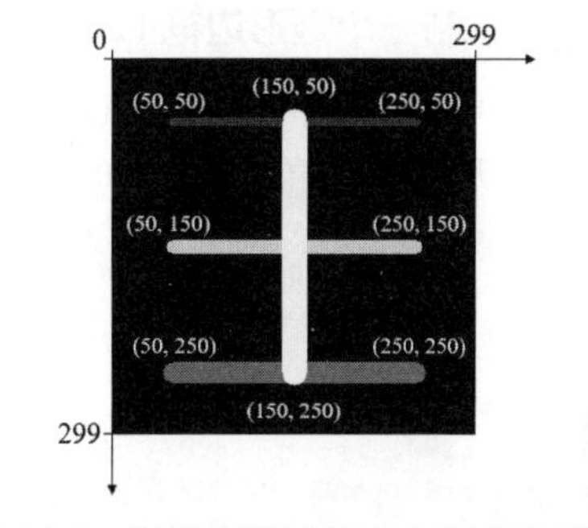

图 4.2　每条线段的起点坐标和终点坐标

此外，如果想把图 4.1 中的黑色背景替换为白色背景，应该如何操作呢？

这时，只需要将实例 4.1 的第 7 行代码替换成如下代码即可。

```
canvas = np.ones((300, 300, 3), np.uint8) * 255
```

运行修改后的代码，将得到如图 4.3 所示的结果。

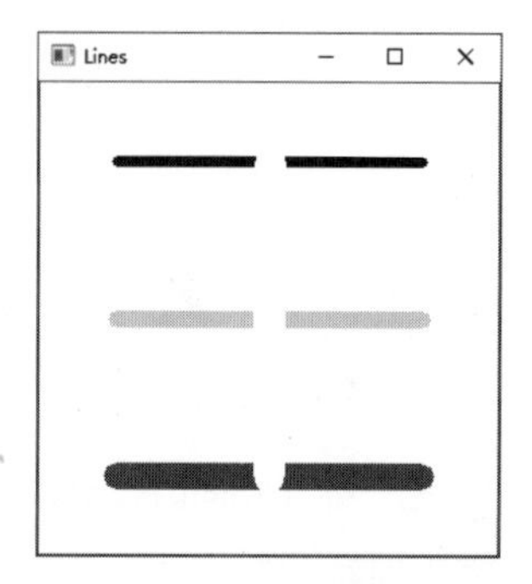

图 4.3　把图 4.1 中的黑色背景替换为白色背景

4.2 矩形的绘制

OpenCV 提供了用于绘制矩形的 rectangle() 方法，使用这个方法既可以绘制矩形边框，也可以绘制实心矩形。rectangle() 方法的语法格式如下。

```
img = cv2.rectangle(img, pt1, pt2, color, thickness)
```

参数说明：

☑ img：画布。

☑ pt1：矩形的左上角坐标。

☑ pt2：矩形的右下角坐标。

☑ color：绘制矩形时的线条颜色。

☑ thickness：绘制矩形时的线条宽度。

返回值说明：

☑ img：画布。

实例 4.2　绘制一个矩形边框（源码位置：资源包 \Code\04\02）

编写一个程序，使用 rectangle() 方法绘制一个青色的、线条宽度为 20 的矩形边框。绘制矩形时，矩形的左上角坐标为 (50, 50)，矩形的右下角坐标为 (200, 150)。代码如下所示。

```
01 import numpy as np # 导入 Python 中的 NumPy 模块
02 import cv2
03
04 # np.zeros()：创建了一个画布
05 # (300, 300, 3)：一个 300 x 300，具有 3 个通道（Red、Green 和 Blue）的画布
06 # np.uint8：OpenCV 中的灰度图像和 RGB 图像都是以 uint8 存储的，因此这里的类型也是 uint8
07 canvas = np.zeros((300, 300, 3), np.uint8)
```

```
08 # 在画布上绘制一左上角坐标为 (50,50)、右下角坐标为 (200,150)、青色的、线条宽度为 20 的矩形边框
09 canvas = cv2.rectangle(canvas, (50, 50), (200, 150), (255, 255, 0), 20)
10 cv2.imshow("Rectangle", canvas) # 显示画布
11 cv2.waitKey()
12 cv2.destroyAllWindows()
```

上述代码的运行结果如图 4.4 所示。

如果想要填充图 4.4 中的矩形边框，使之变成实心矩形，应该如何修改上述代码呢？

在 rectangle() 方法的语法格式中，thickness 表示绘制矩形时的线条宽度。当 thickness 的值为－1 时，即可绘制一个实心矩形。也就是说，只需要把实例 4.2 的第 9 行代码中的最后一个参数 20 修改为－1，即能够绘制一个实心矩形。关键代码如下所示。

```
canvas = cv2.rectangle(canvas, (50, 50), (200, 150), (255, 255, 0), -1) # 绘制一实心矩形
```

运行修改后的代码，将得到如图 4.5 所示的结果。

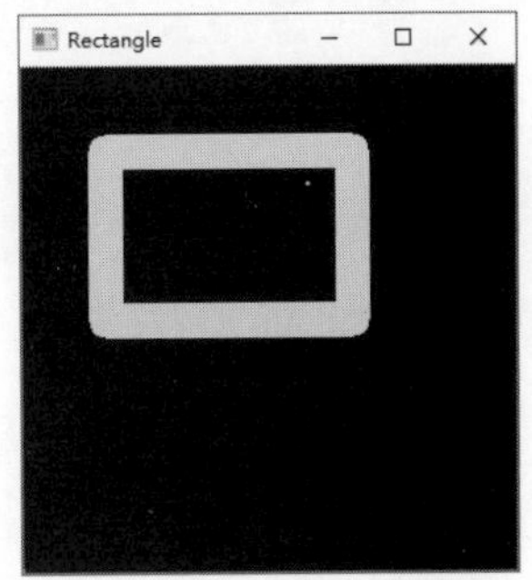

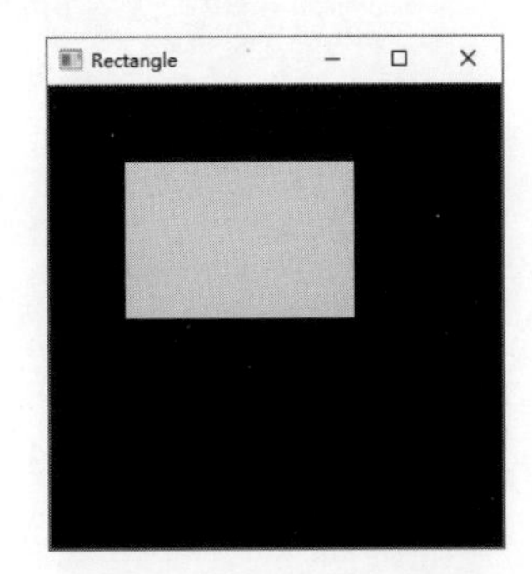

图 4.4　绘制一个矩形边框

图 4.5　绘制一个实心矩形

正方形是特殊的矩形，因此使用 rectangle() 方法除了能绘制矩形外，还能绘制正方形。

4.3　圆形的绘制

OpenCV 提供了用于绘制圆形的 circle() 方法，利用该方法既可以绘制圆形边框，也可以绘制实心圆形。circle() 方法的语法格式如下。

```
img = cv2.circle(img, center, radius, color, thickness)
```

参数说明：

☑ img：画布。

☑ center：圆形的圆心坐标。

☑ radius：圆形的半径。

☑ color：绘制圆形时的线条颜色。

☑ thickness：绘制圆形时的线条宽度。

返回值说明：

☑ img：画布。

绘制圆形和绘制线段或者矩形一样容易，但是绘制圆形要比绘制线段或者矩形多一些趣味，例如绘制同心圆、绘制随机圆等。

实例 4.3 绘制同心圆（源码位置：资源包 \Code\04\03）

编写一个程序，使用 circle() 方法和 for 循环绘制 5 个同心圆，这些圆形的圆心坐标均为画布的中心，半径的值分别为 0、30、60、90 和 120，线条颜色均为绿色，线条宽度均为 5。代码如下所示。

```
01 import numpy as np # 导入 Python 中的 NumPy 模块
02 import cv2
03
04 # np.zeros()：创建了一个画布
05 # (300, 300, 3)：一个 300 x 300，具有 3 个通道（Red、Green 和 Blue）的画布
06 # np.uint8：OpenCV 中的灰度图像和 RGB 图像都是以 uint8 存储的，因此这里的类型也是 uint8
07 canvas = np.zeros((300, 300, 3), np.uint8)
08 # shape[1] 表示画布的宽度，center_X 表示圆心的横坐标
09 # 圆心的横坐标等于画布的宽度的一半
10 center_X = int(canvas.shape[1] / 2)
11 # shape[0] 表示画布的高度，center_y 表示圆心的纵坐标
12 # 圆心的纵坐标等于画布的高度的一半
13 center_Y = int(canvas.shape[0] / 2)
14 # r 表示半径；其中，r 的值分别为 0，30，60，90 和 120
15 for r in range(0, 150, 30):
16     # 绘制一个圆心坐标为 (center_X, center_Y)、半径为 r、绿色的、线条宽度为 5 的圆形
17     cv2.circle(canvas, (center_X, center_Y), r, (0, 255, 0), 5)
18 cv2.imshow("Circles", canvas) # 显示画布
19 cv2.waitKey()
20 cv2.destroyAllWindows()
```

上述代码的运行结果如图 4.6 所示。

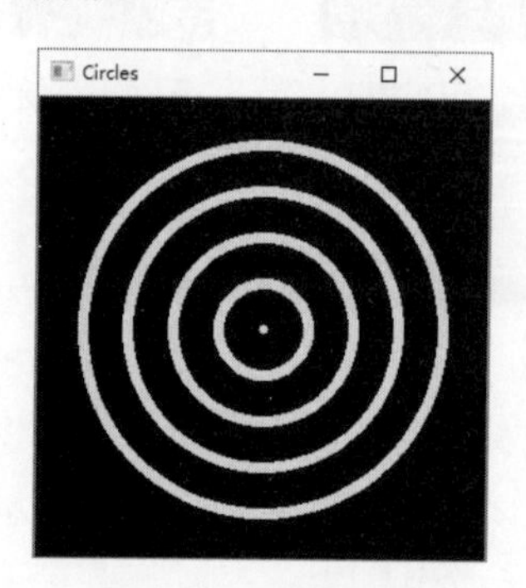

图 4.6 绘制同心圆

实例 4.4 绘制 27 个随机实心圆（源码位置：资源包 \Code\04\04）

编写一个程序，使用 circle() 方法和 for 循环随机绘制 27 个实心圆。其中，圆心的横坐标、纵坐标在 [0, 299] 范围内取值，半径在 [11, 70] 范围内取值，线条颜色由 3 个在 [0, 255] 范围内的随机数组成的列表表示。代码如下所示。

```
01 import numpy as np # 导入 Python 中的 NumPy 模块
02 import cv2
03
04 # np.zeros()：创建了一个画布
05 # (300, 300, 3)：一个 300 x 300，具有 3 个通道（Red、Green 和 Blue）的画布
06 # np.uint8：OpenCV 中的灰度图像和 RGB 图像都是以 uint8 存储的，因此这里的类型也是 uint8
07 canvas = np.zeros((300, 300, 3), np.uint8)
```

```
08 # 通过循环绘制 27 个实心圆
09 for numbers in range(0, 28):
10     # 获得随机的圆心横坐标，这个横坐标在 [0, 299] 范围内取值
11     center_X = np.random.randint(0, high = 300)
12     # 获得随机的圆心纵坐标，这个纵坐标在 [0, 299] 范围内取值
13     center_Y = np.random.randint(0, high = 300)
14     # 获得随机的半径，这个半径在 [11, 70] 范围内取值
15     radius = np.random.randint(11, high = 71)
16     # 获得随机的线条颜色，这个颜色由 3 个在 [0, 255] 范围内的随机数组成的列表表示
17     color = np.random.randint(0, high = 256, size = (3,)).tolist()
18     # 绘制一个圆心坐标为 (center_X, center_Y)、半径为 radius、颜色为 color 的实心圆形
19     cv2.circle(canvas, (center_X, center_Y), radius, color, -1)
20 cv2.imshow("Circles", canvas) # 显示画布
21 cv2.waitKey()
22 cv2.destroyAllWindows()
```

上述代码的运行结果如图 4.7 所示。

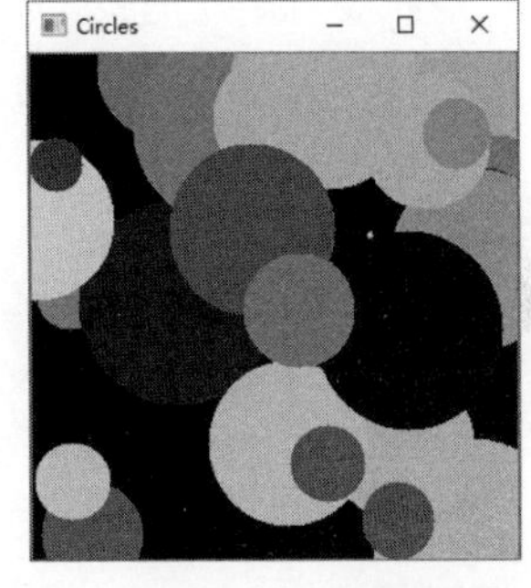

图 4.7　绘制 27 个随机实心圆

注意

因为 OpenCV 中的颜色值是一个列表，如 (0, 0, 255) 等，所以第 17 行代码“color = np.random.randint(0, high = 256, size = (3,)).tolist()”中的 .tolist() 不能被忽略，否则运行程序时会发生错误。

4.4 多边形的绘制

OpenCV 提供了用于绘制多边形的 polylines() 方法，使用这个方法绘制的多边形既可以是封闭的，也可以是不封闭的。polylines() 方法的语法格式如下。

```
img = cv2.polylines(img, pts, isClosed, color, thickness)
```

参数说明：

☑ img：画布。

☑ pts：由多边形各个顶点的坐标组成的一个列表，这个列表是一个 NumPy 的数组类型。

☑ isClosed：如果值为 True，表示一个闭合的多边形；如果值为 False，表示一个不闭合的多边形。

☑ color：绘制多边形时的线条颜色。

☑ thickness：绘制多边形时的线条宽度。

返回值说明：

☑ img：画布。

实例 4.5　绘制一个等腰梯形边框（源码位置：资源包 \Code\04\05）

编写一个程序，按顺时针给出等腰梯形 4 个顶点的坐标，即 (100, 50)、(200, 50)、(250, 250) 和 (50, 250)。在画布上根据 4 个顶点的坐标，绘制一个闭合的、红色的、线条宽度为 5 的等腰梯形边框。代码如下所示。

```
01 import numpy as np # 导入 Python 中的 NumPy 模块
02 import cv2
03
04 # np.zeros()：创建了一个画布
05 # (300, 300, 3)：一个 300 x 300，具有 3 个通道（Red、Green 和 Blue）的画布
06 # np.uint8：OpenCV 中的灰度图像和 RGB 图像都是以 uint8 存储的，因此这里的类型也是 uint8
07 canvas = np.zeros((300, 300, 3), np.uint8)
08 # 按顺时针给出等腰梯形 4 个顶点的坐标
09 # 这 4 个顶点的坐标构成了一个大小等于 " 顶点个数 * 1 * 2" 的数组
10 # 这个数组的数据类型为 np.int32
11 pts = np.array([[100, 50], [200, 50], [250, 250], [50, 250]], np.int32)
12 # 在画布上根据 4 个顶点的坐标，绘制一个闭合的、红色的、线条宽度为 5 的等腰梯形边框
13 canvas = cv2.polylines(canvas, [pts], True, (0, 0, 255), 5)
14 cv2.imshow("Polylines", canvas) # 显示画布
15 cv2.waitKey()
16 cv2.destroyAllWindows()
```

上述代码的运行结果如图 4.8 所示。

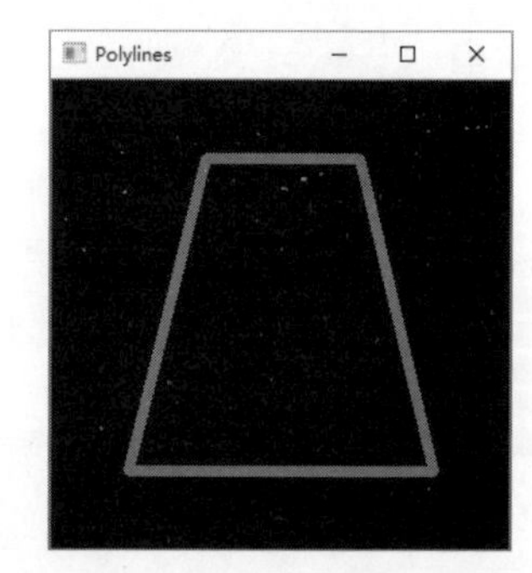

图 4.8　绘制一个等腰梯形边框

注意

须按顺时针 [(100, 50)、(200, 50)、(250, 250) 和 (50, 250)] 或者逆时针 [(100, 50)、(50, 250)、(250, 250) 和 (200, 50)] 给出等腰梯形 4 个顶点的坐标，否则无法绘制一个等腰梯形边框。

例如，把实例 4.5 的第 11 行代码做如下修改。

```
pts = np.array([[100, 50], [200, 50], [50, 250], [250, 250]], np.int32)
```

运行修改后的代码，将得到如图 4.9 所示的结果。

再例如，把实例 4.5 的第 13 行代码中的 True 修改为 False，那么将绘制出一个不封闭的等腰梯形边框。关键代码如下所示。

```
canvas = cv2.polylines(canvas, [pts], False, (0, 0, 255), 5) # 绘制一不封闭的等腰梯形边框
```

运行修改后的代码，将得到如图 4.10 所示的结果。

图 4.9　不按顺时针或者逆时针给出等腰梯形 4 个顶点的坐标的运行结果

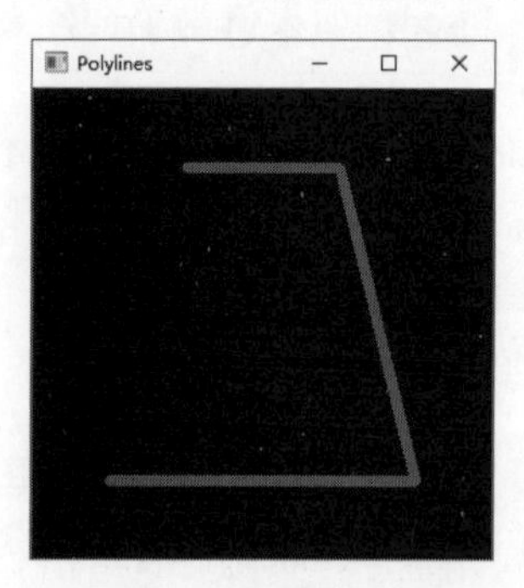

图 4.10　绘制一个不封闭的等腰梯形边框

实例 4.5 点出了在绘制多边形的过程中需要注意的两个问题：一个是须按顺时针或者逆时针的方向给出多边形各个顶点的坐标；另一个是要指定绘制的多边形是否是闭合的。

4.5 文字的绘制

OpenCV 提供了用于绘制文字的 putText() 方法，使用这个方法不仅能够设置字体的样式、大小和颜色，而且能够使字体呈现斜体的效果，还能够控制文字的方向，进而使文字呈现垂直镜像的效果。putText() 方法的语法格式如下。

```
img = cv2.putText(img, text, org, fontFace, fontScale, color, thickness, lineType,
bottomLeftOrigin)
```

参数说明：

☑ img：画布。
☑ text：要绘制的文字内容。
☑ org：文字在画布中的左下角坐标。
☑ fontFace：字体样式，可选参数如表 4.1 所示。
☑ fontScale：字体大小。
☑ color：绘制文字时的线条颜色。
☑ thickness：绘制文字时的线条宽度。
☑ lineType：线型。线型指的是线的产生算法，有 4 和 8 两个值，默认值为 8。
☑ bottomLeftOrigin：绘制文字时的方向。有 True 和 False 两个值，默认值为 False。

返回值说明：

☑ img：画布。

使用 putText() 方法时，thickness、lineType 和 bottomLeftOrigin 是可选参数，有无均可。

表 4.1　字体样式及其含义

字体样式	含义
FONT_HERSHEY_SIMPLEX	正常大小的 sans-serif 字体
FONT_HERSHEY_PLAIN	小号的 sans-serif 字体
FONT_HERSHEY_DUPLEX	正常大小的 sans-serif 字体 （比 FONT_HERSHEY_SIMPLEX 字体样式更复杂）
FONT_HERSHEY_COMPLEX	正常大小的 serif 字体
FONT_HERSHEY_TRIPLEX	正常大小的 serif 字体 （比 FONT_HERSHEY_COMPLEX 字体样式更复杂）
FONT_HERSHEY_COMPLEX_SMALL	FONT_HERSHEY_COMPLEX 字体样式的简化版
FONT_HERSHEY_SCRIPT_SIMPLEX	手写风格的字体
FONT_HERSHEY_SCRIPT_COMPLEX	FONT_HERSHEY_SCRIPT_SIMPLEX 字体样式的进阶版
FONT_ITALIC	斜体

实例 4.6　绘制文字"OpenCV"（源码位置：资源包\Code\04\06）

编写一个程序，在画布上绘制文字"OpenCV"。其中，文字左下角的坐标为（20, 70），字体样式为 FONT_HERSHEY_TRIPLEX，字体大小为 2，线条颜色是绿色，线条宽度为 5。代码如下所示。

```
01 import numpy as np # 导入 Python 中的 NumPy 模块
02 import cv2
03
04 # np.zeros()：创建了一个画布
05 # (100, 300, 3)：一个 100 x 300，具有 3 个通道（Red、Green 和 Blue）的画布
06 # np.uint8：OpenCV 中的灰度图像和 RGB 图像都是以 uint8 存储的，因此这里的类型也是 uint8
07 canvas = np.zeros((100, 300, 3), np.uint8)
08 # 在画布上绘制文字 "OpenCV"，文字左下角的坐标为 (20, 70)
09 # 字体样式为 FONT_HERSHEY_TRIPLEX
10 # 字体大小为 2，线条颜色是绿色，线条宽度为 5
11 cv2.putText(canvas, "OpenCV", (20, 70), cv2.FONT_HERSHEY_TRIPLEX, 2, (0, 255, 0), 5)
12 cv2.imshow("Text", canvas) # 显示画布
13 cv2.waitKey()
14 cv2.destroyAllWindows()
```

上述代码的运行结果如图 4.11 所示。

不借助其他库或者模块，使用 putText() 方法绘制中文时，即把实例 4.6 的第 11 行代码中的 OpenCV 修改为"您好"，会出现如图 4.12 所示的乱码。因此，本书只介绍绘制英文的相关内容。

图 4.11　绘制文字"OpenCV"

图 4.12　绘制中文时出现乱码

如果把实例 4.6 的第 11 行代码中的字体样式由"cv2.FONT_HERSHEY_TRIPLEX"修改为"cv2.FONT_HERSHEY_DUPLEX"，那么将改变图 4.11 中的字体样式。关键代码如下所示。

```
cv2.putText(canvas, "OpenCV", (20, 70), cv2.FONT_HERSHEY_DUPLEX, 2, (0, 255, 0), 5)
```

运行修改后的代码，将得到如图 4.13 所示的结果。

图 4.13　字体为"cv2.FONT_HERSHEY_DUPLEX"呈现的效果

根据上述修改方法，读者朋友可以把实例 4.6 的第 11 行代码中的字体样式依次修改为表 4.1 中的各个字体样式，这样就能够查看每一个字体样式所呈现的效果。

4.5.1　文字的斜体效果

FONT_ITALIC 可以与其他文字类型一起使用，使文字在呈现指定字体样式效果的同时，也呈现斜体效果。

实例 4.7　绘制指定字体样式的文字并呈现斜体效果（源码位置：资源包 \Code\04\07）

编写一个程序，在图 4.11 呈现的文字效果的基础上，使文字呈现斜体效果。代码如下所示。

```
01 import numpy as np # 导入 Python 中的 NumPy 模块
02 import cv2
03
04 # np.zeros()：创建了一个画布
05 # (100, 300, 3)：一个 100 x 300，具有 3 个通道（Red、Green 和 Blue）的画布
06 # np.uint8: OpenCV 中的灰度图像和 RGB 图像都是以 uint8 存储的，因此这里的类型也是 uint8
07 canvas = np.zeros((100, 300, 3), np.uint8)
08 # 字体样式为 FONT_HERSHEY_TRIPLEX 和 FONT_ITALIC
09 fontStyle = cv2.FONT_HERSHEY_TRIPLEX + cv2.FONT_ITALIC
10 # 在画布上绘制文字 "OpenCV"，文字左下角的坐标为 (20, 70)
11 # 字体样式为 fontStyle，字体大小为 2，线条颜色是绿色，线条宽度为 5
12 cv2.putText(canvas, "OpenCV", (20, 70), fontStyle, 2, (0, 255, 0), 5)
13 cv2.imshow("Text", canvas) # 显示画布
14 cv2.waitKey()
15 cv2.destroyAllWindows()
```

上述代码的运行结果如图 4.14 所示。

图 4.14　使图 4.11 中的文字呈现斜体效果

4.5.2　文字的垂直镜像效果

在 putText() 方法的语法格式中，有一个用于控制绘制文字方向的参数，即 bottomLeftOrigin，其默认值为 False。当 bottomLeftOrigin 为 True 时，文字将呈现垂直镜像效果。

实例 4.8　绘制呈现垂直镜像效果的“OpenCV”（源码位置：资源包 \Code\04\08）

编写一个程序，首先，在画布上绘制文字“OpenCV”。其中，文字左下角的坐标为（20, 70），字体样式为 FONT_HERSHEY_TRIPLEX，字体大小为 2，线条颜色是绿色，线条宽度为 5。然后，在该画布上绘制具有相同的字体样式、字体大小、线条颜色和线条宽度，而且呈现垂直镜像效果的“OpenCV”。代码如下所示。

```
01 import numpy as np # 导入 Python 中的 NumPy 模块
02 import cv2
03
04 # np.zeros()：创建了一个画布
05 # (200, 300, 3)：一个 200 x 300，具有 3 个通道（Red、Green 和 Blue）的画布
06 # np.uint8: OpenCV 中的灰度图像和 RGB 图像都是以 uint8 存储的，因此这里的类型也是 uint8
07 canvas = np.zeros((200, 300, 3), np.uint8)
08 # 字体样式为 FONT_HERSHEY_TRIPLEX
09 fontStyle = cv2.FONT_HERSHEY_TRIPLEX
10 # 在画布上绘制文字 "OpenCV"，文字左下角的坐标为 (20, 70)
11 # 字体样式为 fontStyle，字体大小为 2，线条颜色是绿色，线条宽度为 5
12 cv2.putText(canvas, "OpenCV", (20, 70), fontStyle, 2, (0, 255, 0), 5)
13 # 使文字 "OpenCV" 呈现垂直镜像效果，这时 lineType 和 bottomLeftOrigin 变成了必需参数
14 # 其中，lineType 取默认值 8，bottomLeftOrigin 的值为 True
```

```
15 cv2.putText(canvas, "OpenCV", (20, 100), fontStyle, 2, (0, 255, 0), 5, 8, True)
16 cv2.imshow("Text", canvas) # 显示画布
17 cv2.waitKey()
18 cv2.destroyAllWindows()
```

上述代码的运行结果如图 4.15 所示。

图 4.15 绘制呈现垂直镜像效果的“OpenCV”

4.5.3 在图像上绘制文字

除在利用 np.zeros() 创建的画布上绘制文字外，还能够在图像上绘制文字。区别是当在图像上绘制文字时，不再需要导入 Python 中的 numpy 模块。

实例 4.9 在图像上绘制文字（源码位置：资源包 \Code\04\09）

编写一个程序，在 D 盘根目录下的 2.jpg 上绘制文字“Flower”。其中，文字左下角的坐标为（20, 90），字体样式为 FONT_HERSHEY_TRIPLEX，字体大小为 1，线条颜色是黄色。代码如下所示。

```
01 import cv2
02
03 image = cv2.imread("D:2.jpg") # 读取 D 盘根目录下的 2.jpg
04 # 字体样式为 FONT_HERSHEY_TRIPLEX
05 fontStyle = cv2.FONT_HERSHEY_TRIPLEX
06 # 在图像上绘制文字 "Flower"，文字左下角的坐标为 (20, 90)，
07 # 字体样式为 fontStyle，字体大小为 1，线条颜色是黄色
08 cv2.putText(image, "Flower", (20, 90), fontStyle, 1, (0, 255, 255))
09 cv2.imshow("Text", image) # 显示画布
10 cv2.waitKey()
11 cv2.destroyAllWindows()
```

上述代码的运行结果如图 4.16 所示。

图 4.16 在图像上绘制文字

4.6 鼠标交互

鼠标交互指的是当某一个鼠标事件被触发时，程序会对这个鼠标事件做出相应的响应。鼠标事件包括“双击左键”“按下左键”“抬起左键”“双击中间键”“按下中间键”“抬起中间键”“双击右键”“按下右键”“抬起右键”“滚轮滑动”和“鼠标滑动”等事件。为了实现鼠标交互，需要先创建一个响应函数（又称鼠标回调函数）。响应函数需要按照固定的格式进行创建，创建响应函数的格式如下。

```
def onMouse(event, x, y, flags, param):
```

参数说明：

☑ event：触发的某一个鼠标事件，event 的值及其含义如表 4.2 所示。
☑ x, y：当某一个鼠标事件被触发时，鼠标在窗口中的坐标，即“(*x*, *y*)”。

表 4.2　event 的值及其含义

值	含义
cv2.EVENT_LBUTTONDBLCLK	双击左键
cv2.EVENT_LBUTTONDOWN	按下左键
cv2.EVENT_LBUTTONUP	抬起左键
cv2.EVENT_MBUTTONDBLCLK	双击中间键
cv2.EVENT_MBUTTONDOWN	按下中间键
cv2.EVENT_MBUTTONUP	抬起中间键
cv2.EVENT_RBUTTONDBLCLK	双击右键
cv2.EVENT_RBUTTONDOWN	按下右键
cv2.EVENT_RBUTTONUP	抬起右键
cv2.EVENT_MOUSEHWHEEL	滚动滑轮（正、负值分别表示向左、右滚动）
cv2.EVENT_MOUSEWHEEL	滚动滑轮（正、负值分别表示向上、下滚动）
cv2.EVENT_MOUSEMOVE	鼠标滑动

☑ flags：是否触发了鼠标拖曳事件或者键盘鼠标联合事件，flags 的值及其含义如表 4.3 所示。

☑ param：用于标识响应函数的 ID。

☑ onMouse：响应函数的名称，这个名称可以自定义。

表 4.3　flags 的值及其含义

值	含义
cv2.EVENT_FLAG_ALTKEY	按下 Alt 键
cv2.EVENT_FLAG_CTRLKEY	按下 Ctrl 键
cv2.EVENT_FLAG_LBUTTON	左键拖曳
cv2.EVENT_FLAG_MBUTTON	中间键拖曳
cv2.EVENT_FLAG_RBUTTON	右键拖曳
cv2.EVENT_FLAG_SHIFTKEY	按下 Shift 键

响应函数被创建后，要把这个响应函数和某一个窗口绑定在一起。这样，在这个窗口内，如果某一个鼠标事件被触发，程序才会对这个鼠标事件做出相应的响应。为了把这个响应函数和某一个窗口绑定在一起，OpenCV 提供了 setMouseCallback() 方法，该方法的语法格式如下。

```
cv2.setMouseCallback(winname, onMouse)
```

参数说明：

☑ winname：窗口名称。

☑ onMouse：响应函数的名称。

下面将通过一个实例，演示如何判断被触发的是哪一个鼠标事件。

实例 4.10 判断被触发的是哪一个鼠标事件（源码位置：资源包 \Code\04\10）

编写一个程序，分别在一个窗口里触发“按下左键”“按下右键”“左键拖曳”和“右键拖曳”等鼠标事件，每触发一个鼠标事件，就把这个鼠标事件打印在控制台上。代码如下所示。

```
01 import cv2
02 # 响应函数
03 def onMouse(event, x, y, flags, param):
04     if event == cv2.EVENT_LBUTTONDOWN:
05         print(" 按下左键 ")
06     elif event == cv2.EVENT_RBUTTONDOWN:
07         print(" 按下右键 ")
08     elif flags == cv2.EVENT_FLAG_LBUTTON:
09         print(" 左键拖曳 ")
10     elif flags == cv2.EVENT_FLAG_RBUTTON:
11         print(" 右键拖曳 ")
12 
13 img = cv2.imread("pen.jpg")
14 cv2.namedWindow("pen") # 命名窗口
15 cv2.setMouseCallback("pen", onMouse) # 回调响应函数
16 cv2.imshow("pen", img)
17 cv2.waitKey()
18 cv2.destroyAllWindows()
19
```

运行结果如图 4.17 所示。

```
D:\Python\python.exe
按下左键
按下左键
左键拖曳
左键拖曳
按下右键
按下右键
右键拖曳
右键拖曳
```

图 4.17 实例 4.10 运行结果

4.7 滑动条

滑动条是 OpenCV 中的一种非常实用的交互工具，主要用于设置、获取指定范围内的值。在使用滑动条之前，要先创建滑动条。为此，OpenCV 提供了 createTrackbar() 方法，该方法的语法格式如下。

```
cv2.createTrackbar(trackbarname, winname, value, count, onChange)
```

参数说明：

☑ trackbarname：滑动条的名称。

☑ winname：显示滑动条的窗口名称。

☑ value：滑动条的初始值（这个值决定滑动条上的滑块的位置）。

☑ count：滑动条的最大值。

☑ onChange：一个回调函数（一般情况下，将滑动条要实现的操作写在这个回调函数内）。

滑动条被创建后，拖动滑动条上的滑块，就能够设置滑动条的值。那么，如何获取这个值呢？这时要用到的是 OpenCV 中的 getTrackbarPos() 方法，该方法的语法格式如下。

```
retval = cv2.getTrackbarPos(trackbarname, winname)
```

参数说明：

☑ trackbarname：滑动条的名称。

☑ winname：显示滑动条的窗口名称。

返回值说明：

☑ retval：滑块所在位置对应的值。

下面将演示如何使用滑动条实时改变具有 3 通道的画布的灰度。

实例 4.11　使用滑动条改变画布的灰度（源码位置：资源包 \Code\04\11）

编写一个程序，先创建一个初始值为 0、最大值为 255 的滑动条，再创建一个纯黑色的画布。通过拖动滑动条上的滑块，改变灰度值，进而改变画布的灰度。代码如下所示。

```
01 import cv2
02 import numpy as np
03
04 # 改变灰度值
05 def changeGray(value):
06     # 获取滑动条的值
07     value = cv2.getTrackbarPos("value", "img")
08     # 改变图像的灰度值
09     canvas[:] = [value, value, value]
10
11 canvas = np.zeros((100, 600, 3), np.uint8) # 具有 3 通道的画布
12 cv2.namedWindow("img") # 命名窗口
13 cv2.createTrackbar("value", "img", 0, 255, changeGray) # 创建滑动条
14 while(1):
15     cv2.imshow("img", canvas) # 显示画布
16     key = cv2.waitKey(1)&0xFF # 获取键盘上的按键指令
17     if key == 27: # 如果按下的按键是 Esc
18         break # 终止 while 循环
19 cv2.destroyAllWindows() # 销毁显示的所有窗口
```

运行结果如图 4.18 所示。

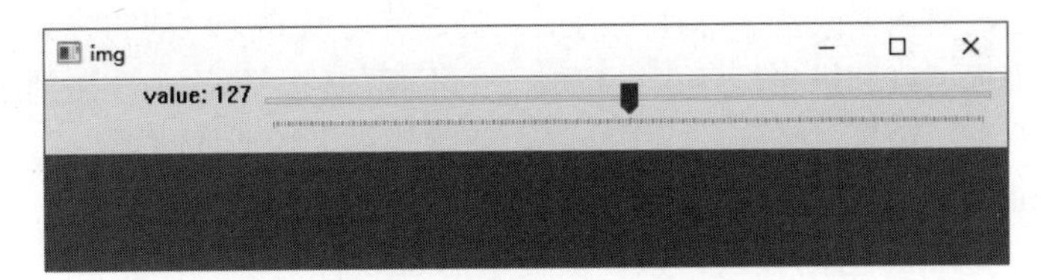

图 4.18　实例 4.11 运行结果

4.8　综合案例——动态绘制图形

在一个宽、高都为 200 像素的纯白色图像中，绘制一个半径为 20 像素的纯蓝色小球。让小球作匀速直线运动，一旦小球碰触到图像边界则发生反弹（假设反弹不损失动能）。想要实现这个功能需要解决两个问题：如何计算运动轨迹和如何实现动画。下面分别介绍这两个问题的解决思路。

（1）通过图像坐标系计算运动轨迹

可以把小球运动的过程中的移动速度划分为上、下、左、右四个方向。左、右为横坐标移动速度，上、下为纵坐标移动速度。小球向右移动时横坐标不断变大，向左移动时横坐标不断变小，由此可以认为小球向右的移动速度为正数，向左的移动速度为负数。纵坐标同

理，因为图像坐标系的原点为背景左上角顶点，越往下延伸纵坐标越大，所以小球向上的移动速度为负数，向下的移动速度为正数。四个方向的速度如图 4.19 所示。

假设小球移动一段时间之后，移动的轨迹如图 4.20 所示，小球分别达到了四个位置，2 号位置和 3 号位置发生了反弹，也就是移动速度发生了变化，导致了移动方向发生变化。整个过程中，四个位置的速度分别如下。

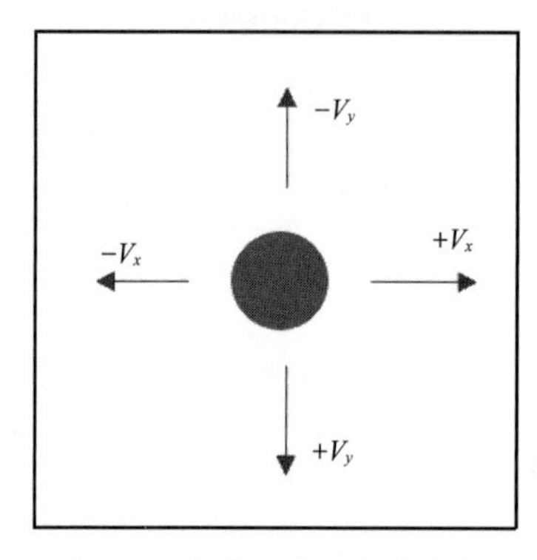

图 4.19　圆在四个方向的速度值

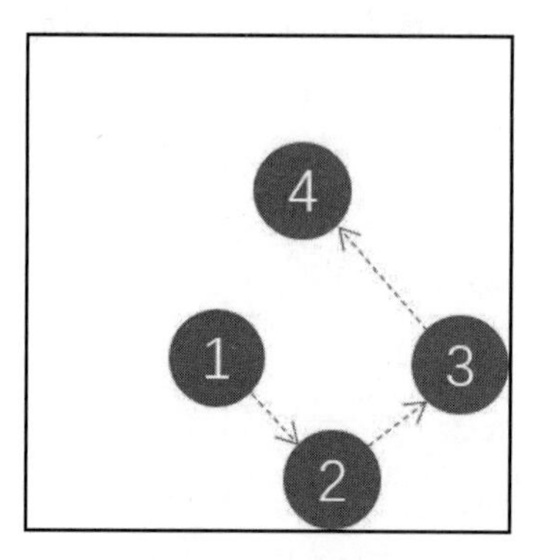

图 4.20　小球的移动轨迹

图中❶：右下方向移动，横坐标向右，横坐标速度为 $+V_x$，纵坐标向下，纵坐标速度为 $+V_y$。

图中❷：右上方向移动，横坐标向右，横坐标速度为 $+V_x$，纵坐标向上，纵坐标速度为 $-V_y$。

图中❸：左上方向移动，横坐标向左，横坐标速度为 $-V_x$，纵坐标向上，纵坐标速度为 $-V_y$。

图中❹：左上方移动，没有碰到边界，依然保持着与 3 号位置相同的移动速度。

由此可以得出，只需要改变小球速度的正、负号就可以改变移动的方向，所以在程序中可以将小球的横坐标速度和纵坐标速度设定成一个不变的值，每次小球碰到左、右边界，就更改横坐标速度的正、负号，碰到上、下边界，就更改纵坐标速度的正、负号。

（2）通过 time 模块实现动画效果

Python 自带一个 time 时间模块，该模块提供的 sleep() 方法可以让当前线程休眠一段时间，其语法格式如下。

```
time.sleep(seconds)
```

参数说明：

☑ seconds：休眠的秒数，可以是小数，如 1/10 表示十分之一秒。

例如，让当前线程休眠 1s，代码如下所示。

```
01 import time
02 time.sleep(1)  # 休眠 1s
```

动画实际上是由多幅画面在短时间内交替放映实现的视觉效果。每一幅画面被称为一帧，所谓的“60 帧”就是指 1s 放映了 60 幅画面。使用 time 模块每 1/60s 计算一次小球的移动轨迹，并将移动后的结果绘制到图像上，这样 1s 有 60 幅图像交替放映，就可以看到弹球的动画效果了。

弹球动画的具体代码如下所示。

```
01 import cv2
02 import time
03 import numpy as np
04
05 width, height = 200, 200  # 画面的宽和高
06 r = 20  # 圆半径
07 x = r + 20  # 圆形横坐标起始坐标
08 y = r + 100  # 圆形纵坐标起始坐标
09 x_offer = y_offer = 4  # 每一帧的移动速度
10
11 while cv2.waitKey(1) == -1:  # 按下任何按键之后
12     if x > width - r or x < r:  # 如果圆的横坐标超出边界
13         x_offer *= -1  # 横坐标速度取相反值
14     if y > height - r or y < r:  # 如果圆的纵坐标超出边界
15         y_offer *= -1  # 纵坐标速度取相反值
16     x += x_offer  # 圆心按照横坐标速度移动
17     y += y_offer  # 圆心按照纵坐标速度移动
18     img = np.ones((width, height, 3), np.uint8) * 255  # 绘制白色背景面板
19     cv2.circle(img, (x, y), r, (255, 0, 0), -1)  # 绘制圆形
20     cv2.imshow("img", img)  # 显示图像
21     time.sleep(1 / 60)  # 休眠 1/60s，也就是每秒 60 帧
22
23 cv2.destroyAllWindows()  # 释放所有窗体
```

运行结果如图 4.21 所示。

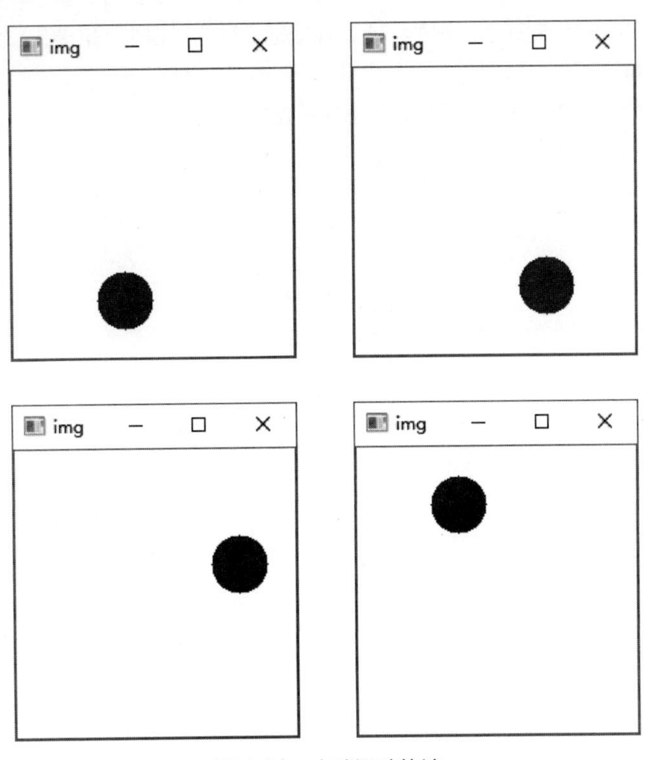

图 4.21　小球运动轨迹

4.9 实战练习

① 编写一个程序，按照如图4.22所示的序号❶～❺用直线连接这5个顶点，绘制一个五角星。

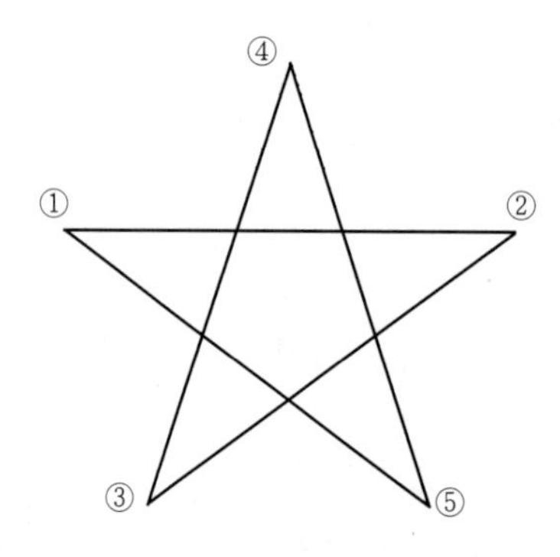

图4.22　五角星的一种绘制方法

② 编写一个程序，绘制99条随机长度、随机颜色、随机宽度的线条。

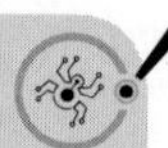

小结

画布除了纯色的外，还可以是一幅图像。当绘制矩形、圆形、多边形时，既可以绘制图形的边框，又可以绘制被填充的图形。此外，OpenCV除了能够绘制静态的图形外，还能够绘制动态的图形。在实现鼠标交互的过程中，需要先按照固定的格式创建一个响应函数，再把这个响应函数和某一个窗口绑定在一起。在实现滑动条的过程中，需要先创建滑动条，再获取与滑块所在位置对应的值。

第 5 章
图像的几何变换

OpenCV 把改变一幅图像的大小、角度和形状等一系列操作称作图像的几何变换。通过几何变换，让图像呈现出缩放、翻转、平移、旋转、倾斜、透视等视觉效果。虽然对一幅图像进行几何变换操作非常复杂，涉及了许多难以理解的数学算法，但是 OpenCV 提供了许多代替这些数学算法的方法。本章将详细解析这些方法，帮助读者朋友理解、消化这些方法中的每一个参数。

本章的知识结构如下。

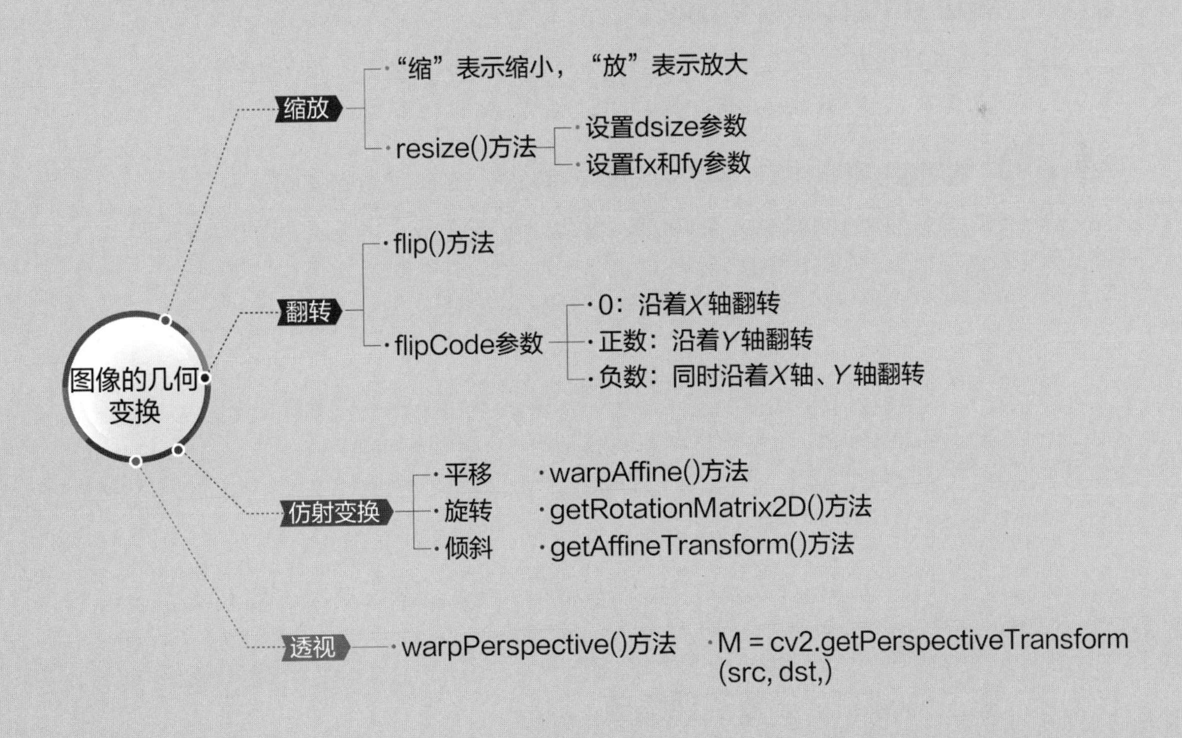

5.1 缩放

“缩”表示缩小，“放”表示放大，通过 OpenCV 提供的 resize() 方法就可以随意更改图像的大小比例，其语法格式如下。

```
dst = cv2.resize(src, dsize, fx, fy, interpolation)
```

参数说明：

☑ src：原始图像。

☑ dsize：输出图像的大小，格式为（宽，高），单位为像素。

☑ fx：可选参数。水平方向的缩放比例。

☑ fy：可选参数。竖直方向的缩放比例。

☑ interpolation：可选参数。缩放的插值方式。在图像缩小或放大时需要删减或补充像素，该参数可以指定使用哪种算法对像素进行增减。建议使用默认值。

返回值说明：

☑ dst：缩放之后的图像。

resize() 方法有两种使用方式：一种是通过 dsize 参数实现缩放；另一种是通过 fx 和 fy 参数实现缩放。下面分别介绍。

5.1.1 通过 dsize 参数实现缩放

dsize 参数的格式是一个元组，如（100, 200），表示将图像按照宽 100 像素、高 200 像素的大小进行缩放。如果使用 dsize 参数，就可以不写 fx 和 fy 参数。

实例 5.1 将图像按照指定宽、高进行缩放（源码位置：资源包 \Code\05\01）

将一个图像按照宽 100 像素、高 100 像素的大小进行缩放，再按照宽 400 像素、高 400 像素的大小进行缩放，代码如下所示。

```
01 import cv2
02
03 img = cv2.imread("3.png")  # 读取图像
04 dst1 = cv2.resize(img, (100, 100))  # 按照宽 100 像素、高 100 像素的大小进行缩放
05 dst2 = cv2.resize(img, (400, 400))  # 按照宽 400 像素、高 400 像素的大小进行缩放
06 cv2.imshow("img", img)  # 显示原图
07 cv2.imshow("dst1", dst1)  # 显示缩放之后的图像
08 cv2.imshow("dst2", dst2)
09 cv2.waitKey()  # 按下任何键盘按键后
10 cv2.destroyAllWindows()  # 释放所有窗体
```

上述代码的运行结果如图 5.1、图 5.2 和图 5.3 所示。

5.1.2 通过 fx 和 fy 参数实现缩放

使用 fx 和 fy 参数控制缩放时，dsize 参数值必须使用 None，否则 fx 和 fy 参数会失效。

fx 和 fy 参数可以使用浮点值，小于 1 的值表示缩小，大于 1 的值表示放大。其计算公式为：

图 5.1　原图

图 5.2　缩放成宽 100 像素、高 100 像素

图 5.3　缩放成宽 400 像素、高 400 像素

```
新图像宽度 = round(fx × 原图像宽度 )
新图像高度 = round(fy × 原图像高度 )
```

实例 5.2　将图像按照指定比例进行缩放（源码位置：资源包 \Code\05\02）

将一个图像的宽度缩小到原来的三分之一、高度缩小到原来的二分之一，再将图像的宽度扩大到原来的 1.5 倍，高度也扩大到原来的 1.5 倍，代码如下所示。

```
01 import cv2
02
03 img = cv2.imread("3.png")  # 读取图像
04 # 将宽缩小到原来的 1/3、高缩小到原来的 1/2
05 dst3 = cv2.resize(img, None, fx=1/3, fy=1/2)
06 dst4 = cv2.resize(img, None, fx=1.5, fy=1.5)  # 将宽、高均扩大 1.5 倍
07 cv2.imshow("img", img)  # 显示原图
08 cv2.imshow("dst3", dst3)  # 显示缩放之后的图像
09 cv2.imshow("dst4", dst4)  # 显示缩放之后的图像
10 cv2.waitKey()  # 按下任何键盘按键后
11 cv2.destroyAllWindows()  # 释放所有窗体
```

上述代码的运行结果如图 5.4、图 5.5 和图 5.6 所示。

图 5.4　原图

图 5.5　宽缩小到 1/3、高缩小到 1/2

图 5.6　宽和高都放大 1.5 倍

5.2 翻转

水平方向被称为 *X* 轴，垂直方向被称为 *Y* 轴。图像沿着 *X* 轴或 *Y* 轴翻转之后，可以呈现出镜面倒影的效果，如图 5.7 和图 5.8 所示。

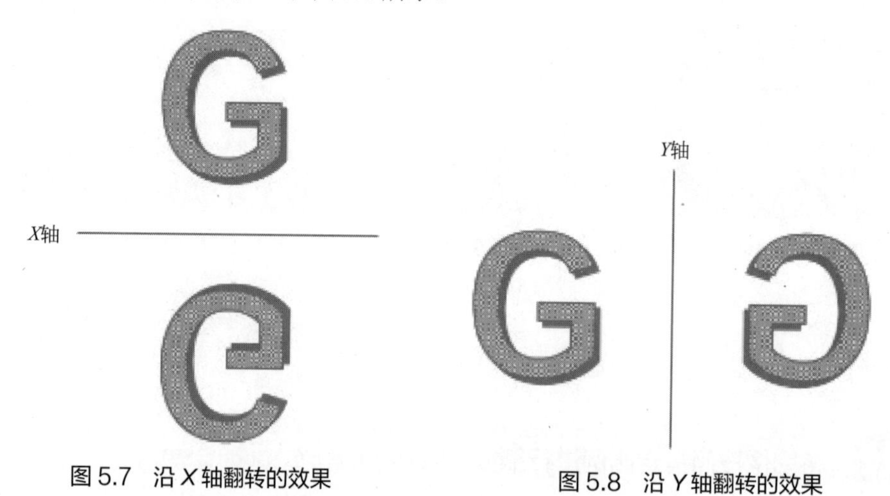

图 5.7　沿 *X* 轴翻转的效果

图 5.8　沿 *Y* 轴翻转的效果

OpenCV 通过 cv2.flip() 方法实现翻转效果，其语法格式如下。

```
dst = cv2.flip(src, flipCode)
```

参数说明：

☑ src：原始图像。

☑ flipCode：翻转类型，类型值如表 5.1 所示。

返回值说明：

☑ dst：翻转之后的图像。

表 5.1　flipCode 参数值及含义

参数值	含义
0	沿着 *X* 轴翻转
正数	沿着 *Y* 轴翻转
负数	同时沿着 *X* 轴、*Y* 轴翻转

实例 5.3　同时实现三种翻转效果（源码位置：资源包 \Code\05\03）

分别让图像沿着 *X* 轴翻转，沿着 *Y* 轴翻转，同时沿着 *X* 轴、*Y* 轴翻转，查看翻转的效果，代码如下所示。

```
01 import cv2
02
03 img = cv2.imread("3.png")  # 读取图像
04 dst1 = cv2.flip(img, 0)  # 沿 X 轴翻转
05 dst2 = cv2.flip(img, 1)  # 沿 Y 轴翻转
06 dst3 = cv2.flip(img, -1)  # 同时沿 X 轴、Y 轴翻转
```

```
07 cv2.imshow("img", img)  # 显示原图
08 cv2.imshow("dst1", dst1)  # 显示翻转之后的图像
09 cv2.imshow("dst2", dst2)
10 cv2.imshow("dst3", dst3)
11 cv2.waitKey()  # 按下任何键盘按键后
12 cv2.destroyAllWindows()  # 释放所有窗体
```

上述代码的运行结果如图 5.9、图 5.10、图 5.11 和图 5.12 所示。

图 5.9　原图

图 5.10　沿 *Y* 轴翻转

图 5.11　沿 *X* 轴翻转

图 5.12　同时沿 *X* 轴、*Y* 轴翻转

5.3 仿射变换

仿射变换是一种仅在二维平面中发生的几何变形，变换之后的图像仍然可以保持直线的“平直性”和“平行性”。也就是说，原来的直线变换之后还是直线，平行线变换之后还是平行线。常见的仿射变换效果如图 5.13 所示，包含平移、旋转和倾斜。

OpenCV 通过 cv2. warpAffine() 方法实现仿射变换效果，其语法格式如下。

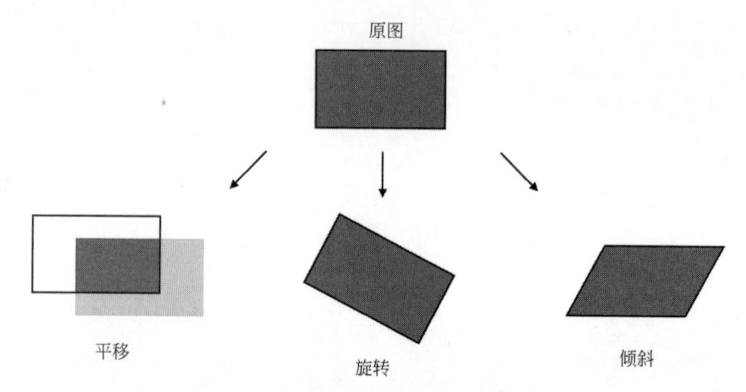

图 5.13 三种常见的仿射变换效果

```
dst = cv2.warpAffine(src, M, dsize, flags, borderMode, borderValue)
```

参数说明：

☑ src：原始图像。

☑ ***M***：一个 2 行 3 列的矩阵，根据此矩阵的值变换原图中的像素位置。

☑ dsize：输出图像的尺寸大小。

☑ flags：可选参数，插值方式，建议使用默认值。

☑ borderMode：可选参数，边界类型，建议使用默认值。

☑ borderValue：可选参数，边界值，默认为 0，建议使用默认值。

返回值说明：

☑ dst：经过仿射变换后输出的图像。

M 也被叫作仿射矩阵，实际上就是一个 2×3 的列表，其格式如下。

```
M = [[a, b, c],[d, e, f]]
```

图像做何种仿射变换，完全取决于 ***M*** 的值。仿射变换输出的图像会按照以下公式进行计算。

```
新x = 原x × a + 原y × b + c
新y = 原x × d + 原y × e + f
```

原 x 和原 y 表示原始图像中像素的横坐标和纵坐标，新 x 和新 y 表示同一个像素经过仿射变换后在新图像中的横坐标和纵坐标。

M 矩阵中的数字采用 32 位浮点格式，可以采用两种方式创建 ***M***。

① 创建一个全是 0 的 ***M***，代码如下所示。

```
01 import numpy as np
02 M = np.zeros((2, 3), np.float32)
```

② 创建 ***M*** 的同时赋予具体值，代码如下所示。

```
01 import numpy as np
02 M = np.float32([[1, 2, 3], [4, 5, 6]])
```

通过设定 ***M*** 的值就可以实现多种仿射效果，下面分别介绍如何实现图像的平移、旋转和倾斜。

5.3.1 平移

平移就是让图像中的所有像素同时沿着水平或垂直方向移动。实现这种效果只需要将 ***M*** 的值按照以下格式进行设置。

```
M = [[1, 0, 水平移动的距离 ],[0, 1, 垂直移动的距离 ]]
```

原始图像的像素就会按照以下公式进行变换。

```
新 x = 原 x × 1 + 原 y × 0 + 水平移动的距离 = 原 x + 水平移动的距离
新 x = 原 x × 0 + 原 y × 1 + 垂直移动的距离 = 原 x + 垂直移动的距离
```

若水平移动的距离为正数，图像会向右移动，若为负数，图像会向左移动；若垂直移动的距离为正数，图像会向下移动，若为负数，图像会向上移动；若水平移动的距离和垂直移动的距离的值均为 0，图像不会发生移动。

实例 5.4　让图像向右下方平移（源码位置：资源包 \Code\05\04）

将图像向右移动 50 像素、向下移动 100 像素，代码如下所示。

```
01 import cv2
02 import NumPy as np
03
04 img = cv2.imread("3.png")  # 读取图像
05 rows = len(img)  # 图像像素行数
06 cols = len(img[0])  # 图像像素列数
07 M = np.float32([[1, 0, 50],  # 横坐标向右移动 50 像素
08                 [0, 1, 100]])  # 纵坐标向下移动 100 像素
09 dst = cv2.warpAffine(img, M, (cols, rows))
10 cv2.imshow("img", img)  # 显示原图
11 cv2.imshow("dst", dst)  # 显示仿射变换效果
12 cv2.waitKey()  # 按下任何键盘按键后
13 cv2.destroyAllWindows()  # 释放所有窗体
```

上述代码的运行结果如图 5.14 和图 5.15 所示。

图 5.14　原图

图 5.15　向右移动 50 像素、向下移动 100 像素的效果

通过修改 ***M*** 的值可以实现其他平移效果。例如，横坐标不变，纵坐标向上移动 50 像素，***M*** 的值如下。

```
01 M = np.float32([[1, 0, 0],   # 横坐标不变
02                 [0, 1, -50]]) # 纵坐标向上移动 50 像素
```

移动效果如图 5.16 所示。

纵坐标不变，横坐标向左移动 200 像素，M 的值如下。

```
01 M = np.float32([[1, 0, -200],  # 横坐标向左移动 200 像素
02                 [0, 1, 0]])  # 纵坐标不变
```

移动效果如图 5.17 所示。

图 5.16　横坐标不变，纵坐标向上移动 50 像素的效果

图 5.17　纵坐标不变，横坐标向左移动 200 像素的效果

5.3.2　旋转

让图像旋转也是通过 ***M*** 矩阵实现的，但得出这个矩阵需要做很复杂的运算，于是 OpenCV 提供了 getRotationMatrix2D() 方法来自动计算出旋转图像的 ***M*** 矩阵。getRotationMatrix2D() 方法的语法格式如下。

```
M = cv2.getRotationMatrix2D(center, angle, scale)
```

参数说明：

☑ center：旋转的中心点坐标。

☑ angle：旋转的角度（不是弧度）。正数表示逆时针旋转，负数表示顺时针旋转。

☑ scale：缩放比例，浮点类型。如果取值为 1.0，表示图像保持原来的比例。

返回值说明：

☑ ***M***：该方法计算出的仿射矩阵。

实例 5.5　让图像逆时针旋转（源码位置：资源包\Code\05\05）

让图像逆时针旋转 30° 的同时缩小到原来的 80%，代码如下所示。

```
01 import cv2
02 
03 img = cv2.imread("3.png")  # 读取图像
```

```
04 rows = len(img)  # 图像像素行数
05 cols = len(img[0])  # 图像像素列数
06 center = (rows/2, cols/2)  # 图像的中心点
07 # 以图像为中心，逆时针旋转 30 度，缩小到原来的 80%
08 M = cv2.getRotationMatrix2D(center, 30, 0.8)
09 dst = cv2.warpAffine(img, M, (cols, rows))  # 按照 M 进行仿射
10 cv2.imshow("img", img)  # 显示原图
11 cv2.imshow("dst", dst)  # 显示仿射变换效果
12 cv2.waitKey()  # 按下任何键盘按键后
13 cv2.destroyAllWindows()  # 释放所有窗体
```

上述代码的运行结果如图 5.18 和图 5.19 所示。

图 5.18　原图

图 5.19　逆时针旋转 30° 并缩小到原来的 80% 的效果

5.3.3　倾斜

OpenCV 需要定位图像的三个点来计算倾斜效果，三个点的位置如图 5.20 所示，这三个点分别是左上角点 A、右上角点 B 和左下角点 C。OpenCV 会根据这三个点的位置变化来计算其他像素的位置变化。因为要保证图像的“平直性”和“平行性”，所以不需要右下角的点做第四个参数，右下角这个点的位置会根据 A、B、C 三点的变化自动计算得出。

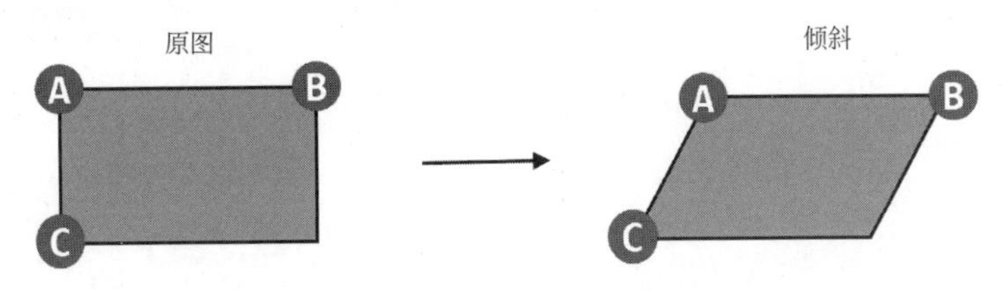

图 5.20　通过三个点来定位图像的仿射变换效果

说明：“平直性”是指图像中的直线在经过仿射变换之后仍然是直线。“平行性”是指图像中的平行线在经过仿射变换之后仍然是平行线。

让图像倾斜也是需要通过 ***M*** 矩阵实现的，但得出这个矩阵需要做很复杂的运算，于是 OpenCV 提供了 getAffineTransform() 方法来自动计算出倾斜图像的 ***M*** 矩阵。getAffineTransform() 方法的语法格式如下。

```
M = cv2.getAffineTransform(src, dst)
```

参数说明：

☑ src：原图三个点的坐标，格式为 3 行 2 列的 32 位浮点数列表，如 [[0, 1.0], [1.0, 0], [1.0, 1.0]]。

☑ dst：倾斜图像的三个点的坐标，格式与 src 一样。

返回值说明：

☑ ***M***：该方法计算出的仿射矩阵。

实例 5.6 让图像向右倾斜（源码位置：资源包 \Code\05\06）

实现让图像向右倾斜的效果，代码如下所示。

```
01 import cv2
02 import NumPy as np
03
04 img = cv2.imread("3.png")  # 读取图像
05 rows = len(img)  # 图像像素行数
06 cols = len(img[0])  # 图像像素列数
07 p1 = np.zeros((3, 2), np.float32)  # 32 位浮点型空列表，原图三个点
08 p1[0] = [0, 0]  # 左上角点坐标
09 p1[1] = [cols - 1, 0]  # 右上角点坐标
10 p1[2] = [0, rows - 1]  # 左下角点坐标
11 p2 = np.zeros((3, 2), np.float32)  # 32 位浮点型空列表，倾斜图三个点
12 p2[0] = [50, 0]  # 左上角点坐标，向右移 50 像素
13 p2[1] = [cols - 1, 0]  # 右上角点坐标，位置不变
14 p2[2] = [0, rows - 1]  # 左下角点坐标，位置不变
15 M = cv2.getAffineTransform(p1, p2)  # 根据三个点的变化轨迹计算出 M 矩阵
16 dst = cv2.warpAffine(img, M, (cols, rows))  # 按照 M 进行仿射
17 cv2.imshow("img", img)  # 显示原图
18 cv2.imshow("dst", dst)  # 显示仿射变换效果
19 cv2.waitKey()  # 按下任何键盘按键后
20 cv2.destroyAllWindows()  # 释放所有窗体
```

上述代码的运行结果如图 5.21 和图 5.22 所示。

图 5.21　原图

图 5.22　向右倾斜效果

想要让图像向左倾斜，不能通过移动点 A 来实现，而需要通过移动点 B 和点 C 来实现，三个点的修改方式如下所示。

```
01 p1 = np.zeros((3, 2), np.float32)  # 32 位浮点型空列表，原图三个点
02 p1[0] = [0, 0]  # 左上角点坐标
03 p1[1] = [cols - 1, 0]  # 右上角点坐标
04 p1[2] = [0, rows - 1]  # 左下角点坐标
05 p2 = np.zeros((3, 2), np.float32)  # 32 位浮点型空列表，倾斜图三个点
06 p2[0] = [0, 0]  # 左上角点坐标，位置不变
07 p2[1] = [cols - 1 - 50, 0]  # 右上角点坐标，向左移动 50 像素
08 p2[2] = [50, rows - 1]  # 左下角点坐标，向右移动 50 像素
```

使用这两组数据计算出的 ***M*** 矩阵可以实现如图 5.23 所示的向左倾斜效果。

图 5.23　向左倾斜效果

5.4 透视

如果说仿射是让图像在二维平面中变形，那么透视就是让图像在三维空间中变形。从不同的角度观察物体，会看到不同的变形画面。例如，矩形会变成不规则的四边形，直角会变成锐角或钝角，圆形会变成椭圆形等。这种变形之后的画面就是透视图。

如图 5.24 所示，从图像的底部去观察图 5.25 的话，图像底部距离眼睛较近，所以宽度不变，但图像顶部距离眼睛较远，宽度就会等比缩小，于是观察者就会看到如图 5.26 所示的透视效果。

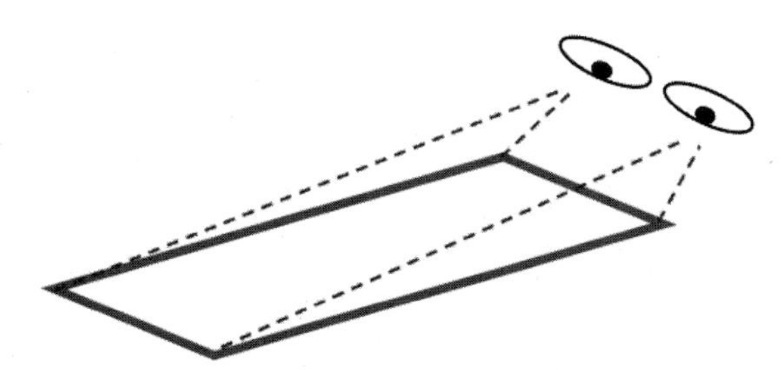

图 5.24　从图像的底部观察图像

OpenCV 中需要通过定位图像的四个点来计算透视效果，四个点的位置如图 5.27 所示。OpenCV 会根据这四个点的位置变化来计算出其他像素的位置变化。透视效果不能保证图像的“平直性”和“平行性”。

图 5.25 原图

图 5.26 图像的顶部被缩小，形成透视效果

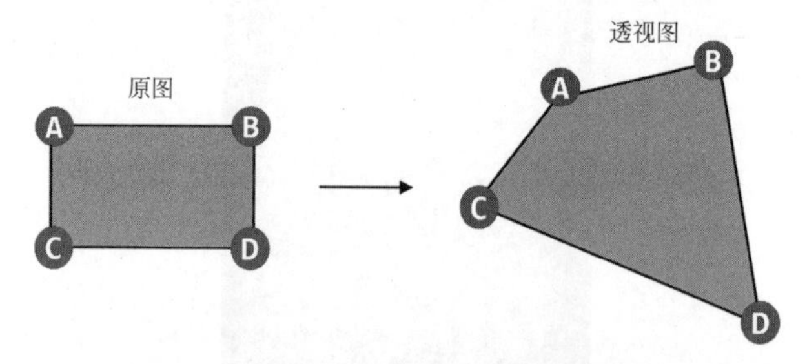

图 5.27 通过四个点来定位图像的透视效果

OpenCV 通过 warpPerspective() 方法来实现透视效果，其语法格式如下。

```
dst = cv2.warpPerspective(src, M, dsize, flags, borderMode, borderValue)
```

参数说明：

☑ src：原始图像

☑ ***M***：一个 3 行 3 列的矩阵，根据此矩阵的值变换原图中的像素位置。

☑ dsize：输出图像的尺寸大小。

☑ flags：可选参数，插值方式，建议使用默认值。

☑ borderMode：可选参数，边界类型，建议使用默认值。

☑ borderValue：可选参数，边界值，默认为 0，建议使用默认值。

返回值说明：

☑ dst：经过透视变换后输出的图像。

warpPerspective() 方法也需要通过 ***M*** 矩阵来计算透视效果，但得出这个矩阵需要做很复杂的运算，于是 OpenCV 提供了 getPerspectiveTransform() 方法来自动计算 ***M*** 矩阵。getPerspectiveTransform() 方法的语法格式如下。

```
M = cv2.getPerspectiveTransform(src, dst,)
```

参数说明：

☑ src：原图四个点的坐标，格式为 4 行 2 列的 32 位浮点数列表，如 [[0, 0], [1, 0], [0, 1], [1, 1]]。

☑ dst：透视图的四个点的坐标，格式与 src 一样。

返回值说明：

☑ ***M***：该方法计算出的矩阵。

实例 5.7　模拟从底部观察图像得到的透视效果（源码位置：资源包 \Code\05\07）

模拟从底部观察图像得到的透视效果，将图像顶部边缘收窄，底部边缘保持不变，代码如下所示。

```
01 import cv2
02 import numpy as np
03
04 img = cv2.imread("demo.png")  # 读取图像
05 rows = len(img)  # 图像像素行数
06 cols = len(img[0])  # 图像像素列数
07 p1 = np.zeros((4, 2), np.float32)  # 32 位浮点型空列表，保存原图四个点
08 p1[0] = [0, 0]  # 左上角点坐标
09 p1[1] = [cols - 1, 0]  # 右上角点坐标
10 p1[2] = [0, rows - 1]  # 左下角点坐标
11 p1[3] = [cols - 1, rows - 1]  # 右下角点坐标
12 p2 = np.zeros((4, 2), np.float32)  # 32 位浮点型空列表，保存透视图四个点
13 p2[0] = [90, 0]  # 左上角点坐标，向右移动 90 像素
14 p2[1] = [cols - 90, 0]  # 右上角点坐标，向左移动 90 像素
15 p2[2] = [0, rows - 1]  # 左下角点坐标，位置不变
16 p2[3] = [cols - 1, rows - 1]  # 右下角点坐标，位置不变
17 M = cv2.getPerspectiveTransform(p1, p2)  # 根据四个点的变化轨迹计算出 M 矩阵
18 dst = cv2.warpPerspective(img, M, (cols, rows))  # 按照 M 进行透视
19 cv2.imshow("img", img)  # 显示原图
20 cv2.imshow("dst", dst)  # 显示透视效果
21 cv2.waitKey()  # 按下任何键盘按键后
22 cv2.destroyAllWindows()  # 释放所有窗体
```

上述代码的运行结果如图 5.28 和图 5.29 所示。

图 5.28　原图

图 5.29　透视图效果

5.5　综合案例——让图像呈现波浪效果

当被要求使用一支水彩笔在一张白纸上画一条波浪时，大多数人会画出类似于如图 5.30 所示的图像。所谓图像的波浪效果，指的是对一幅图像执行某种操作后，这幅图像内的所有像素都会呈现出如图 5.30 所示的波浪效果。

通过 Python 中的 cmath 模块，就能够让图像呈现波浪效果。cmath 模块提供了数学函数在复数域上扩展的运算函数，这些函数允许复数、整数、浮点数等数据类型的数据输入，因此这些函数的返回值也都是复数。要特别注意的是，组成这个复数的实部和虚部都是浮点数。

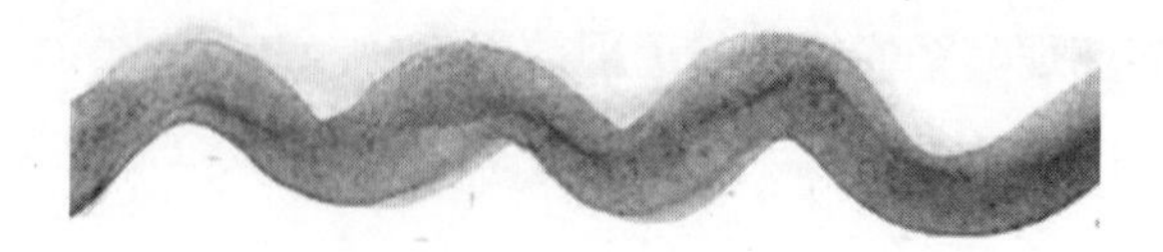

图 5.30　手绘一条波浪

这里要用到的是 cmath 模块中用于返回指定弧度的正弦值的 sin() 方法，sin() 方法的语法格式如下。

```
cmath.sin(x)
```

参数说明：

☑ *x*：与指定角度对应的弧度。

在 cmath 模块中的 sin() 方法中，还可以设置与正弦函数对应的正弦图像的振幅和波长。例如，把一幅图像的列像素 col 作为弧度，设置与正弦函数对应的正弦图像的振幅为 20，波长为 30 的代码如下所示。

```
20 * cmath.sin(col/15) # 15 是一半的波长
```

下面将讲解如何使用 cmath 模块中的 sin() 方法让如图 5.31 所示的目标图像呈现波浪效果。

图 5.31　目标图像

为了让目标图像呈现波浪效果，需要先使用 for 循环遍历目标图像的行像素和列像素，再根据正弦函数计算每个像素点的横坐标移动后的位置，而后根据每个像素点的横坐标移动后的位置将目标图像的像素点存放到与画布对应的像素点上。代码如下所示。

```
01 import cv2
02 import numpy as np
03 import cmath
04
05 img = cv2.imread("rice.jpg") # 读取当前项目目录下的图像
06 shape = img.shape # 获取图像的行像素、列像素和通道数
07 rows = shape[0] # 获取图像的行像素
08 columns = shape[1] # 获取图像的列像素
09 channel = shape[2] # 获取图像的通道数
10 # 创建了一个行像素与图像的行像素相同，列像素与图像的列像素相同，具有 3 个通道的画布
11 canvas = np.zeros([rows, columns, channel], np.uint8)
```

```
12 for row in range(rows): # 遍历图像的行像素
13     for col in range(columns): # 遍历图像的列像素
14         # 20 是波的振幅，15 是一半的波长
15         # 根据正弦函数计算每个像素点的横坐标移动后的位置
16         i = row + 20 * cmath.sin(col/15)
17         i = round(np.real(i))  # 将复数结果转为实数，并四舍五入
18         if 0 <= i < rows:  # 如果移动后的像素点仍在画布范围内
19             canvas[i, col] = img[row, col] # 将目标图像的像素点存放到与画布对应的像素点上
20 cv2.imshow("wave", canvas) # 在一个名为 "wave" 的窗口中显示呈现波浪效果的图像
21 cv2.waitKey() # 通过按下键盘上的按键
22 cv2.destroyAllWindows() # 销毁正在显示的窗口
```

上述代码的运行结果如图 5.32 所示。

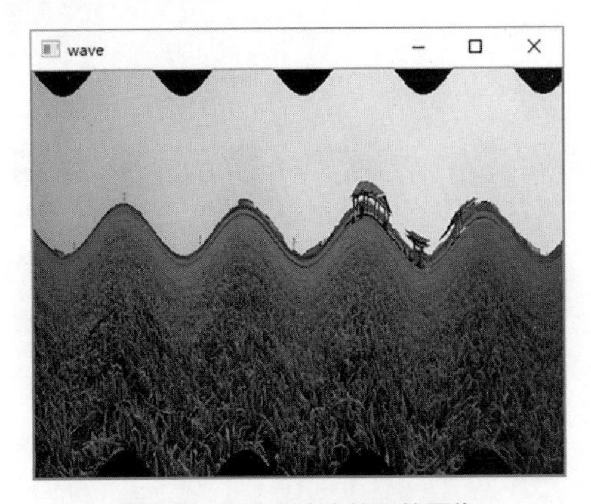

图 5.32　呈现波浪效果的图像

5.6 实战练习

① 编写一个程序，使用 flip() 方法，将如图 5.1 所示的图像向左或者向右旋转 180°。

② 编写一个程序，对如图 5.1 所示的图像进行处理，使处理后的图像与如图 5.1 所示的图像呈现垂直镜像效果。

小结

通过设置 dsize 参数或者设置 fx、fy 这两个参数，即可对一幅图像执行缩放操作。在对一幅图像执行翻转操作时，flipCode 参数的值可以取 0、负数和正数，与这些数值对应的操作分别是沿 *X* 轴翻转、沿 *Y* 轴翻转和同时沿 *X* 轴、*Y* 轴翻转。在对一幅图像执行仿射操作时，仿射矩阵（***M***）是关键，采用不同的仿射矩阵，就会让图像呈现不同的仿射效果。矩阵 ***M*** 不仅应用在图像的仿射变换中，而且应用在呈现图像的透视效果中。

第6章 图像运算

因为图像是由像素组成的，所以图像运算操作的对象就是像素。图像运算包括加运算、位运算、加权和运算等内容。其中，图像的加运算和位运算都需要掩模的支持。通过这些运算，可以对图像进行修改颜色、截取、合并、覆盖等操作。为此，OpenCV也提供了很多用于完成上述操作的方法。下面将对一些常用的图像运算方法进行讲解。

本章的知识结构如下。

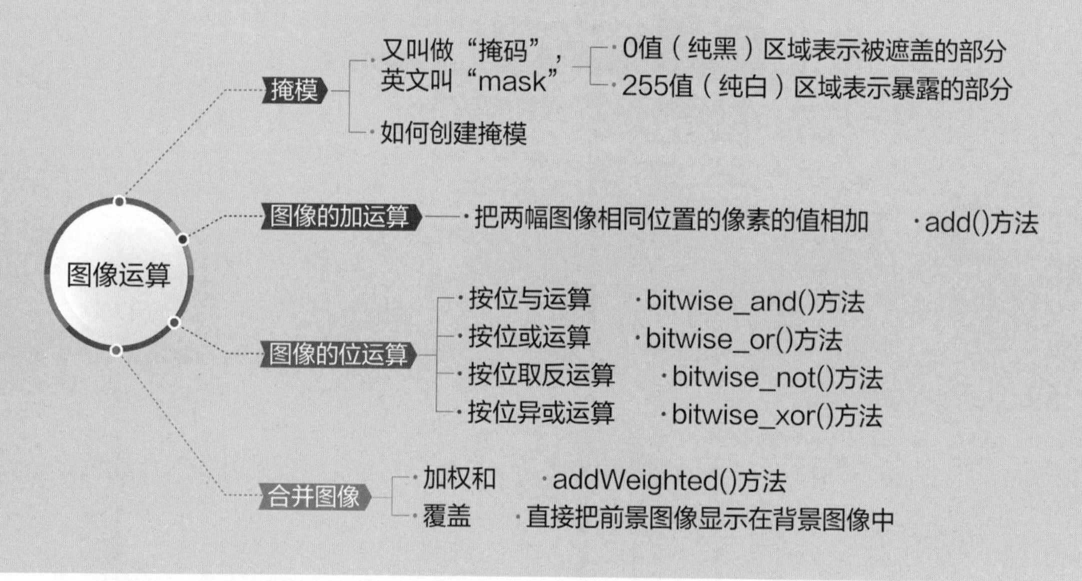

6.1 掩模

之前的章节里介绍的方法中出现过“掩模”这个参数，但都是建议大家不使用这个参数。那掩模到底有什么用呢？这一节将介绍掩模的概念。

外科医生在给患者做手术时，会为患者盖上手术洞巾，类似图6.1，这样医生就只在这个预设好的孔洞部位进行手术。手术洞巾不仅有利于医生定位患处、显露手术视野，还可以对非患处起到隔离、防污的作用。

同样，当计算机处理图像时，图像也如同一名“患者”一样，有些内容需要处理，有些内容不需要处理。通常计算机处理图像时会把所有像素都处理一遍，但如果想让计算机像外科大夫那样仅处理某一小块区域，那就要为图像盖上一张仅暴露一小块区域的“手术洞巾”。像“手术洞巾”那样能够覆盖原始图像、仅暴露原始图像中“感兴趣区域”（ROI）的模板图像就被叫作掩模。

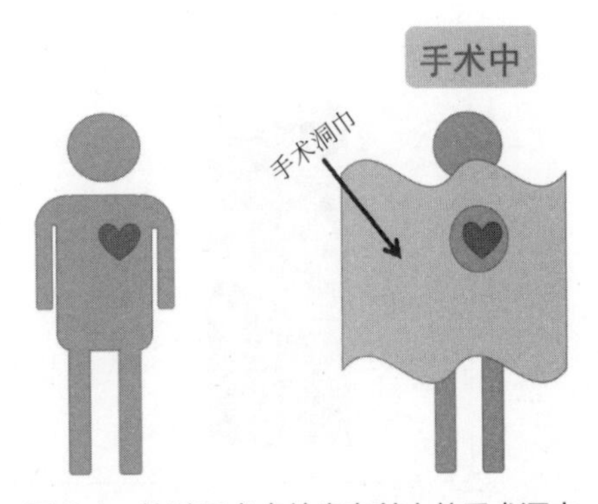

图 6.1 外科手术中给患者盖上的手术洞巾

掩模，也叫作掩码，英文叫 mask，在程序中用二值图像来表示：0 值（纯黑）区域表示被遮盖的部分，255 值（纯白）区域表示暴露的部分（某些场景下也会用 0 和 1 当作掩模的值）。

例如，图 6.2 是一幅小猫的原始图像，图 6.3 是原始图像的掩模，掩模覆盖原始图像之后，可以得到如图 6.4 所示的结果。

图 6.2 原始图像

图 6.3 掩模

图 6.4 被掩模覆盖后得到的图像

如果调换了掩模中黑白的区域，如图 6.5 所示，掩模覆盖原始图像之后得到的结果就如图 6.6 所示。

在使用 OpenCV 处理图像时，通常使用 NumPy 库提供的方法来创建掩模图像，下面通过一个实例演示如何创建掩模图像。

图 6.5 调换了黑白区域的掩模

图 6.6 被新掩模覆盖后得到的图像

实例 6.1 创建 3 通道掩模图像（源码位置：资源包 \Code\06\01）

利用 NumPy 库的 zeros() 方法创建一幅掩模图像，感兴趣区域为在该图像中横坐标为 20、纵坐标为 50、宽为 60、高为 50 的矩形，展示该掩模图像。调换该掩模图像的感兴趣区域和不感兴趣区域之后，再次展示掩模图像。代码如下所示。

```
01 import cv2
02 import numpy as np
03
04 # 创建宽 150、高 150、3 通道、像素类型为无符号 8 位数字的零值图像
05 mask = np.zeros((150, 150, 3), np.uint8)
06 mask[50:100, 20:80, :] = 255;  # 50~100 行、20~80 列的像素改为纯白像素
07 cv2.imshow("mask1", mask)  # 展示掩模
08 mask[:, :, :] = 255;  # 全部改为纯白像素
09 mask[50:100, 20:80, :] = 0;  # 50~100 行、20~80 列的像素改为纯黑像素
10 cv2.imshow("mask2", mask)  # 展示掩模
11 cv2.waitKey()  # 按下任何键盘按键后
12 cv2.destroyAllWindows()  # 释放所有窗体
```

运行结果如图 6.7 和图 6.8 所示。

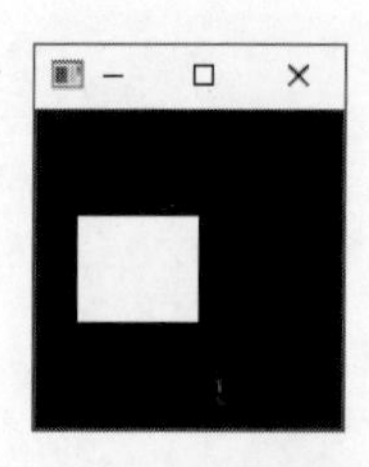

图 6.7 掩模图像

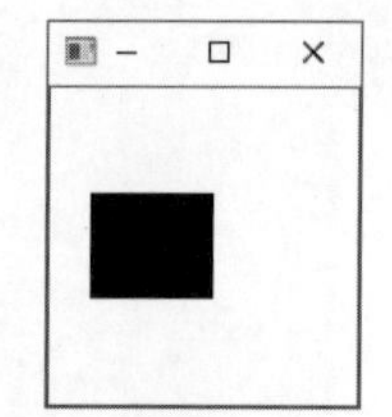

图 6.8 调换之后的掩模图像

掩模在图像运算过程中充当了重要角色，通过掩模才能看到最直观的运算结果，接下来将详细介绍图像运算的相关内容。

6.2 图像的加运算

图像中每一个像素都有用整数表示的像素值，两幅图像相加就是让相同位置像素值相加，最后将计算结果按照原位置重新组成一个新图像。原理如图 6.9 所示。

152	125	...
91	131	...
...	...	...

+

35	20	...
13	32	...
...	...	...

=

187	145	...
104	163	...
...	...	...

图 6.9　图像相加生成新像素

图 6.9 中两个图像的左上角像素值相加的结果就是新图像左上角的像素值，计算过程如下所示。

```
152 + 35 = 187
```

在开发程序时通常不会使用“+”运算符对图像做加运算，而是用 OpenCV 提供的 add() 方法，该方法的语法格式如下。

```
dst = cv2.add(src1, src2, mask, dtype)
```

参数说明：

☑ src1：第一幅图像。

☑ src2：第二幅图像。

☑ mask：可选参数，掩模，建议使用默认值。

☑ dtype：可选参数，图像深度，建议使用默认值。

返回值说明：

☑ dst：相加之后的结果图像。如果相加之后值的结果大于 255，则取 255。

下面通过一个实例演示“+”运算符和 add() 方法处理结果的不同。

实例 6.2　分别使用“+”和 add() 方法计算图像和（源码位置：资源包 \Code\06\02）

读取一幅图像，让该图像自己对自己做加运算，分别使用“+”运算符和 add() 方法，查看两者相加结果的不同。代码如下所示。

```
01 import cv2
02
03 img = cv2.imread("beach.jpg")  # 读取原始图像
04 sum1 = img + img  # 使用运算符相加
05 sum2 = cv2.add(img, img)  # 使用方法相加
06 cv2.imshow("img", img)  # 展示原图
07 cv2.imshow("sum1", sum1)  # 展示运算符相加结果
08 cv2.imshow("sum2", sum2)  # 展示方法相加结果
09 cv2.waitKey()  # 按下任何键盘按键后
10 cv2.destroyAllWindows()  # 释放所有窗体
```

上述代码的运行结果如图 6.10、图 6.11 和图 6.12 所示。从这个结果可以看出，“+”运算符的计算结果如果超出了 255，就会取相加和除以 255 的余数，也就是取模运算，像素值相加后反而变得更小了，由浅色变成了深色；而 add() 方法的计算结果如果超过了 255，就取值 255，所以很多浅颜色像素彻底变成了纯白色。

通过实例 6.2，能够直观地看到使用“+”运算符和 add() 方法对一幅图像与其本身做加运算后的不同结果。但是这两幅结果图像的共同特点是它们的颜色发生了变化。为了进一步证实这个变化，下面通过一个实例演示如何使用加运算修改图像颜色。

图 6.10 原图

图 6.11 “+”运算符的相加结果

图 6.12 add() 方法的相加结果

实例 6.3 模拟三色光叠加得白光（源码位置：资源包 \Code\06\03）

颜料中的三原色为红、黄、蓝，这三种颜色混在一起会变成黑色，而光学中的三原色为红、绿、蓝，这三种颜色混在一起会变成白色。现在分别创建纯蓝、纯绿、纯红这三种图像，取这三幅图像的相加和，查看结果是黑色还是白色。代码如下所示。

```
01 import cv2
02 import numpy as np
03
04 img1 = np.zeros((150, 150, 3), np.uint8)  # 创建 150*150 的 0 值图像
05 img1[:, :, 0] = 255  # 蓝色通道赋予最大值
06 img2 = np.zeros((150, 150, 3), np.uint8)
07 img2[:, :, 1] = 255  # 绿色通道赋予最大值
08 img3 = np.zeros((150, 150, 3), np.uint8)
09 img3[:, :, 2] = 255  # 红色通道赋予最大值
10 cv2.imshow("1", img1)  # 展示蓝色图像
11 cv2.imshow("2", img2)  # 展示绿色图像
12 cv2.imshow("3", img3)  # 展示红色图像
13 img = cv2.add(img1, img2)  # 蓝色 + 绿色 = 青色
14 cv2.imshow("1+2", img)  # 展示蓝色加绿色的结果
15 img = cv2.add(img, img3)  # 红色 + 青色 = 白色
16 cv2.imshow("1+2+3", img)  # 展示三色图像相加的结果
17 cv2.waitKey()  # 按下任何键盘按键后
18 cv2.destroyAllWindows()  # 释放所有窗体
```

上述代码的运行结果如图 6.13、图 6.14、图 6.15、图 6.16 和图 6.17 所示（彩图见二维码）。蓝色加上绿色等于青色，青色再加上红色就等于白色，结果符合光学三原色的叠加结果。

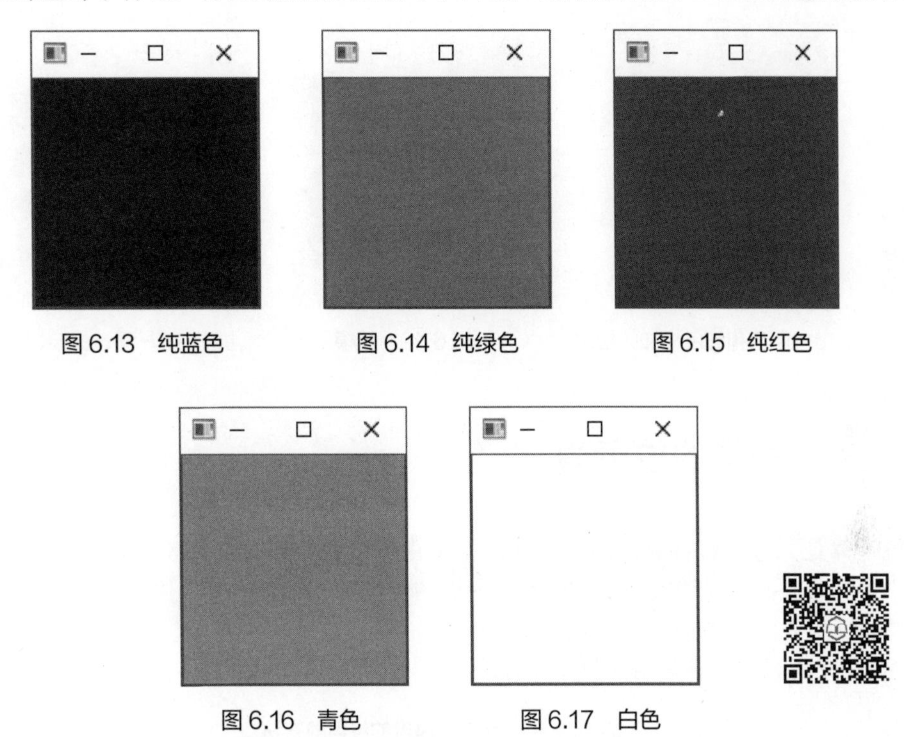

图 6.13　纯蓝色　　图 6.14　纯绿色　　图 6.15　纯红色

图 6.16　青色　　图 6.17　白色

图像的加运算中也可以使用掩模，下面通过一个实例介绍加运算中掩模的使用方法。

实例 6.4　利用掩模遮盖相加结果（源码位置：资源包 \Code\06\04）

创建纯蓝和纯红这两幅图像，使用 add() 方法对两幅图像进行加运算，并在方法中添加一个掩模，查看计算结果，代码如下所示。

```
01 import cv2
02 import numpy as np
03
04 img1 = np.zeros((150, 150, 3), np.uint8)  # 创建 150*150 的 0 值图像
05 img1[:, :, 0] = 255  # 蓝色通道赋予最大值
06 img2 = np.zeros((150, 150, 3), np.uint8)
07 img2[:, :, 2] = 255  # 红色通道赋予最大值
08
09 img = cv2.add(img1, img2)  # 蓝色 + 红色 = 洋红色
10 cv2.imshow("no mask", img)  # 展示相加的结果
11
12 m = np.zeros((150, 150, 1), np.uint8)  # 创建掩模
13 m[50:100, 50:100, :] = 255  # 掩模中央位置为纯白色
14 cv2.imshow("mask", m)  # 展示掩模
15
16 img = cv2.add(img1, img2, mask=m)  # 相加时使用掩模
17 cv2.imshow("use mask", img)  # 展示相加的结果
18
19 cv2.waitKey()  # 按下任何键盘按键后
20 cv2.destroyAllWindows()  # 释放所有窗体
```

上述代码的运行结果如图 6.18、图 6.19 和图 6.20 所示（彩图见二维码），从这个结果可以看出，add() 方法中如果使用了掩模参数，相加的结果只会保留掩模中白色覆盖的区域。

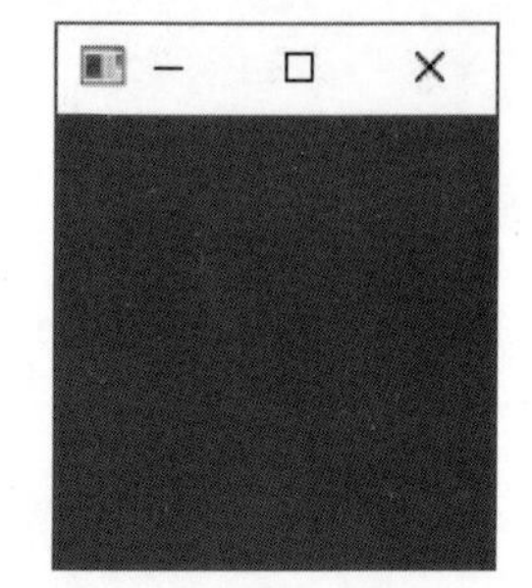

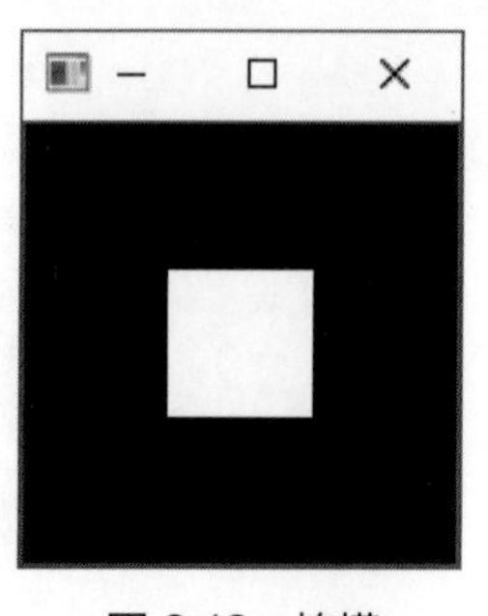

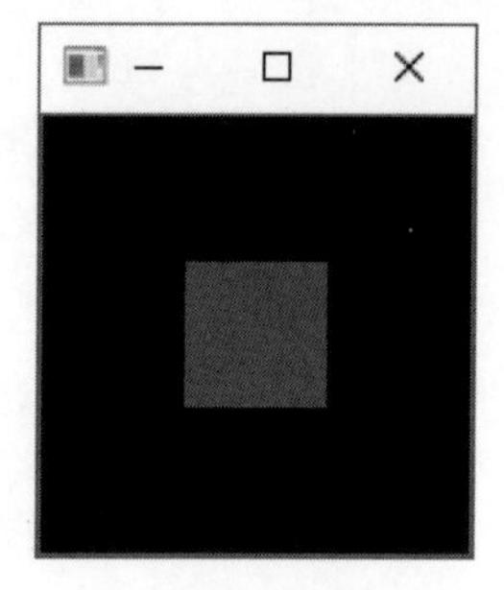

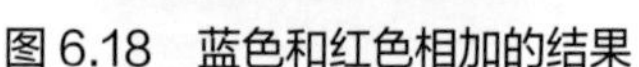
图 6.18　蓝色和红色相加的结果

图 6.19　掩模

图 6.20　通过掩模相加的结果

6.3 图像的位运算

位运算是二进制数特有的运算操作。图像由像素组成，每个像素可以用十进制整数表示，十进制整数又可以转换为二进制数，所以图像也可以做位运算。位运算在图像数字化技术中是一项重要的运算操作。

OpenCV 提供了几种常用的位运算方法，具体如表 6.1 所示。

表 6.1　OpenCV 提供的位运算方法

方法	含义
cv2.bitwise_and()	按位与
cv2.bitwise_or()	按位或
cv2.bitwise_not()	按位取反
cv2.bitwise_xor()	按位异或

接下来将详细介绍这些方法的含义及使用方式。

6.3.1 按位与运算

与运算就是按照二进制位进行判断，如果同一位的数字都是 1，则运算结果的相同位数字取 1，否则取 0。

OpenCV 提供 bitwise_and() 方法来对图像做与运算，该方法的语法格式如下。

```
dst = cv2.bitwise_and(src1, src2, mask)
```

参数说明：

☑ src1：第一幅图像。

☑ src2：第二幅图像。

☑ mask：可选参数，掩模。

返回值说明：

☑ dst：与运算之后的结果图像。

对图像做与运算时，会把每一个像素值都转换为二进制数，然后让两幅图像相同位置的两个像素值做与运算，最后把运算结果保存在新图像的相同位置上，运算过程如图 6.21 所示。

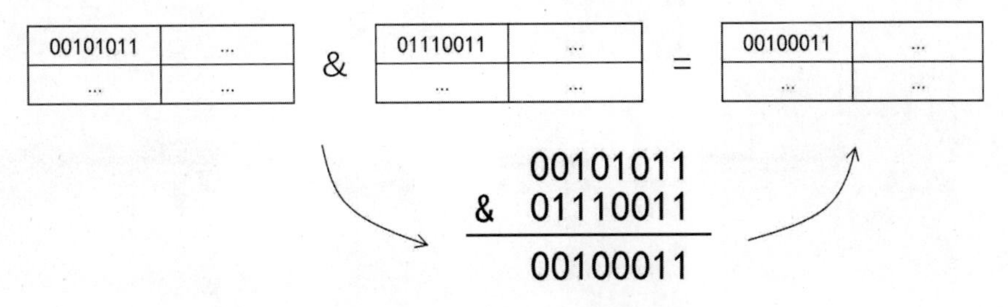

图 6.21　对图像做与运算的过程

与运算有如下两个特点。

① 如果某像素与纯白色像素做与运算，结果仍然是某像素的原值，计算过程如下所示。

```
00101011 & 11111111 = 00101011
```

② 如果某像素与纯黑色像素做与运算，结果为纯黑色像素，计算过程如下所示。

```
00101011 & 00000000 = 00000000
```

由此可以得出，如果原图像与掩模进行与运算，原图像仅会保留掩模中白色区域所覆盖的内容，其他区域全部变成黑色。下面通过一个实例来演示掩模在与运算过程中的作用。

实例 6.5　花图像与十字掩模做与运算（源码位置：资源包 \Code\06\05）

创建一个掩模，在掩模中央保留一个十字形的白色区域，让掩模与花图像做与运算，查看运算之后的结果。代码如下所示。

```
01 import cv2
02 import numpy as np
03
04 flower = cv2.imread("3.png")  # 原始花图像
05 mask = np.zeros(flower.shape, np.uint8)  # 与花图像大小相等的掩模图像
06 mask[135:235, :, :] = 255  # 横着的白色区域
07 mask[:, 102:203, :] = 255  # 竖着的白色区域
08 img = cv2.bitwise_and(flower, mask)  # 与运算
09 cv2.imshow("flower", flower)  # 展示花图像
10 cv2.imshow("mask", mask)  # 展示掩模图像
11 cv2.imshow("img", img)  # 展示与运算结果
12 cv2.waitKey()  # 按下任何键盘按键后
13 cv2.destroyAllWindows()  # 释放所有窗体
```

上述代码的运行结果如图 6.22、图 6.23 和图 6.24 所示，经过与运算之后，花图像仅保留了掩模中白色区域所覆盖的内容，其他区域都变成了黑色。

6.3.2　按位或运算

或运算也是按照二进制位进行判断，如果同一位的数字都是 0，则运算结果的相同位数字取 0，否则取 1。

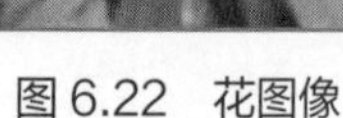

图 6.22　花图像

图 6.23　掩模图像

图 6.24　花图像与掩模图像与运算的结果

OpenCV 提供 bitwise_or() 方法来对图像做或运算，该方法的语法格式如下。

```
dst = cv2.bitwise_or(src1, src2, mask)
```

参数说明：

☑ src1：第一幅图像。

☑ src2：第二幅图像。

☑ mask：可选参数，掩模。

返回值说明：

☑ dst：或运算之后的结果图像。

对图像做或运算时的运算过程如图 6.25 所示。

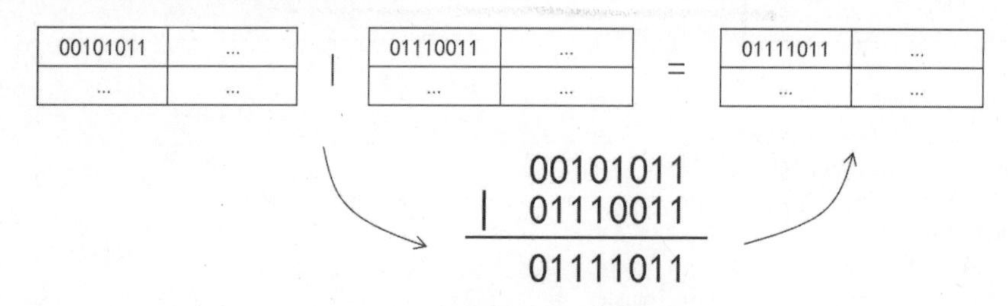

图 6.25　对图像做或运算的过程

或运算也有如下两个特点。

① 如果某像素与纯白色像素做或运算，结果为纯白色像素，计算过程如下所示。

```
00101011 | 11111111 = 11111111
```

② 如果某像素与纯黑色像素做或运算，结果仍然是某像素的原值，计算过程如下所示。

```
00101011 | 00000000 = 00101011
```

由此可以得出，如果原图像与掩模进行或运算，原图像仅会保留掩模中黑色区域所覆盖的内容，其他区域全部变成白色。下面通过一个实例来演示掩模在或运算过程中的作用。

实例 6.6　花图像与十字掩模做或运算（源码位置：资源包 \Code\06\06）

创建一个掩模，在掩模中央保留一个十字形的白色区域，让掩模与花图像做或运算，查看运算之后的结果。代码如下所示。

```
01 import cv2
02 import numpy as np
03
04 flower = cv2.imread("3.png")  # 原始花图像
05 mask = np.zeros(flower.shape, np.uint8)  # 与花图像大小相等的掩模图像
06 mask[135:235, :, :] = 255  # 横着的白色区域
07 mask[:, 102:203, :] = 255  # 竖着的白色区域
08 img = cv2.bitwise_or(flower, mask)  # 或运算
09 cv2.imshow("flower", flower)  # 展示花图像
10 cv2.imshow("mask", mask)  # 展示掩模图像
11 cv2.imshow("img", img)  # 展示或运算结果
12 cv2.waitKey()  # 按下任何键盘按键后
13 cv2.destroyAllWindows()  # 释放所有窗体
```

上述代码的运行结果如图 6.26、图 6.27 和图 6.28 所示，经过或运算之后，花图像仅保留了掩模中黑色区域所覆盖的内容，其他区域都变成了白色。

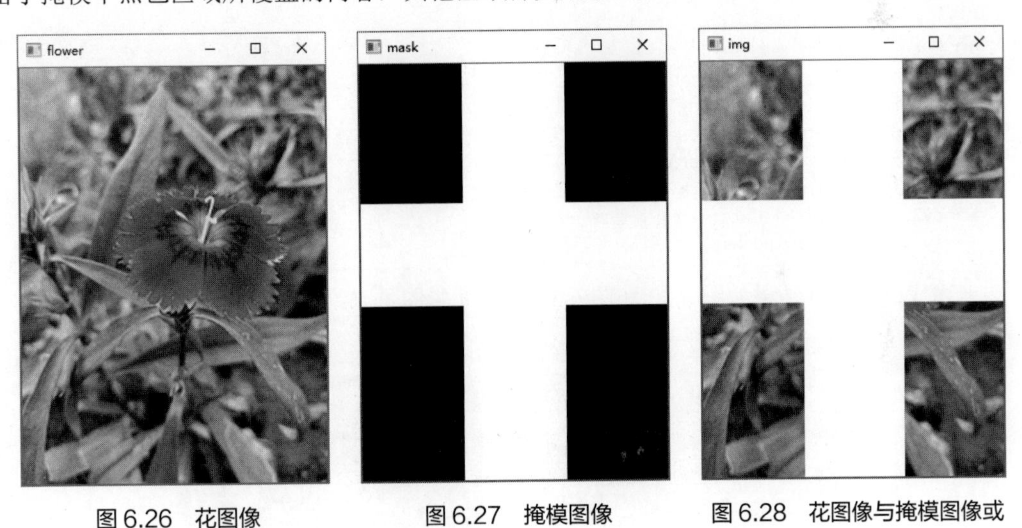

图 6.26　花图像　　图 6.27　掩模图像　　图 6.28　花图像与掩模图像或运算结果

6.3.3　按位取反运算

取反运算是一种单目运算，仅需一个数字参与运算就可以得出结果。取反运算也是按照二进制位进行判断，如果运算数某位上数字是 0，则运算结果的相同位的数字就取 1，如果这一位的数字是 1，则运算结果的相同位的数字就取 0。

OpenCV 提供 bitwise_not() 方法来对图像做取反运算，该方法的语法格式如下。

```
dst = cv2.bitwise_not(src, mask)
```

参数说明：

☑ src1：参与运算的图像。

☑ mask：可选参数，掩模。

返回值说明：

☑ dst：取反运算之后的结果图像。

对图像做取反运算的过程如图 6.29 所示。

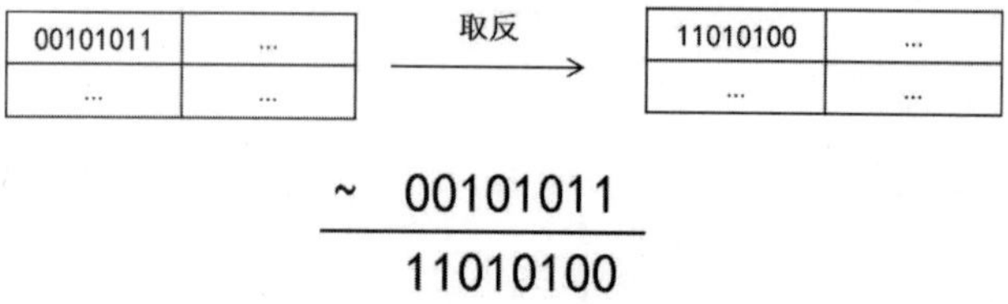

00101011	...
...	...

取反 →

11010100	...
...	...

~ 00101011
―――――――
11010100

图 6.29　对图像做取反运算的过程

图像经过取反运算后会呈现与原图颜色完全相反的效果，下面通过一个实例演示这种效果。

实例 6.7　对花图像进行取反运算（源码位置：资源包 \Code\06\07）

对花图像进行取反运算，代码如下所示。

```
01 import cv2
02
03 flower = cv2.imread("3.png")  # 原始花图像
04 img = cv2.bitwise_not(flower)  # 取反运算
05 cv2.imshow("flower", flower)  # 展示花图像
06 cv2.imshow("img", img)  # 展示取反运算结果
07 cv2.waitKey()  # 按下任何键盘按键后
08 cv2.destroyAllWindows()  # 释放所有窗体
```

上述代码的运行结果如图 6.30 和图 6.31 所示（彩图见二维码）。

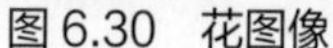

图 6.30　花图像

图 6.31　花图像取反运算的结果

6.3.4　按位异或运算

异或运算也是按照二进制位进行判断，如果两个运算数同一位上的数字相同，则运算结果的相同位数字取 0，否则取 1。

OpenCV 提供 bitwise_xor() 方法来对图像做异或运算，该方法的语法格式如下。

```
dst = cv2.bitwise_xor(src, mask)
```

参数说明：

☑ src1：参与运算的图像。

☑ mask：可选参数，掩模。

返回值说明：

☑ dst：异或运算之后的结果图像。

对图像做异或运算的过程如图 6.32 所示。

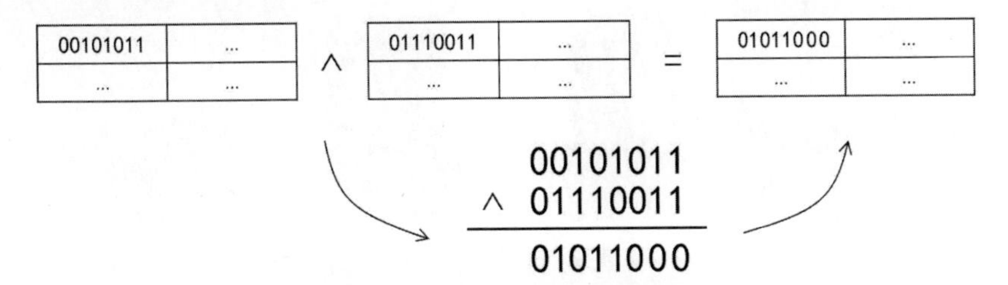

图 6.32　对图像做异或运算的过程

异或运算也有如下两个特点。

① 如果某像素与纯白色像素做异或运算，结果为原像素的取反结果，计算过程如下所示。

```
00101011 ^ 11111111 = 11010100
```

② 如果某像素与纯黑色像素做异或运算，结果仍然是某像素的原值，计算过程如下所示。

```
00101011 ^ 00000000 = 00101011
```

由此可以得出，如果原图像与掩模进行异或运算，掩模白色区域所覆盖的内容呈现取反效果，黑色区域覆盖的内容保持不变。下面通过一个实例来演示掩模在异或运算过程中的作用。

实例 6.8　花图像与十字掩模做异或运算（源码位置：资源包 \Code\06\08）

创建一个掩模，在掩模中央保留一个十字形的白色区域，让掩模与花图像做异或运算，查看运算之后的结果。代码如下所示。

```
01 import cv2
02 import numpy as np
03
04 flower = cv2.imread("3.png")  # 原始花图像
05 m = np.zeros(flower.shape, np.uint8)  # 与花图像大小相等的 0 值图像
06 m[135:235, :, :] = 255  # 横着的白色区域
07 m[:, 102:203, :] = 255  # 竖着的白色区域
08 img = cv2.bitwise_xor(flower, m)  # 两张图像做异或运算
09 cv2.imshow("flower", flower)  # 展示花图像
10 cv2.imshow("mask", m)  # 展示 0 值图像
11 cv2.imshow("img", img)  # 展示异或运算结果
12 cv2.waitKey()  # 按下任何键盘按键后
13 cv2.destroyAllWindows()  # 释放所有窗体
```

运算结果如图 6.33、图 6.34 和图 6.35 所示，掩模白色区域所覆盖的内容与原图像做取反运算的结果一致，掩模黑色区域所覆盖的内容保持不变。

图 6.33　花图像

图 6.34　掩模图像

图 6.35　两幅图像的异或运算结果

6.4　合并图像

在处理图像时经常会遇到需要将两幅图像合并成一幅图像的需求，合并图像也分两种情况：两幅图像融合在一起；每幅图像提供一部分内容，将这些内容拼接成一幅图像。OpenCV 分别用加权和与覆盖两种方式来满足上述需求。本节将分别介绍如何利用代码实现加权和与覆盖效果。

6.4.1　加权和

多次曝光技术是在一幅胶片上拍摄几个影像，最后冲印出的相片会同时具有多个影像的信息。

OpenCV 通过计算加权和的方式，按照不同的权重取两幅图像的像素之和，最后组成新图像。加权和不会像纯加运算那样让图像丢失信息，而是在尽量保留原有图像信息的基础上把两幅图像融合到一起。

OpenCV 通过 addWeighted() 方法计算图像的加权和，该方法的语法格式如下。

```
dst = cv2.addWeighted(src1, alpha, src2, beta, gamma)
```

参数说明：

☑ src1：第一幅图像。

☑ alpha：第一幅图像的权重。

☑ src2：第二幅图像。

☑ beta：第二幅图像的权重。

☑ gamma：在和结果上添加的标量。该值越大，结果图像越亮，相反则越暗。可以是负数。

返回值说明：

☑ dst：叠加之后的图像。

下面通过一个实例来演示 addWeighted() 方法的效果。

实例 6.9　利用计算加权和的方式实现多次曝光效果（源码位置：资源包 \Code\06\09）

读取两幅不同的风景照片，使用 addWeighted() 方法计算两幅图像的加权和，两幅图像的权重都为 0.6，标量为 0，查看处理之后的图像是否为多次曝光效果。代码如下所示。

```
01 import cv2
02
03 sun = cv2.imread("sunset.jpg")  # 原始日落图像
04 beach = cv2.imread("beach.jpg")  # 原始沙滩图像
05 rows, colmns, channel = sun.shape  # 日落图像的行数、列数和通道数
06 beach = cv2.resize(beach, (colmns, rows))  # 将沙滩图像缩放成日落图像大小
07 img = cv2.addWeighted(sun, 0.6, beach, 0.6, 0)  # 计算两幅图像的加权和
08 cv2.imshow("sun", sun)  # 展示日落图像
09 cv2.imshow("beach", beach)  # 展示沙滩图像
10 cv2.imshow("addWeighted", img)  # 展示加权和图像
11 cv2.waitKey()  # 按下任何键盘按键后
12 cv2.destroyAllWindows()  # 释放所有窗体
```

上述代码的运行结果如图 6.36、图 6.37 和图 6.38 所示（彩图见二维），可以看出最后得到的图像中同时包含两幅图像的信息。

图 6.36　日落图像

图 6.37　沙滩图像

图 6.38　两幅图像加权和的结果

6.4.2 覆盖

覆盖图像就是直接把前景图像显示在背景图像中，前景图像会挡住背景图像。覆盖之后背景图像会丢失信息，不会出现加权和那样的多次曝光效果。

OpenCV 没有提供覆盖操作的方法，开发者可以直接用修改图像像素值的方式实现图像的覆盖、拼接效果：从 A 图像中取像素值，直接赋值给 B 图像的像素，这样就能在 B 图像中看到 A 图像的信息了。

下面通过一个实例来演示如何从前景图像中抠图，再将抠出的图像覆盖在背景图像中。

实例 6.10 将小猫图像贴到沙滩上（源码位置：资源包 \Code\06\10）

读取原始小猫图像，将原始小猫图像中 75 行至 400 行、120 列至 260 列的像素单独保存成一幅小猫图像，并将小猫图像缩放成 70×160 大小。读取原始沙滩图像，将小猫图像覆盖到原始沙滩图像（100, 200）的坐标位置。覆盖过程中将小猫图像的像素逐个赋值给原始沙滩图像中对应位置的像素。代码如下所示。

```
01 import cv2
02
03 beach_img = cv2.imread("beach.jpg")  # 原始沙滩图像
04 cat_img = cv2.imread("cat.jpg")  # 原始小猫图像
05 cat = cat_img[75:400, 120:260, :]  # 截取 75 行至 400 行、120 列至 260 列的像素值所组成的图像
06 cat = cv2.resize(cat, (70, 160))  # 将截取出的图像缩放成 70*160 大小
07 cv2.imshow("cat", cat_img)  # 展示原始小猫图像
08 cv2.imshow("cat2", cat)  # 展示截取并缩放的小猫图像
09 cv2.imshow("beach", beach_img)  # 展示原始沙滩图像
10 rows, colmns, channel = cat.shape  # 记录截取图像的行数和列数
11 # 将沙滩中一部分像素改成截取之后的图像
12 beach_img[100:100 + rows, 260:260 + colmns, :] = cat
13 cv2.imshow("beach2", beach_img)  # 展示修改之后的图像
14 cv2.waitKey()  # 按下任何键盘按键后
15 cv2.destroyAllWindows()  # 释放所有窗体
```

运行结果如图 6.39、图 6.40、图 6.41 和图 6.42 所示，沙滩图像中的像素被替换成小猫之后，就得到了类似拼接图像的效果了。

图 6.39 原始小猫图像

图 6.40 截取并缩放的小猫图像

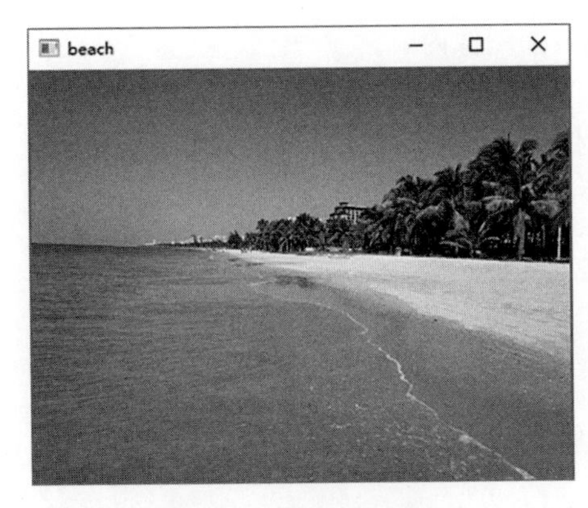

beach

图 6.41　原始沙滩图像

beach2

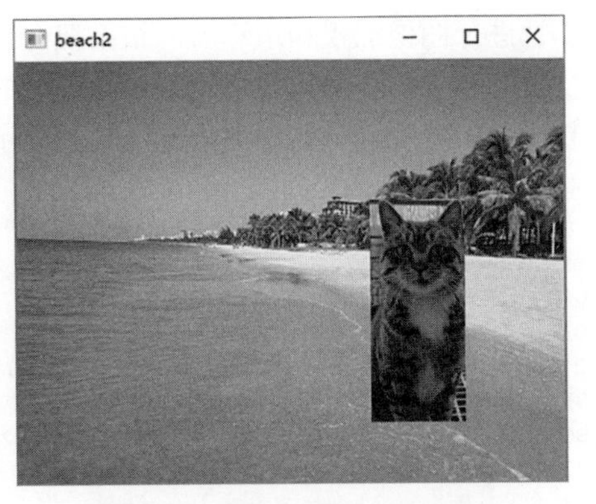

图 6.42　替换像素值之后的图像

6.5 综合案例——为图像添加水印效果

“水印”指的是生产商应用计算机算法把一些标识信息直接嵌入到一个数字载体中，在不影响这个数字载体的使用价值的情况下，能够识别、辨认这个数字载体。本实例要把网址图像（见图 6.43）混合到主图图像（见图 6.44）内，达到为主图图像添加水印效果的目的。

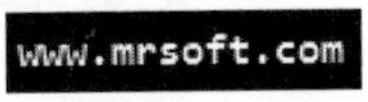
www.mrsoft.com

图 6.43　网址图像

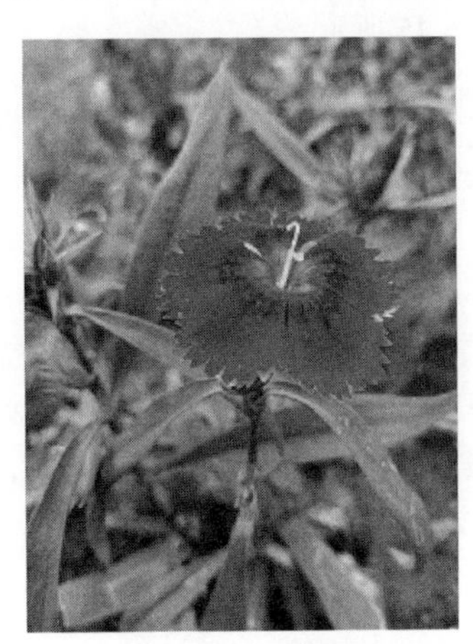

图 6.44　主图图像

通过计算图像加权和的方式，OpenCV 能够在尽量保留原有图像信息的基础上把两幅图像混合到一起，这与“水印”的实现原理不谋而合。因此，为了实现“水印”效果，就要借助 OpenCV 中用于计算图像加权和的 addWeighted() 方法。

下面对“如何把网址图像混合到主图图像内”的实现步骤进行讲解。

① 分别读取主图图像和网址图像。

② 将网址图像的色彩空间转换为 GRAY 色彩空间。

③ 设置网址图像的左上角在主图图像内的位置。

④ 根据网址图像的左上角在主图图像内的位置以及网址图像的行像素和列像素，把主图图像内的相应区域定义为感兴趣区域。

⑤ 将网址图像与主图图像的感兴趣区域进行图像加权和运算。

⑥ 把进行图像加权和运算后的结果混合到主图图像内。

⑦ 窗口显示网址图像与主图图像混合后的图像。

⑧ 通过按下键盘上的任意按键，释放显示图像的所有窗体。

具体的实现代码如下所示。

```
01 import cv2
02
03 image = cv2.imread("1.jpg") # 读取当前项目文件夹下的主图图像
04 website = cv2.imread("website.png") # 读取当前项目文件夹下的网址图像
05 # 将网址图像由 BGR 色彩空间转换为 GRAY 色彩空间
06 website_gray = cv2.cvtColor(website, cv2.COLOR_BGR2GRAY)
07 rows, cols = website_gray.shape # 获取转换为 GRAY 色彩空间的网址图像的行像素和列像素
08 # 网址图像的左上角在主图图像内的位置
09 dx, dy = 272, 71
10 # 根据网址图像的左上角在主图图像内的位置以及网址图像的行像素和列像素，
11 # 把主图图像内的相应区域定义为感兴趣区域
12 roi = image[dx:dx + rows, dy:dy + cols]
13 # 将网址图像与主图图像的感兴趣区域进行图像加权和运算
14 add = cv2.addWeighted(website, 0.2, roi, 1.0, 1)
15 # 把进行图像加权和运算后的结果混合到主图图像内
16 image[dx:dx + rows, dy:dy + cols] = add
17 cv2.imshow("result", image) # 窗口显示网址图像与主图图像混合后的图像
18 cv2.waitKey() # 按下键盘上的任意按键后
19 cv2.destroyAllWindows() # 释放显示图像的所有窗体
```

运行结果如图 6.45 所示。

图 6.45　为图像添加水印效果

6.6 实战练习

① 使用 numpy.random.randint() 方法创建一个随机像素值图像作为密钥图像，让密钥图像与如图 6.22 所示的图像做异或运算，实现对如图 6.22 所示的图像进行加密的效果。

② 让密钥图像与加密后的图像做异或运算，实现对加密后的图像进行解密的效果。

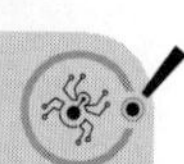

小结

学习本章后，不仅要明确 0 和 255 这两个值在掩模中各自发挥的作用，而且要明确掩模的作用，还要掌握如何创建一个掩模。掩模的应用很广泛，它既能够应用于图像的加运算，又能够应用于图像的位运算。掩模应用于图像的位运算的一个典型实例就是对一幅图像进行加密和解密操作。本章还分别讲解了加权和、覆盖这两个内容，通过这两个内容能够对图像执行合并操作。

第 7 章 阈值

图像是由像素组成的，每一个像素都对应一个像素值。阈值就相当于“像素值的标准线”。首先，把图像中每一个像素的像素值与阈值进行比较后，要么像素值比阈值大，要么像素值比阈值小，要么像素值等于阈值。然后，把符合上述 3 种比较结果的像素进行分组，通过对某一组像素进行“加深”或者“变淡”操作，使得图像的轮廓更加鲜明，更容易被计算机识别。本章将对阈值的操作进行详细的讲解。

本章的知识结构如下。

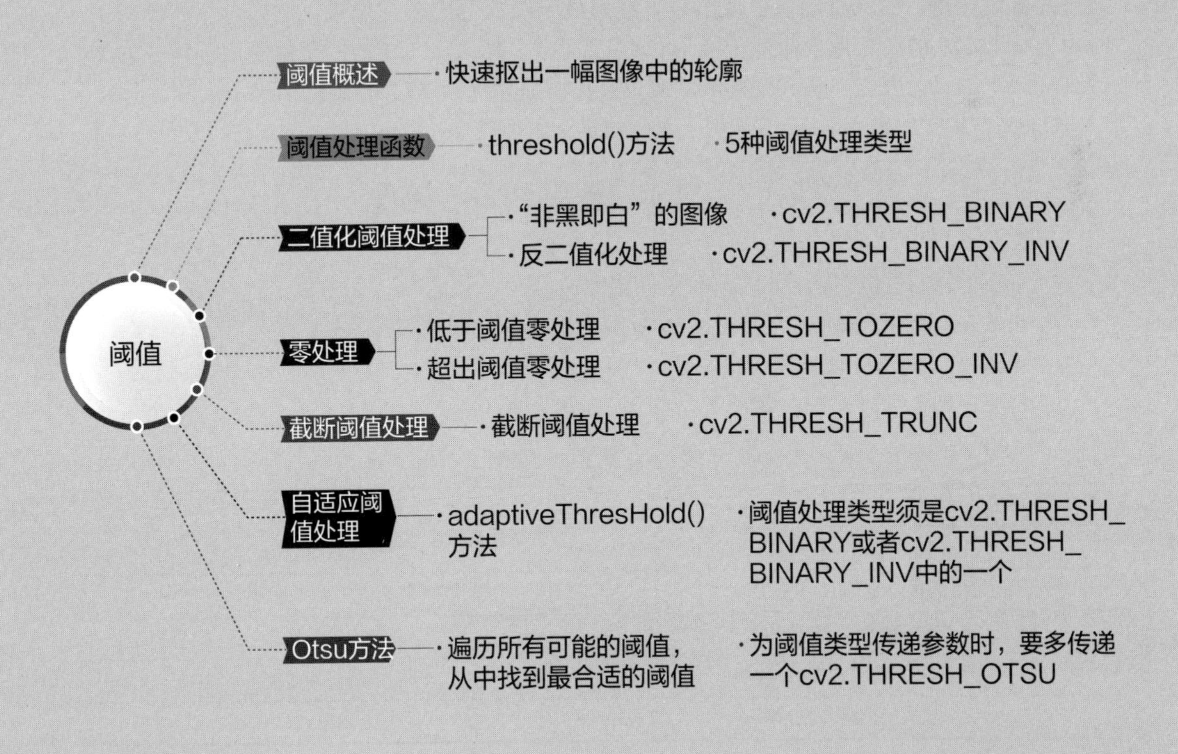

7.1 阈值概述

在 Photoshop 中，有一个工具可以快速抠出一幅图像中的轮廓，这个工具就是阈值。如图 7.1 所示，一幅彩色的卡通图像经 Photoshop 中的阈值处理后，得到了这幅卡通图像的轮廓。

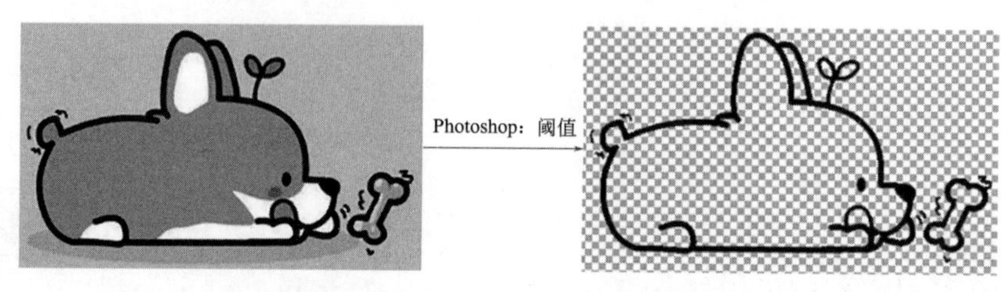

图 7.1 阈值在 Photoshop 中的作用

OpenCV 也提供了阈值，而且 OpenCV 中的阈值具有与 Photoshop 中的阈值相同的作用。

7.2 阈值处理函数

在图像处理的过程中，阈值使图像的像素值更单一，进而使图像的效果更简单。首先，把一幅彩色图像转换为灰度图像，这样图像的像素值的取值范围即可简化为 0 ～ 255。然后，通过阈值使转换后的灰度图像呈现出只有纯黑色和纯白色的视觉效果。例如，当阈值为 127 时，把小于 127 的所有像素值都转换为 0（纯黑色），把大于 127 的所有像素值都转换为 255（纯白色）。虽然会丢失一些灰度细节，但是会更明显地保留灰度图像主体的轮廓。

OpenCV 提供的 threshold() 方法用于对图像进行阈值处理，threshold() 方法的语法格式如下。

```
retval, dst = cv2.threshold(src, thresh, maxval, type)
```

参数说明：

☑ src：被处理的图像，可以是多通道图像。

☑ thresh：阈值，阈值在 125 ～ 150 范围内取值的效果最好。

☑ maxval：阈值处理采用的最大值。

☑ type：阈值处理类型。常用类型如表 7.1 所示。

表 7.1 阈值处理类型

类型	含义
cv2.THRESH_BINARY	二值化阈值处理
cv2.THRESH_BINARY_INV	反二值化阈值处理
cv2.THRESH_TOZERO	低于阈值零处理
cv2.THRESH_TOZERO_INV	超出阈值零处理
cv2.THRESH_TRUNC	截断阈值处理

返回值说明：

☑ retval：处理时所采用的阈值。

☑ dst：经过阈值处理后的图像。

7.3 二值化阈值处理

二值化阈值处理（简称二值化处理）会将灰度图像的像素值两极分化，使灰度图像呈现出只有纯黑色和纯白色的视觉效果。经过二值化处理后的图像轮廓分明、对比明显，因此二值化处理常用于图像识别功能。

7.3.1 “非黑即白”的图像

二值化处理会让图像仅保留两种像素值，或者说所有像素都只能从两种值中取值。

进行二值化处理时，每一个像素值都会与阈值进行比较，将大于阈值的像素值变为最大值，将小于或等于阈值的像素值变为0。计算过程如下所示。

```
if 像素值 <= 阈值 : 像素值 = 0
if 像素值 > 阈值 : 像素值 = 最大值
```

通常二值化处理是使用255作为最大值，因为灰度图像中255表示纯白色，能够很清晰地与纯黑色进行区分，所以灰度图像经过二值化处理后会呈现“非黑即白”的效果。

例如，图7.2是一个由白到黑的渐变图，最左侧的像素值为255（表现为纯白色），右侧的像素值逐渐递减，直到最右侧的像素值为0（表现为纯黑色）。像素值的变化如图7.3所示。

图7.2　由白到黑的渐变图像

255	255	254	254	253	253	252	251	…	5	4	3	2	1	0
255	255	254	254	253	253	252	251	…	5	4	3	2	1	0
…	…	…	…	…	…	…	…	…	…	…	…	…	…	…

图7.3　渐变图像像素值变化示意图

实例7.1　二值化处理白黑渐变图（源码位置：资源包\Code\07\01）

将图7.2进行二值化处理，取0～255的中间值127作为阈值，将255作为最大值，代码如下所示。

```
01 import cv2
02
03 img = cv2.imread("black.png", 0)  # 将图像读成灰度图像
04 t1, dst1 = cv2.threshold(img, 127, 255, cv2.THRESH_BINARY)  # 二值化处理
05 cv2.imshow('img', img)  # 显示原图
06 cv2.imshow('dst1', dst1)  # 二值化处理效果图
07 cv2.waitKey()  # 按下任何键盘按键后
08 cv2.destroyAllWindows()  # 释放所有窗体
```

上述代码的运行结果如图7.4和图7.5所示，图像中凡是大于127的像素值都变成了255（纯白色），小于127的像素值都变成了0（纯黑色）。原图从白黑渐变图像变成了白黑拼接图像，可以看到非常清晰的黑白交界。

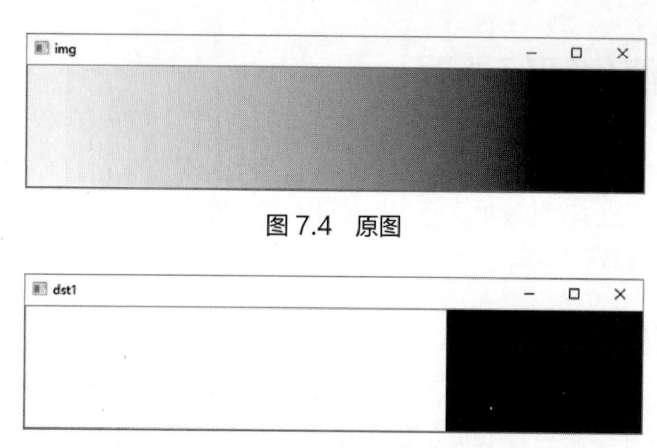

图 7.4　原图

图 7.5　二值化处理效果

实例 7.2　阈值的取值不同，处理效果也不同（源码位置：资源包 \Code\07\02）

通过修改阈值大小可以调整黑白交界的位置。例如，分别采用 127 和 210 作为阈值，对比处理结果。代码如下所示。

```
01 import cv2
02
03 img = cv2.imread("black.png", 0)  # 将图像读成灰度图像
04 t1, dst1 = cv2.threshold(img, 127, 255, cv2.THRESH_BINARY)  # 二值化处理
05 t2, dst2 = cv2.threshold(img, 210, 255, cv2.THRESH_BINARY)  # 调高阈值效果
06 cv2.imshow( 'dst1' , dst1)  # 展示阈值为 127 时的效果
07 cv2.imshow( 'dst2' , dst2)  # 展示阈值为 210 时的效果
08 cv2.waitKey()  # 按下任何键盘按键后
09 cv2.destroyAllWindows()  # 释放所有窗体
```

上述代码的运行结果如图 7.6 和图 7.7 所示。因为原图中大部分像素值都大于 127，所以阈值为 127 时，大部分像素都变成了 255（纯白色）；但原图中大于 210 的像素值并不多，所以阈值为 210 时，大部分像素都变成了 0（纯黑色）。

图 7.6　阈值为 127 时的处理效果

图 7.7　阈值为 210 时的处理效果

实例 7.3　阈值的最大值不同，处理效果也不同（源码位置：资源包 \Code\07\03）

像素值的最小值默认为 0，但最大值可以由开发者设定。如果最大值不是 255（纯白色），那么“非黑”的像素就不一定是纯白色了。例如，150 这个灰度值表现为灰色，查看将 150

作为最大值处理的效果，代码如下所示。

```
01 import cv2
02
03 img = cv2.imread("black.png", 0)  # 将图像读成灰度图像
04 t1, dst1 = cv2.threshold(img, 127, 255, cv2.THRESH_BINARY)  # 二值化处理
05 t3, dst3 = cv2.threshold(img, 127, 150, cv2.THRESH_BINARY)  # 调低最大值效果
06 cv2.imshow( ‘dst1’ , dst1)  # 展示最大值为 255 时的效果
07 cv2.imshow( ‘dst3’ , dst3)  # 展示最大值为 150 时的效果
08 cv2.waitKey()  # 按下任何键盘按键后
09 cv2.destroyAllWindows()  # 释放所有窗体
```

上述代码的运行结果如图 7.8 和图 7.9 所示。当最大值设为 150 时，凡是大于 127 的像素值都被改为 150，呈现灰色。

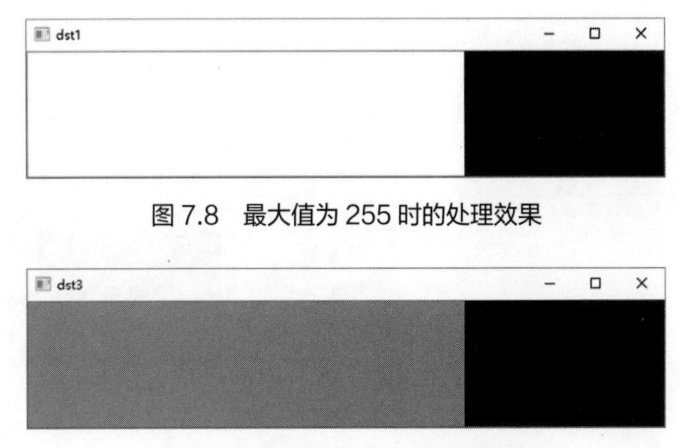

图 7.8　最大值为 255 时的处理效果

图 7.9　最大值为 150 时的处理效果

也可以对彩色图像进行二值化处理，处理之后会将颜色夸张化，对比效果如图 7.10 和图 7.11 所示（彩图见二维码）。

图 7.10　彩色图像原图

图 7.11　彩色图像进行二值化处理的效果

7.3.2　反二值化处理

反二值化处理也叫反二值化阈值处理，其结果为二值化处理的相反结果，即将大于阈值的像素值变为 0，将小于或等于阈值的像素值变为最大值。原图像中白色的部分会变成黑色，黑色的部分会变成白色。计算过程如下所示。

```
if 像素值 <= 阈值 : 像素值 = 最大值
if 像素值 > 阈值 : 像素值 = 0
```

实例 7.4 对图像进行反二值化处理（源码位置：资源包\Code\07\04）

分别对图 7.2 进行二值化处理和反二值化处理，对比处理结果，代码如下所示。

```
01 import cv2
02
03 img = cv2.imread("black.png", 0)  # 将图像读成灰度图像
04 t1, dst1 = cv2.threshold(img, 127, 255, cv2.THRESH_BINARY)  # 二值化处理
05 t4, dst4 = cv2.threshold(img, 127, 255, cv2.THRESH_BINARY_INV)  # 反二值化处理
06 cv2.imshow('dst1', dst1)  # 展示二值化效果
07 cv2.imshow('dst4', dst4)  # 展示反二值化效果
08 cv2.waitKey()  # 按下任何键盘按键后
09 cv2.destroyAllWindows()  # 释放所有窗体
```

上述代码的运行结果如图 7.12 和图 7.13 所示，可以明显地看出二值化处理效果和反二值化处理效果是完全相反的。

图 7.12　二值化处理效果

图 7.13　反二值化处理效果

彩色图像经过反二值化处理之后，因为各通道的颜色分量值不同，取相反的极值后会呈现“混乱”的效果，对比效果如图 7.14 和图 7.15 所示（彩图见二维码）。

图 7.14　彩色图像原图

图 7.15　彩色图像进行反二值化处理的效果

7.4 零处理

零处理会将某一个范围内的像素值变为0，并允许范围之外的像素保留原值。零处理包括低于阈值零处理和超出阈值零处理。

7.4.1 低于阈值零处理

低于阈值零处理会将低于或等于阈值的像素值变为0，大于阈值的像素值保持原值。计算过程如下所示。

```
if 像素值 <= 阈值 : 像素值 = 0
if 像素值 > 阈值 : 像素值 = 原值
```

实例 7.5　对图像进行低于阈值零处理（源码位置：资源包\Code\07\05）

对图7.2进行低于阈值零处理，阈值设为127，代码如下所示。

```
01 import cv2
02
03 img = cv2.imread("black.png", 0)  # 将图像读成灰度图像
04 t5, dst5 = cv2.threshold(img, 127, 255, cv2.THRESH_TOZERO)  # 低于阈值零处理
05 cv2.imshow( 'img' , img)  # 显示原图
06 cv2.imshow( 'dst5' , dst5)  # 低于阈值零处理效果图
07 cv2.waitKey()  # 按下任何键盘按键后
08 cv2.destroyAllWindows()  # 释放所有窗体
```

上述代码的运行结果如图7.16和图7.17所示，像素值低于127的区域彻底变黑，但像素值高于127的区域仍然保持渐变效果。

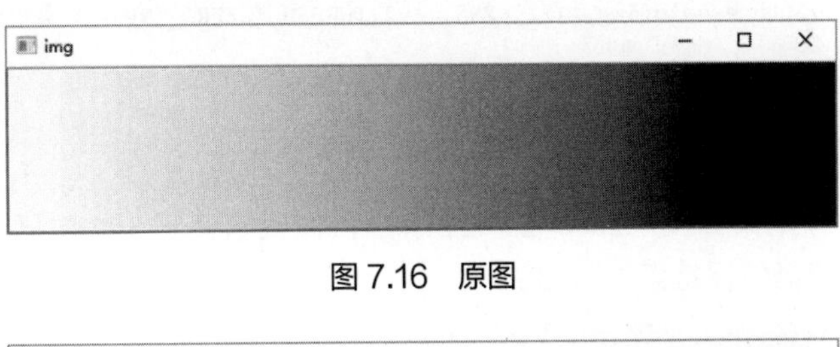

图7.16　原图

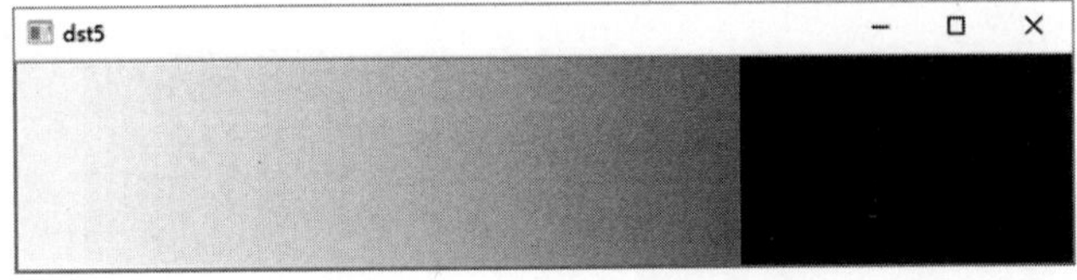

图7.17　低于阈值零处理效果

图像经过低于阈值零处理后，颜色深的位置会彻底变黑，颜色浅的位置不受影响。彩色图像经过低于阈值零处理后，会让深颜色区域的颜色变得更深，甚至变黑，对比效果如图7.18和图7.19所示（彩图见二维码）。

图 7.18　彩色图像原图

图 7.19　彩色图像经过低于阈值零处理的效果

7.4.2　超出阈值零处理

超出阈值零处理会将大于阈值的像素值变为 0，小于或等于阈值的像素值保持原值。计算过程如下所示。

```
if 像素值 <= 阈值 : 像素值 = 原值
if 像素值 > 阈值 : 像素值 = 0
```

实例 7.6　对图像进行超出阈值零处理（源码位置：资源包 \Code\07\06）

对图 7.2 进行超出阈值零处理，阈值设为 127，代码如下所示。

```
01 import cv2
02
03 img = cv2.imread("black.png", 0)  # 将图像读成灰度图像
04 t6, dst6 = cv2.threshold(img, 127, 255, cv2.THRESH_TOZERO_INV)  # 超出阈值零处理
05 cv2.imshow( 'img' , img)  # 显示原图
06 cv2.imshow( 'dst6' , dst6)  # 超出阈值零处理效果图
07 cv2.waitKey()  # 按下任何键盘按键后
08 cv2.destroyAllWindows()  # 释放所有窗体
```

上述代码的运行结果如图 7.20 和图 7.21 所示，像素值高于 127 的区域彻底变黑，但像素值低于 127 的区域仍然保持渐变效果。

图 7.20　原图

图 7.21　超出阈值零处理效果

图像经过超出阈值零处理后浅颜色区域会彻底变黑，深颜色区域则不受影响。但彩色图像经过超出阈值零处理后，浅颜色区域的颜色分量会取相反的极值，也会呈现出一种“混乱”的效果，对比效果如图 7.22 和图 7.23 所示（彩图见二维码）。

图 7.22　彩色图像原图

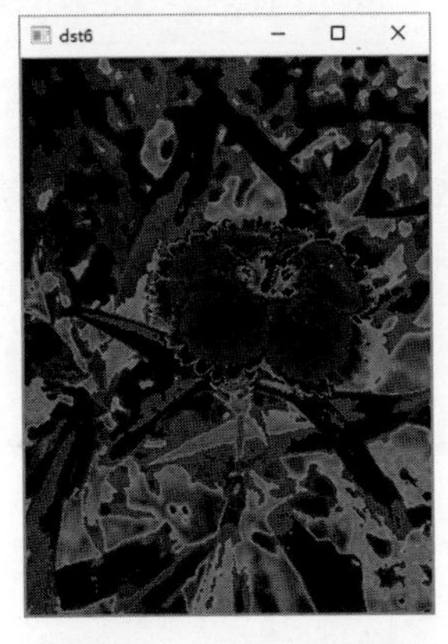

图 7.23　彩色图像经过超出阈值零处理的效果

7.5 截断阈值处理

截断阈值处理也叫截断处理，该处理会将图像中大于阈值的像素值变为和阈值一样的值，小于或等于阈值的像素保持原值。计算过程如下所示。

```
if 像素 <= 阈值 : 像素 = 原值
if 像素 > 阈值 : 像素 = 阈值
```

实例 7.7　对图像进行截断处理（源码位置：资源包 \Code\07\07）

对图 7.2 进行截断处理，取 127 作为阈值，代码如下所示。

```
01 import cv2
02
03 img = cv2.imread("black.png", 0)  # 将图像读成灰度图像
04 t1, dst1 = cv2.threshold(img, 127, 255, cv2.THRESH_BINARY)  # 二值化处理
05 t7, dst7 = cv2.threshold(img, 127, 255, cv2.THRESH_TRUNC)  # 截断处理
06 cv2.imshow( ‘dst1’ , dst1)  # 展示二值化效果
07 cv2.imshow( ‘dst7’ , dst7)  # 展示截断效果
08 cv2.waitKey()  # 按下任何键盘按键后
09 cv2.destroyAllWindows()  # 释放所有窗体
```

上述代码的运行结果如图 7.24 和图 7.25 所示，浅颜色区域都变成了灰色，但深颜色区域仍然是渐变效果。

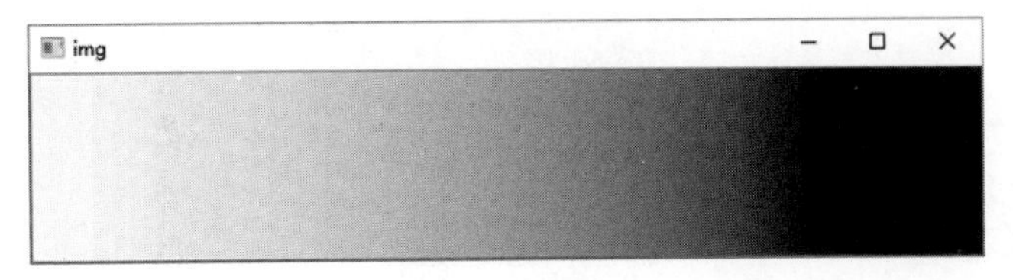

图 7.24　原图

图 7.25　阈值为 127 时截断处理的效果

图像经过截断处理后，整体颜色都会变暗。彩色图像经过截断处理后，在降低亮度的同时，还会让浅颜色区域的颜色变得更浅，对比效果如图 7.26 和图 7.27 所示（彩图见二维码）。

图 7.26　彩色图像原图

图 7.27　彩色图像经过截断处理的效果

7.6 自适应阈值处理

上文已经依次对 cv2.THRESH_BINARY、cv2.THRESH_BINARY_INV、cv2.THRESH_TOZERO、cv2.THRESH_TOZERO_INV 和 cv2.THRESH_TRUNC 这 5 种阈值处理类型进行了详解。因为图 7.2 是一幅色彩均衡的图像，所以直接使用一种阈值处理类型就能够对图像进行阈值处理。但在很多时候，图像的色彩是不均衡的，如果只使用一种阈值处理类型，无法得到清晰、有效的结果。

实例 7.8　对色彩不均衡的图像进行一种类型的阈值处理（源码位置：资源包 \Code\07\08）

先将图 7.28 转换为灰度图像，再依次使用 cv2.THRESH_BINARY、cv2.THRESH_BINARY_

图 7.28　色彩不均衡的图像（彩图见二维码）

INV、cv2.THRESH_TOZERO、cv2.THRESH_TOZERO_INV 和 cv2.THRESH_TRUNC 这 5 种阈值处理类型对转换后的灰度图像进行阈值处理。代码如下所示。

```
01 import cv2
02
03 image = cv2.imread("7.28.png") # 读取 7.28.png
04 image_Gray = cv2.cvtColor(image, cv2.COLOR_BGR2GRAY) # 将 7.28.png 转换为灰度图像
05 t1, dst1 = cv2.threshold(image_Gray, 127, 255, cv2.THRESH_BINARY) # 二值化处理
06 # 反二值化阈值处理
07 t2, dst2 = cv2.threshold(image_Gray, 127, 255, cv2.THRESH_BINARY_INV)
08 # 低于阈值零处理
09 t3, dst3 = cv2.threshold(image_Gray, 127, 255, cv2.THRESH_TOZERO)
10 # 超出阈值零处理
11 t4, dst4 = cv2.threshold(image_Gray, 127, 255, cv2.THRESH_TOZERO_INV)
12 t5, dst5 = cv2.threshold(image_Gray, 127, 255, cv2.THRESH_TRUNC) # 截断处理
13 # 分别显示经过 5 种阈值类型处理后的图像
14 cv2.imshow("BINARY", dst1)
15 cv2.imshow("BINARY_INV", dst2)
16 cv2.imshow("TOZERO", dst3)
17 cv2.imshow("TOZERO_INV", dst4)
18 cv2.imshow("TRUNC", dst5)
19 cv2.waitKey() # 按下任何键盘按键后
20 cv2.destroyAllWindows() # 释放所有窗体
```

上述代码的运行结果如图 7.29、图 7.30、图 7.31、图 7.32 和图 7.33 所示。

图 7.29　二值化处理

图 7.30　反二值化处理

图 7.31　低于阈值零处理

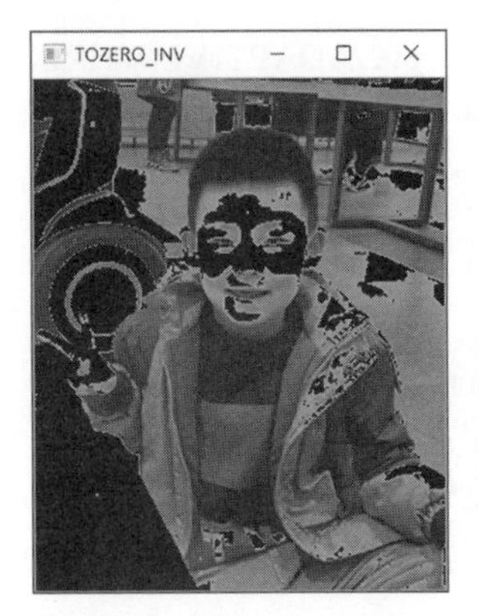

图 7.32　超出阈值零处理

图 7.33　截断处理

从视觉上看，对于色彩不均衡的图像，虽然使用截断处理的效果是5种阈值处理类型中效果比较好的，但是有些轮廓依然模糊不清（例如，图7.33中的手部轮廓），使用程序继续对其进行处理仍然很困难。这时，需要进一步简化图像。

OpenCV提供了一种改进的阈值处理技术：图像中的不同区域使用不同的阈值。这种改进的阈值处理技术称作自适应阈值处理，自适应阈值是根据图像中某一正方形区域内的所有像素值按照指定的算法计算得到的。与上文讲解的5种阈值处理类型相比，自适应阈值处理能更好地处理明暗分布不均的图像，获得更简单的图像效果。

OpenCV提供的adaptiveThresHold()方法用于对图像进行自适应阈值处理，adaptiveThresHold()方法的语法格式如下。

```
dst = cv2.adaptiveThreshold(src, maxValue, adaptiveMethod, thresholdType, blockSize, C)
```

参数说明：

☑ src：被处理的图像。需要注意的是，该图像须是灰度图像。

☑ maxValue：阈值处理采用的最大值。

☑ adaptiveMethod：自适应阈值的计算方法。自适应阈值的计算方法及其解释如表7.2所示。

☑ thresholdType：阈值处理类型。需要注意的是，阈值处理类型须是cv2.THRESH_BINARY或者cv2.THRESH_BINARY_INV中的一个。

☑ blockSize：一个正方形区域的大小。例如，5指的是5×5的区域。

☑ C：常量。阈值等于均值或者加权值减去这个常量。

返回值说明：

☑ dst：经过自适应阈值处理后的图像。

表7.2　自适应阈值的计算方法及其解释

类型	含义
cv2.ADAPTIVE_THRESH_MEAN_C	对一个正方形区域内的所有像素平均加权
cv2.ADAPTIVE_THRESH_GAUSSIAN_C	根据高斯函数按照像素与中心点的距离对一个正方形区域内的所有像素进行加权计算

实例 7.9 显示自适应阈值处理的结果（源码位置：资源包\Code\07\09）

先将图7.28转换为灰度图像，再分别使用cv2.ADAPTIVE_THRESH_MEAN_C和cv2.ADAPTIVE_THRESH_GAUSSIAN_C这2种自适应阈值的计算方法对转换后的灰度图像进行阈值处理。代码如下所示。

```
01 import cv2
02
03 image = cv2.imread("7.28.png") # 读取 7.28.png
04 image_Gray = cv2.cvtColor(image, cv2.COLOR_BGR2GRAY) # 将 7.28.png 转换为灰度图像
05 # 自适应阈值的计算方法为 cv2.ADAPTIVE_THRESH_MEAN_C
06 athdMEAM = cv2.adaptiveThreshold\
07     (image_Gray, 255, cv2.ADAPTIVE_THRESH_MEAN_C, cv2.THRESH_BINARY, 5, 3)
08 # 自适应阈值的计算方法为 cv2.ADAPTIVE_THRESH_GAUSSIAN_C
09 athdGAUS = cv2.adaptiveThreshold\
10     (image_Gray, 255, cv2.ADAPTIVE_THRESH_GAUSSIAN_C,cv2.THRESH_BINARY, 5, 3)
```

```
11 # 显示自适应阈值处理的结果
12 cv2.imshow("MEAN_C", athdMEAM)
13 cv2.imshow("GAUSSIAN_C", athdGAUS)
14 cv2.waitKey() # 按下任何键盘按键后
15 cv2.destroyAllWindows() # 释放所有窗体
```

上述代码的运行结果如图 7.34 和图 7.35 所示。

与上文讲解的 5 种阈值处理类型的处理结果相比，自适应阈值处理保留了图像中更多的细节信息，更明显地保留了灰度图像主体的轮廓。

图 7.34　cv2.ADAPTIVE_THRESH_MEAN_C 的处理结果

图 7.35　cv2.ADAPTIVE_THRESH_GAUSSIAN_C 的处理结果

注意

使用自适应阈值处理类型处理图像时，如果图像是彩色图像，那么需要先将彩色图像转换为灰度图像，否则，运行程序时会出现如图 7.36 所示的错误提示。

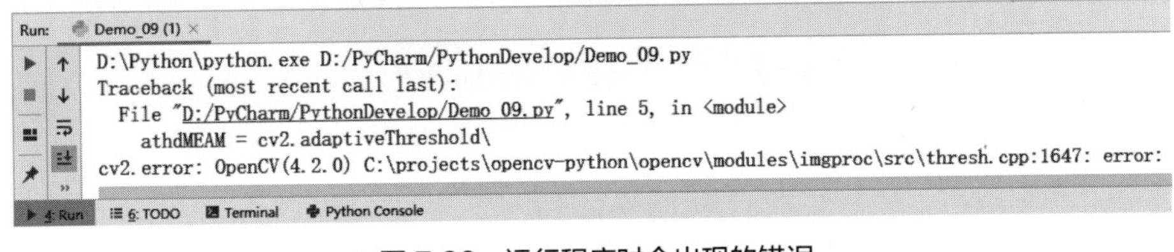

图 7.36　运行程序时会出现的错误

7.7　Otsu 方法

上文在讲解 5 种阈值处理类型的过程中，每个实例设置的阈值都是 127，这个 127 是笔者设置的，并不是通过算法计算得到的。对于有些图像，当阈值被设置为 127 时，得到的效果并不好，这时就需要一个个去尝试，直到找到最合适的阈值。

逐个寻找最合适的阈值不仅工作量大，而且效率低，为此，OpenCV 提供了 Otsu 方法。Otsu 方法能够遍历所有可能的阈值，从中找到最合适的阈值。

Otsu 方法的语法与 threshold() 方法的语法基本一致，只不过在为 type 传递参数时，要多传递一个参数，即 cv2.THRESH_OTSU。cv2.THRESH_OTSU 的作用就是实现 Otsu 方法的阈值处理。Otsu 方法的语法格式如下。

```
retval, dst = cv2.threshold(src, thresh, maxval, type)
```

参数说明：

☑ src：被处理的图像。需要注意的是，该图像须是灰度图像。

☑ thresh：阈值，且要把阈值设置为 0。

☑ maxval：阈值处理采用的最大值，即 255。

☑ type：阈值处理类型。除在表 7.1 中选择一种阈值处理类型外，还要多传递一个参数，即 cv2.THRESH_OTSU。例如，cv2.THRESH_BINARY + cv2.THRESH_OTSU。

返回值说明：

☑ retval：由 Otsu 方法计算得到并使用的最合适的阈值。

☑ dst：经过阈值处理后的图像。

实例 7.10 实现 Otsu 方法的阈值处理（源码位置：资源包 \Code\07\10）

图 7.37 是一幅亮度较高的图像，分别对这幅图像进行二值化处理和实现 Otsu 方法的阈值处理，对比处理后图像的差异。代码如下所示。

图 7.37 一幅亮度较高的图像

```
01 import cv2
02
03 image = cv2.imread("7.37.jpg") # 读取 7.37.jpg
04 image_Gray = cv2.cvtColor(image, cv2.COLOR_BGR2GRAY) # 将 7.37.jpg 转换为灰度图像
05 t1, dst1 = cv2.threshold(image_Gray, 127, 255, cv2.THRESH_BINARY) # 二值化处理
06 # 实现 Otsu() 方法的阈值处理
07 t2, dst2 = cv2.threshold(image_Gray, 0, 255, cv2.THRESH_BINARY  + cv2.THRESH_OTSU)
08 cv2.putText(dst2, "best threshold: " + str(t2), (0, 30),
           cv2.FONT_HERSHEY_SIMPLEX, 1, (0, 0, 0), 2) # 在图像上绘制最合适的阈值
09 cv2.imshow("BINARY", dst1) # 显示二值化阈值处理的图像
10 cv2.imshow("OTSU", dst2) # 显示实现 Otsu 方法的阈值处理
11 cv2.waitKey() # 按下任何键盘按键后
12 cv2.destroyAllWindows() # 释放所有窗体
```

上述代码的运行结果如图 7.38 和图 7.39 所示。

对比图 7.38 和图 7.39 后能够发现，由于图 7.37 的亮度较高，使用阈值为 127 进行二值化处理的结果没有很好地保留图像主体的轮廓，并出现了大量的白色区域。但是，通过实现

Otsu 方法的阈值处理，不仅找到了最合适的阈值（184），还将图像主体的轮廓很好地保留了下来，获得了比较好的处理结果。

图 7.38　二值化处理的结果

图 7.39　实现 Otsu 方法的阈值处理的结果

7.8 综合案例——阈值调试器

图像经二值化处理后没有得到理想的效果，导致这样的结果是否和阈值设定得不恰当有关呢？如果对阈值可能设定的值依次进行尝试，会不会得到较为理想的效果呢？答案是肯定的。但是，对于本章的所有实例，一旦阈值被重新设定后，只有再一次运行程序才能看到阈值处理后的效果；抑或是，如果对这幅图像进行其他类型的阈值处理，就需要先替换相应参数的值，再运行程序。

那么，OpenCV 中有没有一种工具能打破上述两种局限呢？有，这个工具就是滑动条。

滑动条是 OpenCV 中的一种非常实用的交互工具，主要用于设置、获取指定范围内的值。在使用滑动条之前，要先使用 createTrackbar() 方法创建滑动条。滑动条被创建后，拖动滑动条上的滑块，就能够通过滑块的所在位置设置滑动条的值。为了获取滑块所在位置的数值，需要使用 getTrackbarPos() 方法。

本实例要实现的阈值调试器包含了两种阈值处理类型：二值化处理和反二值化处理。因此，需要创建两个滑动条，它们的取值范围都是 0~255，初始值都是 127。当滑动表示二值化处理的滑动条上的滑块时，窗口显示的图像效果会随着滑块位置对应的值的变化而不断变化。同理，当滑动表示反二值化处理的滑动条上的滑块时，窗口显示的图像效果会随着滑块位置对应的值的变化而不断变化。代码如下所示。

```
01 import cv2
02
03 img = cv2.imread("car.jpg") # 读取当前项目目录下的图像
04
05 def show(trackbarname, type):
06     # 将读取到的图像从 BGR 色彩空间转换为 GRAY 色彩空间
07     gray = cv2.cvtColor(img, cv2.COLOR_BGR2GRAY)
08     # 获取用指定滑块设定的阈值
09     t = cv2.getTrackbarPos(trackbarname, "TrackBar")
10     # 对 GRAY 色彩空间的图像进行二值化处理或者反二值化处理
11     _, dst = cv2.threshold(gray, t, 255, type)
```

```
12     cv2.imshow("TrackBar", dst) # 显示处理后的图像
13
14 def change(null):
15     # 根据名字是 "BINARY" 的滑动条设定的阈值，对 GRAY 色彩空间的图像进行二值化处理
16     show("BINARY", cv2.THRESH_BINARY)
17
18 def change2(null):
19     # 根据名字是 "lBINARY_INV" 的滑动条设定的阈值，对 GRAY 色彩空间的图像进行反二值化处理
20     show("lBINARY_INV", cv2.THRESH_BINARY_INV)
21
22 cv2.namedWindow("TrackBar") # 命名窗口
23 cv2.resizeWindow("TrackBar", 640, 340) # 设置窗口高为 640 像素，宽为 340 像素
24 # 创建二值化处理的滑动条
25 cv2.createTrackbar("BINARY", "TrackBar", 127, 255, change)
26 # 创建反二值化处理的滑动条
27 cv2.createTrackbar("lBINARY_INV", "TrackBar", 127, 255, change2)
28 # 根据名字是 "BINARY" 的滑动条设定的阈值，对 GRAY 色彩空间的图像进行二值化处理
29 show("BINARY", cv2.THRESH_BINARY)
30 cv2.waitKey() # 通过按下键盘上的按键
31 cv2.destroyAllWindows() # 释放正在显示的窗体
```

运行结果如图 7.40 所示。

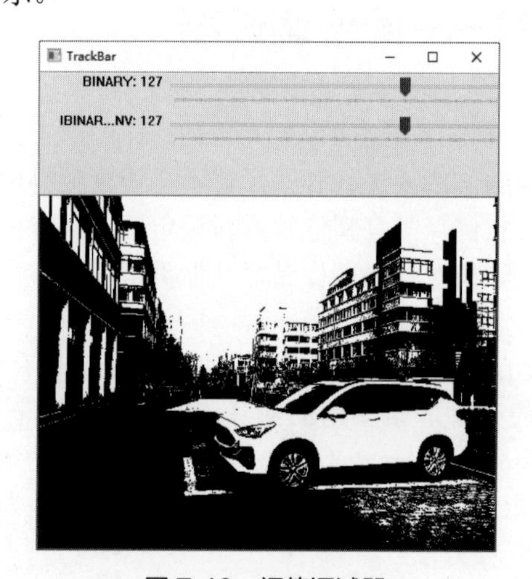

图 7.40　阈值调试器

7.9 实战练习

① 分别对一幅图像进行二值化处理和自适应阈值处理，观察处理结果的差异。
② 分别对一幅图像进行二值化处理和实现 Otsu 方法的阈值处理，观察处理结果的差异。

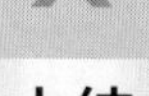

小结

对一幅彩色图像进行阈值处理后，这幅图像会被处理为只有纯黑色和纯白色的二值图像，这时就能够得到这幅图像的轮廓。但是，一幅彩色图像经二值化处理、反二值化处理、低于阈值零处理、超出阈值零处理或者截断处理后，无法得到这幅图像的全部轮廓。为了得到一幅图像的全部轮廓，OpenCV 提供了自适应阈值处理，自适应阈值处理的优势在于能够对图像的不同区域使用不同的阈值。

第 8 章 形态学操作

形态学操作主要包括腐蚀、膨胀、开运算、闭运算、梯度运算、顶帽运算、黑帽运算等操作。其中，腐蚀和膨胀是基础。也就是说，综合运用腐蚀和膨胀，就能够分别实现开运算、闭运算、梯度运算、顶帽运算和黑帽运算。本章将依次对上述 7 种形态学操作进行图文并茂的讲解。

本章的知识结构如下。

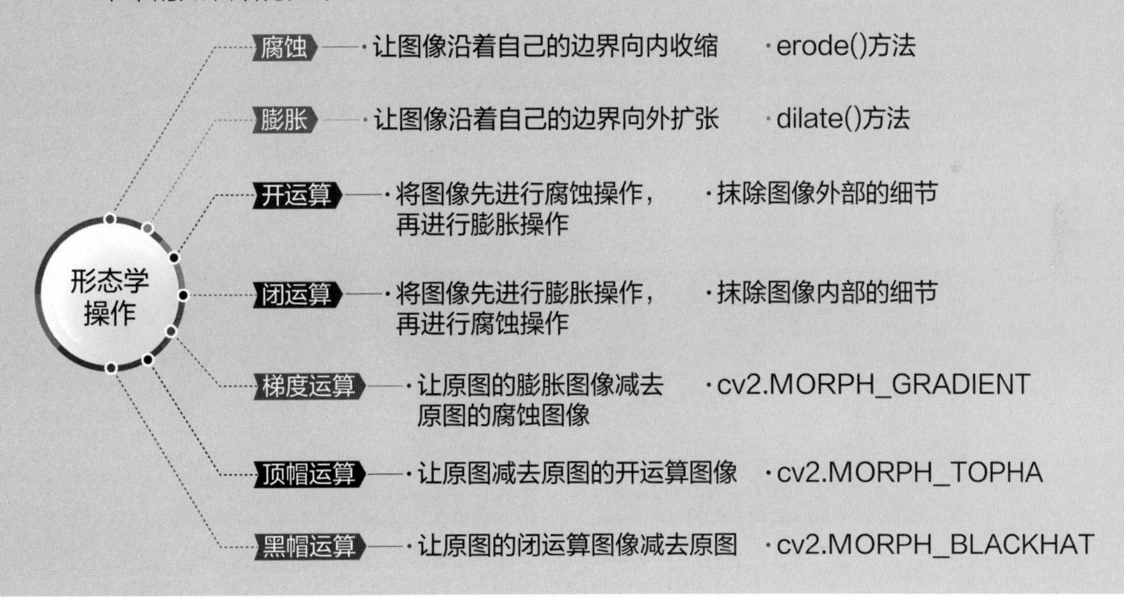

8.1 腐蚀

腐蚀操作可以让图像沿着自己的边界向内收缩。OpenCV 通过核来实现收缩计算。核的英文名为 kernel，在形态学中可以理解为“由 n 个像素组成的像素块”，像素块包含一个核心（核心通常在中央位置，也可以定义在其他位置）。核会在图像的边缘移动，在移动过程中，核会将图像边缘那些与核重合但又没有越过核心的像素点都抹除，效果类似如图 8.1 所示的过程，就像削土豆皮一样，将图像一层一层地“削薄”。

图 8.1　核腐蚀掉图像中的像素

OpenCV 将腐蚀操作封装成了 erode() 方法，该方法的语法格式如下。

```
dst = cv2.erode(src, kernel, anchor, iterations, borderType, borderValue)
```

参数说明：

☑ src：原始图像。

☑ kernel：腐蚀使用的核。

☑ anchor：可选参数，核的锚点（核心）位置。

☑ iterations：可选参数，腐蚀操作的迭代次数，默认值为 1。

☑ borderType：可选参数，边界样式，建议使用默认值。

☑ borderValue：可选参数，边界值，建议使用默认值。

返回值说明：

☑ dst：经过腐蚀之后的图像。

图像经过腐蚀操作之后，可以抹除一些外部的细节。例如，如图 8.2 所示是一个卡通小蜘蛛，如果用一个 5×5 的像素块作为核对小蜘蛛进行腐蚀操作，可以得到如图 8.3 所示的结果。小蜘蛛的腿被当成外部细节被核抹除了，同时小蜘蛛的小眼睛变大了，因为核从内部也“削”了一圈。

图 8.2　原图

图 8.3　腐蚀之后的图像

在 OpenCV 中进行腐蚀或其他形态学操作时，通常使用 NumPy 模块来创建核数组。例如：

```
01 import numpy as np
02 k = np.ones((5, 5), np.uint8)
```

这两行代码就是通过 NumPy 模块的 ones() 方法创建了一个 5 行 5 列（简称 5×5）、数字类型为无符号 8 位整数、每一个数字的值都是 1 的数组，这个数组就可以当作 erode() 方法的核参数。除了 5×5 的结构，还可以使用 3×3、9×9、11×11 等结构。行列数越大，计算出的效果就越粗糙；行列数越小，计算出的效果就越精细。

实例 8.1　将仙人球图像中的刺都抹除掉（源码位置：资源包 \Code\08\01）

如图 8.4 所示，仙人球的叶子呈针状，茎呈深绿色。使用 3×3 的核对仙人球图像进行腐蚀操作，可以将图像里的刺抹除掉。代码如下所示。

```
01 import cv2
02 import numpy as np
03
04 img = cv2.imread("cactus.jpg")  # 读取原图
05 k = np.ones((3, 3), np.uint8)  # 创建 3*3 的数组作为核
06 cv2.imshow("img", img)  # 显示原图
07 dst = cv2.erode(img, k)  # 腐蚀操作
08 cv2.imshow("dst", dst)  # 显示腐蚀效果
09 cv2.waitKey()  # 按下任何键盘按键后
10 cv2.destroyAllWindows()  # 释放所有窗体
```

上述代码的运行结果如图 8.5 所示。

图 8.4　仙人球

图 8.5　腐蚀之后许多针叶消失

8.2 膨胀

膨胀操作与腐蚀操作正好相反，膨胀操作可以让图像沿着自己的边界向外扩张。同样是通过核来计算，当核在图像的边缘移动时，核会在图像边缘填补新的像素，效果类似如图 8.6 所示的过程，就像在一面墙上反反复复地涂水泥，让墙变得越来越厚。

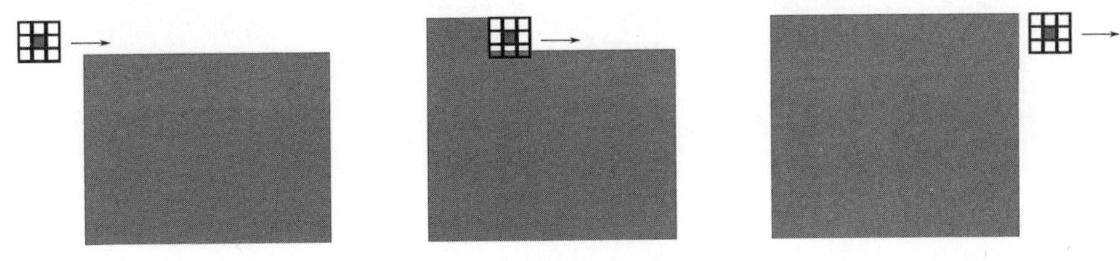

图 8.6　核填补图像中的像素

OpenCV 将膨胀操作封装成了 dilate() 方法，该方法的语法格式如下。

```
dst = cv2.dilate(src, kernel, anchor, iterations, borderType, borderValue)
```

参数说明：

☑ src：原始图像。

☑ kernel：膨胀使用的核。

☑ anchor：可选参数，核的锚点位置。

☑ iterations：可选参数，腐蚀操作的迭代次数，默认值为 1。

☑ borderType：可选参数，边界样式，建议使用默认值。

☑ borderValue：可选参数，边界值，建议使用默认值。

返回值说明：

☑ dst：经过膨胀之后的图像。

图像经过膨胀操作之后，可以放大一些外部的细节。例如，如图 8.2 所示的卡通小蜘蛛，如果用一个 5×5 的像素块作为核对小蜘蛛进行膨胀操作，可以得到如图 8.7 所示的结果，小蜘蛛不仅腿变粗了，而且连小眼睛都胖没了。

图 8.7　膨胀之后的图像

实例 8.2　将图像加工成“近视眼”效果（源码位置：资源包 \Code\08\02）

近视眼由于聚焦不准，看东西都是放大并且模模糊糊的，利用膨胀操作可以将正常画面处理成近视眼看到的画面。采用9×9的数组作为核，对图8.8进行膨胀操作。代码如下所示。

```
01 import cv2
02 import numpy as np
03
04 img = cv2.imread("sunset.jpg")  # 读取原图
05 k = np.ones((9, 9), np.uint8)  # 创建 9*9 的数组作为核
06 cv2.imshow("img", img)  # 显示原图
07 dst = cv2.dilate(img, k)  # 膨胀操作
08 cv2.imshow("dst", dst)  # 显示膨胀效果
09 cv2.waitKey()  # 按下任何键盘按键后
10 cv2.destroyAllWindows()  # 释放所有窗体
```

上述代码的运行结果如图 8.9 所示。

图 8.8　日落图像

图 8.9　膨胀之后呈现“近视眼”效果

8.3 开运算

开运算就是将图像先进行腐蚀操作，再进行膨胀操作。开运算可以用来抹除图像外部的细节（或者噪声）。

例如，图 8.10 是一个简单的二叉树，父子节点之间都有线连接。如果对此图像进行腐蚀操作，可以得出如图 8..11 所示的图像，连接线消失了，节点也比原图节点小一圈。此时再执行膨胀操作，让缩小的节点膨胀回原来的大小，就得出了如图 8.12 所示的效果。

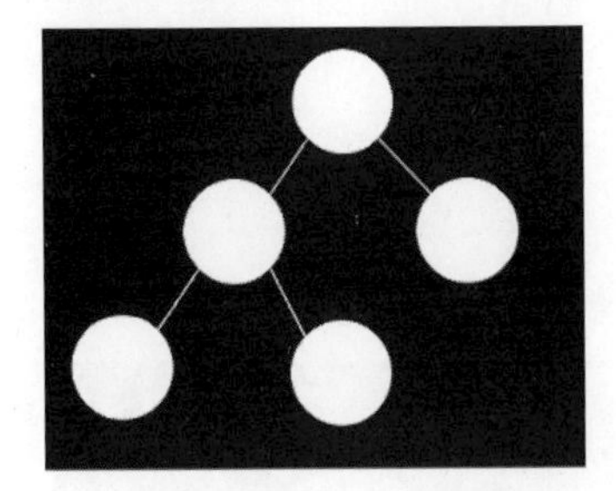

图 8.10　简单的二叉树

图 8.11　二叉树图像腐蚀之后的效果

图 8.12　对腐蚀的图像做膨胀操作

这三张图就是开运算的过程，从结果中可以明显地看出，经过开运算之后，二叉树中的连接线消失了，只剩下光秃秃的节点。因为连接线被核当成“细节”抹除了，所以利用检测轮廓的方法就可以统计出二叉树节点的数量。也就是说，在某些情况下，开运算的结果还可以用来做数量统计。

实例 8.3　抹除黑种草图像中的针状叶子（源码位置：资源包 \Code\08\03）

黑种草如图 8.13 所示，花呈蓝色（彩图见二维码），叶子像针一样又细又长，呈羽毛状。想要抹除黑种草图像中的叶子，可以使用 5×5 的核对图像进行开运算。代码如下所示。

```
01 import cv2
02 import numpy as np
03
04 img = cv2.imread("nigella.png")  # 读取原图
05 k = np.ones((5, 5), np.uint8)  # 创建 5*5 的数组作为核
06 cv2.imshow("img", img)  # 显示原图
07 dst = cv2.erode(img, k)  # 腐蚀操作
08 dst = cv2.dilate(dst, k)  # 膨胀操作
09 cv2.imshow("dst", dst)  # 显示开运算结果
10 cv2.waitKey()  # 按下任何键盘按键后
11 cv2.destroyAllWindows()  # 释放所有窗体
```

上述代码的运行结果如图 8.14 所示，经过开运算之后黑种草图像虽然略有模糊，但叶子都不见了。

图 8.13　黑种草图像

图 8.14　开运算效果

8.4 闭运算

闭运算就是将图像先进行膨胀操作，再进行腐蚀操作。闭运算可以抹除图像内部的细节（或者噪声）。

例如，图 8.15 是一个身上布满斑点的小蜘蛛，这些斑点就是图像的内部细节。先将图像进行膨胀操作，小蜘蛛身上的斑点（包括小眼睛）就被抹除掉，效果如图 8.16 所示。然后再对图像进行腐蚀操作，让膨胀的小蜘蛛缩回原来的大小，效果如图 8.17 所示。

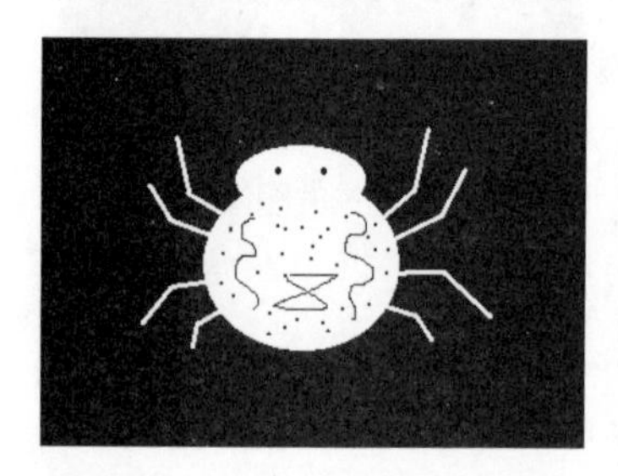

图 8.15 原图，带斑点的小蜘蛛

图 8.16 小蜘蛛图像膨胀之后的效果

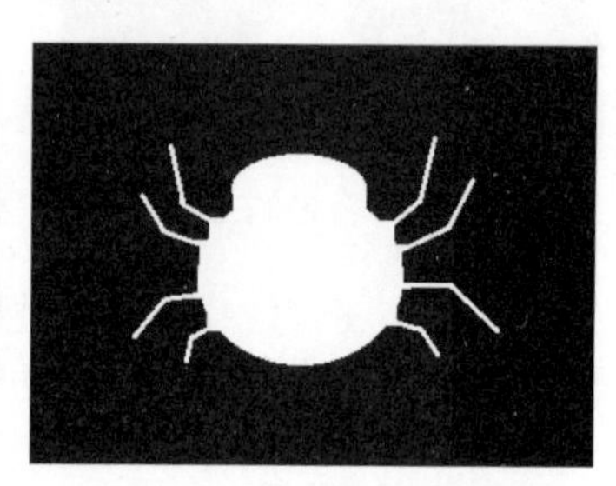

图 8.17 对膨胀的图像进行腐蚀操作

这三张图就是闭运算的过程，从结果中可以明显地看出，经过闭运算后，小蜘蛛身上的花纹都被抹除了，就连小眼睛也被当成“细节”抹除了。

闭运算除了会抹除图像内部的细节，还会让一些离得较近的区域合并成一块区域。

实例 8.4 对汉字图片进行闭运算（源码位置：资源包 \Code\08\04）

使用 15×15 的核对图 8.18 做闭运算。因为使用的核比较大，很容易导致一些间隔较近的区域合并到一起，观察闭运算对汉字图片造成了哪些影响。代码如下所示。

```
01 import cv2
02 import numpy as np
03
04 img = cv2.imread("tianye.png")  # 读取原图
05 k = np.ones((15, 15), np.uint8)  # 创建 15*15 的数组作为核
06 cv2.imshow("img", img)  # 显示原图
07 dst = cv2.dilate(img, k)  # 膨胀操作
08 dst = cv2.erode(dst, k)  # 腐蚀操作
09 cv2.imshow("dst2", dst)  # 显示闭运算结果
10 cv2.waitKey()  # 按下任何键盘按键后
11 cv2.destroyAllWindows()  # 释放所有窗体
```

上述代码的运行结果如图 8.19 所示，“田”字经过闭运算之后没有多大变化，但是“野”字经过闭运算之后，许多独立的区域因膨胀操作合并到了一起，导致文字很难辨认。

图 8.18 包含两个汉字的图片

图 8.19 闭运算效果

8.5 形态学方法

腐蚀和膨胀是形态学的基础操作，除了开运算和闭运算以外，形态学中还有几种比较有特点的运算。OpenCV 提供了一个 morphologyEx() 形态学方法，该方法包含了所有常用的运算，其语法格式如下。

```
dst = cv2.morphologyEx(src, op, kernel, anchor, iterations, borderType, borderValue)
```

参数说明：

☑ src：原始图像。

☑ op：操作类型，具体值如表 8.1 所示。

表 8.1　形态学方法的操作类型参数

参数值	含义
cv2.MORPH_ERODE	腐蚀操作
cv2.MORPH_DILATE	膨胀操作
cv2.MORPH_OPEN	开运算，先腐蚀后膨胀
cv2.MORPH_CLOSE	闭运算，先膨胀后腐蚀
cv2.MORPH_GRADIENT	梯度运算，膨胀图减腐蚀图，可以得出简易的轮廓
cv2.MORPH_TOPHAT	顶帽运算，原始图像减开运算图像
cv2.MORPH_BLACKHAT	黑帽运算，闭运算图像减原始图像

☑ kernel：操作过程中所使用的核。

☑ anchor：可选参数，核的锚点位置。

☑ iterations：可选参数，迭代次数，默认值为 1。

☑ borderType：可选参数，边界样式，建议使用默认值。

☑ borderValue：可选参数，边界值，建议使用默认值。

返回值说明：

☑ dst：操作之后得到的图像。

morphologyEx() 方法实现的腐蚀、膨胀、开运算和闭运算效果与前文中介绍的效果完全一致，本节不做赘述，下面将介绍三个特点鲜明的操作：梯度运算、顶帽运算和黑帽运算。

8.5.1 梯度运算

这里的梯度是指图像梯度，可以简单地理解为像素的变化程度。如果几个连续的像素，其像素值跨度越大，则梯度值就越大。

梯度运算的运算过程如图 8.20 所示，就是让原图的膨胀图像减去原图的腐蚀图像。因为膨胀图像比原图大，腐蚀图像比原图小，利用腐蚀图像将膨胀图像掏空，就得到了原图的轮廓图像。

得到的轮廓图像只是一个大概轮廓，不精准。

梯度运算的参数为cv2.MORPH_GRADIENT，下面通过一段代码实现图8.20的效果。

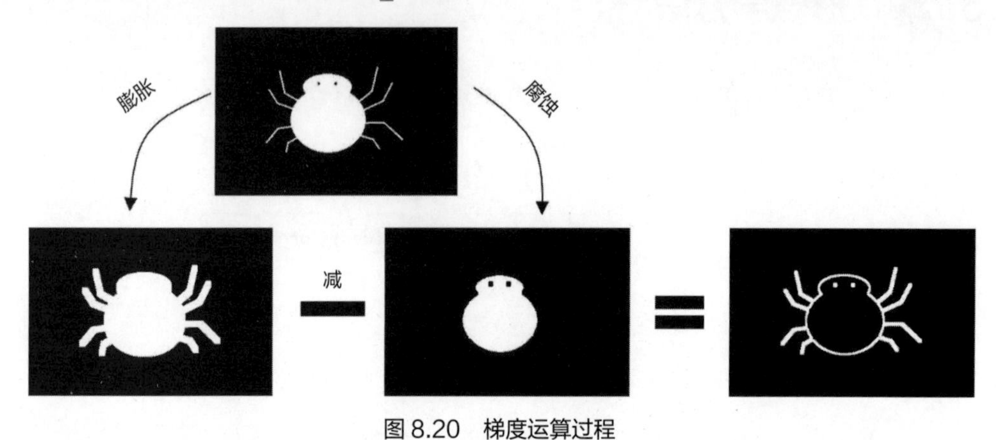

图8.20　梯度运算过程

实例8.5　通过梯度运算画出小蜘蛛的轮廓（源码位置：资源包\Code\08\05）

使用5×5的核对小蜘蛛图片进行形态学梯度运算，代码如下所示。

```
01 import cv2
02 import numpy as np
03
04 img = cv2.imread("spider.png")  # 读取原图
05 k = np.ones((5,5), np.uint8)  # 创建5*5的数组作为核
06 cv2.imshow("img", img)  # 显示原图
07 dst = cv2.morphologyEx(img, cv2.MORPH_GRADIENT, k) # 进行梯度运算
08 cv2.imshow("dst", dst)  # 显示梯度运算结果
09 cv2.waitKey()  # 按下任何键盘按键后
10 cv2.destroyAllWindows()  # 释放所有窗体
```

上述代码的运行结果如图8.21和图8.22所示。

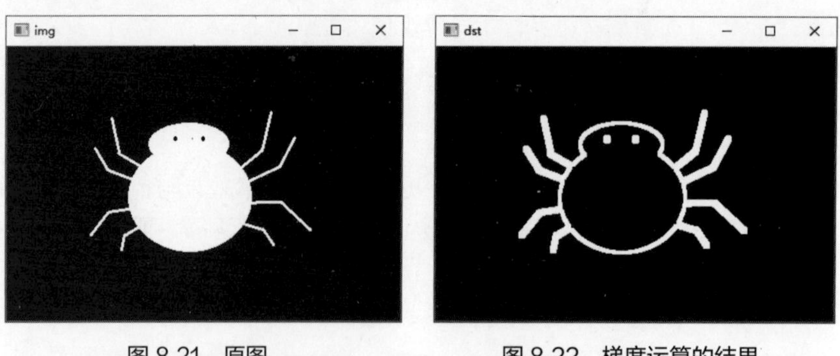

图8.21　原图　　图8.22　梯度运算的结果

8.5.2　顶帽运算

顶帽运算的运算过程如图8.23所示，就是让原图减去原图的开运算图像。因为开运算会抹除图像的外部细节，有外部细节的图像减去无外部细节的图像，得到的结果就只剩外部细节了，所以经过顶帽运算之后，小蜘蛛就只剩蜘蛛腿了。

顶帽运算的参数为cv2.MORPH_TOPHAT，下面通过一段代码实现图8.23的效果。

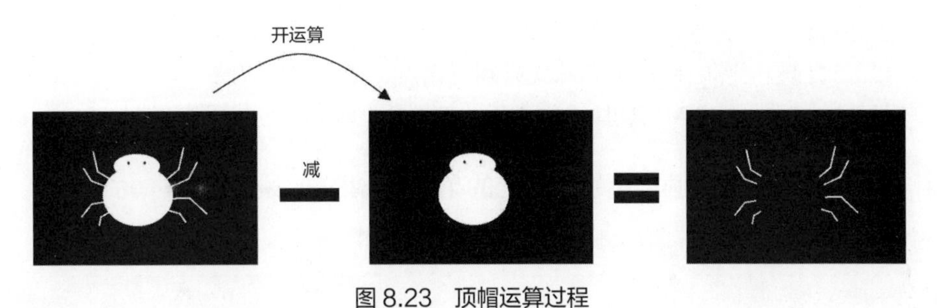

图 8.23　顶帽运算过程

实例 8.6　通过顶帽运算画出小蜘蛛的腿（源码位置：资源包 \Code\08\06）

使用 5×5 的核对小蜘蛛图片进行顶帽运算，代码如下所示。

```
01 import cv2
02 import numpy as np
03
04 img = cv2.imread("spider.png")  # 读取原图
05 k = np.ones((5, 5), np.uint8)  # 创建 5*5 的数组作为核
06 cv2.imshow("img", img)  # 显示原图
07 dst = cv2.morphologyEx(img, cv2.MORPH_TOPHAT, k)  # 进行顶帽运算
08 cv2.imshow("dst", dst)  # 显示顶帽运算结果
09 cv2.waitKey()  # 按下任何键盘按键后
10 cv2.destroyAllWindows()  # 释放所有窗体
```

上述代码的运算结果如图 8.24 和图 8.25 所示。

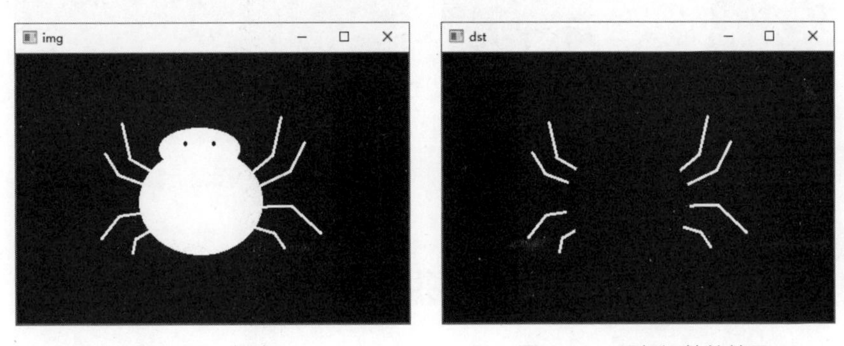

图 8.24　原图　　　图 8.25　顶帽运算的结果

8.5.3　黑帽运算

黑帽运算的运算过程如图 8.26 所示，就是让原图的闭运算图像减去原图。因为闭运算会

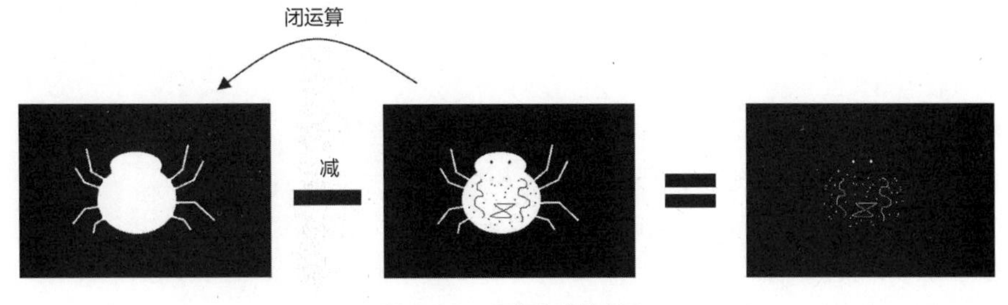

图 8.26　黑帽运算过程

抹除图像的内部细节，无内部细节的图像减去有内部细节的图像，得到的结果就只剩内部细节了，所以经过黑帽运算之后，小蜘蛛就只剩下斑点、花纹和小眼睛了。

黑帽运算的参数为 cv2.MORPH_BLACKHAT，下面通过一段代码实现图 8.26 的效果。

实例 8.7　通过黑帽运算画出小蜘蛛身上的花纹（源码位置：资源包 \Code\08\07）

使用 5×5 的核对小蜘蛛图片进行黑帽运算，代码如下所示。

```
01 import cv2
02 import numpy as np
03
04 img = cv2.imread("spider2.png")  # 读取原图
05 k = np.ones((5, 5), np.uint8)  # 创建 5*5 的数组作为核
06 cv2.imshow("img", img)  # 显示原图
07 dst = cv2.morphologyEx(img, cv2.MORPH_BLACKHAT, k)  # 进行黑帽运算
08 cv2.imshow("dst", dst)  # 显示黑帽运算结果
09 cv2.waitKey()  # 按下任何键盘按键后
10 cv2.destroyAllWindows()  # 释放所有窗体
```

上述代码的运行结果如图 8.27 和图 8.28 所示。

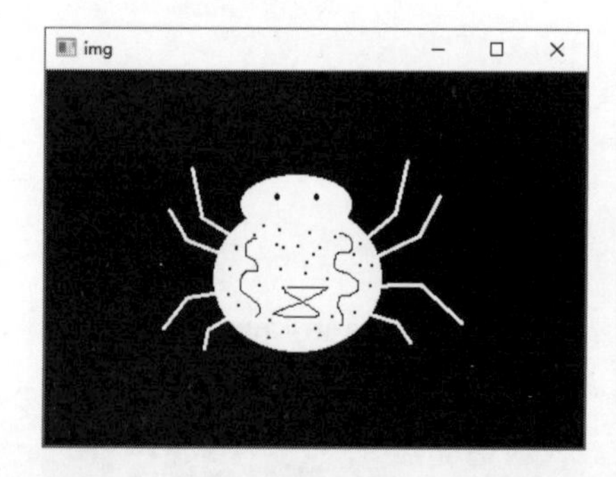

图 8.27　原图

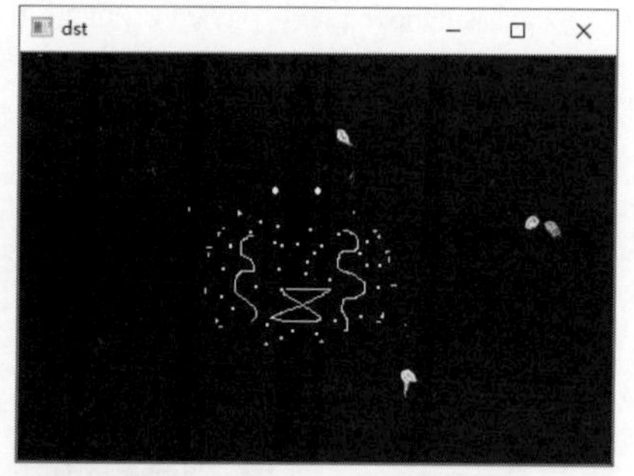

图 8.28　黑帽运算的结果

8.6 综合案例——矩形膨胀

一般情况下，形态学操作的对象是二值图像，形态学操作的作用在于改变图像主体的形状。所谓膨胀，可以将其简单地理解为让图像的主体“变胖”。在对图像进行膨胀操作的过程中，只需要指定核的大小。这个核除了可以被指定大小外，还可以被设置为相应的形状。本实例将把这个核的形状设置为矩形，进而对如图 8.29 所示的目标图像进行矩形膨胀操作。

图 8.29　目标图像

膨胀操作的实现过程是通过核来计算完成的，这个核可以被设置成相应的形状。为了把核设置成相应的形状，OpenCV 提供了 getStructuringElement() 方法。如果要对一幅图像进行矩形膨胀的操作，那么就需要把核设置成矩形，关键代码如下所示。

```
kernel = cv2.getStructuringElement(cv2.MORPH_RECT, (5, 5))
```

参数说明：

☑ cv2.MORPH_RECT：核的形状是矩形。

☑ (5, 5)：核的大小是一个 5 像素 ×5 像素的区域。

下面讲解对如图 8.29 所示的目标图像进行矩形膨胀操作的实现步骤。

① 读取项目目录下的图像。

② 转换图像的色彩空间。

③ 对转换色彩空间后的图像进行反二值化处理和 OTSU 处理。

④ 设置核的形状为矩形。

⑤ 对二值图像进行矩形膨胀的操作。

⑥ 用窗口显示执行矩形膨胀后的图像。

⑦ 通过按下键盘上的任意按键，释放显示图像的所有窗体。

实现上述步骤的代码如下所示。

```
01 import cv2
02
03 img = cv2.imread("statue.jpg") # 读取当前项目目录下的图像
04 # 将读取到的图像从 BGR 色彩空间转换为 GRAY 色彩空间
05 gray_img = cv2.cvtColor(img, cv2.COLOR_BGR2GRAY)
06 # 对转换后的灰度图像进行反二值化处理和 OTSU 处理
07 ret, binary = cv2.threshold(gray_img, 0, 255, cv2.THRESH_OTSU + cv2.THRESH_BINARY_INV)
08 cv2.imshow("binary", binary) # 在一个名为 binary 的窗口中显示经阈值处理后的图像
09 # 创建一个 5 像素 x 5 像素的矩形的核
10 kernel = cv2.getStructuringElement(cv2.MORPH_RECT, (5, 5))
11 # 对阈值处理后的图像进行矩形膨胀操作
12 dst = cv2.dilate(binary, kernel)
13 cv2.imshow("dilate", dst) # 在一个名为 dilate 的窗口中显示执行膨胀操作后的图像
14 cv2.waitKey() # 通过按下键盘上的按键
15 cv2.destroyAllWindows() # 释放正在显示的窗体
```

运行结果如图 8.30 和图 8.31 所示。

图 8.30　经反二值化处理和 OTSU 处理后的图像

图 8.31　对阈值处理后的图像进行矩形膨胀操作

8.7 实战练习

① 如果使用 getStructuringElement() 方法对如图 8.29 所示的目标图像进行椭圆形膨胀操作，那么应该修改哪些参数？运行结果与图 8.31 又会有哪些差异？

② 如果使用 getStructuringElement() 方法对如图 8.29 所示的目标图像进行十字形膨胀操作，那么应该修改哪些参数？运行结果与图 8.31 又会有哪些差异？

小结

本章介绍的开运算、闭运算、梯度运算、顶帽运算和黑帽运算都是围绕着腐蚀和膨胀并加以拓展的内容。上述 5 种运算的实现过程：开运算是对图像先进行腐蚀操作，再进行膨胀操作；闭运算是对图像先进行膨胀操作，再进行腐蚀操作；梯度运算是让原图的膨胀图像减去原图的腐蚀图像；顶帽运算是让原图减去原图的开运算图像；黑帽运算是让原图的闭运算图像减去原图。

第 9 章 滤波器

滤波器是一种用于对图像进行平滑处理的工具。所谓对图像进行平滑处理，指的是在尽量保留原图像信息的情况下，去除图像内噪声、降低细节层次信息等一系列过程。滤波器的种类很多，使用不同的滤波器对图像进行平滑处理后，所得图像的平滑程度也会不同。本章将讲解 OpenCV 中的 4 种滤波器，它们分别是均值滤波器、中值滤波器、高斯滤波器和双边滤波器。

本章的知识结构如下。

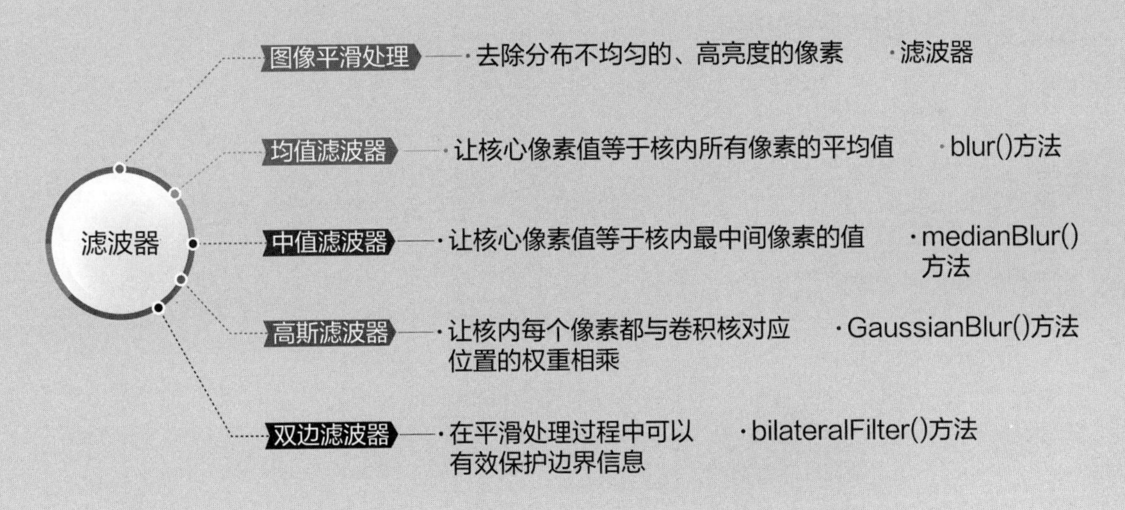

9.1 图像平滑处理

在对滤波器进行讲解之前，先来看如下的两幅图像。

在图 9.1 中，除了人物和背景外，还包含了很多个分布不均匀的、高亮度的像素。OpenCV 把这些高亮度的像素称作噪声。那么，如何去除掉图 9.1 中的噪声呢？或者说，如何去除掉图 9.1 中的这些高亮度的像素呢？答案是进行图像平滑处理。

图像平滑处理是指在尽量保留原图像信息的情况下，去除掉图像内部的噪声。如果对图

9.1 进行图像平滑处理，那么就能够得到图 9.2。对比图 9.1 和图 9.2 后，会发现图 9.1 中的噪声（也就是分布不均匀的、高亮度的像素）被有效地去除掉了。那么，OpenCV 用于图像平滑处理的工具又是什么呢？答案是滤波器。

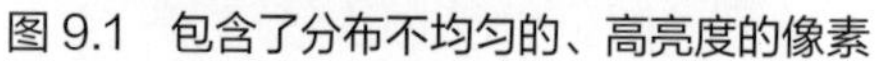

图 9.1　包含了分布不均匀的、高亮度的像素　　图 9.2　没有分布不均匀的、高亮度的像素

OpenCV 提供种类丰富的滤波器，虽然每种滤波器的实现算法都不同，但是每种滤波器都能完成图像平滑处理的操作。本章主要讲解其中的 4 种滤波器，它们分别是均值滤波器、中值滤波器、高斯滤波器和双边滤波器。

9.2 均值滤波器

噪声与周围像素的差别非常大，导致从视觉上就能看出噪声无法与周围像素组成可识别的图像信息，从而降低了整个图像的质量。如果图像中的噪声都是随机的纯黑像素或者纯白像素，这样的噪声也被称作椒盐噪声或盐噪声。如图 9.3 所示就是一幅只有噪声的图像，其常被人们称为雪花点。

图 9.3　雪花点

以一个像素为核心，核心周围像素可以组成一个 n 行 n 列（简称 $n\times n$）的矩阵，这样的矩阵结构在滤波操作中被称为滤波核。矩阵的行列数决定了滤波核的大小，如图 9.4 所示的滤波核大小为 3×3，包含 9 个像素；如图 9.5 所示的滤波核大小为 5×5，包含 25 个像素。

171	42	88	162	99	179	172
79	11	17	30	206	155	176
179	105	157	87	169	15	189
244	52	239	240	142	185	64
188	118	130	212	234	81	90
140	188	207	115	133	32	35
47	43	59	35	74	25	56

图 9.4　3×3 的滤波核

171	42	88	162	99	179	172
79	11	17	30	206	155	176
179	105	157	87	169	15	189
244	52	239	240	142	185	64
188	118	130	212	234	81	90
140	188	207	115	133	32	35
47	43	59	35	74	25	56

图 9.5　5×5 的滤波核

均值滤波器（也被称为低通滤波器）可以把图像中的每一个像素都当成滤波核的核心，然后计算出核内所有像素的平均值，最后让核心像素值等于这个平均值。

如图 9.6 所示就是均值滤波的计算过程。滤波核大小为 3×3，核心像素值是 35，颜色极深，周围像素值都在 110 ～ 150 之间，因此可以认为核心像素是噪声。将滤波核中的所有像素值相加，然后除以像素个数，就得出了平均值 123（四舍五入取整）。将核心像素的值改成 123，其颜色就与周围颜色差别不大了，图像就变得平滑了。这就是均值滤波去噪的原理。

$$\frac{137+150+125+141+35+131+119+118+150}{3\times3}=123$$

图 9.6　均值滤波的计算过程

OpenCV 将均值滤波器封装成了 blur() 方法，其语法格式如下。

```
dst = cv2.blur(src, ksize, anchor, borderType)
```

参数说明：

☑ src：被处理的图像。

☑ ksize：滤波核大小，其格式为（高度，宽度），建议使用如 (3, 3)、(5，5)、(7、7) 等宽高相等的奇数边长。滤波核越大，处理之后的图像就越模糊。

☑ anchor：可选参数，滤波核的锚点，建议采用默认值，方法可以自动计算锚点。

☑ borderType：可选参数，图像中的轮廓样式，建议采用默认值。

返回值说明：

☑ dst：经过均值滤波处理之后的图像。

实例 9.1　对花朵图像进行均值滤波操作（源码位置：资源包 \Code\09\01）

分别使用大小为 3×3、5×5 和 9×9 的滤波核对花朵图像进行均值滤波操作，代码如下所示。

```
01 import cv2
02
03 img = cv2.imread("3.png")  # 读取原图
04 dst1 = cv2.blur(img, (3, 3))  # 使用大小为 3*3 的滤波核进行均值滤波
05 dst2 = cv2.blur(img, (5, 5))  # 使用大小为 5*5 的滤波核进行均值滤波
06 dst3 = cv2.blur(img, (9, 9))  # 使用大小为 9*9 的滤波核进行均值滤波
07 cv2.imshow("img", img)  # 显示原图
08 cv2.imshow("3*3", dst1)  # 显示滤波效果
09 cv2.imshow("5*5", dst2)
10 cv2.imshow("9*9", dst3)
11 cv2.waitKey()  # 按下任何键盘按键后
12 cv2.destroyAllWindows()  # 释放所有窗体
```

上述代码的运行结果如图 9.7、图 9.8、图 9.9 和图 9.10 所示，从这个结果可以看出，滤波核越大，处理之后的图像就越模糊。彩图见二维码。

图 9.7 原图

图 9.8 均值滤波效果（滤波核大小为 3×3）

图 9.9 均值滤波效果（滤波核大小为 5×5）

图 9.10 均值滤波效果（滤波核大小为 9×9）

9.3 中值滤波器

中值滤波器的原理与均值滤波器的原理非常相似，唯一的不同就是不会计算像素的平均值，而是将所有像素值排序，把最中间的像素值取出，赋值给核心像素。

如图 9.11 所示就是中值滤波的计算过程。滤波核大小为 3×3，核心像素值是 35，周围

137	150	125
141	35	131
119	118	150

中值滤波 →

137	150	125
141	**131**	131
119	118	150

35	118	119	125	131	137	141	150	150

图 9.11 中值滤波的计算过程

像素值都在 110 ～ 150 之间。将核内所有像素值升序排序，9 个像素值排成一队，最中间位置为第 5 个位置，这个位置的像素值为 131。不需再做任何计算，直接把 131 赋值给核心像素，其颜色就与周围颜色差别不大了，图像就变得平滑了。这就是中值滤波去噪的原理。

OpenCV 将中值滤波器封装成了 medianBlur() 方法，其语法格式如下。

```
dst = cv2.medianBlur(src, ksize)
```

参数说明：

☑ src：被处理的图像。

☑ ksize：滤波核的边长，必须是大于 1 的奇数，如 3、5、7 等。方法会根据此边长自动创建一个正方形的滤波核。

返回值说明：

☑ dst：经过中值滤波处理之后的图像。

注意

中值滤波器的 ksize 参数是边长，而其他滤波器的 ksize 参数通常为 (高 , 宽)。

实例 9.2　对花朵图像进行中值滤波操作（源码位置：资源包 \Code\09\02）

分别使用边长为 3、5、9 的滤波核对花朵图像进行中值滤波操作，代码如下所示。

```
01 import cv2
02
03 img = cv2.imread("3.png")  # 读取原图
04 dst1 = cv2.medianBlur(img, 3)  # 使用边长为 3 的滤波核进行中值滤波
05 dst2 = cv2.medianBlur(img, 5)  # 使用边长为 5 的滤波核进行中值滤波
06 dst3 = cv2.medianBlur(img, 9)  # 使用边长为 9 的滤波核进行中值滤波
07 cv2.imshow("img", img)  # 显示原图
08 cv2.imshow("3", dst1)  # 显示滤波效果
09 cv2.imshow("5", dst2)
10 cv2.imshow("9", dst3)
11 cv2.waitKey()  # 按下任何键盘按键后
12 cv2.destroyAllWindows()  # 释放所有窗体
```

上述代码的运行结果如图 9.12、图 9.13、图 9.14 和图 9.15 所示（彩图见二维码），滤波

图 9.12　原图

图 9.13　中值滤波效果（滤波核边长为 3）

图 9.14　中值滤波效果（滤波核边长为 5）

图 9.15　中值滤波效果（滤波核边长为 9）

核的边长越长，处理之后的图像就越模糊。经过中值滤波处理的图像会比经过均值滤波处理的图像丢失更多细节。

9.4 高斯滤波器

高斯滤波也被称为高斯模糊、高斯平滑，是目前应用最广泛的平滑处理算法。高斯滤波可以很好地在降低图像噪声、细节层次的同时保留更多的图像信息，经过处理的图像会呈现“磨砂玻璃”的滤镜效果。

进行均值滤波处理时，核心周围每个像素的权重都是均等的，也就是每个像素都同样重要，所以计算平均值即可。但在高斯滤波中，越靠近核心的像素权重越大，越远离核心的像素权重越小。例如，5×5 大小的高斯滤波卷积核的权重示意图如图 9.16 所示。像素权重不同就不能取平均值，要从权重大的像素中取较多的信息，从权重小的像素中取较少的信息。简单概括就是“离谁更近，跟谁更像”。

高斯滤波的计算过程涉及卷积运算，会有一个与滤波核大小相等的卷积核。本节不会深入介绍高斯函数及高斯核的计算方式，仅以 3×3 的滤波核为例，简单地描述一下高斯滤波的计算过程。

卷积核中保存的值就是核所覆盖区域的权重值，其遵循图 9.16 的规律。卷积核中所有权重值相加的结果为 1。例如，3×3 的卷积核可以是如图 9.17 所示的值。随着核大小、σ 标准差的变化，卷积核中的值也会发生较大变化，图 9.17 仅是一种最简单的情况。

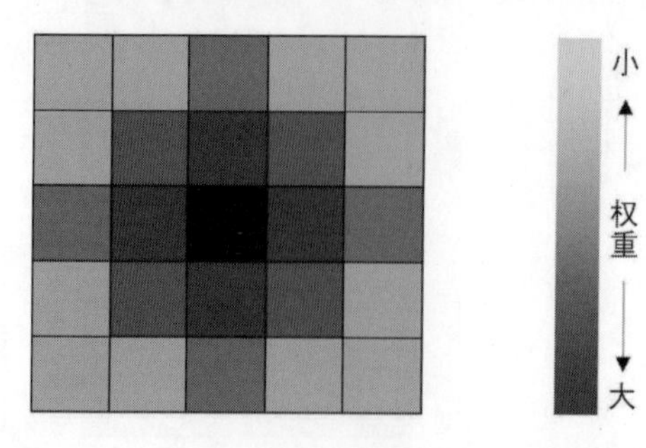

图 9.16　5×5 的高斯滤波卷积核的权重示意图

0.05	0.1	0.05
0.1	0.4	0.1
0.05	0.1	0.05

图 9.17　简化的 3×3 的卷积核

进行高斯滤波的过程中，滤波核中像素会与卷积核进行卷积计算，最后将计算结果赋值给滤波核的核心像素。其计算过程如图 9.18 所示。

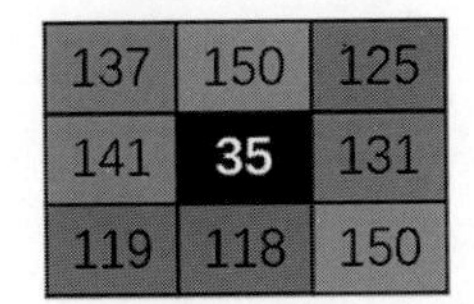

×
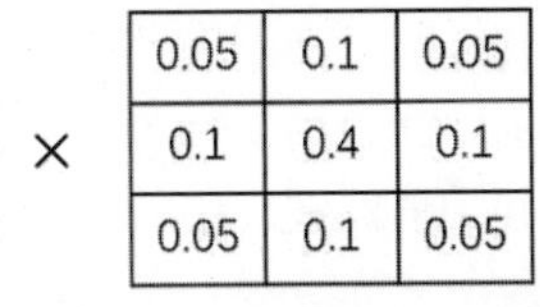

=
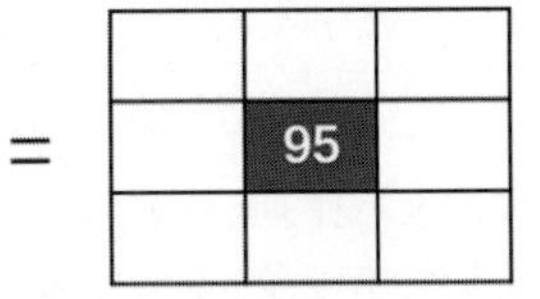

图 9.18　像素块与卷积核进行计算

在图 9.18 的计算过程中，滤波核中的每个像素值都会与卷积核对应位置的权重值相乘，最后计算出 9 个值，计算过程如下。

```
137 × 0.05    150 × 0.1    125 × 0.05          6.85    15      6.25
141 × 0.1     35 × 0.4     131 × 0.1       =   14.1    14      13.1
119 × 0.05    118 × 0.1    150 × 0.05          5.95    11.8    7.5
```

让这 9 个值相加，再四舍五入取整，计算过程如下。

```
6.85 + 15 + 6.25 + 14.1 + 14 + 13.1 + 5.95 + 11.8 + 7.5 = 94.55 ≈ 95
```

最后得到的这个结果就是高斯滤波的计算结果，滤波核的核心像素值从 35 改为 95。

OpenCV 将高斯滤波器封装成了 GaussianBlur() 方法，其语法格式如下。

```
dst = cv2.GaussianBlur(src, ksize, sigmaX, sigmaY, borderType)
```

参数说明：

☑ src：被处理的图像。

☑ ksize：滤波核的大小，宽和高必须是奇数，例如 (3, 3)、(5, 5) 等。

☑ sigmaX：卷积核水平方向的标准差。

☑ sigmaY：卷积核垂直方向的标准差。修改 sigmaX 或 sigmaY 的值都可以改变卷积核中的权重比例。如果不知道如何设计这两个参数值，就直接把这两个参数的值写成 0，方法就会根据滤波核的大小自动计算出合适的权重比例。

☑ borderType：可选参数，图像中的轮廓样式，建议使用默认值。

返回值说明：

☑ dst：经过高斯滤波处理之后的图像。

实例 9.3　对花朵图像进行高斯滤波操作（源码位置：资源包 \Code\09\03）

分别使用大小为 5×5、9×9 和 15×15 的滤波核对花朵图像进行高斯滤波操作，水平方向和垂直方向的标准差参数值全部为 0，代码如下所示。

```
01 import cv2
02
03 img = cv2.imread("3.png") # 读取原图
04 dst1 = cv2.GaussianBlur(img, (5, 5), 0, 0) # 使用大小为 5*5 的滤波核进行高斯滤波
05 dst2 = cv2.GaussianBlur(img, (9, 9), 0, 0) # 使用大小为 9*9 的滤波核进行高斯滤波
06 dst3 = cv2.GaussianBlur(img, (15, 15), 0, 0) # 使用大小为 15*15 的滤波核进行高斯滤波
07 cv2.imshow("img", img) # 显示原图
08 cv2.imshow("5", dst1) # 显示滤波效果
```

```
09 cv2.imshow("9", dst2)
10 cv2.imshow("15", dst3)
11 cv2.waitKey() # 按下任何键盘按键后
12 cv2.destroyAllWindows() # 释放所有窗体
```

上述代码的运行结果如图 9.19、图 9.20、图 9.21 和图 9.22 所示（彩图见二维码），滤波核越大，处理之后的图像就越模糊。和均值滤波、中值滤波处理的图像相比，高斯滤波处理的图像更加平滑，保留的图像信息更多，更容易辨认。

图 9.19　原图

图 9.20　高斯滤波效果（滤波核大小为 5×5）

图 9.21　高斯滤波效果（滤波核大小为 9×9）

图 9.22　高斯滤波效果（滤波核大小为 15×15）

9.5 双边滤波器

不管是均值滤波、中值滤波还是高斯滤波，都会使整幅图像变得平滑，图像中的轮廓会变得模糊不清。双边滤波是一种在平滑处理过程中可以有效地保留图像内的轮廓信息的滤波操作。

双边滤波器会自动判断滤波核处于“平坦”区域还是“边缘”区域：如果滤波核处于“平坦”区域，则会使用类似高斯滤波的算法进行滤波；如果滤波核处于“边缘”区域，则加大“边缘”像素的权重，尽可能地让这些像素值保持不变。

例如，图9.23是一幅黑白拼接图像，对这个图像进行高斯滤波，黑白交界处就会变得模糊不清，效果如图9.24所示；但如果对这个图像进行双边滤波，黑白交界处的图像中的轮廓则可以很好地保留下来，效果如图9.25所示。

图9.23　原图

图9.24　高斯滤波效果

图9.25　双边滤波效果

拥有白皙、光滑的皮肤是每个人的梦想，特别是女生。因此，越来越多的人使用Photoshop，让照片中的人物皮肤变得白皙、光滑，如同婴儿般细腻。为了达到这种视觉效果，就要用到Photoshop中的“磨皮”功能。所谓“磨皮”，就是将皮肤模糊掉，达到去除皮肤上的斑点和细纹的目的，让皮肤看起来更加光滑。

为了实现“磨皮”功能，要用到的核心技术是OpenCV中的双边滤波器。OpenCV将双边滤波器封装成了bilateralFilter()方法，其语法格式如下。

```
dst = cv2.bilateralFilter(src, d, sigmaColor, sigmaSpace, borderType)
```

参数说明：

☑ src：被处理的图像。

☑ d：以当前像素为中心的整个滤波区域的直径。如果是d<0，则自动根据sigmaSpace参数计算得到。该值与保留的边缘信息数量成正比，与方法运行效率成反比。

☑ sigmaColor：参与计算的颜色范围，这个值是像素颜色值与周围颜色值的最大差值，只有颜色值之差小于这个值时，周围的像素才会进行滤波计算。值为255时，表示所有颜色都参与计算。

☑ sigmaSpace：坐标空间的σ（sigma）值，该值越大，参与计算的像素数量就越多。

☑ borderType：可选参数，图像中的轮廓样式，建议使用默认值。

返回值说明：

☑ dst：经过双边滤波处理之后的图像。

下面通过一个实例演示如何运用双边滤波器对一幅人脸图像进行“磨皮”。

实例 9.4　对一幅人脸图像进行“磨皮”（源码位置：资源包\Code\09\04）

使用7作为范围直径对人脸图像进行双边滤波处理，观察处理后的图像能否达到“磨皮”效果。代码如下所示。

```
01 import cv2
02
03 img = cv2.imread("girl.png")  # 读取原图
04 # 双边滤波，选取范围直径为7，颜色差为120
05 dst2 = cv2.bilateralFilter(img, 7, 120, 100)
06 cv2.imshow("img", img)  # 显示原图
07 cv2.imshow("bilateral", dst2)  # 显示双边滤波效果
08 cv2.waitKey()  # 按下任何键盘按键后
09 cv2.destroyAllWindows()  # 释放所有窗体
```

上述代码的运行结果如图 9.26 和图 9.27 所示，可以看出高斯滤波模糊了整个画面，但双边滤波保留了较清晰的边缘信息。

图 9.26　原图

图 9.27　“磨皮”后的效果

9.6 综合案例——图像的锐化

锐化又可以称作锐化滤镜。锐化可以加深图像的边缘细节，以达到略微提高图像清晰度的目的，还能让图像中某些色彩更加鲜明。

本节要讲解的拉普拉斯高通滤波器就是实现锐化效果的一种关键技术。拉普拉斯高通滤波器使用的滤波核如图 9.28 所示。

$$\begin{bmatrix} 0 & -1 & 0 \\ -1 & 5 & -1 \\ 0 & -1 & 0 \end{bmatrix}$$

图 9.28　拉普拉斯高通滤波器使用的滤波核

使用这个核进行滤波计算（同卷积计算）后，中间的像素值会先乘以 5 再减去其上、下、左、右四个相邻的像素值。如果中心像素值与四周像素值差别很大，算法就会加深这种差别。从视觉上看，处理之后的图像边缘会呈现出明显的颗粒化。

OpenCV 把拉普拉斯高通滤波器封装成了 filter2D() 方法，该方法的语法格式如下。

```
dst = cv2. filter2D(src, ddepth, kernel, anchor=None, delta=None, borderType=None)
```

参数说明：

☑ src：原始图像。

☑ ddepth：输出的图像深度。
☑ kernel：滤波核。
☑ anchor：可选参数，核的锚点位置，默认为核的中心。
☑ delta：可选参数，亮度，默认值为 0。
☑ borderType：可选参数，图像中的轮廓样式。
返回值说明：
☑ dst：输出的图像。
下面使用拉普拉斯高通滤波器处理如图 9.29 所示的目标图像，使之实现锐化效果。

图 9.29　目标图像

使用拉普拉斯高通滤波算法需要使用 NumPy 模块创建滤波核二维数组，然后调用方法对原图进行滤波计算，输出的图像需要采用 cv2.CV_32F 或 cv2.CV_64F 深度。使用锐化增强算法需要先对原图进行高斯滤波，滤波核采用 5×5 结构，水平标准差取 25（比 0 效果更明显），最后将滤波结果与原图做加权计算。上述实现步骤如图 9.30 所示。

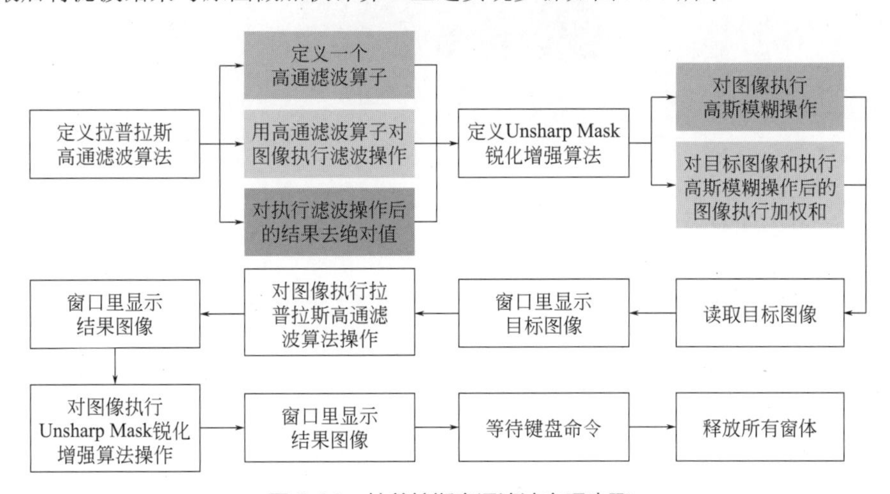

图 9.30　拉普拉斯高通滤波实现步骤

具体的实现代码如下所示。

```
01 import cv2
02 import numpy as np
03
```

```
04 # 拉普拉斯高通滤波的滤波核
05 def laplacian(img):
06     # Laplacian 高通滤波算子，5 乘以中间像素值再减去上、下、左、右四个像素值，让像素的梯度越来越大
07     kernel = np.array([
08         [0, -1, 0],
09         [-1, 5, -1],
10         [0, -1, 0]])
11     dst = cv2.filter2D(img, cv2.CV_32F, kernel)  # 滤波
12     dst = cv2.convertScaleAbs(dst)  # 取绝对值
13     return dst
14
15 # 加载图像
16 img = cv2.imread('pluto.jpg')
17 cv2.imshow('Original Image', img)
18
19 dst1 = laplacian(img)
20 cv2.imshow('Laplace', dst1)
21 cv2.waitKey()
22 cv2.destroyAllWindows()
```

运行结果如图 9.31 所示。

图 9.31　锐化后的图像

9.7 实战练习

① 分别使用高斯滤波器和双边滤波器对同一幅含有噪声的图像进行处理，比较这两种滤波器对图像边缘的处理结果是否相同？

② 自定义一个卷积核，通过 filter2D() 方法使用这个卷积核处理一幅含有噪声的图像，在一个窗口里显示处理后的结果。

小结

把一幅图像内部的、高亮度的像素称作噪声。使用滤波器对含有噪声的图像进行平滑处理后，就会在尽量保留原图像信息的情况下，去除掉这幅图像内部的这些高亮度的像素。本章讲解了 OpenCV 中的 4 种滤波器，分别使用均值滤波器、中值滤波器和高斯滤波器处理同一幅图像，虽然处理后的图像都会变得平滑，但是其中的轮廓都会变得模糊；而双边滤波器则可以在平滑处理过程中有效地保留图像内的轮廓信息。

第 10 章 图形检测

图形检测是计算机视觉的一项重要功能。通过图形检测可以分析图像中可能存在的形状，进而把这些形状绘制出来。例如，查找并绘制图像的边缘，定位图像的位置，判断图像中有没有直线、圆环等。虽然图形检测涉及非常深奥的数学算法，但 OpenCV 已经将这些算法封装成了简单的方法。

本章的知识结构如下。

- Canny边缘检测
  - 根据像素的梯度变化查找图像边缘 · Canny()方法
  - 对包含噪声的图像进行Canny边缘检测 · 先要过滤噪声
- 霍夫变换
  - 直线检测 · HoughLinesP()方法
  - 圆环检测 · HoughCircles()方法

10.1 Canny 边缘检测

Canny 边缘检测是一种使用多级边缘检测算法检测边缘的方法。Canny 边缘检测的目的是在保留原有图像属性的情况下，显著减少图像的数据规模。

Canny 边缘检测算法是由 John F. Canny 于 1986 年开发出来的一个多级边缘检测算法，该算法根据像素的梯度变化查找图像边缘，最终可以绘制出十分精细的二值边缘图像。

OpenCV 将 Canny 边缘检测算法封装在了 Canny() 方法中，该方法的语法格式如下。

```
edges = cv2.Canny(image, threshold1, threshold2, apertureSize, L2gradient)
```

参数说明：

☑ image：检测的原始图像。

☑ threshold1：计算过程中使用的第一个阈值，可以是最小阈值，也可以是最大阈值，通常用来设置最小阈值。

☑ threshold2：计算过程中使用的第二个阈值，通常用来设置最大阈值。

☑ apertureSize：可选参数，Sobel 算子的孔径大小。

☑ L2gradient：可选参数，计算图像梯度的标识，默认值为 False。值为 True 时，会采用更精准的算法进行计算。

返回值说明：

☑ edges：计算后得出的边缘图像，是一个二值灰度图像。

在开发过程中，可以通过调整最小阈值和最大阈值来控制边缘检测的精细程度。当两个阈值都较小时，会检测出较多的边缘；当两个阈值都较大时，会忽略较少的边缘。

Sobel 算子，又称“索贝尔算子”，主要用于边缘检测。在技术上，Sobel 算子是一种离散性差分算子，是用于运算图像亮度函数的梯度的近似值。对图像的任一像素使用 Sobel 算子，就会产生与这个像素对应的梯度矢量。

实例 10.1 使用 Canny 边缘检测算法检测花朵边缘（源码位置：资源包 \Code\10\01）

利用 Canny() 方法检测如图 10.1 所示的花朵图片，分别使用 10 和 50、100 和 200、400 和 600 作为最小阈值和最大阈值检测三次，查看检测结果。代码如下所示。

图 10.1　花朵图片

```
01 import cv2
02
03 img = cv2.imread("flower.png")  # 读取原图
04 r1 = cv2.Canny(img, 10, 50);  # 使用不同的阈值进行边缘检测
05 r2 = cv2.Canny(img, 100, 200);
06 r3 = cv2.Canny(img, 400, 600);
07
08 cv2.imshow("img", img)  # 显示原图
09 cv2.imshow("r1", r1)  # 显示边缘检测结果
10 cv2.imshow("r2", r2)
11 cv2.imshow("r3", r3)
12 cv2.waitKey()  # 按下任何键盘按键后
13 cv2.destroyAllWindows()  # 释放所有窗体
```

上述代码的运行结果如图 10.2、图 10.3 和图 10.4 所示。

通过对比图 10.2、图 10.3 和图 10.4，能够发现最小阈值和最大阈值的值越小，检测出的边缘越多；最小阈值和最大阈值的值越大，检测出的边缘越少（只能检测出一些比较明显的边缘）。

图 10.2　最小阈值为 10、最大阈值为 50 的检测结果

图 10.3　最小阈值为 100、最大阈值为 200 的检测结果

图 10.4　最小阈值为 400、最大阈值为 600 的检测结果

10.2 霍夫变换

霍夫变换是一种特征检测，通过算法识别图像的特征，从而判断出图像中的特殊形状，如直线和圆，被广泛应用在图像分析、计算机视觉等领域中。本节就介绍如何检测图像中的直线和圆。

10.2.1　直线检测

霍夫直线变换通过霍夫坐标系的直线与笛卡儿坐标系的点之间的映射关系来判断图像中的点是否构成直线。OpenCV 将此算法封装成了两个方法，分别是 cv2.HoughLines() 和 cv2.HoughLinesP()，前者用于检测无限延长的直线，后者用于检测线段。本节仅介绍比较常用的 HoughLinesP() 方法。

HoughLinesP() 方法名称最后有一个大写的 P，该方法只能检测二值灰度图像，也就是只有两种像素值的黑白图像。该方法最后会把找出的所有线段的两个端点坐标保存成一个数组。

HoughLinesP() 方法的语法格式如下。

```
lines = cv2.HoughLinesP(image, rho, theta, threshold, minLineLength, maxLineGap)
```

参数说明：

☑ image：检测的原始图像。
☑ rho：检测直线使用的半径步长，值为 1 时，表示检测所有可能的半径步长。
☑ theta：搜索直线的角度，值为 π/180 时，表示检测所有角度。
☑ threshold：阈值，该值越小，检测出的直线就越多。
☑ minLineLength：线段的最小长度，小于该长度的直线不会记录到结果中。
☑ maxLineGap：线段之间的最小距离。

返回值说明：

☑ lines：一个数组，元素为所有检测出的线段，每个线段也是一个数组，内容为线段两个端点的横坐标和纵坐标，格式为 [[[x1, y1, x2, y2], [x1, y1, x2, y2]]]。

注意

使用该方法前应该为原始图像进行降噪处理，否则会影响检测结果。

实例 10.2 检测笔图像中出现的直线（源码位置：资源包 \Code\10\02）

检测如图 10.5 所示的中性笔图像，先将图像降噪，再对图像进行边缘检测，然后利用 HoughLinesP() 方法找出边缘图像中的直线线段，最后用 cv2.line() 方法将找出的线段绘制成红色。代码如下所示。

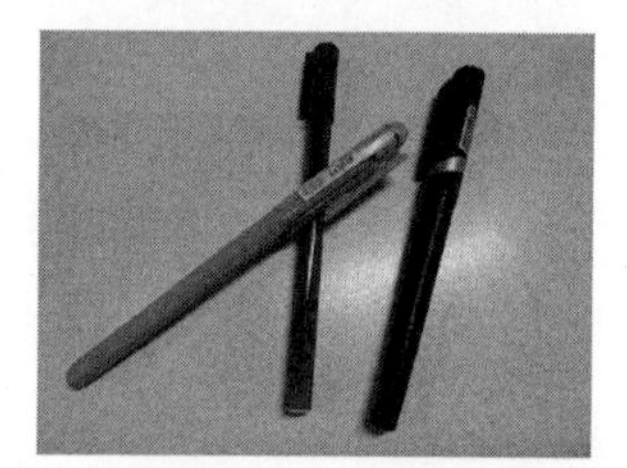

图 10.5　笔图像

```
01 import cv2
02 import numpy as np
03
04 img = cv2.imread("pen.jpg")  # 读取原图
05 o = img.copy()  # 复制原图
06 o = cv2.medianBlur(o, 5)  # 使用中值滤波进行降噪
07 gray = cv2.cvtColor(o, cv2.COLOR_BGR2GRAY)  # 从彩色图像变成单通道灰度图像
08 binary = cv2.Canny(o, 50, 150)  # 绘制边缘图像
09 # 检测直线，精度为 1，全角度，阈值为 15，线段最短 100，最小间隔为 18
10 lines = \
11 cv2.HoughLinesP(binary, 1, np.pi / 180, 15, minLineLength=100, maxLineGap=18)
12 for line in lines:  # 遍历所有直线
13     x1, y1, x2, y2 = line[0]  # 读取直线两个端点的坐标
14     cv2.line(img, (x1, y1), (x2, y2), (0, 0, 255), 2)  # 在原始图像上绘制直线
15 cv2.imshow("canny", binary)  # 显示二值化边缘图像
16 cv2.imshow("img", img)  # 显示绘制结果
17 cv2.waitKey()  # 按下任何键盘按键后
18 cv2.destroyAllWindows()  # 释放所有窗体
```

上述代码的运行结果如图 10.6、图 10.7 所示。

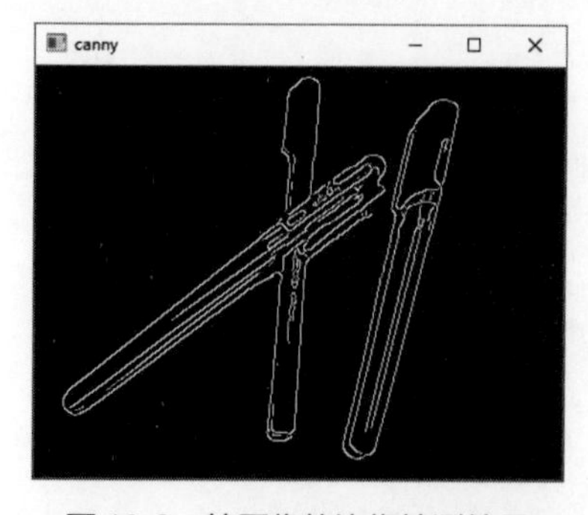

图 10.6　笔图像的边缘检测结果

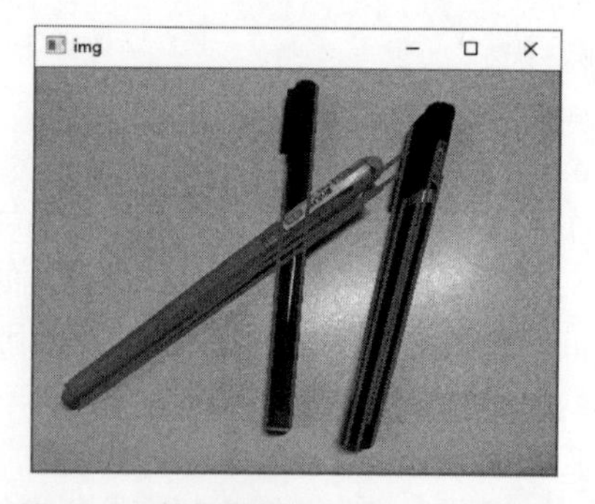

图 10.7　将笔图像中检测出的线段描红

10.2.2　圆环检测

霍夫圆环变换的原理与霍夫直线变换类似。OpenCV 提供的 HoughCircles() 方法用于检测图像中的圆，该方法在检测过程中进行两轮筛选：第一轮筛选会找出可能是圆的圆心坐标，第二轮筛选会计算出这些圆心坐标可能的对应的半径长度。方法最后会将圆心坐标和半径长度封装成一个浮点型数组。HoughCircles() 方法的语法格式如下。

```
circles = cv2.HoughCircles(image, method, dp, minDist, param1, param2, minRadius, maxRadius)
```

参数说明：

☑ image：检测的原始图像。

☑ method：检测方法，OpenCV 4.0.0 及以前版本仅提供了 cv2.HOUGH_GRADIENT 作为唯一可用方法。

☑ dp：累加器分辨率与原始图像分辨率之比的倒数。值为 1 时，累加器与原始图像具有相同的分辨率；值为 2 时，累加器的分辨率为原始图像的 1/2。通常使用 1 作为参数。

☑ minDist：圆心之间的最小距离。

☑ param1：可选参数，Canny 边缘检测使用的最大阈值。

☑ param2：可选参数，检测圆环结果的投票数。第一轮筛选时投票数超过该值的圆才会进入第二轮筛选。值越大，检测出的圆越少，但越精准。

☑ minRadius：可选参数，圆的最小半径。

☑ maxRadius：可选参数，圆的最大半径。

返回值说明：

☑ circles：一个数组，元素为所有检测出的圆，每个圆也是一个数组，内容为圆心的横坐标、纵坐标和半径长度，格式为 [[[x1 ,y1, r1], [x2 ,y2, r2]]]。

注意

使用该方法前应该为原始图像进行降噪处理，否则会影响检测结果。

实例 10.3　检测硬币图像中出现的圆环（源码位置：资源包 \Code\10\03）

检测如图 10.8 所示的硬币图像，先将图像降噪，再将图像变成单通道灰度图像，然后利用 HoughCircles() 方法检测出图像中可能是圆的位置，最后通过 cv2.circle() 方法在这些位置上绘制圆形和对应的圆心。在绘制圆形之前，要将 HoughCircles() 方法返回的浮点数组元素转换成整数。代码如下所示。

图 10.8　硬币图像

```
01 import cv2
02 import numpy as np
03
04 img = cv2.imread("coin.jpg")  # 读取原图
05 o = img.copy()  # 复制原图
06 o = cv2.medianBlur(o, 5)  # 使用中值滤波进行降噪
07 gray = cv2.cvtColor(o, cv2.COLOR_BGR2GRAY)  # 从彩色图像变成单通道灰度图像
08 # 检测圆环，圆心最小间距为 70，Canny 最大阈值为 100，投票数超过 25。最小半径为 10，最大半径为 50
09 circles = cv2.HoughCircles(gray, cv2.HOUGH_GRADIENT, 1, 70,
10                            param1=100, param2=25, minRadius=10, maxRadius=50)
11 circles = np.uint(np.around(circles))  # 将数组元素四舍五入成整数
12 for c in circles[0]:  # 遍历圆环结果
13     x, y, r = c  # 圆心横坐标、纵坐标和圆半径
14     cv2.circle(img, (x, y), r, (0, 0, 255), 3)  # 绘制圆环
15     cv2.circle(img, (x, y), 2, (0, 0, 255), 3)  # 绘制圆心
16 cv2.imshow("img", img)  # 显示绘制结果
17 cv2.waitKey()  # 按下任何键盘按键后
18 cv2.destroyAllWindows()  # 释放所有窗体
```

上述代码的运行结果如图 10.9 所示。

图 10.9 检测出的圆环位置

10.3 综合案例——对噪声图像进行 Canny 边缘检测

观察图 10.10 后会发现，图 10.10 中包含了很多个分布不均匀的、高亮度的像素点，这些像素点被称作噪声。那么，能否直接对图 10.10 进行 Canny 边缘检测呢？实践出真知，下面通过一个实例回答这个问题。

图 10.10 目标图像

设置最小阈值为 10、最大阈值为 50 后，首先直接对图 10.10 进行 Canny 边缘检测，并且显示进行 Canny 边缘检测后的结果图像；然后先使用大小为 9×9 的滤波核对图 10.10 执行高斯滤波操作，再对去除噪声后的图像进行 Canny 边缘检测，并且显示进行 Canny 边缘检测后的结果图像。代码如下所示。

```
01 import cv2
02
03 img = cv2.imread("woman.png")  # 读取原图
```

```
04 img_Blur = cv2.GaussianBlur(img, (9, 9), 0)  # 对原图降噪
05 r1 = cv2.Canny(img, 10, 50);  # 对原图进行 Canny 边缘检测操作
06 r2 = cv2.Canny(img_Blur, 10, 50);  # 对原图降噪后的结果图像进行 Canny 边缘检测操作
07 cv2.imshow("img", img)  # 显示原图
08 cv2.imshow("r1", r1)  # 显示边缘检测结果
09 cv2.imshow("r2", r2)  # 显示边缘检测结果
10 cv2.waitKey()  # 按下任何键盘按键后
11 cv2.destroyAllWindows()  # 释放所有窗体
```

上述代码的运行结果如图 10.11 和图 10.12 所示。

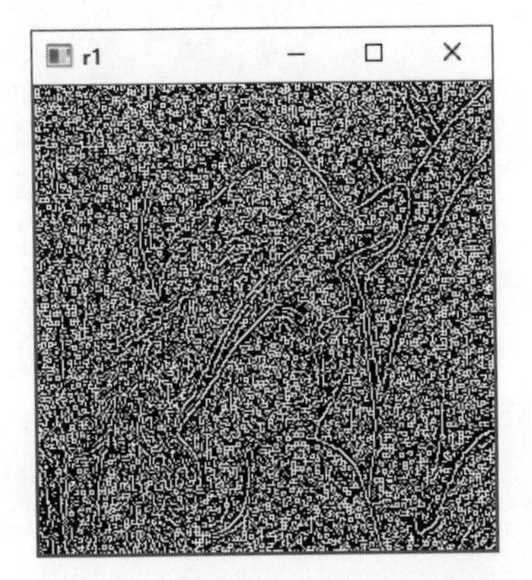

图 10.11　直接进行 Canny 边缘检测

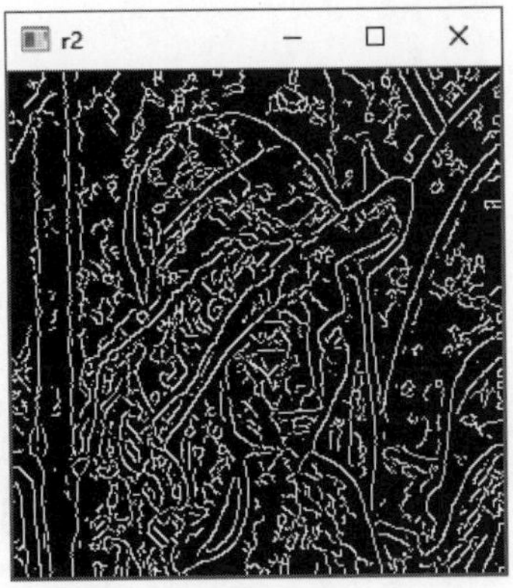

图 10.12　先降噪，再检测

观察图 10.11 后，会发现如果直接对图 10.10 进行 Canny 边缘检测，那么检测后的效果很差，只能隐约地看到图 10.10 中的边缘。但是，如果在对图 10.10 进行 Canny 边缘检测之前，先对图 10.10 进行高斯滤波操作（即去除图 10.10 中的噪声），那么 Canny 边缘检测后的结果（见图 10.12）就会好了很多。

综上，Canny 边缘检测受图像中的噪声影响很大，在对包含噪声的图像进行 Canny 边缘检测之前，务必要去除图像中的噪声。

10.4 实战练习

① 编写一个程序，在直线检测中，不断调整 HoughLinesP() 方法中的参数，观察检测的结果会有哪些不同，并试图找到能够获取最优结果的那个参数。

② 编写一个程序，在圆环检测中，不断调整 HoughCircles() 方法中的参数，观察检测的结果会有哪些不同，并试图找到能够获取最优结果的那个参数。

小结

在对一幅图像进行 Canny 边缘检测前，需要过滤掉图像中的噪声，因为噪声会影响边缘检测的准确性。虽然 Canny 边缘检测能够检测出图像的边缘，但是这个边缘是不连续的。此外，本章还讲解了霍夫直线变换和霍夫圆变换。其中，霍夫直线变换用于在图像内寻找直线，霍夫圆变换用于在图像内寻找圆。前者使用 HoughLinesP() 方法予以实现，后者使用 HoughCircles() 方法予以实现。

第 11 章 图像轮廓

对一幅图像进行边缘检测后，虽然能够检测出其中的边缘，但是这些边缘是不连续的。换言之，这些边缘不是一个整体，不方便对这些边缘做更深入的计算或者处理。图像轮廓则相反，它是将边缘连接起来后形成的一个整体，通过对图像轮廓的操作，就能够获取图像的特征信息，如大小、方向等。

本章的知识结构如下。

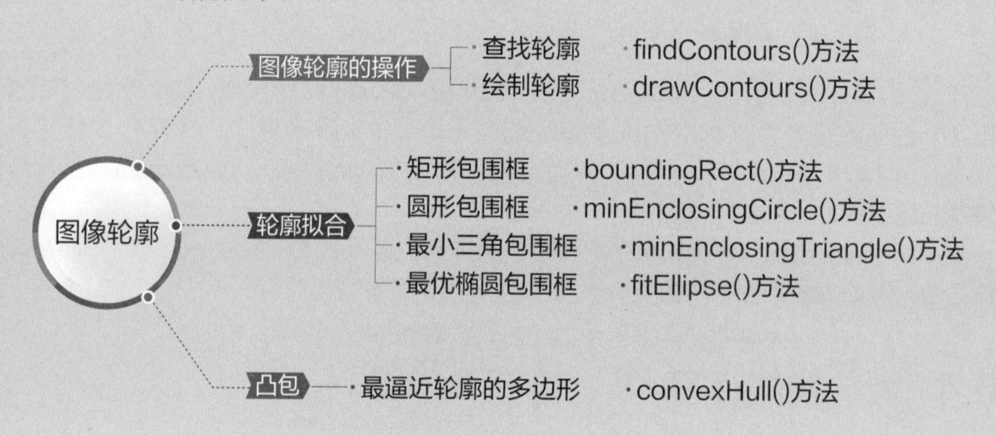

11.1 图像轮廓的操作

轮廓是指图像中图形或物体的外边缘线条。简单的几何图形轮廓是由平滑的线构成的，容易识别，但不规则图形的轮廓可能由许多个点构成，识别起来比较困难。

11.1.1 查找轮廓

OpenCV 提供的 findContours() 方法可以通过计算图像梯度来判断出图像的边缘，然后将边缘的点封装成数组返回。findContours() 方法的语法格式如下。

```
contours, hierarchy = cv2.findContours(image, mode, methode)
```

参数说明：

☑ image：被检测的图像，必须是 8 位单通道二值图像。如果原始图像是彩色图像，必须转为灰度图像，并经过二值化阈值处理。

☑ mode：轮廓的检索模式，具体值如表 11.1 所示。

表 11.1　轮廓的检索模式参数值

参数值	含义
cv2.RETR_EXTERNAL	只检测外轮廓
cv2.RETR_LIST	检测所有轮廓，但不建立层次关系
cv2.RETR_CCOMP	检测所有轮廓，并建立两级层次关系
cv2.RETR_TREE	检测所有轮廓，并建立树状结构的层次关系

☑ methode：检测轮廓时使用的方法，具体值如表 11.2 所示。

表 11.2　检测轮廓时使用的方法

参数值	含义
cv2.CHAIN_APPROX_NONE	储存轮廓上的所有点
cv2.CHAIN_APPROX_SIMPLE	只保存水平、垂直或对角线轮廓的端点
cv2.CHAIN_APPROX_TC89_L1	Ten-Chinl 近似算法中的一种
cv2.CHAIN_APPROX_TC89_KCOS	Ten-Chinl 近似算法中的一种

返回值说明：

☑ contours：检测出的所有轮廓，list 类型，每一个元素都是某个轮廓的像素坐标数组。

☑ hierarchy：轮廓之间的层次关系。

图像轮廓是图像的一个重要特征信息。找到图像中的轮廓后，不仅能够获取图像轮廓的特征，还能够通过对图像轮廓的操作，获取图像的大小、位置、方向等信息。

11.1.2　绘制轮廓

通过 findContours() 方法找到图像轮廓之后，为了方便开发人员观测，最好能把轮廓画出来，于是 OpenCV 提供了 drawContours() 方法专门用来绘制这些轮廓。drawContours() 方法的语法格式如下。

```
image = cv2.drawContours(image, contours, contourIdx, color, thickness, lineTypee,
hierarchy, maxLevel, offse)
```

参数说明：

☑ image：被绘制轮廓的原始图像，可以是多通道图像。

☑ contours：findContours() 方法得出的轮廓列表。

☑ contourIdx：绘制轮廓的索引。如果为－1，则绘制所有轮廓。

☑ color：绘制颜色，使用 BGR 格式。

☑ thickness：可选参数，画笔的粗细程度。如果该值为－1，则绘制实心轮廓。

☑ lineTypee：可选参数，绘制轮廓的线型。

☑ hierarchy：可选参数，findContours() 方法得出的层次关系。

☑ maxLevel：可选参数，绘制轮廓的层次深度，最深绘制第 maxLevel 层。

☑ offse：可选参数，偏移量，可以改变绘制结果的位置。

返回值说明：

☑ image：同参数中的 image，方法执行后原始图像中就包含绘制的轮廓了，可以不使用此返回值保存结果。

实例 11.1 绘制几何图像的轮廓（源码位置：资源包\Code\11\01）

编写一个程序，将如图 11.1 所示的几何图像转换成二值灰度图像，然后通过 findContours() 方法找到出现的所有轮廓，再通过 drawContours() 方法将这些轮廓绘制成红色。轮廓的检索模式采用 cv2.RETR_LIST，检测方法采用 cv2.CHAIN_APPROX_NONE。代码如下所示。

图 11.1 简单的几何图像

```
01 import cv2
02
03 img = cv2.imread("shape1.png")  # 读取原图
04 gray = cv2.cvtColor(img, cv2.COLOR_BGR2GRAY)  # 将彩色图像转换成单通道灰度图像
05 # 灰度图像转换为二值图像
06 t, binary = cv2.threshold(gray, 127, 255, cv2.THRESH_BINARY)
07 # 检测图像中出现的所有轮廓，记录轮廓的每一个点
08 contours, hierarchy = cv2.findContours(binary, cv2.RETR_LIST, cv2.CHAIN_APPROX_NONE)
09 # 绘制所有轮廓，宽度为 5，颜色为红色
10 cv2.drawContours(img, contours, -1, (0, 0, 255), 5)
11 cv2.imshow("img", img)  # 显示绘制结果
12 cv2.waitKey()  # 按下任何键盘按键后
13 cv2.destroyAllWindows()  # 释放所有窗体
```

上述代码的运行结果如图 11.2 所示。

图 11.2 绘制全部轮廓

如果使用 cv2.RETR_EXTERNAL 做参数，则只会绘制外轮廓，关键代码如下所示。

```
01 contours, hierarchy =
     cv2.findContours(binary, cv2.RETR_EXTERNAL, cv2.CHAIN_APPROX_NONE)
02 cv2.drawContours(img, contours, -1, (0, 0, 255), 5)
```

绘制轮廓的效果如图 11.3 所示。

图 11.3　只绘制外轮廓的效果

drawContours() 方法的第三个参数可以指定绘制哪个索引的轮廓。索引的顺序由轮廓的检索模式决定。例如，cv2.RETR_CCOMP 模式下绘制索引为 0 的轮廓的关键代码如下所示。

```
01 contours, hierarchy =
    cv2.findContours(binary, cv2.RETR_CCOMP, cv2.CHAIN_APPROX_NONE)
02 cv2.drawContours(img, contours, 0, (0, 0, 255), 5)
```

在同样的检索模式下，绘制索引为 1 的轮廓的关键代码如下所示。

```
cv2.drawContours(img, contours, 1, (0, 0, 255), 5)
```

绘制索引为 2 的轮廓的关键代码如下所示。

```
cv2.drawContours(img, contours, 2, (0, 0, 255), 5)
```

绘制索引为 3 的轮廓的关键代码如下所示。

```
cv2.drawContours(img, contours, 3, (0, 0, 255), 5)
```

上述代码绘制的效果分别如图 11.4、图 11.5、图 11.6 和图 11.7 所示。

图 11.4　绘制索引为 0 的轮廓

图 11.5　绘制索引为 1 的轮廓

图 11.6　绘制索引为 2 的轮廓

图 11.7　绘制索引为 3 的轮廓

11.2 轮廓拟合

拟合是指将平面上的一系列点，用一条光滑的曲线连接起来。轮廓的拟合就是将凹凸不平的轮廓用平整的几何图形体现出来。本节将介绍如何按照轮廓绘制矩形包围框和圆形包围框。

11.2.1 矩形包围框

矩形包围框是指图像轮廓的最小矩形边界。OpenCV 提供的 boundingRect() 方法可以自动计算出轮廓最小矩形边界的坐标和宽、高。boundingRect() 方法的语法格式如下。

```
retval = cv2.boundingRect (array)
```

参数说明：

☑ array：轮廓数组。

返回值说明：

☑ retval：元组类型，包含四个整数值，分别是最小矩形包围框的左上角顶点的横、纵坐标、矩形的宽和高。所以也可以写成 x, y, w, h = cv2.boundingRect (array) 的形式。

实例 11.2 为爆炸图形绘制矩形包围框（源码位置：资源包 \Code\11\02）

编写一个程序，为如图 11.8 所示的爆炸图形绘制矩形包围框，首先要判断图形的轮廓，使用 cv2.RETR_LIST 检索出所有轮廓，使用 cv2.CHAIN_APPROX_SIMPLE 检索出图形所有的端点，然后利用 cv2.boundingRect() 方法计算出最小矩形包围框，并通过 cv2.rectangle() 方法将这个矩形绘制出来，代码如下所示。

图 11.8 爆炸图形

```
01 import cv2
02
03 img = cv2.imread("shape2.png")  # 读取原图
04 gray = cv2.cvtColor(img, cv2.COLOR_BGR2GRAY)  # 从彩色图像变成单通道灰度图像
05 # 对灰度图像进行二值化阈值处理
06 t, binary = cv2.threshold(gray, 127, 255, cv2.THRESH_BINARY)
07 # 获取二值化图像中的轮廓及轮廓层次
08 contours, hierarchy =
09     cv2.findContours(binary, cv2.RETR_LIST, cv2.CHAIN_APPROX_SIMPLE)
10 # 获取第一个轮廓的最小矩形包围框，记录坐标和宽、高
11 x, y, w, h = cv2.boundingRect(contours[0])
12 cv2.rectangle(img, (x, y), (x + w, y + h), (0, 0, 255), 2)  # 绘制红色矩形
13 cv2.imshow("img", img)  # 显示绘制结果
14 cv2.waitKey()  # 按下任何键盘按键后
15 cv2.destroyAllWindows()  # 释放所有窗体
```

上述代码的运行结果如图 11.9 所示。

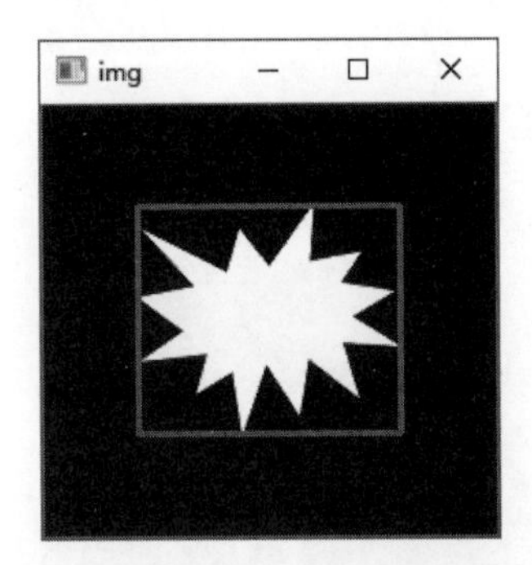

图 11.9　爆炸图形的最小矩形包围框

11.2.2　圆形包围框

圆形包围框与矩形包围框同理，是图像轮廓的最小圆形边界。OpenCV 提供的 minEnclosingCircle() 方法可以自动计算出轮廓最小圆形边界的圆心和半径。minEnclosingCircle() 方法的语法格式如下。

```
center, radius = cv2.minEnclosingCircle(points)
```

参数说明：

☑ points：轮廓数组。

返回值说明：

☑ center：元组类型，包含两个浮点值，是最小圆形包围框圆心的横坐标和纵坐标。

☑ radius：浮点类型，最小圆形包围框的半径。

实例 11.3　为爆炸图形绘制圆形包围框（源码位置：资源包 \Code\11\03）

编写一个程序，为如图 11.8 所示的爆炸图形绘制圆形包围框，首先要判断图形的轮廓，使用 cv2.RETR_LIST 检索出所有轮廓，使用 cv2.CHAIN_APPROX_SIMPLE 检索出图形所有的端点，然后利用 cv2. minEnclosingCircle() 方法计算出最小圆形包围框，并通过 cv2.circle() 方法将这个圆形绘制出来。绘制过程中要注意：圆心坐标和圆半径都是浮点数，在绘制之前要将浮点数转换成整数。代码如下所示：

```
01 import cv2
02
03 img = cv2.imread("shape2.png")  # 读取原图
04 gray = cv2.cvtColor(img, cv2.COLOR_BGR2GRAY)  # 从彩色图像变成单通道灰度图像
05 # 对灰度图像进行二值化阈值处理
06 t, binary = cv2.threshold(gray, 127, 255, cv2.THRESH_BINARY)
07 # 获取二值化图像中的轮廓及轮廓层次
08 contours, hierarchy = cv2.findContours(binary, cv2.RETR_LIST, cv2.CHAIN_APPROX_SIMPLE)
09 # 获取最小圆形包围框的圆心和半径
10 center, radius = cv2.minEnclosingCircle(contours[0])
11 x = int(round(center[0]))  # 圆心横坐标转为近似整数
12 y = int(round(center[1]))  # 圆心纵坐标转为近似整数
13 cv2.circle(img, (x, y), int(radius), (0, 0, 255), 2)  # 绘制圆形
14 cv2.imshow("img", img)  # 显示绘制结果
```

```
15 cv2.waitKey() # 按下任何键盘按键后
16 cv2.destroyAllWindows() # 释放所有窗体
```

上述代码的运行结果如图 11.10 所示。

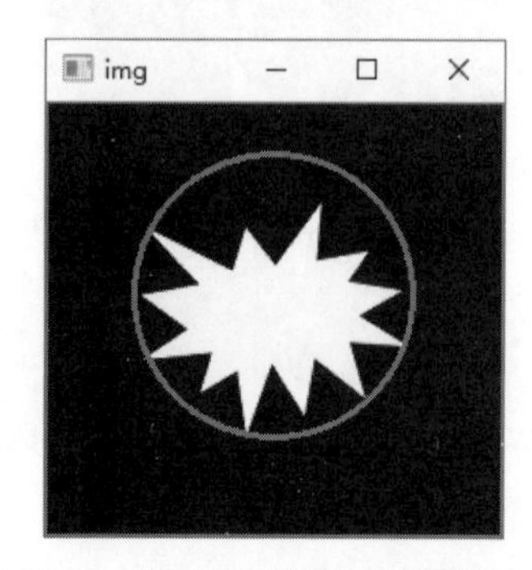

图 11.10　爆炸图形的最小圆形包围框

11.2.3　最小三角包围框

三角包围框是指三条边都与图形轮廓相切的三角形。例如，如图 11.11 所示，椭圆形可以有多种形式的三角包围框，而最小三角包围框是指所有三角包围框中三角形面积最小的那个。

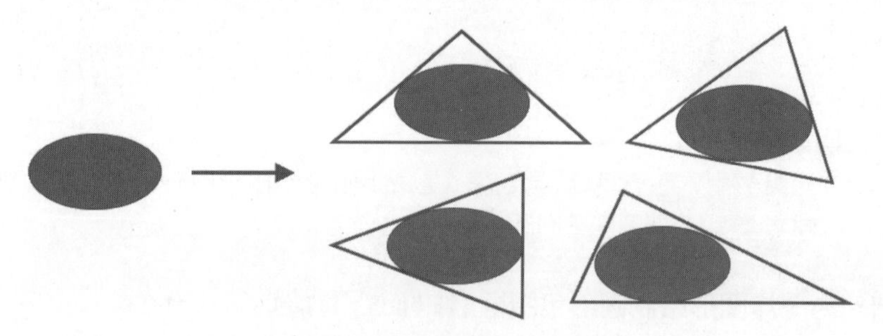

图 11.11　包围椭圆的三角包围框

OpenCV 提供了一个 minEnclosingTriangle() 方法，可以根据已找到的轮廓点列表自动计算出包围轮廓且面积最小的三角形的面积和坐标数据，该方法的语法格式如下。

```
retval, triangle = cv2.minEnclosingTriangle(points)
```

参数说明：

☑ points：（平面）轮廓的点数组。

返回值说明：

☑ retval：最小三角形的面积。

☑ triangle：最小三角形的三个顶点的坐标数组。

下面将通过一个实例演示如何按照图像的轮廓绘制最小三角包围框。

实例 11.4　绘制最小三角包围框（源码位置：资源包 \Code\11\04）

编写一个实例，按照如图 11.12 所示的拱桥图形的轮廓，绘制最小三角包围框。代码如下所示。

```
01 import cv2
02
03 img = cv2.imread("shape4.png")
04 gray = cv2.cvtColor(img, cv2.COLOR_RGB2GRAY)  # 转为灰度图像
05 # 检测所有轮廓
06 contours, _ = cv2.findContours(gray, cv2.RETR_LIST, cv2.CHAIN_APPROX_NONE)
07 area, t = cv2.minEnclosingTriangle(contours[0])  # 计算最小三角包围框
08 # 用直线连接三角包围框的三个顶点
09 cv2.line(img, tuple(t[0][0]), tuple(t[1][0]), (0, 0, 255), 2)
10 cv2.line(img, tuple(t[1][0]), tuple(t[2][0]), (0, 0, 255), 2)
11 cv2.line(img, tuple(t[2][0]), tuple(t[0][0]), (0, 0, 255), 2)
12 cv2.imshow("result", img)
13 cv2.waitKey()
14 cv2.destroyAllWindows()
```

上述代码的运行结果如图 11.13 所示。

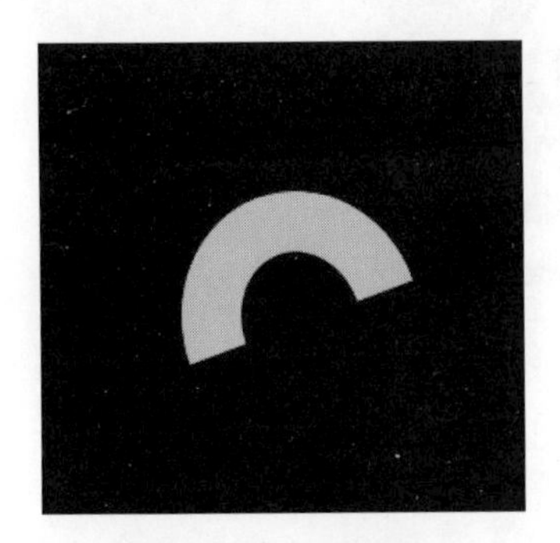

图 11.12　拱桥图形

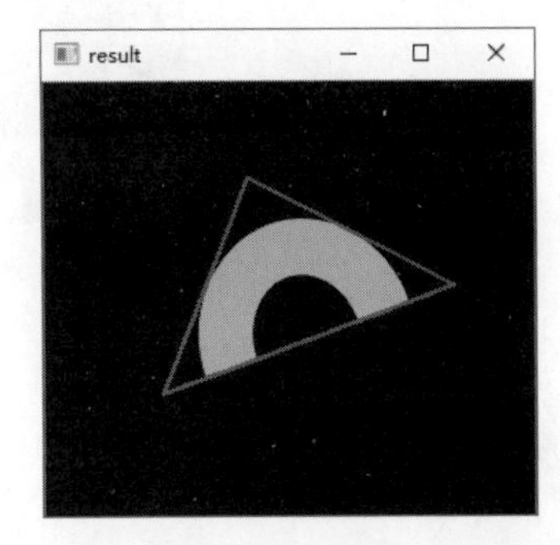

图 11.13　程序计算出的最小三角包围框

11.2.4　最优椭圆包围框

OpenCV 提供的 fitEllipse() 方法用于按照图像的轮廓绘制最优拟合椭圆包围框，fitEllipse() 方法的语法格式如下。

```
retval = cv2.fitEllipse(contours)
```

参数说明：

☑ contours：在目标图像中获取到的图像轮廓。

返回值说明：

☑ retval：包含了最优拟合椭圆包围框的中心点、轴长度、旋转角度等信息。

下面将通过一个实例演示如何按照图像的轮廓绘制最优拟合椭圆包围框。

实例 11.5　绘制最优拟合椭圆包围框（源码位置：资源包 \Code\11\05）

编写一个实例，为如图 11.12 所示的拱桥图形绘制最优拟合椭圆包围框。代码如下所示。

```
01 import cv2
02
03 img = cv2.imread("shape4.png") # 读取当前项目目录下的图像
04 # 将读取到的图像从 BGR 色彩空间转换为 GRAY 色彩空间
05 gray = cv2.cvtColor(img, cv2.COLOR_RGB2GRAY)
06 # 检测图像中的所有轮廓
```

```
07 contours, hierarchy = cv2.findContours(gray, cv2.RETR_LIST, cv2.CHAIN_APPROX_NONE)
08 retval = cv2.fitEllipse(contours[0]) # 计算最优拟合椭圆包围框
09 cv2.ellipse(img, retval, (0, 0, 255), 2) # 绘制红色的椭圆包围框
10 cv2.imshow("result", img) # 在一个名为 "result" 的窗口中显示绘制的椭圆包围框
11 cv2.waitKey() # 通过按下键盘上的按键
12 cv2.destroyAllWindows() # 释放所有窗体
```

上述代码的运行结果如图 11.14 所示。

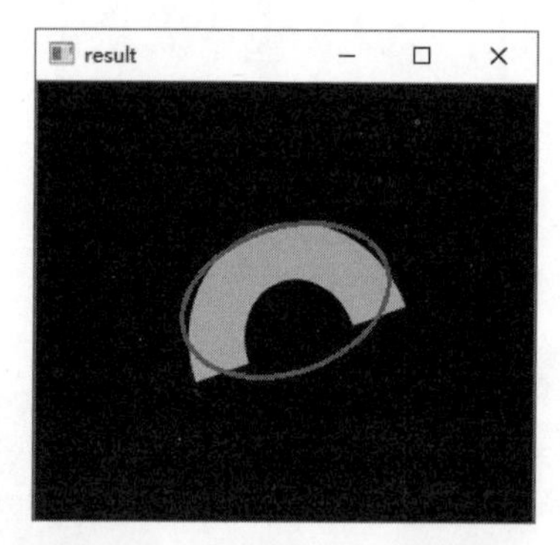

图 11.14　绘制最优拟合椭圆包围框

11.3 凸包

之前介绍了矩形包围框和圆形包围框，这两种包围框虽然已经逼近了图形的边缘，但这种包围框为了保持几何形状，其与图形的真实轮廓贴合度较差。如果能找出图形最外层的端点，将这些端点连接起来，就可以围出一个包围图形的最小包围框，这种包围框叫凸包。

凸包是最逼近轮廓的多边形，凸包的每一处都是凸出来的，也就是任意三个点所组成的内角均小于 180°。例如，图 11.15 就是凸包，而图 11.16 就不是凸包。

图 11.15　凸包

图 11.16　不是凸包

OpenCV 提供的 convexHull() 方法可以自动找出轮廓的凸包，该方法的语法格式如下。

```
hull = cv2.convexHull(points, clockwise, returnPoints)
```

参数说明：

☑ points：轮廓数组。

☑ clockwise：可选参数，布尔类型。当该值为 True 时，凸包中的点按顺时针排列；值为 False 时，按逆时针排列。

☑ returnPoints：可选参数，布尔类型。当该值为 True 时，返回点坐标；值为 False 时，返回点索引。默认值为 True。

返回值说明：

☑ hull：凸包的点阵数组。

下面通过一个例子演示如何绘制凸包。

实例 11.6　为爆炸图形绘制凸包（源码位置：资源包 \Code\11\06）

编写一个程序，为如图 11.8 所示的爆炸图形绘制凸包，首先要判断图形的轮廓，使用 cv2.RETR_LIST 检索出图形的轮廓，然后使用 convexHull() 方法找到轮廓的凸包，最后通过 polylines() 方法将凸包中各点连接起来，查看绘制出的结果。代码如下所示。

```
01 import cv2
02
03 img = cv2.imread("shape2.png")  # 读取原始图像
04 gray = cv2.cvtColor(img, cv2.COLOR_BGR2GRAY)  # 转为灰度图像
05 ret, binary = cv2.threshold(gray, 127, 225, cv2.THRESH_BINARY)  # 二值化阈值处理
06 # 检测图像中出现的所有轮廓
07 contours, hierarchy = 
       cv2.findContours(binary, cv2.RETR_LIST, cv2.CHAIN_APPROX_SIMPLE)
08 hull = cv2.convexHull(contours[0])  # 获取轮廓的凸包
09 cv2.polylines(img, [hull], True, (0, 0, 255), 2)  # 绘制凸包
10 cv2.imshow("img", img)  # 显示图像
11 cv2.waitKey()  # 按下任何键盘按键后
12 cv2.destroyAllWindows()  # 释放所有窗体
```

上述代码的运行结果如图 11.17 所示。

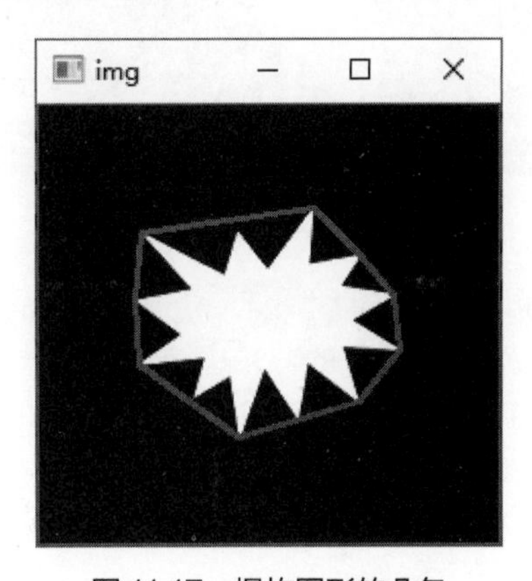

图 11.17　爆炸图形的凸包

11.4　综合案例——计算图形的重心坐标

通过计算轮廓矩的方式，能够获取这个轮廓的重心坐标。重心是一个物理概念，指的是地球对物体中每一微小部分引力的合力作用点。一个物体的重心可能在物体之内，也有可能在物体之外。

重心的概念在平面几何中同样适用。如图 11.18 所示，三角形、矩形和圆形分别用一根线连接，然后自然垂下，多个角度的垂线所交汇的交点即是重心。

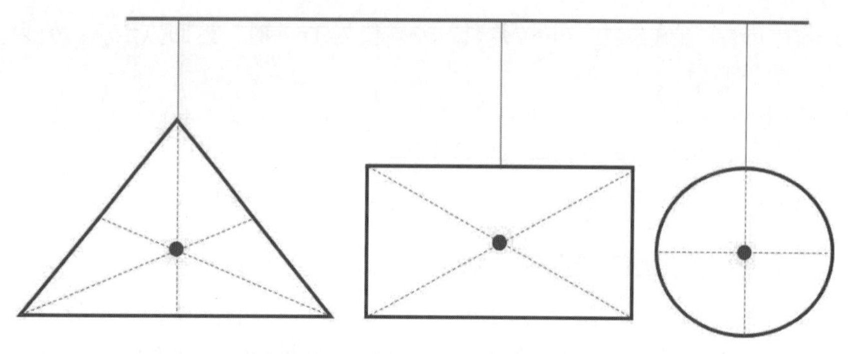

图 11.18　三种几何图形的重心位置

重心坐标可以用于判断该轮廓覆盖的大致方位。本案例将获取图 11.19 中多个几何图形的重心坐标，并在每一个图形的重心处绘制红点。

图 11.19　目标图像

为了获取图形的重心坐标，需要借助"矩"。矩是一个数学概念，表示对变量分布和形态特点的一组度量。轮廓是由 N 个点构成的，轮廓矩代表了一个轮廓的全局特征。

OpenCV 提供的 moments() 方法用于计算轮廓矩，该方法的语法格式如下。

```
retval = cv2.moments(array)
```

参数说明：

☑ array：轮廓的点数组。

返回值说明：

☑ retval：计算得出的矩特征对象。

矩特征包括：

☑ 零阶矩：m00。

☑ 一阶矩：m10，m01。

☑ 二阶矩：m20，m11，m02。

☑ 三阶矩：m30，m21，m12，m03。

☑ 二阶中心距：mu20，mu11，mu02。

☑ 三阶中心距：mu30，mu21，mu12，mu03。
☑ 二阶 Hu 矩：nu20，nu11，nu02。
☑ 三阶 Hu 矩：nu30，nu21，nu12，nu30。

通过零阶矩和一阶矩就可以计算出重心坐标，其公式为

```
(x, y) = (m10/m00, m01/m00)
```

下面将编写用于实现本案例的代码。

首先将图像转为灰度图像，然后检测出所有轮廓，遍历每一个轮廓的时候，通过 moments() 方法计算出轮廓矩，根据零阶矩和一阶矩计算出轮廓的重心，最后在重心位置画一个红色的实心圆。读者朋友可以结合图 11.20 具体了解本案例的实现步骤。

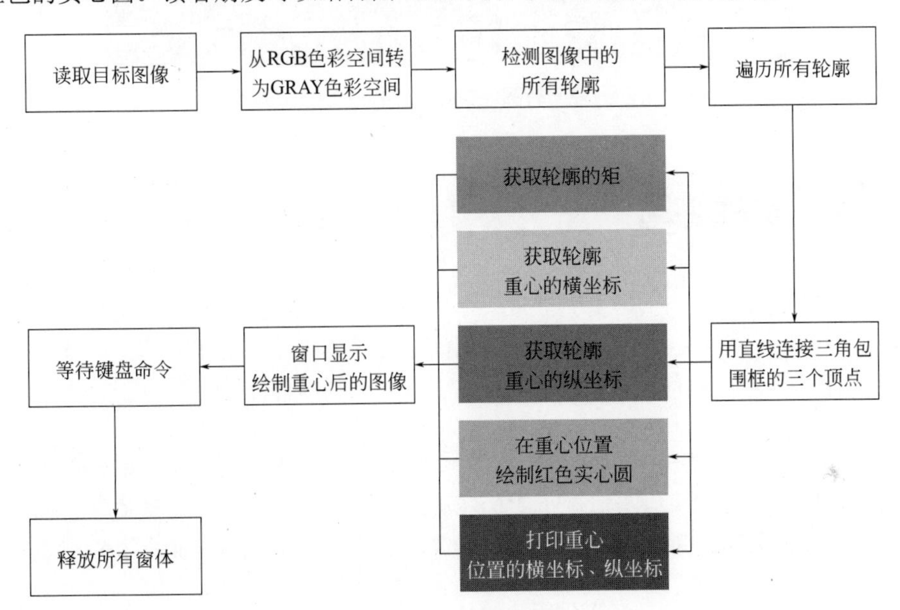

图 11.20　实现步骤

实现上述步骤的代码如下所示。

```
01 import cv2
02
03 img = cv2.imread("shapes2.png")
04 gray = cv2.cvtColor(img, cv2.COLOR_RGB2GRAY)  # 转为灰度图像
05 # 检测所有轮廓
06 contours, _ = cv2.findContours(gray, cv2.RETR_LIST, cv2.CHAIN_APPROX_NONE)
07 for c in contours:  # 遍历所有轮廓
08     M = cv2.moments(c)  # 获取轮廓的矩
09     x_center = int(M[ 'm10' ] / M[ 'm00' ])  # 轮廓重心的横坐标
10     y_center = int(M[ 'm01' ] / M[ 'm00' ])  # 轮廓重心的纵坐标
11     # 在重心位置绘制红色实心圆
12     cv2.circle(img, (x_center, y_center), 5, (0, 0, 255), -1)
13     print(" 重心坐标为 (" + str(x_center) + "," + str(y_center) + ")")
14 cv2.imshow("result", img)
15 cv2.waitKey()
16 cv2.destroyAllWindows()
```

上述代码的运行结果如图 11.21 所示。

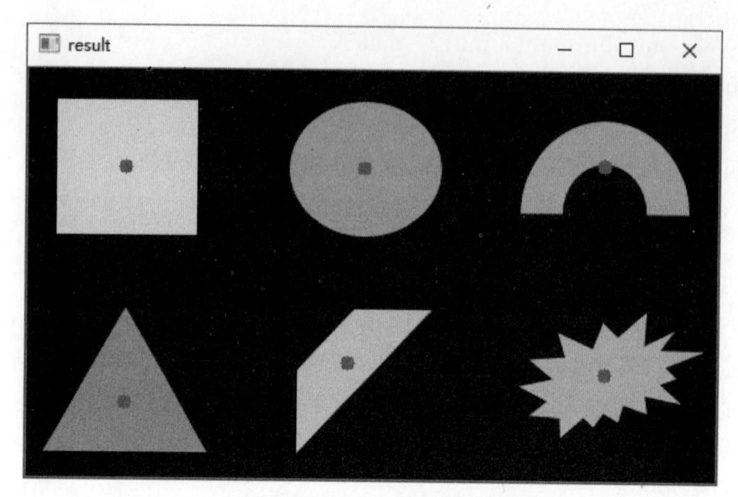

图 11.21 在所有图像轮廓的重心位置绘制实心圆

11.5 实战练习

① 通过计算轮廓矩的方式，分别获取一个镂空的直角三角形和与其等大的、实心的直角三角形的重心坐标，并将这两个重心坐标绘制出来，观察这两个重心坐标的位置是否相同。

② 为一个大写的、具有艺术字效果的英文字母 F 绘制凸包。

小结

图像轮廓指的是将图像的边缘连接起来形成的一个整体，它是图像的一个重要的特征信息。对图像的轮廓进行处理后，就能够得到图像的大小、位置等信息。根据这些信息，能够对图像进行更深入的处理。为此，OpenCV 提供了 findContours() 方法，通过计算图像的梯度，查找图像的轮廓。为了把图像的轮廓绘制出来，OpenCV 又提供了 drawContours() 方法。

Python OpenCV

第 12 章 模板匹配

为了能够在一幅图像（又称“原始图像”或者“输入图像”）中找到与特定图像（又称“模板图像”）非常相似的部分，OpenCV 提供了一个关键技术，即模板匹配。模板匹配的实现原理是让模板图像从原始图像的左上角开始滑动，在原始图像中“地毯式”地寻找与模板图像非常相似的部分。所谓“地毯式”，指的是遍历原始图像中的所有像素。

本章的知识结构如下。

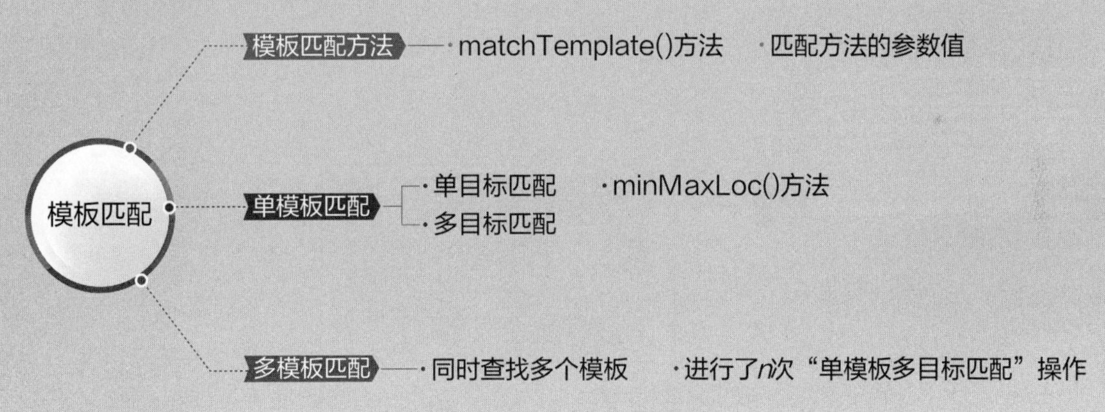

12.1 模板匹配方法

模板是被查找的图像。模板匹配是指查找模板在原始图像中的哪个位置的过程。OpenCV 提供的 matchTemplate() 方法用于模板匹配，其语法格式如下。

```
result = cv2.matchTemplate(image, templ, method, mask)
```

参数说明：

☑ image：原始图像。

☑ templ：模板图像，尺寸必须小于或等于原始图像。

☑ method：匹配的方法，可用参数值如表 12.1 所示。

☑ mask：可选参数。掩模，只有 cv2.TM_SQDIFF 和 cv2.TM_CCORR_NORMED 支持此参数，建议采用默认值。

返回值说明：

☑ result：计算得出的匹配结果。如果原始图像的宽、高分别为 W、H，模板图像的宽、高分别为 w、h，result 就是一个 W-w+1 列、H-h+1 行的 32 位浮点型数组。数组中每一个浮点数都是原始图像中对应像素位置的匹配结果，其含义需要根据 method 参数来解读。

表 12.1 匹配方法的参数值

参数值	值	含义
cv2.TM_SQDIFF	0	差值平方和匹配，也叫平方差匹配。可以理解为差异程度。匹配程度越高，计算结果越小。完全匹配的结果为 0
cv2.TM_SQDIFF_NORMED	1	标准差值平方和匹配，也叫标准平方差匹配，规则同上
cv2.TM_CCORR	2	相关匹配。可以理解为相似程度，匹配程度越高，计算结果越大
cv2.TM_CCORR_NORMED	3	标准相关匹配，规则同上
cv2.TM_CCOEFF	4	相关系数匹配，也属于相似程度。计算结果为 −1 ～ 1 之间的浮点数，1 表示完全匹配，0 表示毫无关系，−1 表示两张图片亮度刚好相反
cv2.TM_CCOEFF_NORMED	5	标准相关系数匹配，规则同上

在模板匹配的计算过程中，模板会在原始图像中移动。模板会与重叠区域内的像素逐个对比，最后将对比的结果保存在模板左上角像素点索引位置对应的数组位置中。计算过程如图 12.1 所示。

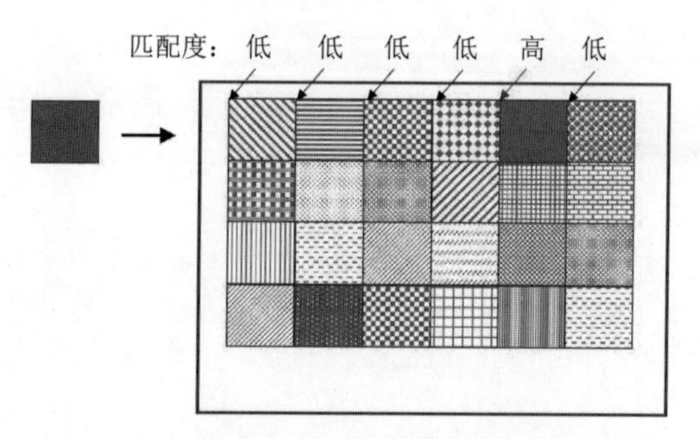

图 12.1 模板在原始图像中移动并逐个匹配

使用 cv2.TM_SQDIFF（平方差匹配）方法计算出的数组格式如下所示（其他方法计算出的数组格式相同，仅数值不同）。

```
[[0.10165964 0.10123613 0.1008469  … 0.10471864 0.10471849 0.10471849]
 [0.10131165 0.10087635 0.10047968 … 0.10471849 0.10471834 0.10471849]
 [0.10089004 0.10045089 0.10006084 … 0.10471849 0.10471819 0.10471849]
 ……
 [0.16168603 0.16291814 0.16366465 … 0.12178455 0.12198001 0.12187888]
 [0.15859096 0.16000605 0.16096526 … 0.12245651 0.12261643 0.12248362]
 [0.15512456 0.15672517 0.15791312 … 0.12315679 0.1232616  0.12308815]]
```

模板会将原始图像中每一块区域都覆盖一遍，但结果数组的行列数并不会等于原始图像的像素的行列数。假设模板的宽为 w，高为 h，原始图像的宽为 W，高为 H，如图 12.2 所示。

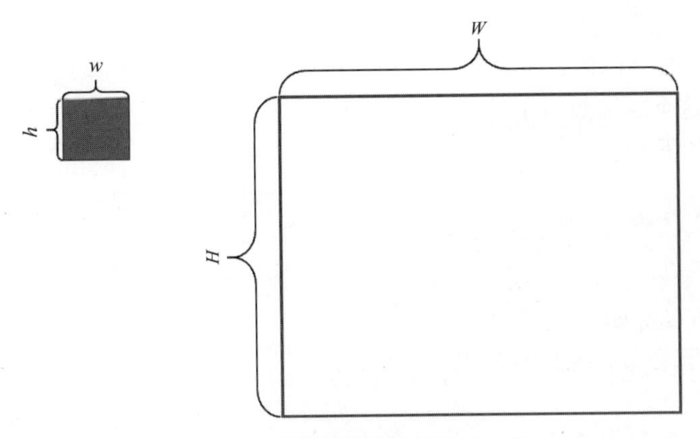

图 12.2　模板和原始图像的宽、高

模板移动到原始图像的边缘之后就不会继续移动了，所以模板的移动区域如图 12.3 所示，该区域的边长为“原始图像边长－模板边长 +1”。最后加 1 是因为移动区域内的上下、左右的两个边都被模板覆盖到了，如果不加 1 会丢失数据。

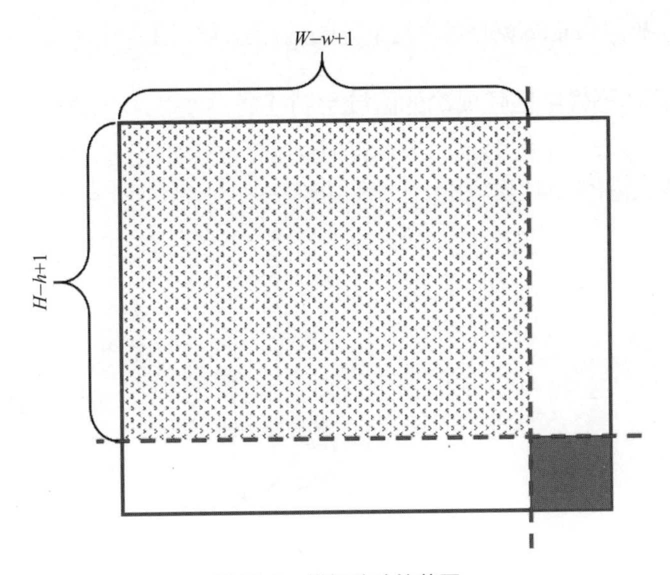

图 12.3　模板移动的范围

12.2 单模板匹配

匹配过程中只用到一个模板场景叫单模板匹配。原始图像中可能只有一个和模板相似的图像，也有可能有多个。如果只获取匹配程度最高的那一个结果，这种操作叫单目标匹配。如果需要同时获取所有匹配程度较高的结果，这种操作叫多目标匹配。

12.2.1 单目标匹配

单目标匹配只获取一个结果即可，就是匹配程度最高的结果（如果使用平方差匹配，则为计算出的最小结果；如果使用相关匹配或相关系数匹配，则为计算出的最大结果）。本节会以平方差匹配为例进行介绍。

matchTemplate() 方法的计算结果是一个二维数组，OpenCV 提供了一个 minMaxLoc() 方法专门用来解析这个二维数组中的最大值、最小值以及这两个值对应的坐标。minMaxLoc() 方法的语法格式如下。

```
minValue, maxValue, minLoc, maxLoc = cv2.minMaxLoc(src, mask)
```

参数说明：

☑ src：matchTemplate() 方法计算得出的数组。
☑ mask：可选参数，掩模，建议使用默认值。

返回值说明：

☑ minValue：数组中的最小值。
☑ maxValue：数组中的最大值。
☑ minLoc：最小值的坐标，格式为 (x, y)。
☑ maxLoc：最大值的坐标，格式为 (x, y)。

平方差匹配的计算结果越小，匹配程度越高。minMaxLoc() 方法返回的 minValue 值就是模板匹配的最优结果，minLoc 就是最优结果区域左上角的点坐标，区域大小与模板大小一致。

实例 12.1 为原始图像中匹配成功的区域绘制红框（源码位置：资源包 \Code\12\01）

将图 12.4 作为模板，将图 12.5 作为原始图像，使用 cv2.TM_SQDIFF_NORMED 方式进行模板匹配，在原始图像中找到与模板一样的图案，并在该图案上绘制红色方框。代码如下所示。

图 12.4　模板

图 12.5　原始图像

```
01 import cv2
02
03 img = cv2.imread("background.jpg") # 读取原始图像
04 templ = cv2.imread("template.png") # 读取模板图像
05 height, width, c = templ.shape # 获取模板图像的高度、宽度和通道数
06 # 按照标准平方差方式匹配
07 results = cv2.matchTemplate(img, templ, cv2.TM_SQDIFF_NORMED)
08 # 获取匹配结果中的最小值、最大值、最小值坐标和最大值坐标
09 minValue, maxValue, minLoc, maxLoc = cv2.minMaxLoc(results)
```

```
10 resultPoint1 = minLoc # 将最小值坐标当作最佳匹配区域的左上角点坐标
11 # 计算出最佳匹配区域的右下角点坐标
12 resultPoint2 = (resultPoint1[0] + width, resultPoint1[1] + height)
13 # 在最佳匹配区域位置绘制红色方框，线宽为 2 像素
14 cv2.rectangle(img, resultPoint1, resultPoint2, (0, 0, 255), 2)
15 cv2.imshow("img", img) # 显示匹配的结果
16 cv2.waitKey() # 按下任何键盘按键后
17 cv2.destroyAllWindows() # 释放所有窗体
```

上述代码的运行结果如图 12.6 所示。

图 12.6　模板匹配的结果

实例 12.2　从两幅图像中选择最佳的匹配结果（源码位置：资源包 \Code\12\02）

将图 12.7 作为模板，将图 12.8 和图 12.9 作为原始图像，使用 cv2.TM_SQDIFF_NORMED 方式进行模板匹配，在两幅原始图像中找到与模板匹配结果最好的图像，并在窗口中显示出来。代码如下所示。

图 12.7　模板

图 12.8　原始图像 221

图 12.9　原始图像 222

```
01 import cv2
02
03 image = []  # 存储原始图像的列表
04 # 向 image 列表添加原始图像 image_221.png
05 image.append(cv2.imread("image_221.png"))
06 # 向 image 列表添加原始图像 image_222.png
07 image.append(cv2.imread("image_222.png"))
08 templ = cv2.imread("templ.png")  # 读取模板图像
09 index = -1  # 初始化车位编号列表的索引为 -1
10 min = 1
11 for i in range(0, len(image)):  # 循环匹配 image 列表中的原始图像
```

```
12      # 按照标准平方差方式匹配
13      results = cv2.matchTemplate(image[i], templ, cv2.TM_SQDIFF_NORMED)
14      # 获得最佳匹配结果的索引
15      if min > any(results[0]):
16          index = i
17  cv2.imshow("result", image[index])  # 显示最佳匹配结果
18  cv2.waitKey()  # 按下任何键盘按键后
19  cv2.destroyAllWindows()  # 释放所有窗体
```

上述代码的运行结果如图 12.10 所示。

图 12.10　从两幅图像中选择最佳的匹配结果

12.2.2　多目标匹配

多目标匹配需要将原始图像中所有与模板相似的图像都找出来，使用相关匹配或相关系数匹配可以很好地实现这个功能。如果计算结果大于某一值（如 0.999），则认为匹配区域的图案和模板是相同的。

实例 12.3　为原始图像中所有匹配成功的区域绘制红框（源码位置：资源包 \Code\12\03）

将图 12.11 作为模板，将图 12.12 作为原始图像。原始图像中有很多重复的图案，每一个与模板相似的图案都需要被标记出来。

图 12.11　模板

图 12.12　包含重复内容的原始图像

使用 cv2.TM_CCOEFF_NORMED 方法进行模板匹配，使用 for 循环遍历 matchTemplate() 方法返回的结果，找到所有大于 0.99 的计算结果，在这些结果的对应区域位置绘制红色矩形边框。编写代码时要注意：数组的列数在图像坐标系中为横坐标，数组的行数在图像坐标系中为纵坐标。代码如下所示。

```
01 import cv2
02
03 img = cv2.imread("background2.jpg")  # 读取原始图像
04 templ = cv2.imread("template.png")  # 读取模板图像
05 height, width, c = templ.shape  # 获取模板图像的高度、宽度和通道数
06 # 按照标准相关系数匹配
07 results = cv2.matchTemplate(img, templ, cv2.TM_CCOEFF_NORMED)
08 for y in range(len(results)):  # 遍历结果数组的行
09     for x in range(len(results[y])):  # 遍历结果数组的列
10         if results[y][x] > 0.99:  # 如果相关系数大于 0.99，则认为匹配成功
11             # 在最佳匹配结果位置绘制红色方框
12             cv2.rectangle(img, (x, y), (x + width, y + height), (0, 0, 255), 2)
13 cv2.imshow("img", img)  # 显示匹配的结果
14 cv2.waitKey()  # 按下任何键盘按键后
15 cv2.destroyAllWindows()  # 释放所有窗体
```

上述代码的运行结果如图 12.13 所示，程序找到了三处与模板相似的图案。

图 12.13　匹配结果

多目标匹配在实际生活中有很多应用场景。例如，统计一条快轨线路的站台总数；同一地点附近有两个地铁站，优先选择直线距离最短的地铁站；等等。

实例 12.4　统计一条快轨线路的站台总数（源码位置：资源包 \Code\12\04）

如图 12.15 所示，一条快轨线路从始发站到终点站会有许多个站台。如果将图 12.14 作为模板，将图 12.15 作为原始图像，那么在原始图像中标记出各个站台，进而统计这条快轨线路的站台总数。

图 12.14　模板

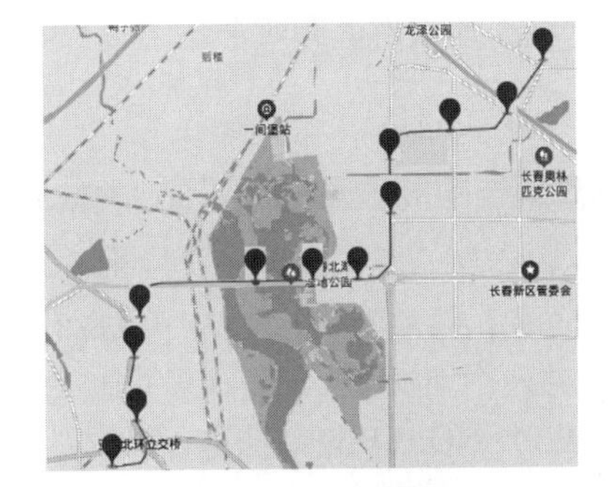

图 12.15　原始图像

使用 cv2.TM_CCOEFF_NORMED 方法进行模板匹配，使用 for 循环遍历 matchTemplate() 方法返回的结果，找到所有大于 0.99 的计算结果，在这些结果的对应区域位置绘制蓝色矩形边框。代码如下所示。

```
01 import cv2
02
03 image = cv2.imread("image.png")  # 读取原始图像
04 templ = cv2.imread("templ.png")  # 读取模板图像
05 height, width, c = templ.shape  # 获取模板图像的高度、宽度和通道数
06 # 按照标准相关系数匹配
07 results = cv2.matchTemplate(image, templ, cv2.TM_CCOEFF_NORMED)
08 station_Num = 0  # 初始化快轨的站台个数为0
09 for y in range(len(results)):  # 遍历结果数组的行
10     for x in range(len(results[y])):  # 遍历结果数组的列
11         if results[y][x] > 0.99:  # 如果相关系数大于0.99，则认为匹配成功
12             # 在最佳匹配结果位置绘制蓝色矩形边框
13             cv2.rectangle(image, (x, y), (x + width, y + height), (255, 0, 0), 2)
14             station_Num += 1  # 快轨的站台个数加1
15 # 在原始图像绘制快轨站台的总数
16 cv2.putText(image, "the numbers of stations: " + str(station_Num), (0, 30),
          cv2.FONT_HERSHEY_COMPLEX_SMALL, 1, (0, 0, 255), 1)
17 cv2.imshow("result", image)  # 显示匹配的结果
18 cv2.waitKey()  # 按下任何键盘按键后
19 cv2.destroyAllWindows()  # 释放所有窗体
```

上述代码的运行结果如图 12.16 所示。

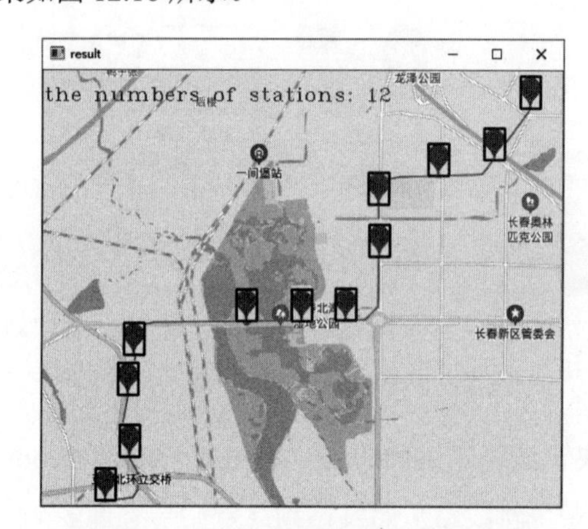

图 12.16　统计一条快轨线路的站台总数

实例 12.4 第 7 行中的 results 包含所有蓝色矩形边框左上角的横坐标、纵坐标。利用这一特点，还可以模拟“同一地点附近有两个地铁站，优先选择直线距离最短的地铁站”这一生活场景。

实例 12.5　优先选择直线距离最短的地铁站（源码位置：资源包 \Code\12\05）

如图 12.18 所示，坐标为（62, 150）的地点附近有人民广场和解放大路两个地铁站，如何优先选择直线距离最短的地铁站呢？首先将图 12.17 作为模板，将图 12.18 作为原始图像，然后在原始图像中标记出这两个地铁站，最后计算并比较这个地点与这两个地铁站的直线距离。

使用 cv2.TM_CCOEFF_NORMED 方法进行模板匹配，使用 for 循环遍历 matchTemplate() 方法返回的结果，找到所有大于 0.99 的计算结果，在这些结果的对应区域位置绘制蓝色方框，

图 12.17　模板

图 12.18　原始图像

分别计算（62, 150）到蓝色方框左上角的距离，用绿色线段标记出直线距离最短的地铁站。代码如下所示。

```
01 import cv2
02 import numpy as np
03 import math
04
05 image = cv2.imread("image.png")  # 读取原始图像
06 templ = cv2.imread("templ.png")  # 读取模板图像
07 height, width, c = templ.shape  # 获取模板图像的高度、宽度和通道数
08 # 按照标准相关系数匹配
09 results = cv2.matchTemplate(image, templ, cv2.TM_CCOEFF_NORMED)
10 point_X = []  # 用于存储最佳匹配结果左上角横坐标的列表
11 point_Y = []  # 用于存储最佳匹配结果左上角纵坐标的列表
12 for y in range(len(results)):  # 遍历结果数组的行
13     for x in range(len(results[y])):  # 遍历结果数组的列
14         if results[y][x] > 0.99:  # 如果相关系数大于 0.99，则认为匹配成功
15             # 在最佳匹配结果位置绘制蓝色方框
16             cv2.rectangle(image, (x, y), (x + width, y + height), (255, 0, 0), 2)
17             point_X.extend([x])  # 把最佳匹配结果左上角的横坐标添加到列表中
18             point_Y.extend([y])  # 把最佳匹配结果左上角的纵坐标添加到列表中
19 # 出发点的横坐标、纵坐标
20 start_X = 62
21 start_Y = 150
22 # 计算出发点到人民广场地铁站的距离
23 place_Square = np.array([point_X[0], point_Y[0]])
24 place_Start = np.array([start_X, start_Y])
25 minus_SS = place_Start - place_Square
26 start_Square = math.hypot(minus_SS[0], minus_SS[1])
27 # 计算出发点到解放大路地铁站的距离
28 place_Highroad = np.array([point_X[1], point_Y[1]])
29 minus_HS = place_Highroad - place_Start
30 start_Highroad = math.hypot(minus_HS[0], minus_HS[1])
31 # 用绿色的线画出距离较短的路线
32 if start_Square < start_Highroad:
33     cv2.line(image, (start_X, start_Y), (point_X[0], point_Y[0]), (0, 255, 0), 2)
34 else:
35     cv2.line(image, (start_X, start_Y), (point_X[1], point_Y[1]), (0, 255, 0), 2)
36 cv2.imshow("result", image)  # 显示匹配的结果
37 cv2.waitKey()  # 按下任何键盘按键后
38 cv2.destroyAllWindows()  # 释放所有窗体
```

上述代码的运行结果如图 12.19 所示。

图 12.19　优先选择直线距离最短的地铁站

12.3 多模板匹配

匹配过程中同时查找多个模板的操作叫多模板匹配。多模板匹配实际上就是进行了 *n* 次“单模板多目标匹配”操作，*n* 的数量为模板总数。

实例 12.6　同时匹配 3 个不同的模板（源码位置：资源包 \Code\12\06）

将图 12.20、图 12.21 和图 12.22 作为模板，将图 12.23 作为原始图像。每一个模板都要做一次“单模板多目标匹配”，最后把所有模板的匹配结果汇总到一起。“单模板多目标匹配”的过程可以封装成一个方法，方法参数为模板和原始图像，方法内部将计算结果再加工一下，

图 12.20　模板 1

图 12.21　模板 2

图 12.22　模板 3

图 12.23　原始图像

直接返回所有红框左上角和右下角两点横坐标、纵坐标的列表。在方法之外，将所有模板计算得出的坐标汇总到一个列表中，按照这些汇总的坐标一次性将所有红框都绘制出来。代码如下所示。

```
01 import cv2
02
03 # 自定义方法：获取模板匹配成功后所有红框位置的坐标
04 def myMatchTemplate(img, templ):
05     height, width, c = templ.shape  # 获取模板图像的高度、宽度和通道数
06     # 按照标准相关系数匹配
07     results = cv2.matchTemplate(img, templ, cv2.TM_CCOEFF_NORMED)
08     loc = list()  # 红框的坐标列表
09     for i in range(len(results)):  # 遍历结果数组的行
10         for j in range(len(results[i])):  # 遍历结果数组的列
11             if results[i][j] > 0.99:  # 如果相关系数大于 0.99，则认为匹配成功
12                 # 在列表中添加匹配成功的红框对角线两点坐标
13                 loc.append((j, i, j + width, i + height))
14     return loc
15
16 img = cv2.imread("background2.jpg")  # 读取原始图像
17 templs = list()  # 模板列表
18 templs.append(cv2.imread("template.png"))  # 添加模板 1
19 templs.append(cv2.imread("template2.png"))  # 添加模板 2
20 templs.append(cv2.imread("template3.png"))  # 添加模板 3
21
22 loc = list()  # 所有模板匹配成功位置的红框坐标列表
23 for t in templs:  # 遍历所有模板
24     loc += myMatchTemplate(img, t)  # 记录该模板匹配得出的红框坐标列表
25
26 for i in loc:  # 遍历所有红框的坐标
27     # 在图片中绘制红框
28     cv2.rectangle(img, (i[0], i[1]), (i[2], i[3]), (0, 0, 255), 2)
29
30 cv2.imshow("img", img)  # 显示匹配的结果
31 cv2.waitKey()  # 按下任何键盘按键后
32 cv2.destroyAllWindows()  # 释放所有窗体
```

上述代码的运行结果如图 12.24 所示。

图 12.24 多模板匹配的结果

12.4 综合案例——查找文件中重复的图像

网速的提升让容量较大的文件更容易在互联网上传播，最明显的结果就是现在用户计算机里被堆满了各种各样的图像文件。

图像文件与其他文件不同，相同内容的图像可能保存在不同大小、不同格式的文件中，这些文件的二进制字节码差别较大，很难用简单的程序识别。在没有高级识别软件的情况下，想要找出内容相同的图像就只能一个一个打开用肉眼识别了。

OpenCV 能够打破图像文件规格、格式的限制来识别图像内容。如图 12.25 所示的文件夹中有十幅图像，这些图像不仅有 JPG 格式的，还有 PNG 格式的，而且这些图像的分辨率也各不相同。

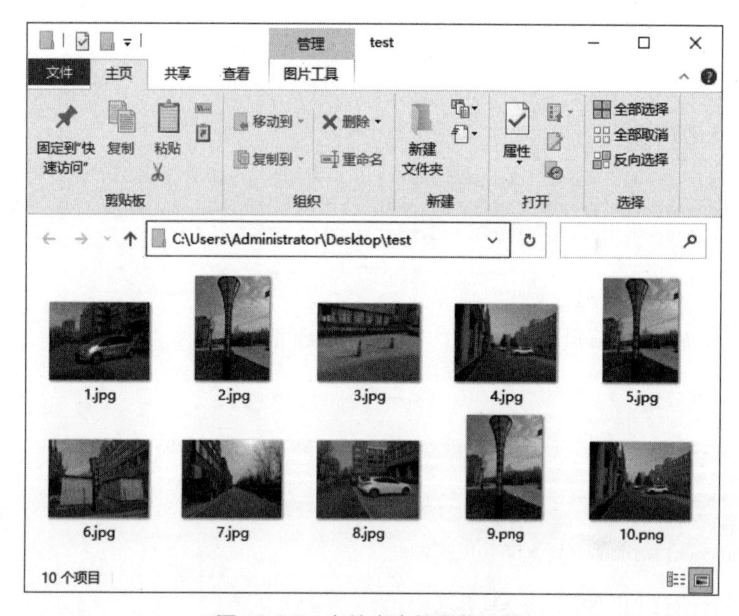

图 12.25 文件夹中的图像文件

下面将编写一个程序，在如图 12.25 所示的文件夹中找出重复的图像。想要解决这个问题，需要借助 OpenCV 提供的 matchTemplate() 方法判断两幅图像的相似度，如果相似度大于 0.9，就认为这两幅图像是相同的。本案例的代码如下所示。

```
01 import cv2
02 import os
03 import sys
04
05 PIC_PATH = "C:\\Users\\Administrator\\Desktop\\test\\"  # 照片文件夹地址
06 width, height = 100, 100  # 缩放比例
07
08 pic_file = os.listdir(PIC_PATH)  # 所有照片文件列表
09 same_pic_index = []  # 相同图像的索引列表
10 imgs = []  # 缩放后的图像对象列表
11 has_same = set()  # 相同图像的集合
12 count = len(pic_file)  # 照片数量
13
14 if count == 0:  # 如果照片数量为零
```

```
15     print(" 没有图像 ")
16     sys.exit(0)  # 停止程序
17
18 for file_name in pic_file:  # 遍历照片文件
19     pic_name = PIC_PATH + file_name  # 拼接完整文件名
20     img = cv2.imread(pic_name)  # 创建文件的图像
21     img = cv2.resize(img, (width, height))  # 缩放成统一大小
22     imgs.append(img)  # 按文件顺序保存图像对象
23
24 for i in range(0, count - 1):  # 遍历所有图像文件，不遍历最后一个图像
25     if i in has_same:  # 如果此图像已经找到相同的图像
26         continue  # 跳过
27     templ = imgs[i]  # 取出模板图像
28     same = [i]  # 与 templ 内容相同的图像索引列表
29     for j in range(0 + i + 1, count):  # 从 templ 的下一个位置开始遍历
30         if j in has_same:  # 如果此图像已经找到相同的图像
31             continue  # 跳过
32         pic = imgs[j]  # 取出对照图像
33         # 比较两图像相似度
34         results = cv2.matchTemplate(pic, templ, cv2.TM_CCOEFF_NORMED)
35         if results > 0.9:  # 如果相似度大于 0.9，认为是同一张图像
36             same.append(j)  # 记录对照图像的索引
37             has_same.add(i)  # 模板图像已找到相同图像
38             has_same.add(j)  # 对照图像已找到相同图像
39     if len(same) > 1:  # 如果模板图像找到了至少一张与自己相同的图像
40         same_pic_index.append(same)  # 记录相同图像的索引
41
42 for same_list in same_pic_index:  # 遍历所有相同图像的索引
43     text = " 相同的照片："
44     for same in same_list:
45         text += str(pic_file[same]) + ", "  # 拼接文件名
46     print(text)
```

上述代码的运行结果如下所示。

```
相同的照片：10.png, 4.jpg,
相同的照片：2.jpg, 5.jpg, 9.png,
```

12.5 实战练习

① 根据一幅人脸图像，在一张多人合照里查找与这幅人脸图像匹配程度最高的图像，并且将其标记出来。

② 有 4 辆车按图 12.26、图 12.27、图 12.28 和图 12.29 的顺序陆续驶入停车场，这 4 辆车停在 4 个车位上的效果如图 12.30 所示。将图 12.26、图 12.27、图 12.28 和图 12.29 作为模板，将图 12.30 作为原始图像，使用 cv2. TM_CCOEFF_NORMED 方式进行模板匹配，在原始图像中找到与 4 个模板一样的图像后，在控制台上输出这 4 辆车分别停在了哪个车位上。

图 12.26　模板 1

图 12.27　模板 2

图 12.28　模板 3

图 12.29　模板 4

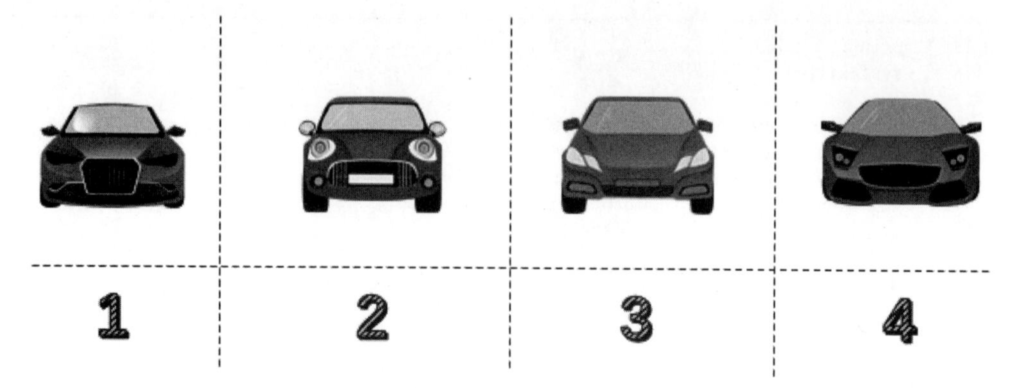

图12.30　原始图像

小结

模板匹配包括单模板匹配和多模板匹配，其中，单模板匹配又包括单目标匹配和多目标匹配。OpenCV提供了用于实现模板匹配的matchTemplate()方法，在这个方法中有一个表示“匹配方法”的参数method，这个参数包含6个参数值。在进行单目标匹配的过程中，除了使用matchTemplate()方法外，还要使用minMaxLoc()方法，这个方法返回的才是单目标匹配的最优结果。对于多目标匹配，要将其与多模板匹配区分开：多目标匹配只有一个模板，而多模板匹配则有多个模板。

第 13 章 视频处理

视频信号是一种非常重要的视觉信息来源，因此在视觉处理的过程中，视频信号经常需要被处理。OpenCV 提供的用于处理图像的方法不仅能够处理图像，还能够处理视频，这是因为视频是由一系列图像构成的。此外，OpenCV 还提供了两个专门用于完成读取、播放和保存视频文件等操作的类。

本章的知识结构如下。

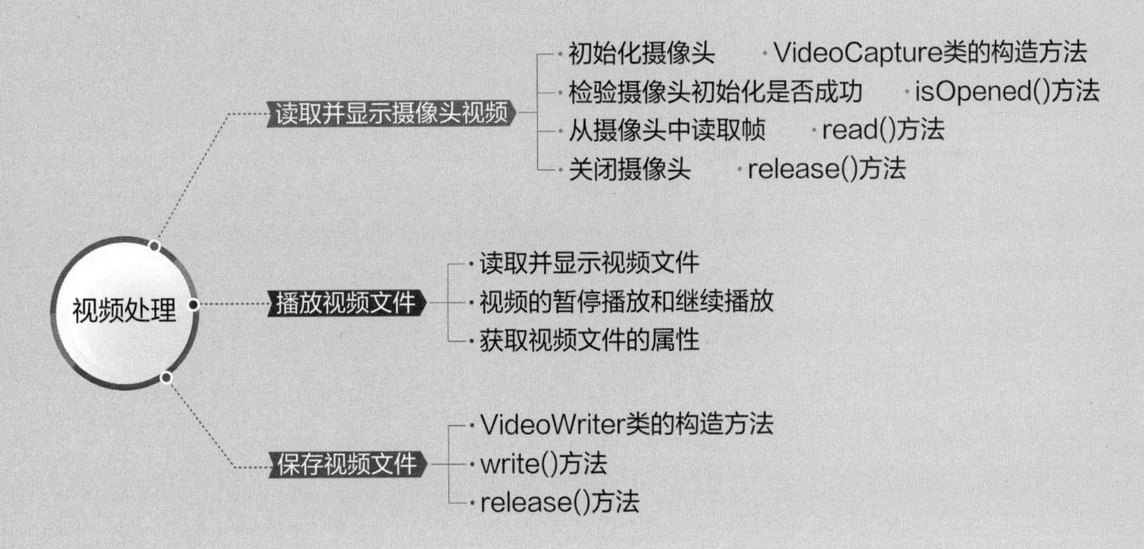

13.1 读取并显示摄像头视频

摄像头视频指的是从摄像头（见图 13.1）中实时读取到的视频。为了读取并显示摄像头视频，OpenCV 提供了 VideoCapture 类的相关方法，这些方法包括摄像头的初始化方法、检验摄像头初始化是否成功的方法、从摄像头中读取帧的方法、关闭摄像头的方法等。下面将依次对这些方法进行讲解。

图 13.1 摄像头

说明 视频是由大量的图像构成的，这些图像被称作帧。

13.1.1 VideoCapture 类

VideoCapture 类提供了构造方法 VideoCapture()，用于完成摄像头的初始化工作。VideoCapture() 的语法格式如下。

```
capture = cv2.VideoCapture(index)
```

参数说明：

☑ capture：要打开的摄像头。

☑ index：摄像头的设备索引。

注意

摄像头的数量及其设备索引的先后顺序由操作系统决定，并且 OpenCV 没有提供查询摄像头的数量及其设备索引的任何方法。

当 index 的值为 0 时，表示要打开的是第 1 个摄像头；对于安装有 64 位的 Windows 10 操作系统的笔记本，当 index 的值为 0 时，表示要打开的是笔记本内置摄像头。关键代码如下所示。

```
capture = cv2.VideoCapture(0)
```

当 index 的值为 1 时，表示要打开的是第 2 个摄像头；对于安装有 64 位的 Windows 10 操作系统的笔记本，当 index 的值为 1 时，表示要打开的是一个连接笔记本的外置摄像头。关键代码如下所示。

```
capture = cv2.VideoCapture(1)
```

为了检验摄像头初始化是否成功，VideoCapture 类提供了 isOpened() 方法。isOpened() 方法的语法格式如下。

```
retval = cv2.VideoCapture.isOpened()
```

返回值说明：

☑ retval：如果摄像头初始化成功，retval 的值为 True；否则，retval 的值为 False。

注意

在 VideoCapture() 的语法格式的基础上，isOpened() 方法的语法格式可以简写为

```
retval = capture.isOpened()
```

摄像头初始化后，就可以从摄像头中读取帧了，为此 VideoCapture 类提供了 read() 方法。read() 方法的语法格式如下。

```
retval, image = cv2.VideoCapture.read() # 可以简写为 retval, image = capture.read()
```

返回值说明：

☑ retval：是否读取到帧。如果读取到帧，retval 的值为 True；否则，retval 的值为 False。

☑ image：读取到的帧。因为帧指的是构成视频的图像，所以可以把“读取到的帧”理解为“读取到的图像”。

OpenCV 在官网特别强调，在不需要摄像头时，要关闭摄像头。为此，VideoCapture 类提供了 release() 方法。release() 方法的语法格式如下。

```
cv2.VideoCapture.release() # 可以简写为 capture.release()
```

13.1.2　如何使用 VideoCapture 类

在 13.1.1 节中，介绍了 VideoCapture 类中的 VideoCapture() 方法、isOpened() 方法、read() 方法和 release() 方法。那么，在程序开发的过程中，如何使用这些方法呢？本节将通过 4 个实例进行讲解。

实例 13.1　读取并显示摄像头视频（源码位置：资源包 \Code\13\01）

编写一个程序，打开笔记本内置摄像头实时读取并显示视频。当按下空格键时，关闭笔记本内置摄像头，释放显示摄像头视频的窗口。代码如下所示。

```
01 import cv2
02
03 capture = cv2.VideoCapture(0) # 打开笔记本内置摄像头
04 while (capture.isOpened()): # 笔记本内置摄像头被打开后
05     retval, image = capture.read() # 从摄像头中实时读取视频
06     cv2.imshow("Video", image) # 在窗口中显示读取到的视频
07     key = cv2.waitKey(1) # 等待用户按下键盘按键的时间为 1ms
08     if key == 32: # 如果按下空格键
09         break
10 capture.release() # 关闭笔记本内置摄像头
11 cv2.destroyAllWindows() # 释放显示摄像头视频的窗口
```

上述代码的运行结果如图 13.2 所示。

图 13.2　读取并显示摄像头视频

说明 图13.2是笔者用笔记本内置摄像头实时读取并显示天花板的视频。

在实例13.1运行期间，如果按下空格键，笔记本内置摄像头将被关闭，显示摄像头视频的窗口也将被释放。此外，PyCharm控制台将输出如图13.3所示的警告信息。

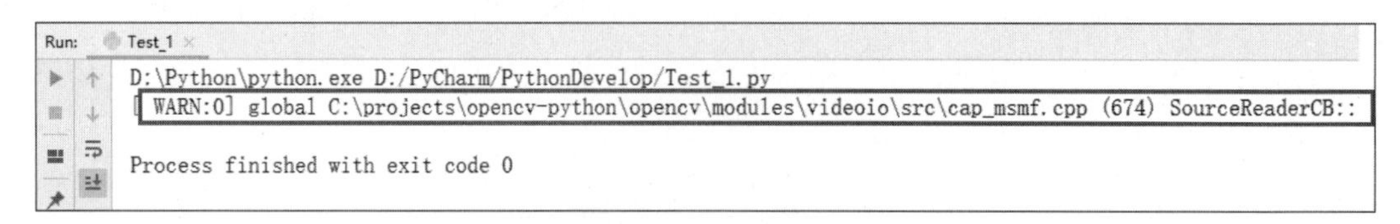

图13.3 PyCharm控制台输出的警告信息

为了消除如图13.3所示的警告信息，需要将实例13.1第3行代码：修改为如下代码。

```
capture = cv2.VideoCapture(0, cv2.CAP_DSHOW) # 打开笔记本内置摄像头
```

如果想打开的是一个连接笔记本的外置摄像头，那么需要将实例13.1第3行代码：修改为如下代码。

```
capture = cv2.VideoCapture(1, cv2.CAP_DSHOW) # 打开笔记本连接的处置摄像头
```

实例13.1已经成功地读取并显示了摄像头视频，那么如何对这个视频进行处理呢？其实，处理视频所用的方法与处理图像所用的方法是相同的。实例13.2将使用处理图像的相关方法把实例13.1读取并显示的彩色视频转换为灰度视频。

实例13.2 将摄像头视频由彩色视频转换为灰度视频（源码位置：资源包\Code\13\02）

编写一个程序，使用图像处理的相关方法把实例13.1读取并显示的彩色视频转换为灰度视频。当按下空格键时，关闭笔记本内置摄像头，释放显示摄像头视频的窗口。代码如下所示。

```
01 import cv2
02
03 capture = cv2.VideoCapture(0, cv2.CAP_DSHOW) # 打开笔记本内置摄像头
04 while (capture.isOpened()): # 笔记本内置摄像头被打开后
05     retval, image = capture.read() # 从摄像头中实时读取视频
06     # 把彩色视频转换为灰度视频
07     image_Gray = cv2.cvtColor(image,cv2.COLOR_BGR2GRAY)
08     if retval == True: # 读取到摄像头视频后
09         cv2.imshow("Video", image) # 在窗口中显示彩色视频
10         cv2.imshow("Video_Gray", image_Gray) # 在窗口中显示灰度视频
11     key = cv2.waitKey(1) # 等待用户按下键盘按键的时间为1ms
12     if key == 32: # 如果按下空格键
13         break
14 capture.release() # 关闭笔记本内置摄像头
15 cv2.destroyAllWindows() # 释放显示摄像头视频的窗口
```

上述代码的运行结果如图13.4所示。

实例13.1和实例13.2都用到了按键指令。当按下空格键时，关闭笔记本内置摄像头，释放显示摄像头视频的窗口。

图 13.4　把彩色视频转换为灰度视频

实例 13.3　显示并保存摄像头视频某一时刻的图像（源码位置：资源包 \Code\13\03）

编写一个程序，打开笔记本内置摄像头实时读取并显示视频。当按下空格键时，关闭笔记本内置摄像头，保存并显示此时摄像头视频中的图像。代码如下所示。

```
01 import cv2
02
03 cap = cv2.VideoCapture(0, cv2.CAP_DSHOW) # 打开笔记本内置摄像头
04 while (cap.isOpened()): # 笔记本内置摄像头被打开后
05     ret, frame = cap.read() # 从摄像头中实时读取视频
06     cv2.imshow("Video", frame) # 在窗口中显示视频
07     k = cv2.waitKey(1) # 等待用户按下键盘按键的时间为 1ms
08     if k == 32: # 按下空格键
09         cap.release() # 关闭笔记本内置摄像头
10         cv2.destroyWindow("Video") # 释放名为 Video 的窗口
11         cv2.imwrite("D:/copy.png", frame) # 保存按下空格键时摄像头视频中的图像
12         cv2.imshow( 'img' , frame) # 显示按下空格键时摄像头视频中的图像
13         cv2.waitKey() # 按下任何键盘按键后
14         break
15 cv2.destroyAllWindows() # 释放显示图像的窗口
```

上述代码的运行结果如图 13.5 所示。

图 13.5　显示摄像头视频某一时刻的图像

实例 13.3 除能够显示摄像头视频某一时刻的图像外（见图 13.5），还能够把图 13.5 保存为 D 盘根目录下的 copy.png，如图 13.6 所示。

此电脑 › 软件 (D:)
名称
copy.png

图 13.6　把图 13.5 保存为 D 盘根目录下的 copy.png

实例 13.1、实例 13.2 和实例 13.3 打开的都是笔记本内置摄像头，如果在打开笔记本内置摄像头的同时，再打开一个连接笔记本的外置摄像头，应该如何实现呢？

实例 13.4　读取并显示两个摄像头视频（源码位置：资源包 \Code\13\04）

编写一个程序，在打开笔记本内置摄像头实时读取并显示视频的同时，再打开一个连接笔记本的外置摄像头。当按下空格键时，关闭笔记本内置摄像头和连接笔记本的外置摄像头，释放显示摄像头视频的窗口。代码如下所示。

```
01 import cv2
02
03 cap_Inner = cv2.VideoCapture(0, cv2.CAP_DSHOW) # 打开笔记本内置摄像头
04 cap_Outer = cv2.VideoCapture(1, cv2.CAP_DSHOW) # 打开一个连接笔记本的外置摄像头
05 while (cap_Inner.isOpened() & cap_Outer.isOpened()): # 两个摄像头都被打开后
06     retval, img_Inner = cap_Inner.read() # 从笔记本内置摄像头中实时读取视频
07     ret, img_Outer = cap_Outer.read() # 从连接笔记本的外置摄像头中实时读取视频
08     # 在窗口中显示笔记本内置摄像头读取到的视频
09     cv2.imshow("Video_Inner", img_Inner)
10     # 在窗口中显示连接笔记本的外置摄像头读取到的视频
11     cv2.imshow("Video_Outer", img_Outer)
12     key = cv2.waitKey(1) # 等待用户按下键盘按键的时间为 1ms
13     if key == 32: # 如果按下空格键
14         break
15 cap_Inner.release() # 关闭笔记本内置摄像头
16 cap_Outer.release() # 关闭连接笔记本的外置摄像头
17 cv2.destroyAllWindows() # 释放显示摄像头视频的窗口
```

上述代码的运行结果如图 13.7 和图 13.8 所示。其中，图 13.7 是读取并显示笔记本内置摄像头视频的结果，图 13.8 是读取并显示连接笔记本的外置摄像头视频的结果。

图 13.7　读取并显示笔记本内置摄像头视频

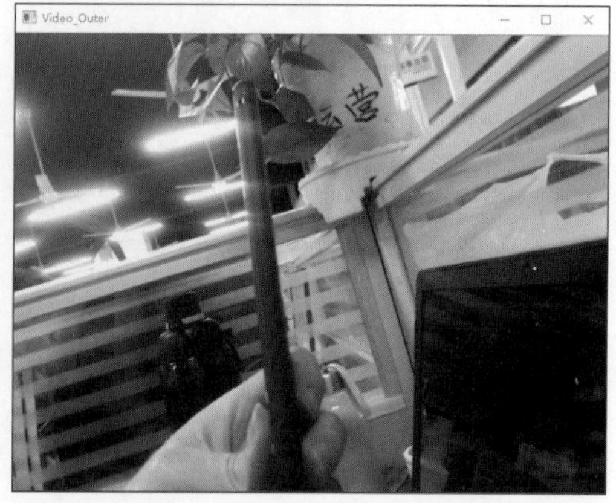

图 13.8　读取并显示连接笔记本的外置摄像头视频

13.2 播放视频文件

VideoCapture 类及其方法除了能够读取并显示摄像头视频外，还能够读取并显示视频文件。当窗口根据视频文件的时长显示视频文件时，便实现了播放视频文件的效果。

13.2.1 读取并显示视频文件

VideoCapture 类的构造方法 VideoCapture() 不仅能够用于完成摄像头的初始化工作，还能够用于完成视频文件的初始化工作。当 VideoCapture() 用于初始化视频文件时，其语法格式如下。

```
video = cv2.VideoCapture(filename)
```

参数说明：

☑ filename：打开视频的文件名。例如，公司宣传 .avi 等。

返回值说明：

☑ video：要打开的视频。

注意

OpenCV 中的 VideoCapture 类虽然支持各种格式的视频文件，但是在不同的操作系统中，可能不支持某种格式的视频文件。尽管如此，VideoCapture 类能够在不同的操作系统中支持扩展名为 avi 的视频文件。

实例 13.5　读取并显示视频文件（源码位置：资源包 \Code\13\05）

编写一个程序，读取并显示 PyCharm 当前项目路径下名为“公司宣传 .avi”的视频文件。当按下 Esc 键时，关闭视频文件并释放显示视频文件的窗口。代码如下所示。

```
01 import cv2
02
03 video = cv2.VideoCapture(" 公司宣传 .avi") # 打开视频文件
04 while (video.isOpened()): # 视频文件被打开后
05     retval, image = video.read() # 读取视频文件
06     # 设置 "Video" 窗口的宽为 420，高为 300
07     cv2.namedWindow("Video", 0)
08     cv2.resizeWindow("Video", 420, 300)
09     if retval == True: # 读取到视频文件后
10         cv2.imshow("Video", image) # 在窗口中显示读取到的视频文件
11     else: # 没有读取到视频文件
12         break
13     key = cv2.waitKey(1) # 等待用户按下键盘按键的时间为 1ms
14     if key == 27: # 如果按下 Esc 键
15         break
16 video.release() # 关闭视频文件
17 cv2.destroyAllWindows() # 释放显示视频文件的窗口
```

上述代码的运行结果如图 13.9 所示。

图 13.9 读取并显示名为“公司宣传 .avi”的视频文件

调整waitKey()方法中的参数值可以控制视频文件的播放速度。例如，当cv2.waitKey(1)时，视频文件的播放速度非常快；当cv2.waitKey(50)时，就能够减缓视频文件的播放速度。

使用处理图像的相关方法，能够将摄像头视频由彩色视频转换为灰度视频，使用相同的方法，也能够将视频文件由彩色视频转换为灰度视频。

实例 13.6 将视频文件由彩色视频转换为灰度视频（源码位置：资源包 \Code\13\06）

编写一个程序，使用处理图像的相关方法，先将 PyCharm 当前项目路径下名为“公司宣传 .avi”的视频文件由彩色视频转换为灰度视频，再显示转换后的灰度视频。代码如下所示。

```
01 import cv2
02
03 video = cv2.VideoCapture(" 公司宣传 .avi") # 打开视频文件
04 while (video.isOpened()): # 视频文件被打开后
05     retval, img_Color = video.read() # 读取视频文件
06     # 设置 "Video" 窗口的宽为 420，高为 300
07     cv2.namedWindow("Gray", 0)
08     cv2.resizeWindow("Gray", 420, 300)
09     if retval == True: # 读取到视频文件后
10         # 把 " 公司宣传 .avi" 由彩色视频转换为灰度视频
11         img_Gray = cv2.cvtColor(img_Color, cv2.COLOR_BGR2GRAY)
12         cv2.imshow("Gray", img_Gray) # 在窗口中显示读取到的视频文件
13     else: # 没有读取到视频文件
14         break
15     key = cv2.waitKey(1) # 等待用户按下键盘按键的时间为 1ms
16     if key == 27: # 如果按下 Esc 键
17         break
18 video.release() # 关闭视频文件
19 cv2.destroyAllWindows() # 释放显示视频文件的窗口
```

上述代码的运行结果如图 13.10 所示。

13.2.2 视频的暂停播放和继续播放

实例 13.5 使用 VideoCapture 类及其相关方法实现了在窗口中播放视频文件的效果，那么，能否在实例 13.5 的基础上，通过按键指令，在播放视频的过程中，实现视频的暂停播放和继续播放呢？答案是肯定的。

图 13.10　将“公司宣传 .avi”由彩色视频转换为灰度视频

实例 13.7　视频的暂停播放和继续播放（源码位置：资源包 \Code\13\07）

编写一个程序，读取并显示 PyCharm 当前项目路径下名为“公司宣传 .avi”的视频文件。在播放视频文件的过程中，当按下空格键时，暂停播放视频；当再次按下空格键时，继续播放视频；当按下 Esc 键时，关闭视频文件并释放显示视频文件的窗口。代码如下所示。

```
01 import cv2
02
03 video = cv2.VideoCapture(" 公司宣传 .avi") # 打开视频文件
04 while (video.isOpened()): # 视频文件被打开后
05     retval, image = video.read() # 读取视频文件
06     # 设置 "Video" 窗口的宽为 420，高为 300
07     cv2.namedWindow("Video", 0)
08     cv2.resizeWindow("Video", 420, 300)
09     if retval == True: # 读取到视频文件后
10         cv2.imshow("Video", image) # 在窗口中显示读取到的视频文件
11     else: # 没有读取到视频文件
12         break
13     key = cv2.waitKey(50) # 等待用户按下键盘按键的时间为 50ms
14     if key == 32: # 如果按下空格键
15         cv2.waitKey(0) # 无限等待用户按下键盘按键的时间，实现暂停效果
16         continue # 再按一次空格键，继续播放
17     if key == 27: # 如果按下 Esc 键
18         break
19 video.release() # 关闭视频文件
20 cv2.destroyAllWindows() # 释放显示视频文件的窗口
```

上述代码的运行结果如图 13.11 和图 13.12 所示。其中，图 13.11 是暂停播放视频的效果，图 13.12 是继续播放视频的效果。

图 13.11　暂停播放视频

图 13.12　继续播放视频

13.2.3 获取视频文件的属性

在实际开发中，有时需要获取视频文件的属性。为此，VideoCapture 类提供了 get() 方法。get() 方法的语法格式如下。

```
retval = cv2.VideoCapture.get(propId)
```

参数说明：

☑ propId：视频文件的属性值。

返回值说明：

☑ retval：获取到与 propId 对应的属性值。

VideoCapture 类提供的视频文件的属性值及其含义如表 13.1 所示。

表 13.1 视频文件的属性值及其含义

视频文件的属性值	含义
cv2.CAP_PROP_POS_MSEC	视频文件播放时的当前位置（单位：ms）
cv2.CAP_PROP_POS_FRAMES	帧的索引，从 0 开始
cv2.CAP_PROP_POS_AVI_RATIO	视频文件的相对位置（0 表示开始播放，1 表示结束播放）
cv2.CAP_PROP_FRAME_WIDTH	视频文件的帧宽度
cv2.CAP_PROP_FRAME_HEIGHT	视频文件的帧高度
cv2.CAP_PROP_FPS	帧速率
cv2.CAP_PROP_FOURCC	用 4 个字符表示的视频编码格式
cv2.CAP_PROP_FRAME_COUNT	视频文件的帧数
cv2.CAP_PROP_FORMAT	retrieve() 方法返回的 Mat 对象的格式
cv2.CAP_PROP_MODE	指示当前捕获模式的后端专用的值
cv2.CAP_PROP_CONVERT_RGB	指示是否应将图像转换为 RGB

视频是由大量的、连续的图像构成的，把其中的每一幅图像称作一帧。帧数指的是视频文件中含有的图像总数，帧数越多，视频播放时越流畅。在播放视频的过程中，把每秒显示图像的数量称作帧速率（FPS，单位：帧/s）。帧宽度指的是图像在水平方向上含有的像素总数。帧高度指的是图像在垂直方向上含有的像素总数。

调用 get() 方法能够获取视频文件的指定属性值，那么，能否使得窗口在播放视频的同时，动态显示当前视频文件的属性值？例如，显示当前视频播放到第几帧，该帧对应着视频的第几秒等。

实例 13.8 动态显示视频文件的属性值（源码位置：资源包 \Code\13\08）

编写一个程序，窗口在播放“公司宣传 .avi”视频文件的同时，动态显示当前视频播放到第几帧和该帧对应视频的第几秒。代码如下所示。

```
01 import cv2
02
03 video = cv2.VideoCapture(" 公司宣传 .avi") # 打开视频文件
```

```
04 fps = video.get(cv2.CAP_PROP_FPS) # 获取视频文件的帧速率
05 frame_Num = 1 # 用于记录第几幅图像（即第几帧），初始值为 1（即第 1 幅图像）
06 while (video.isOpened()): # 视频文件被打开后
07    retval, frame = video.read() # 读取视频文件
08    # 设置 "Video" 窗口的宽为 420，高为 300
09    cv2.namedWindow("Video", 0)
10    cv2.resizeWindow("Video", 420, 300)
11    if retval == True: # 读取到视频文件后
12       # 当前视频播放到第几帧
13       cv2.putText(frame, "frame: " + str(frame_Num), (0, 100),
               cv2.FONT_HERSHEY_SIMPLEX, 2, (0, 0, 255), 5)
14       # 该帧对应着视频的第几秒
15       cv2.putText(frame, "second: " + str(round(frame_Num / fps, 2)) + "s",
               (0, 200), cv2.FONT_HERSHEY_SIMPLEX, 2, (0, 0, 255), 5)
16       cv2.imshow("Video", frame) # 在窗口中显示读取到的视频文件
17    else: # 没有读取到视频文件
18       break
19    key = cv2.waitKey(50) # 等待用户按下键盘按键的时间为 50ms
20    frame_Num += 1 #
21    if key == 27: # 如果按下 Esc 键
22       break
23 video.release() # 关闭视频文件
24 cv2.destroyAllWindows() # 释放显示视频文件的窗口
```

上述代码的运行结果如图 13.13 所示。

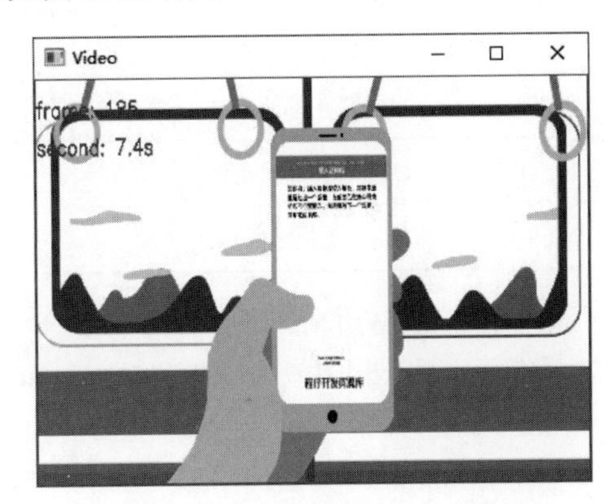

图 13.13　动态显示视频文件的属性值

图 13.13 中的 185 和 7.4s 的含义是当前视频播放到第 185 帧，第 185 帧对应着“公司宣传 .avi”视频文件中的第 7.4s。

13.3 保存视频文件

在实际开发过程中，很多时候希望保存一段视频。为此，OpenCV 提供了 VideoWriter 类。下面先来熟悉一下 VideoWriter 类中的常用方法。

13.3.1 VideoWriter 类

VideoWriter 类中的常用方法包括 VideoWriter 类的构造方法、write() 方法和 release() 方法。

其中，VideoWriter 类的构造方法用于创建 VideoWriter 类对象，其语法格式如下。

```
<VideoWriter object> = cv2.VideoWriter(filename, fourcc, fps, frameSize)
```

参数说明：

☑ filename：保存视频时的路径（含有文件名）。

☑ fourcc：用 4 个字符表示的视频编码格式。

☑ fps：帧速率。

☑ frameSize：每一帧的大小。

返回值说明：

☑ VideoWriter object：VideoWriter 类对象。

在 OpenCV 中，使用 cv2.VideoWriter_fourcc() 来确定视频编码格式。表 13.2 列出了几个常用的视频编码格式。

表 13.2 常用的视频编码格式

fourcc 的值	视频编码格式	文件扩展名
cv2.VideoWriter_fourcc('I', '4', '2', '0')	未压缩的 YUV 颜色编码格式，兼容性好，但文件较大	avi
cv2.VideoWriter_fourcc('P', 'I', 'M', 'I')	MPEG-1 编码格式	avi
cv2.VideoWriter_fourcc('X', 'V', 'I', 'D')	MPEG-4 编码格式，视频文件的大小为平均值	avi
cv2.VideoWriter_fourcc('T', 'H', 'E', 'O')	Ogg Vorbis 编码格式，兼容性差	ogv
cv2.VideoWriter_fourcc('F', 'L', 'V', 'I')	Flash 视频编码格式	flv

根据上述内容，即可创建一个 VideoWriter 类对象。

例如，在 Windows 操作系统下，fourcc 的值为 cv2.VideoWriter_fourcc('X', 'V', 'I', 'D')，帧速率为 20，帧大小为 640×480。如果想把一段视频保存为当前项目路径下的 output.avi，那么就要创建一个 VideoWriter 类对象 output。关键代码如下所示。

```
01 fourcc = cv2.VideoWriter_fourcc('X', 'V', 'I', 'D')
02 output = cv2.VideoWriter("output.avi", fourcc, 20, (640, 480))
```

上述代码也可以写作：

```
01 fourcc = cv2.VideoWriter_fourcc(* 'XVID')
02 output = cv2.VideoWriter("output.avi", fourcc, 20, (640, 480))
```

为了保存一段视频，除需要使用 VideoWriter 类的构造方法外，还需要使用 VideoWriter 类提供的 write() 方法。write() 方法的作用是在创建好的 VideoWriter 类对象中写入读取到的帧，其语法格式如下。

```
cv2.VideoWriter.write(frame)
```

参数说明：

☑ frame：读取到的帧。

注意

使用 write() 方法时，需要由 VideoWriter 类对象进行调用。例如，在创建好的 VideoWriter 类对象 output 中写入读取到的帧 frame。关键代码如下所示。

```
output.write(frame)
```

当不需要使用 VideoWriter 类对象时，需要将其释放掉。为此，VideoWriter 类提供了 release() 方法，其语法格式如下。

```
cv2.VideoWriter.release()
```

例如，完成保存一段视频后，需要释放 VideoWriter 类对象 output。关键代码如下所示。

```
output.release()
```

13.3.2　如何使用 VideoWriter 类

使用 VideoWriter 类保存一段视频需要经过以下几个步骤：创建 VideoWriter 类对象、写入读取到的帧、释放 VideoWriter 类对象等。而且，这段视频既可以是摄像头视频，也可以是视频文件。本节将以实例的方式使用 VideoWriter 类分别对保存摄像头视频和保存视频文件进行讲解。

实例 13.9　保存一段摄像头视频（源码位置：资源包 \Code\13\09）

编写一个程序，首先打开笔记本内置摄像头，实时读取并显示视频；然后按下 Esc 键，关闭笔记本内置摄像头，释放显示摄像头视频的窗口，并且把从打开摄像头到关闭摄像头的这段视频保存为 PyCharm 当前项目路径下的 output.avi。代码如下所示。

在 Windows 操作系统下，fourcc 的值为 cv2.VideoWriter_fourcc('X', 'V', 'I', 'D')，帧速率为 20，帧大小为 640×480。

```
01 import cv2
02
03 capture = cv2.VideoCapture(0, cv2.CAP_DSHOW) # 打开笔记本内置摄像头
04 fourcc = cv2.VideoWriter_fourcc('X','V','I','D') # 确定视频被保存后的编码格式
05 # 创建 VideoWriter 类对象
06 output = cv2.VideoWriter("output.avi", fourcc, 20, (640, 480))
07 while (capture.isOpened()): # 笔记本内置摄像头被打开后
08     retval, frame = capture.read() # 从摄像头中实时读取视频
09     if retval == True: # 读取到摄像头视频后
10         output.write(frame) # 在 VideoWriter 类对象中写入读取到的帧
11         cv2.imshow("frame", frame) # 在窗口中显示摄像头视频
12     key = cv2.waitKey(1) # 等待用户按下键盘按键的时间为 1ms
13     if key == 27: # 如果按下 Esc 键
14         break
15 capture.release() # 关闭笔记本内置摄像头
16 output.release() # 释放 VideoWriter 类对象
17 cv2.destroyAllWindows() # 释放显示摄像头视频的窗口
```

在上述代码运行的过程中，按下 Esc 键后，会在 PyCharm 当前项目路径（D:\PyCharm\PythonDevelop）下生成一个名为“output.avi”的视频文件，如图 13.14 所示。双击打开 D:\PyCharm\PythonDevelop 路径下的“output.avi”视频文件，即可浏览被保存的摄像头视频，如图 13.15 所示。

图 13.14　PyCharm 当前项目路径下的 output.avi

图 13.15　浏览被保存的摄像头视频

笔者使用笔记本内置摄像头录制的是手机秒表的视频，读者朋友可以根据自己的喜好录制其他视频。

实例 13.9 可以重复运行，由于 output.avi 已经存在于 PyCharm 当前项目路径下，因此新生产的 output.avi 会覆盖已经存在的 output.avi。

从图 13.15 中能够发现，笔者使用笔记本内置摄像头录制的视频时长为 26s。也就是说，从打开摄像头到关闭摄像头的这段时间间隔为 26s，并且这段时间间隔由是否按下 Esc 键决定。那么，能否对这段时间间隔进行设置呢？例如，打开摄像头并显示 10s 的摄像头视频？如果能，又该如何编写具有如此功能的代码呢？

实例 13.10　保存一段时长为 10s 的摄像头视频（源码位置：资源包 \Code\13\10）

编写一个程序，首先打开笔记本内置摄像头，实时读取并显示视频；然后录制一段时长为 10s 的摄像头视频；10s 后，自动关闭笔记本内置摄像头，同时释放显示摄像头视频的窗口，并且把这段时长为 10s 的摄像头视频保存为 PyCharm 当前项目路径下的 ten_Seconds.avi。代码如下所示。

```
01 import cv2
02
03 capture = cv2.VideoCapture(0, cv2.CAP_DSHOW) # 打开笔记本内置摄像头
04 fourcc = cv2.VideoWriter_fourcc('X','V','I','D') # 确定视频被保存后的编码格式
05 fps = 20 # 帧速率
06 # 创建 VideoWriter 类对象
07 output = cv2.VideoWriter("ten_Seconds.avi", fourcc, fps, (640, 480))
08 frame_Num = 10 * fps # 时长为 10s 的摄像头视频含有的帧数
09 # 笔记本内置摄像头被打开且时长为 10s 的摄像头视频含有的帧数大于 0
10 while (capture.isOpened() and frame_Num > 0):
11     retval, frame = capture.read() # 从摄像头中实时读取视频
12     if retval == True: # 读取到摄像头视频后
13         output.write(frame) # 在 VideoWriter 类对象中写入读取到的帧
14         cv2.imshow("frame", frame) # 在窗口中显示摄像头视频
```

```
15     key = cv2.waitKey(1) # 等待用户按下键盘按键的时间为 1ms
16     frame_Num -= 1 # 时长为 10s 的摄像头视频含有的帧数减少一帧
17 capture.release() # 关闭笔记本内置摄像头
18 output.release() # 释放 VideoWriter 类对象
19 cv2.destroyAllWindows() # 释放显示摄像头视频的窗口
```

运行上述代码 10s 后，会在 PyCharm 当前项目路径下生成一个名为“ten_Seconds.avi”的视频文件。双击打开 D:\PyCharm\PythonDevelop 路径下的“ten_Seconds.avi”视频文件，即可浏览被保存的摄像头视频，如图 13.16 所示。

图 13.16　浏览被保存的时长为 10s 的摄像头视频

实例 13.9 和实例 13.10 为读者朋友演示了如何使用 VideoWriter 类保存摄像头视频。VideoWriter 类不仅能保存摄像头视频，还能保存视频文件，而且保存视频文件与保存摄像头视频的步骤是相同的。接下来，仍以实例的方式为读者朋友演示如何使用 VideoWriter 类保存视频文件。

实例 13.11　保存视频文件（源码位置：资源包 \Code\13\11）

编写一个程序，首先读取 PyCharm 当前项目路径下名为“公司宣传 .avi”的视频文件，然后将“公司宣传 .avi”视频文件保存为 PyCharm 当前项目路径下的 copy.avi。代码如下所示。

```
01 import cv2
02
03 video = cv2.VideoCapture(" 公司宣传 .avi") # 打开视频文件
04 fps = video.get(cv2.CAP_PROP_FPS) # 获取视频文件的帧速率
05 # 获取视频文件的帧大小
06 size = (int(video.get(cv2.CAP_PROP_FRAME_WIDTH)),
        int(video.get(cv2.CAP_PROP_FRAME_HEIGHT)))
07 fourcc = cv2.VideoWriter_fourcc( 'X' , 'V' , 'I' , 'D' ) # 确定视频被保存后的编码格式
08 # 创建 VideoWriter 类对象
09 output = cv2.VideoWriter("copy.avi", fourcc, fps, size)
10 while (video.isOpened()): # 视频文件被打开后
11     retval, frame = video.read() # 读取视频文件
12     if retval == True: # 读取到视频文件后
13         output.write(frame) # 在 VideoWriter 类对象中写入读取到的帧
14     else:
15         break
16 # 控制台输出提示信息
17 print(" 公司宣传 .avi 已经保存为 PyCharm 当前项目路径下的 copy.avi。")
18 video.release() # 关闭视频文件
19 output.release() # 释放 VideoWriter 类对象
```

由于要以帧为单位，一边读取视频文件，一边保存视频文件，因此运行上述代码后，PyCharm 控制台没有立即输出代码中的提示信息，如图 13.17 所示。

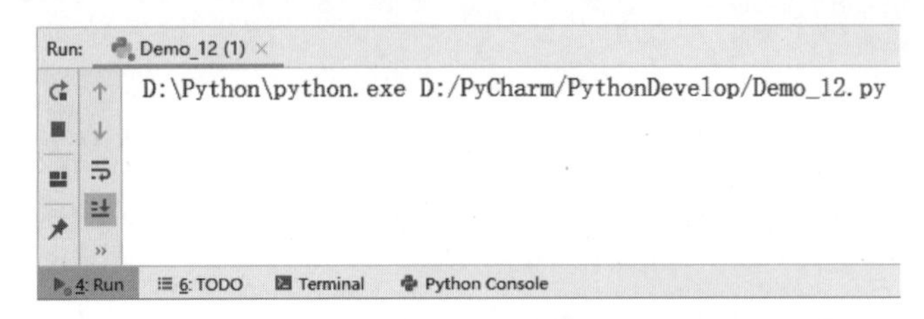

图 13.17　PyCharm 控制台没有立即输出代码中的提示信息

大约 1min 后，会在 PyCharm 当前项目路径下生成一个名为“copy.avi”的视频文件，如图 13.18 所示。这时，PyCharm 控制台也将输出如图 13.19 所示的提示信息。

图 13.18　PyCharm 当前项目路径下的 copy.avi

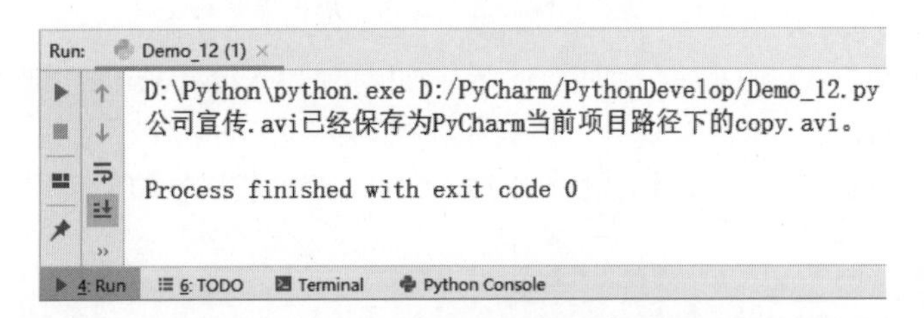

图 13.19　PyCharm 控制台将输出提示信息

双击打开 D:\PyCharm\PythonDevelop 路径下的“copy.avi”视频文件，即可浏览被保存的视频文件，如图 13.20 所示。

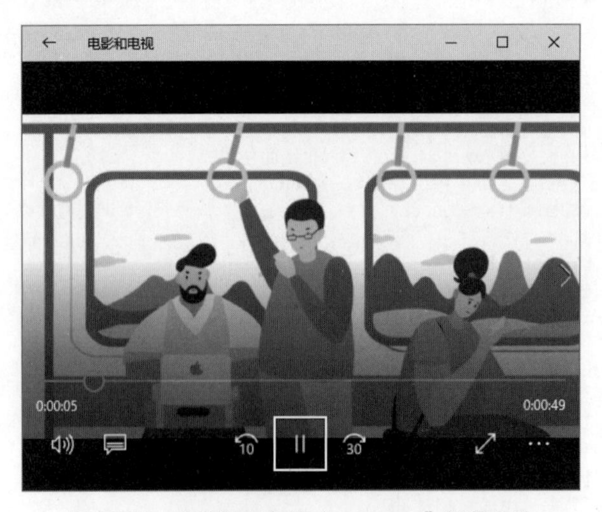

图 13.20　浏览被保存的“copy.avi”视频文件

13.4 综合案例——按一定间隔截取视频帧

剧照指的是影视作品中某个场景或者镜头的照片，用以概括影视作品的主要情节和人物形象。也就是说，剧照是从影视作品中截取出来的。如果人工从一部影视作品中截取一张剧照，那么操作起来会非常的轻松、便捷。但是，如果人工从一部影视作品中截取一套剧照，那么操作起来会费时、费力。为了解决这个问题，本案例将使用 OpenCV 从视频文件“公司宣传 .avi”中按一定的视频帧数间隔截取视频帧，并将截取到的视频帧保存在当前项目路径下的 images 文件夹中。

在按每隔 100 帧截取视频帧之前，要先定义表示“记录读取到的帧数”和“每隔 100 帧”的两个标签。代码如下所示。

```
01 frame_number = 1 # 记录读取到的帧数，初始值为 1
02 frame_interval = 100 # 每隔 100 帧
```

具备了这两个标签后，再来编写“将截取到的视频帧保存在 images 文件夹下”的代码。需要注意的是，在拼接保存视频帧路径之前，要先把 frame_number 由整数转为字符串。代码如下所示。

```
01 if (frame_number % frame_interval == 0): # 每隔 100 帧
02     cv2.imwrite("images/" + str(frame_number) + ".jpg", frame) # 截取并保存 1 帧
```

掌握了上述两个关键点后，结合图 13.21 了解下本案例的实现步骤。

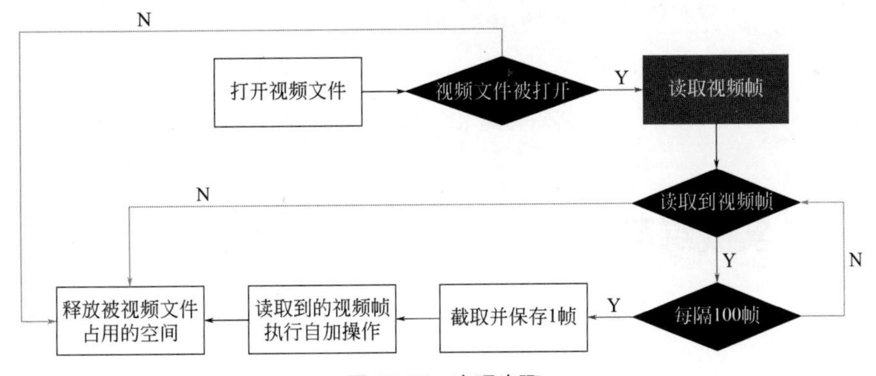

图 13.21　实现步骤

具体的实现代码如下所示。

```
01 import cv2
02
03 video = cv2.VideoCapture(" 公司宣传 .avi") # 打开视频文件
04 frame_number = 1 # 记录读取到的帧数，初始值为 1
05 frame_interval = 100 # 每隔 100 帧（截取 1 帧）
06 while (video.isOpened()): # 视频文件被打开后
07     retval, frame = video.read() # 读取视频帧
08     if retval == True: # 读取到视频帧后
09         if (frame_number % frame_interval == 0): # 每隔 100 帧
10 # 截取并保存 1 帧
11             cv2.imwrite("images/" + str(frame_number) + ".jpg", frame)
12     else: # 没有读取到视频帧
```

```
13         break # 终止循环
14     frame_number = frame_number + 1 # 读取到的视频帧执行自加操作
15     cv2.waitKey(1) # 1ms 后播放视频文件的下一帧
16 print(" 视频帧已截取完成！ ") # 控制台输出提示信息
17 video.release() # 释放被视频文件占用的空间
```

运行结果如图 13.22 所示。

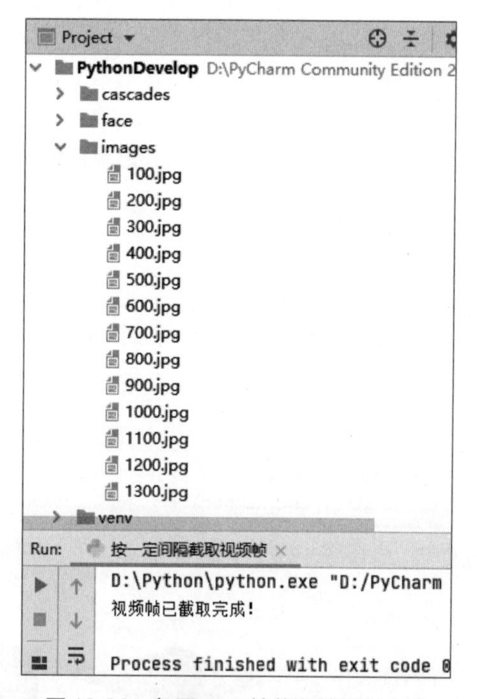

图 13.22　每隔 100 帧截取并保存 1 帧

13.5 实战练习

① 编写一个程序，首先读取 PyCharm 当前项目路径下名为“公司宣传 .avi”的视频文件，然后将“公司宣传 .avi”视频文件中的前 10s 视频保存为 PyCharm 当前项目路径下的 ten_Seconds.avi。

② 编写一个程序，查看并且播放与视频文件“公司宣传 .avi”对应的 Canny 边缘检测的结果。

小结

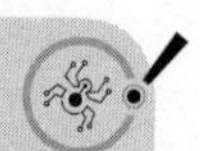

视频是由一系列连续的帧构成的，帧是以固定的时间间隔从视频中获取的，帧速率指的是视频的播放速度，其单位是“帧 /s”。OpenCV 提供了 VideoCapture 类和 VideoWriter 类处理视频，这两个类在不同的操作系统中都支持 AVI 格式的视频文件。此外，因为视频中的每一帧都是一幅图像，所以可以使用图像处理的方法处理帧。

第 14 章 人脸检测与识别

所谓人脸识别，指的是程序在目标图像中检测到人脸后，识别人脸属于哪个人的过程。人脸识别是计算机视觉重点发展的一门技术，这门技术是一种基于人的面部特征信息进行身份识别的生物识别技术。本章将介绍 OpenCV 提供的多种用于检测图像的级联分类器和 3 种人脸识别器。

本章的知识结构如下。

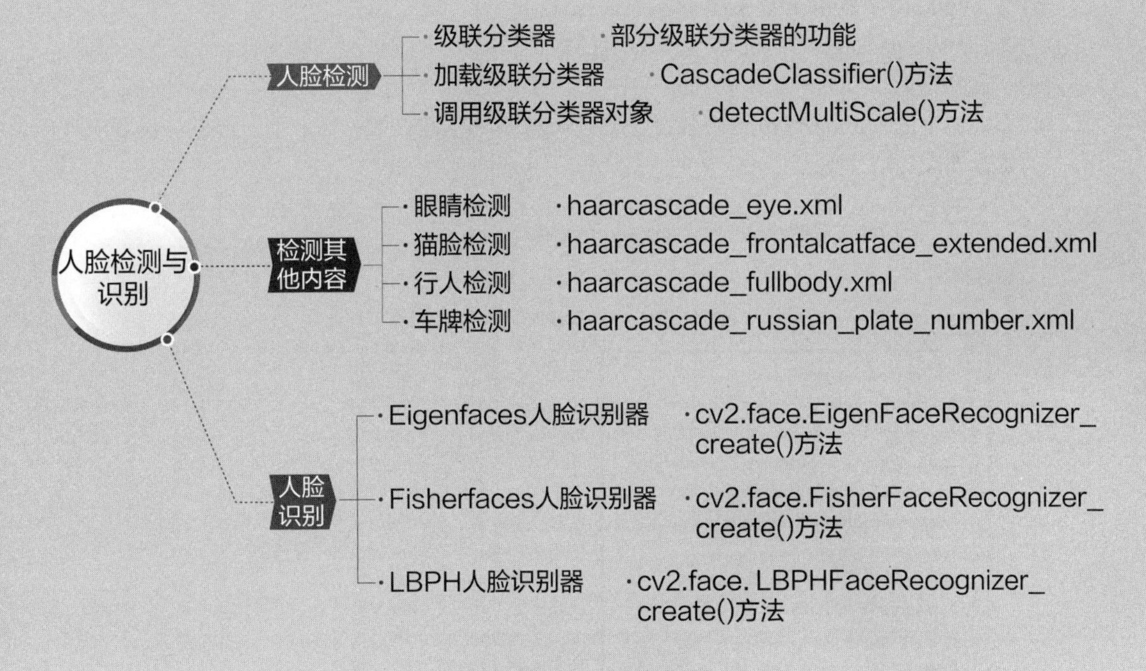

14.1 人脸检测

人脸检测是指让计算机在一幅画面中找出人脸的位置。毕竟计算机还达不到人类的智能水平，所以计算机在检测人脸的过程中实际上是在做“分类”操作。例如，计算机发现图像中有一些像素组成了眼睛的特征，那这些像素就有可能是“眼睛”；如果“眼睛”旁边还有“鼻子”和“另一只眼睛”的特征，那这三个元素所在的区域就很有可能是人脸区域；但如果“眼睛”旁边缺少必要的“鼻子”和“另一只眼睛”，那就认为这些像素并没有组成人脸，它们不是人脸图像的一部分。

检测人脸的算法比较复杂，但 OpenCV 已经将这些算法封装好了，本节将介绍如何利用 OpenCV 自带的功能进行人脸检测。

14.1.1 级联分类器

将一系列简单的分类器按照一定顺序级联到一起就构成了级联分类器，使用级联分类器的程序可以通过一系列简单的判断来对样本进行识别。例如，依次满足“有六条腿”“有翅膀”“有头胸腹”这三个条件的样本就可以被初步判断为昆虫，但如果任何一个条件不满足，则不会认为是昆虫。

OpenCV 提供了一些已经训练好的级联分类器，这些级联分类器以 XML 文件的方式保存在以下路径中。

```
...\Python\Lib\site-packages\cv2\data\
```

路径说明：

☑ “...\Python\”：Python 虚拟机的本地目录。

☑ “\Lib\site-packages\”：pip 安装扩展包的默认目录。

☑ “\cv2\data\”：OpenCV 库的 data 文件夹。

例如，笔者的 Python 虚拟机安装在了 C:\Program Files\Python\ 目录下，级联分类器文件所在的位置如图 14.1 所示。

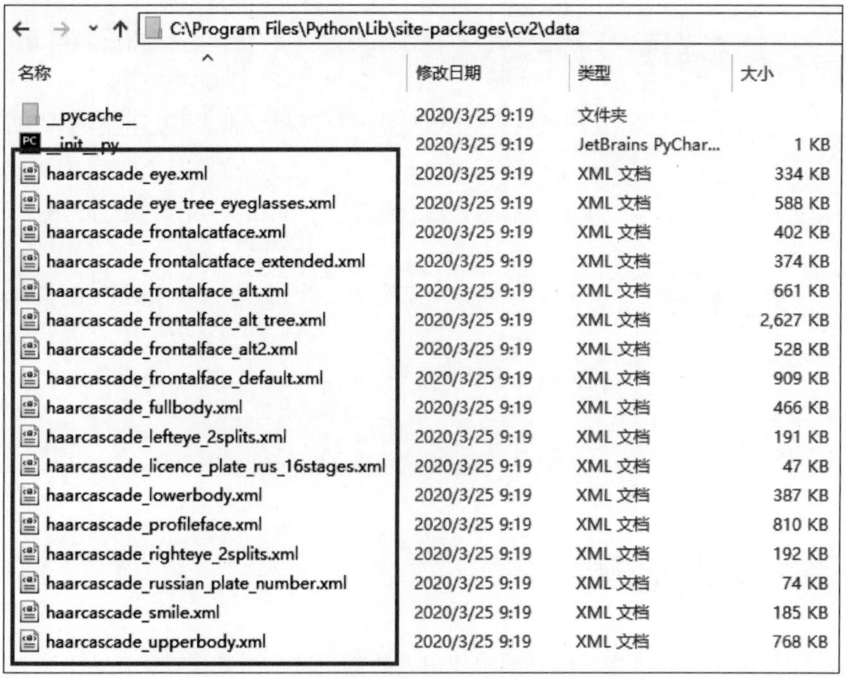

C:\Program Files\Python\Lib\site-packages\cv2\data

名称	修改日期	类型	大小
__pycache__	2020/3/25 9:19	文件夹	
__init__.py	2020/3/25 9:19	JetBrains PyChar...	1 KB
haarcascade_eye.xml	2020/3/25 9:19	XML 文档	334 KB
haarcascade_eye_tree_eyeglasses.xml	2020/3/25 9:19	XML 文档	588 KB
haarcascade_frontalcatface.xml	2020/3/25 9:19	XML 文档	402 KB
haarcascade_frontalcatface_extended.xml	2020/3/25 9:19	XML 文档	374 KB
haarcascade_frontalface_alt.xml	2020/3/25 9:19	XML 文档	661 KB
haarcascade_frontalface_alt_tree.xml	2020/3/25 9:19	XML 文档	2,627 KB
haarcascade_frontalface_alt2.xml	2020/3/25 9:19	XML 文档	528 KB
haarcascade_frontalface_default.xml	2020/3/25 9:19	XML 文档	909 KB
haarcascade_fullbody.xml	2020/3/25 9:19	XML 文档	466 KB
haarcascade_lefteye_2splits.xml	2020/3/25 9:19	XML 文档	191 KB
haarcascade_licence_plate_rus_16stages.xml	2020/3/25 9:19	XML 文档	47 KB
haarcascade_lowerbody.xml	2020/3/25 9:19	XML 文档	387 KB
haarcascade_profileface.xml	2020/3/25 9:19	XML 文档	810 KB
haarcascade_righteye_2splits.xml	2020/3/25 9:19	XML 文档	192 KB
haarcascade_russian_plate_number.xml	2020/3/25 9:19	XML 文档	74 KB
haarcascade_smile.xml	2020/3/25 9:19	XML 文档	185 KB
haarcascade_upperbody.xml	2020/3/25 9:19	XML 文档	768 KB

图 14.1 OpenCV 自带的级联分类器 XML 文件

不同版本的 OpenCV 自带的级联分类器 XML 文件可能会有差别，data 文件夹中缺少的 XML 文件可以到 OpenCV 的源码托管平台下载，地址为：https://github.com/opencv/opencv/tree/master/data/haarcascades。

每一个 XML 文件都对应一种级联分类器，但有些级联分类器的功能是类似的（正面人脸识别分类器就有三个），表 14.1 就是部分 XML 文件对应的功能。

表 14.1　部分级联分类器 XML 文件对应的功能

级联分类器 XML 文件名	检测的内容
haarcascade_eye.xml	眼睛检测
haarcascade_eye_tree_eyeglasses.xml	眼镜检测
haarcascade_frontalcatface.xml	正面猫脸检测
haarcascade_frontalface_default.xml	正面人脸检测
haarcascade_fullbody.xml	身形检测
haarcascade_lefteye_2splits.xml	左眼检测
haarcascade_lowerbody.xml	下半身检测
haarcascade_profileface.xml	侧面人脸检测
haarcascade_righteye_2splits.xml	右眼检测
haarcascade_russian_plate_number.xml	车牌检测
haarcascade_smile.xml	笑容检测
haarcascade_upperbody.xml	上半身检测

想要实现哪种图像检测，就要在程序启动时加载对应的级联分类器。下一节将介绍如何加载并使用这些 XML 文件。

14.1.2　加载级联分类器

OpenCV 实现人脸检测需要做两步操作：加载级联分类器和使用分类器识别图像。这两步操作都有对应的方法。

首先是加载级联分类器，OpenCV 通过 CascadeClassifier() 方法创建了分类器对象，其语法格式如下。

```
<CascadeClassifier object> = cv2.CascadeClassifier(filename)
```

参数说明：

☑ filename：级联分类器的 XML 文件名。

返回值说明：

☑ object：分类器对象。

然后使用已经创建好的分类器对图像进行检测，这个过程需要调用级联分类器对象的 detectMultiScale() 方法，其语法格式如下。

```
objects = cascade.detectMultiScale(image, scaleFactor, minNeighbors, flags, minSize, maxSize)
```

对象说明：

☑ cascade：已有的分类器对象。

参数说明：

☑ image：待分析的图像。

☑ scaleFactor：可选参数，扫描图像时的缩放比例。

☑ minNeighbors：可选参数，每个候选区域至少保留多少个检测结果才可以判定为人脸。该值越大，分析的误差就越小。

☑ flags：可选参数，旧版本 OpenCV 的参数，建议使用默认值。

☑ minSize：可选参数，最小的目标尺寸。

☑ maxSize：可选参数，最大的目标尺寸。

返回值说明：

☑ objects：捕捉到的目标区域数组，数组中每一个元素都是一个目标区域，每一个目标区域都包含四个值，分别是：左上角点横坐标、左上角点纵坐标、区域宽、区域高。object 的格式为：[[244 203 111 111] [432 81 133 133]]。

下一节将介绍如何在程序中使用这两个方法。

14.1.3 调用级联分类器对象

haarcascade_frontalface_default.xml 是检测正面人脸的级联分类器文件，加载该文件就可以创建出检测正面人脸的分类器，调用分类器对象的 detectMultiScale() 方法，得到的 objects 结果就是分析得出的人脸区域的坐标和宽高。下面通过一个实例来介绍如何实现此功能。

实例 14.1 在图像的人脸位置绘制红框（源码位置：资源包 \Code\14\01）

将 haarcascade_frontalface_default.xml 文件放到项目根目录下的 cascades 文件夹中，加载此级联分类器之后，检测出如图 14.2 所示的目标图像中所有可能是人脸的区域，通过 for 循环在这些区域上绘制红色边框。代码如下所示。

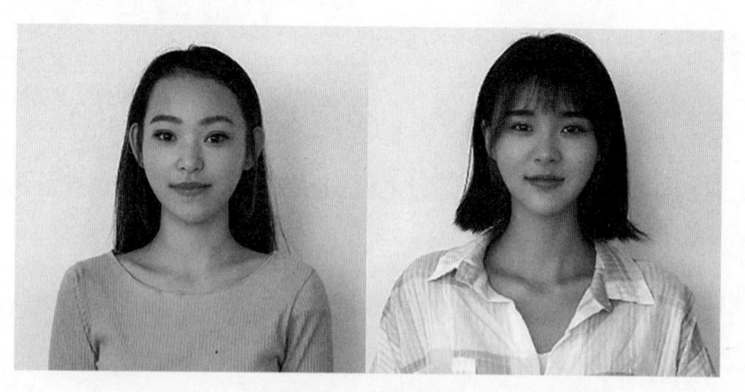

图 14.2 目标图像

```
01 import cv2
02
03 img = cv2.imread("model.png")  # 读取人脸图像
04 # 加载识别人脸的级联分类器
05 faceCascade = cv2.CascadeClassifier("cascades\\haarcascade_frontalface_default.xml")
06 faces = faceCascade.detectMultiScale(img, 1.15)  # 识别出所有人脸
07 for (x, y, w, h) in faces:  # 遍历所有人脸的区域
```

```
08     # 在图像中人脸的位置绘制方框
09     cv2.rectangle(img, (x, y), (x + w, y + h), (0, 0, 255), 5)
10 cv2.imshow("img", img)  # 显示最终处理的效果
11 cv2.waitKey()  # 按下任何键盘按键后
12 cv2.destroyAllWindows()  # 释放所有窗体
```

上述代码的运行结果如图 14.3 所示。

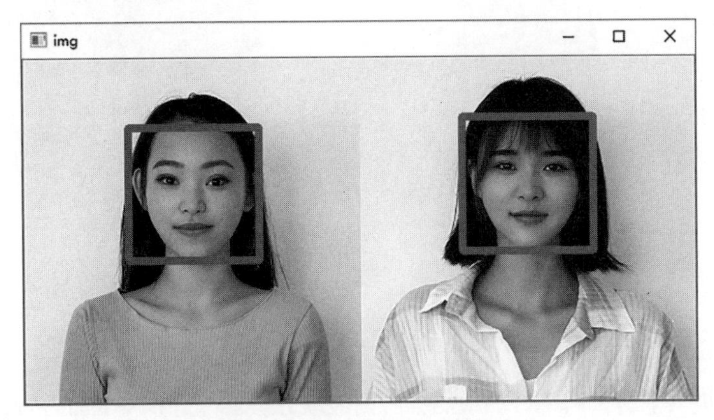

图 14.3　检测出的人脸位置

14.2 检测其他内容

OpenCV 提供的级联分类器除了可以识别人脸以外，还可以识别一些其他具有明显特征的物体，如眼睛、行人等。本节将介绍几个 OpenCV 自带的级联分类器的用法。

14.2.1 眼睛检测

haarcascade_eye.xml 是检测眼睛的级联分类器文件，加载该文件就可以检测图像中的眼睛，下面通过一个实例来介绍如何实现此功能。

实例 14.2　在图像的眼睛位置绘制红框（源码位置：资源包 \Code\14\02）

将 haarcascade_eye.xml 文件放到项目根目录下的 cascades 文件夹中，加载此级联分类器之后，检测出如图 14.2 所示的目标图像中所有可能是眼睛的区域，通过 for 循环在这些区域上绘制红色边框。代码如下所示。

```
01 import cv2
02
03 img = cv2.imread("model.png")  # 读取人脸图像
04 # 加载识别眼睛的级联分类器
05 eyeCascade = cv2.CascadeClassifier("cascades\\haarcascade_eye.xml")
06 eyes = eyeCascade.detectMultiScale(img, 1.15)  # 识别出所有眼睛
07 for (x, y, w, h) in eyes:  # 遍历所有眼睛的区域
08     # 在图像中眼睛的位置绘制方框
09     cv2.rectangle(img, (x, y), (x + w, y + h), (0, 0, 255), 5)
10 cv2.imshow("img", img)  # 显示最终处理的效果
11 cv2.waitKey()  # 按下任何键盘按键后
12 cv2.destroyAllWindows()  # 释放所有窗体
```

上述代码的运行结果如图 14.4 所示。

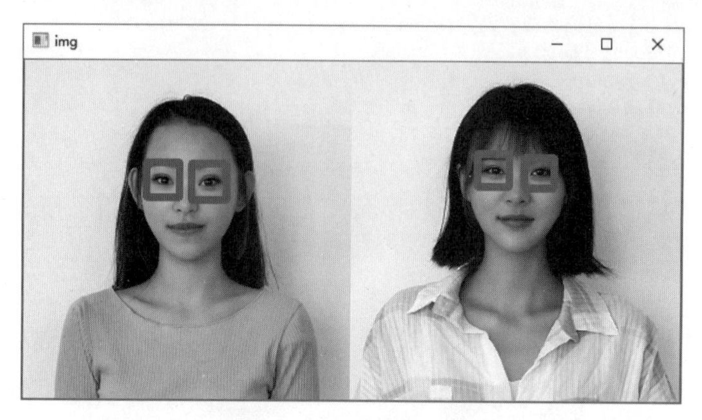

图 14.4　检测出的眼睛位置

14.2.2　猫脸检测

OpenCV 还提供了两个训练好的检测猫脸的级联分类器，分别是 haarcascade_frontalcatface.xml 和 haarcascade_frontalcatface_extended.xml，前者的判断标准比较高，较为精确，但可能有些猫脸识别不出来；后者的判断标准比较低，只要类似猫脸就会被认为是猫脸。使用猫脸分类器不仅可以判断猫脸的位置，还可以识别图像中有几只猫。

下面通过一个实例来介绍如何使用猫脸分类器对猫脸进行检测。

实例 14.3　在图像里找到猫脸的位置（源码位置：资源包 \Code\14\03）

为了得到比较理想的检测结果，建议使用 haarcascade_frontalcatface_extended.xml。将 haarcascade_frontalcatface_extended.xml 文件放到项目根目录下的 cascades 文件夹中，加载此级联分类器之后，检测出如图 14.5 所示的目标图像中所有可能是猫脸的区域，通过 for 循环在这些区域上绘制红色边框。代码如下所示。

图 14.5　目标图像

```
01 import cv2
02
03 img = cv2.imread("cat.jpg") # 读取猫脸图像
04 # 加载识别猫脸的级联分类器
05 catFaceCascade = \
```

```
06 cv2.CascadeClassifier("cascades\\haarcascade_frontalcatface_extended.xml")
07 catFace = catFaceCascade.detectMultiScale(img, 1.15, 4)  # 识别出所有猫脸
08 for (x, y, w, h) in catFace:  # 遍历所有猫脸的区域
09     # 在图像中猫脸的位置绘制方框
10     cv2.rectangle(img, (x, y), (x + w, y + h), (0, 0, 255), 5)
11 cv2.imshow("Where is your cat ?", img)  # 显示最终处理的效果
12 cv2.waitKey()  # 按下任何键盘按键后
13 cv2.destroyAllWindows()  # 释放所有窗体
```

上述代码的运行结果如图 14.6 所示。

图 14.6　检测出猫脸的位置

14.2.3　行人检测

haarcascade_fullbody.xml 是检测人体（正面直立全身或背影直立全身）的级联分类器文件，加载该文件就可以检测图像中的行人，下面通过一个实例来介绍如何实现此功能。

实例 14.4　在图像里找到行人的位置（源码位置：资源包 \Code\14\04）

将 haarcascade_fullbody.xml 文件放到项目根目录下的 cascades 文件夹中，加载此级联分类器之后，检测出如图 14.7 所示的目标图像中所有可能是人形的区域，通过 for 循环在这些区域上绘制红色边框，代码如下所示。

```
01 import cv2
02 
03 img = cv2.imread("monitoring.jpg")  # 读取图像
04 # 加载识别类人体的级联分类器
05 bodyCascade = cv2.CascadeClassifier("cascades\\haarcascade_fullbody.xml")
06 bodys = bodyCascade.detectMultiScale(img, 1.15, 4)  # 识别出所有人体
07 for (x, y, w, h) in bodys:  # 遍历所有人体区域
08     # 在图像中人体的位置绘制方框
09     cv2.rectangle(img, (x, y), (x + w, y + h), (0, 0, 255), 5)
10 cv2.imshow("img", img)  # 显示最终处理的效果
11 cv2.waitKey()  # 按下任何键盘按键后
12 cv2.destroyAllWindows()  # 释放所有窗体
```

上述代码的运行结果如图 14.8 所示。

图 14.7　目标图像

图 14.8　检测出的行人位置

14.2.4　车牌检测

haarcascade_russian_plate_number.xml 是检测汽车车牌的级联分类器文件，虽然文件名直译过来是“俄罗斯车牌”，但同样可以用于检测中国的车牌，只不过精准度稍微低了一点。加载该文件就可以检测图像中的车牌，下面通过一个实例来介绍如何实现此功能。

实例 14.5　标记图像中车牌的位置（源码位置：资源包 \Code\14\05）

将 haarcascade_russian_plate_number.xml 文件放到项目根目录下的 cascades 文件夹中，加载此级联分类器之后，检测出如图 14.9 所示的目标图像中所有可能是车牌的区域，通过 for 循环在这些区域上绘制红色边框。代码如下所示。

图 14.9　目标图像

```
01 import cv2
02
03 img = cv2.imread("car.jpg")  # 读取车的图像
04 # 加载识别车牌的级联分类器
05 plateCascade = \
06 cv2.CascadeClassifier("cascades\\haarcascade_russian_plate_number.xml")
07 plates = plateCascade.detectMultiScale(img, 1.15, 4)  # 识别出所有车牌
08 for (x, y, w, h) in plates:  # 遍历所有车牌区域
09     # 在图像中车牌的位置绘制方框
10     cv2.rectangle(img, (x, y), (x + w, y + h), (0, 0, 255), 5)
```

```
11 cv2.imshow("img", img)  # 显示最终处理的效果
12 cv2.waitKey()  # 按下任何键盘按键后
13 cv2.destroyAllWindows()  # 释放所有窗体
```

上述代码的运行结果如图 14.10 所示。

图 14.10　检测出的车牌位置

14.3 人脸识别

OpenCV 提供了三种人脸识别方法，分别是 Eigenfaces、Fisherfaces 和 LBPH。这三种方法都是通过对比样本的特征最终实现人脸识别的。因为这三种算法提取特征的方式不一样，侧重点不同，所以不能分出孰优孰劣，只能说每种方法都有各自的识别风格。

OpenCV 为每一种人脸识别方法都提供了创建识别器、训练识别器和识别这三个方法，这三个方法的语法非常相似。本章将简单介绍如何使用这些方法。

14.3.1 Eigenfaces 人脸识别器

Eigenfaces 也被叫作“特征脸”。Eigenfaces 通过 PCA（主成分分析技术）方法将人脸数据转换到另外一个空间维度去做相似性计算。在计算过程中，算法可以忽略掉一些无关紧要的数据，仅识别一些具有代表性的“特征”数据，最后根据这些“特征”来识别人脸。

开发者需要通过三个方法来完成人脸识别操作。

① 通过 cv2.face.EigenFaceRecognizer_create() 方法创建 Eigenfaces 人脸识别器，其语法格式如下。

```
recognizer = cv2.face.EigenFaceRecognizer_create(num_components, threshold)
```

参数说明：

☑ num_components：可选参数，PCA 方法中保留的分量个数，建议使用默认值。

☑ threshold：可选参数，人脸识别时使用的阈值，建议使用默认值。

返回值说明：

☑ recognizer：创建完的 Eigenfaces 人脸识别器对象。

② 创建完识别器对象之后，需要通过对象的 train() 方法来训练识别器。建议每个人都给出 2 张以上的照片作为训练样本。train() 方法的语法格式如下。

```
recognizer.train(src, labels)
```

对象说明：

☑ recognizer：已有的 Eigenfaces 人脸识别器对象。

参数说明：

☑ src：用来训练的人脸图像样本列表，格式为 list。样本图像必须宽、高一致。

☑ labels：样本对应的标签，格式为数组，元素类型为整数。数组长度必须与样本列表长度相同。样本与标签按照插入顺序一一对应。

③ 训练完识别器之后就可以通过识别器的 predict() 方法来识别人脸了，该方法会对比样本的特征，给出最相近的结果和评分，其语法格式如下。

```
label, confidence = recognizer.predict(src)
```

对象说明：

☑ recognizer：已有的 Eigenfaces 人脸识别器对象。

参数说明：

☑ src：需要识别的人脸图像，该图像宽、高必须与样本一致。

返回值说明：

☑ label：与样本匹配程度最高的标签值。

☑ confidence：匹配程度最高的信用度评分。评分小于 5000 就可以认为匹配程度较高，0 分表示两幅图像完全一样。

下面通过一个实例来演示 Eigenfaces 人脸识别器的用法。

实例 14.6 使用 Eigenfaces 识别人脸（源码位置：资源包 \Code\14\06）

现以两个人的照片作为训练样本，第一个人（Summer）的照片如图 14.11 至图 14.13 所示，第二个人（Elvis）的照片如图 14.14 至图 14.16 所示。

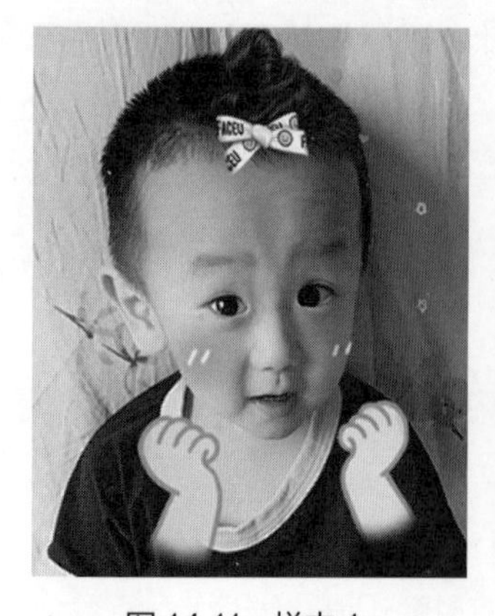

图14.11 样本1

图14.12 样本2

图14.13 样本3

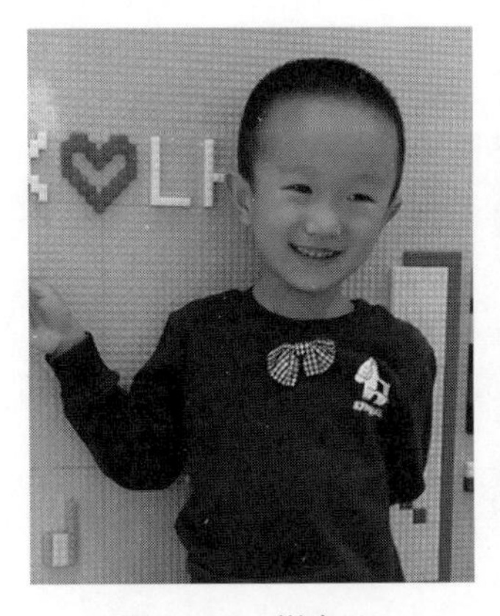

图 14.14　样本 4

图 14.15　样本 5

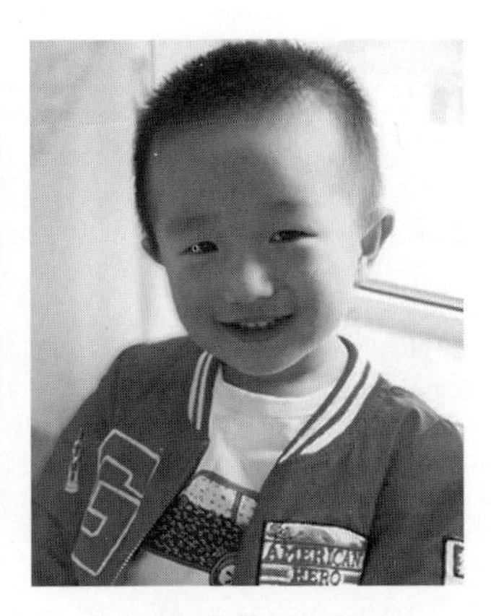

图 14.16　样本 6

待识别照片如图 14.17 所示。

图 14.17　待识别照片

创建 Eigenfaces 人脸识别器对象，训练以上样本之后，判断如图 14.17 所示是哪一个人，代码如下所示。

```
01 import cv2
02 import numpy as np
03
04 photos = list()  # 样本图像列表
05 lables = list()  # 标签列表
06 photos.append(cv2.imread("face\\summer1.png", 0))  # 记录第 1 张人脸图像
07 lables.append(0)  # 第 1 张图像对应的标签
08 photos.append(cv2.imread("face\\summer2.png", 0))  # 记录第 2 张人脸图像
09 lables.append(0)  # 第 2 张图像对应的标签
10 photos.append(cv2.imread("face\\summer3.png", 0))  # 记录第 3 张人脸图像
11 lables.append(0)  # 第 3 张图像对应的标签
12
13 photos.append(cv2.imread("face\\Elvis1.png", 0))  # 记录第 4 张人脸图像
14 lables.append(1)  # 第 4 张图像对应的标签
15 photos.append(cv2.imread("face\\Elvis2.png", 0))  # 记录第 5 张人脸图像
16 lables.append(1)  # 第 5 张图像对应的标签
17 photos.append(cv2.imread("face\\Elvis3.png", 0))  # 记录第 6 张人脸图像
18 lables.append(1)  # 第 6 张图像对应的标签
19
20 names = {"0": "Summer", "1": "Elvis"}  # 标签对应的名称字典
```

```
21
22 recognizer = cv2.face.EigenFaceRecognizer_create()  # 创建特征脸识别器
23 recognizer.train(photos, np.array(lables))  # 识别器开始训练
24
25 i = cv2.imread("face\\summer4.png", 0)  # 待识别的人脸图像
26 label, confidence = recognizer.predict(i)  # 识别器开始分析人脸图像
27 print("confidence = " + str(confidence))  # 打印评分
28 print(names[str(label)])  # 数组字典里标签对应的名字
```

上述代码的运行结果如下所示。

```
confidence = 18669.728291380223
Summer
```

程序对比样本特征分析得出，被识别的人物特征最接近的是“Summer”。

14.3.2 Fisherfaces 人脸识别器

Fisherfaces 是由 Ronald Fisher 最早提出的，这也是 Fisherfaces 名字的由来。Fisherfaces 通过 LDA（线性判别分析技术）方法也会将人脸数据转换到另外一个空间维度去做投影计算，最后根据不同人脸数据的投影距离来判断其相似度。

开发者需要通过三个方法来完成人脸识别操作。

① 通过 cv2.face.FisherFaceRecognizer_create() 方法创建 Fisherfaces 人脸识别器，其语法格式如下。

```
recognizer = cv2.face.FisherFaceRecognizer_create(num_components, threshold)
```

参数说明：

☑ num_components：可选参数，通过 Fisherface 方法进行判断分析时保留的分量个数，建议使用默认值。

☑ threshold：可选参数，人脸识别时使用的阈值，建议使用默认值。

返回值说明：

☑ recognizer：创建完的 Fisherfaces 人脸识别器对象。

② 创建完识别器对象之后，需要通过对象的 train() 方法来训练识别器。建议每个人都给出 2 张以上的照片作为训练样本。train() 方法的语法格式如下。

```
recognizer.train(src, labels)
```

对象说明：

☑ recognizer：已有的 Fisherfaces 人脸识别器对象。

参数说明：

☑ src：用来训练的人脸图像样本列表，格式为 list。样本图像必须宽、高一致。

☑ labels：样本对应的标签，格式为数组，元素类型为整数。数组长度必须与样本列表长度相同。样本与标签按照插入顺序一一对应。

③ 训练完识别器之后就可以通过识别器的 predict() 方法来识别人脸了，该方法会对比样本的特征，给出最相近的结果和评分，其语法格式如下。

```
label, confidence = recognizer.predict(src)
```

对象说明：

☑ recognizer：已有的 Fisherfaces 人脸识别器对象。

参数说明：

☑ src：需要识别的人脸图像，该图像宽、高必须与样本一致。

返回值说明：

☑ label：与样本匹配程度最高的标签值。

☑ confidence：匹配程度最高的信用度评分。评分小于 5000 就可以认为匹配程度较高，0 分表示两幅图像完全一样。

下面通过一个实例来演示 Fisherfaces 人脸识别器的用法。

实例 14.7　使用 Fisherfaces 识别人脸（源码位置：资源包 \Code\14\07）

现以两个人（Mike 和 RuiRui）的照片作为训练样本，第一个人的照片如图 14.18 至图 14.20 所示，第二个人的照片如图 14.21 至图 14.23 所示。

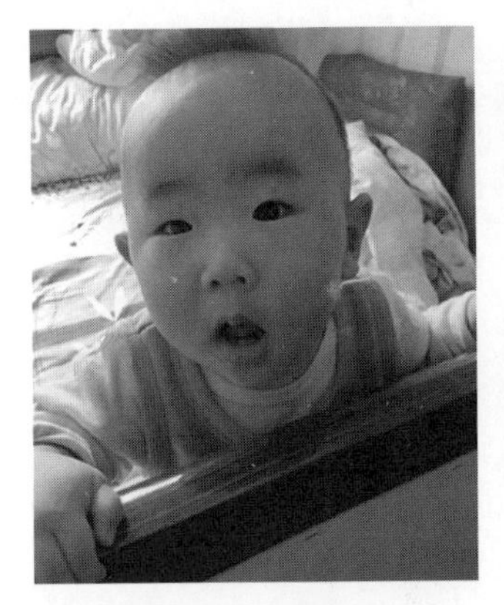

图 14.18　样本 1

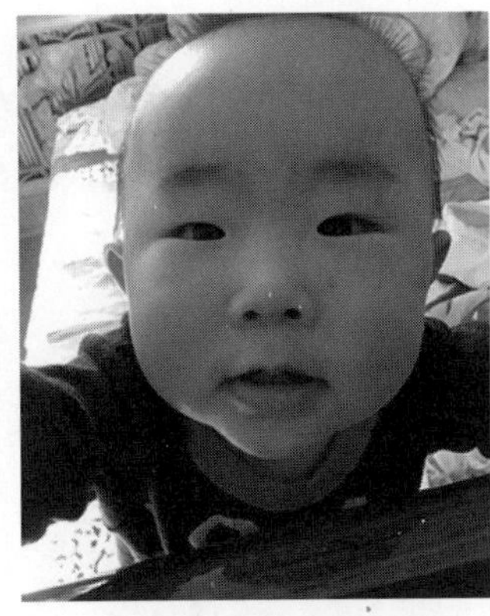

图 14.19　样本 2

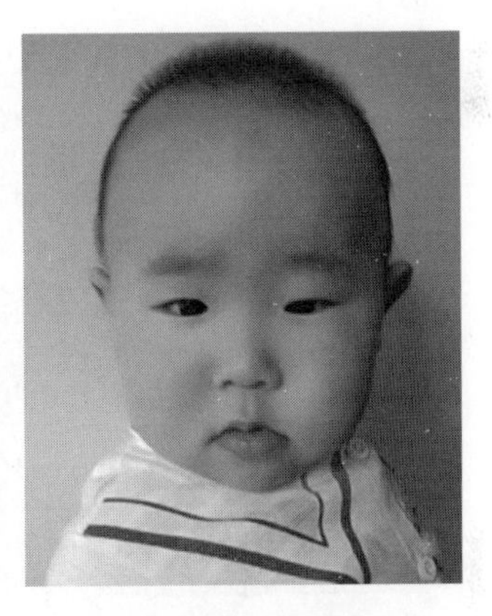

图 14.20　样本 3

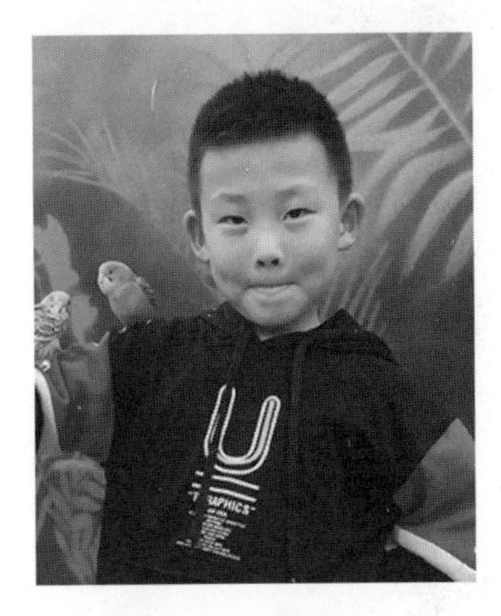

图 14.21　样本 4

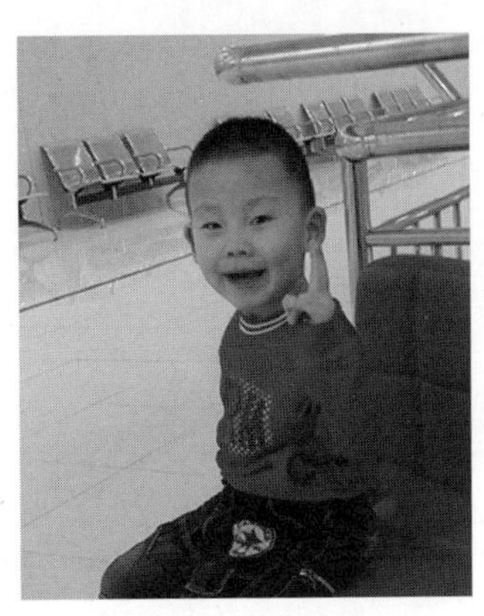

图 14.22　样本 5

图 14.23　样本 6

待识别照片如图 14.24 所示。

创建 Fisherfaces 人脸识别器对象，训练以上样本之后，判断图 14.24 是哪一个人，代码如下所示。

图14.24　待识别照片

```
01 import cv2
02 import numpy as np
03
04 photos = list()  # 样本图像列表
05 lables = list()  # 标签列表
06 photos.append(cv2.imread("face\\Mike1.png", 0))  # 记录第 1 张人脸图像
07 lables.append(0)  # 第 1 张图像对应的标签
08 photos.append(cv2.imread("face\\Mike2.png", 0))  # 记录第 2 张人脸图像
09 lables.append(0)  # 第 2 张图像对应的标签
10 photos.append(cv2.imread("face\\Mike3.png", 0))  # 记录第 3 张人脸图像
11 lables.append(0)  # 第 3 张图像对应的标签
12
13 photos.append(cv2.imread("face\\kaikai1.png", 0))  # 记录第 4 张人脸图像
14 lables.append(1)  # 第 4 张图像对应的标签
15 photos.append(cv2.imread("face\\kaikai2.png", 0))  # 记录第 5 张人脸图像
16 lables.append(1)  # 第 5 张图像对应的标签
17 photos.append(cv2.imread("face\\kaikai3.png", 0))  # 记录第 6 张人脸图像
18 lables.append(1)  # 第 6 张图像对应的标签
19
20 names = {"0": "Mike", "1": "kaikai"}  # 标签对应的名称字典
21
22 recognizer = cv2.face.FisherFaceRecognizer_create()  # 创建线性判别分析识别器
23 recognizer.train(photos, np.array(lables))  # 识别器开始训练
24
25 i = cv2.imread("face\\Mike4.png", 0)  # 待识别的人脸图像
26 label, confidence = recognizer.predict(i)  # 识别器开始分析人脸图像
27 print("confidence = " + str(confidence))  # 打印评分
28 print(names[str(label)])  # 数组字典里标签对应的名字
```

上述代码的运行结果如下所示。

```
confidence = 2327.170867892041
Mike
```

程序对比样本特征分析得出，被识别的人物特征最接近的是“Mike”。

14.3.3　Local Binary Pattern Histogram 人脸识别器

Local Binary Pattern Histogram 简称 LBPH，翻译过来就是局部二值模式直方图，这是一种基于局部二值模式的算法，善于捕获局部纹理特征。

开发者需要通过三个方法来完成人脸识别操作。

① 通过 cv2.face. LBPHFaceRecognizer_create() 方法创建 LBPH 人脸识别器，其语法格式如下。

```
recognizer = cv2.face.LBPHFaceRecognizer_create(radius, neighbors, grid_x, grid_y, threshold)
```

参数说明：

☑ radius：可选参数，圆形局部二进制模式的半径，建议使用默认值。

☑ neighbors：可选参数，圆形局部二进制模式的采样点数目，建议使用默认值。

返回值说明：

☑ grid_x：可选参数，水平方向上的单元格数，建议使用默认值。

☑ grid_y：可选参数，垂直方向上的单元格数，建议使用默认值。

☑ threshold：可选参数，人脸识别时使用的阈值，建议使用默认值。

② 创建完识别器对象之后，需要通过对象的 train() 方法来训练识别器。建议每个人都给出 2 张以上的照片作为训练样本。train() 方法的语法格式如下。

```
recognizer.train(src, labels)
```

对象说明：

☑ recognizer：已有的 LBPH 人脸识别器对象。

参数说明：

☑ src：用来训练的人脸图像样本列表，格式为 list。样本图像必须宽、高一致。

☑ labels：样本对应的标签，格式为数组，元素类型为整数。数组长度必须与样本列表长度相同。样本与标签按照插入顺序一一对应。

③ 训练完识别器之后就可以通过识别器的 predict() 方法来识别人脸了，该方法会对比样本的特征，给出最相近的结果和评分，其语法格式如下。

```
label, confidence = recognizer.predict(src)
```

对象说明：

☑ recognizer：已有的 LBPH 人脸识别器对象。

参数说明：

☑ src：需要识别的人脸图像，该图像宽、高必须与样本一致。

返回值说明：

☑ label：与样本匹配程度最高的标签值。

☑ confidence：匹配程度最高的信用度评分。评分小于 50 就可以认为匹配程度较高，0 分表示两幅图像完全一样。

下面通过一个实例来演示 LBPH 人脸识别器的用法。

实例 14.8　使用 LBPH 识别人脸（源码位置：资源包 \Code\14\08）

现以两个人的照片作为训练样本，第一个人的照片如图 14.25 至图 14.27 所示，第二个人的照片如图 14.28 至图 14.30 所示。

待识别照片如图 14.31 所示。

创建 LBPH 人脸识别器对象，训练以上样本之后，判断图 14.31 是哪一个人，代码如下所示。

图14.25　样本1

图14.26　样本2

图14.27　样本3

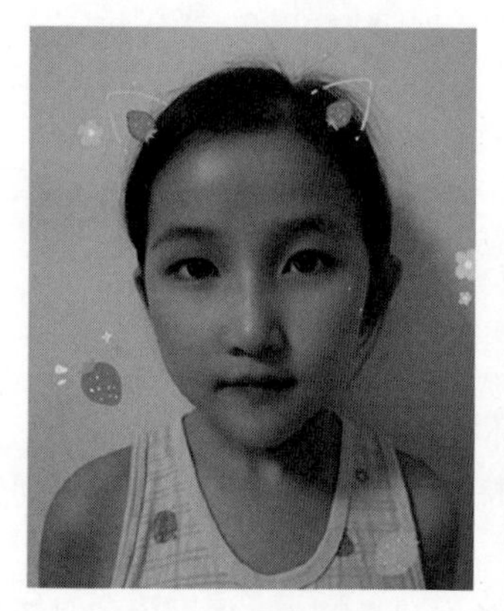

图14.28　样本4

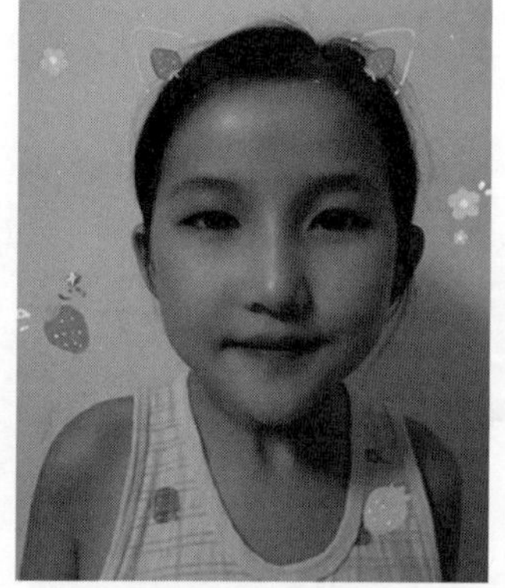

图14.29　样本5

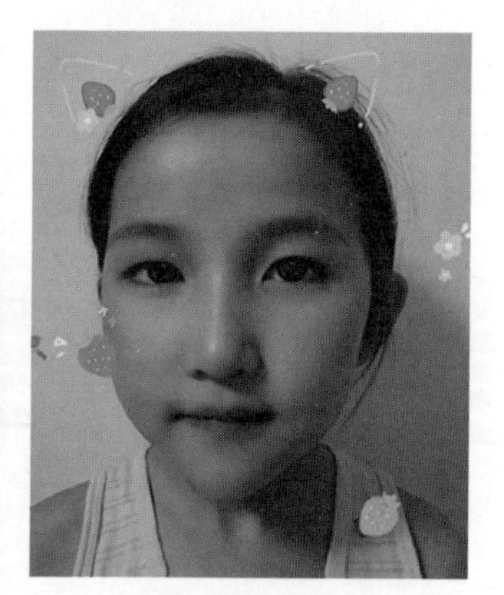

图14.30　样本6

图14.31　待识别照片

```
01 import cv2
02 import numpy as np
03
04 photos = list()  # 样本图像列表
05 lables = list()  # 标签列表
06 photos.append(cv2.imread("face\\lxe1.png", 0))  # 记录第 1 张人脸图像
07 lables.append(0)  # 第 1 张图像对应的标签
08 photos.append(cv2.imread("face\\lxe2.png", 0))  # 记录第 2 张人脸图像
09 lables.append(0)  # 第 2 张图像对应的标签
```

```
10 photos.append(cv2.imread("face\\lxe3.png", 0)) # 记录第 3 张人脸图像
11 lables.append(0)  # 第 3 张图像对应的标签
12
13 photos.append(cv2.imread("face\\ruirui1.png", 0))  # 记录第 4 张人脸图像
14 lables.append(1)  # 第 4 张图像对应的标签
15 photos.append(cv2.imread("face\\ruirui2.png", 0))  # 记录第 5 张人脸图像
16 lables.append(1)  # 第 5 张图像对应的标签
17 photos.append(cv2.imread("face\\ruirui3.png", 0))  # 记录第 6 张人脸图像
18 lables.append(1)  # 第 6 张图像对应的标签
19
20 names = {"0": "LXE", "1": "RuiRui"}  # 标签对应的名称字典
21
22 recognizer = cv2.face.LBPHFaceRecognizer_create()  # 创建 LBPH 识别器
23 recognizer.train(photos, np.array(lables))  # 识别器开始训练
24
25 i = cv2.imread("face\\ruirui4.png", 0)  # 待识别的人脸图像
26 label, confidence = recognizer.predict(i)  # 识别器开始分析人脸图像
27 print("confidence = " + str(confidence))  # 打印评分
28 print(names[str(label)])  # 数组字典里标签对应的名字
```

上述代码的运行结果如下所示。

```
confidence = 45.082326535640014
RuiRui
```

程序对比样本特征分析得出，被识别的人物特征最接近的是“RuiRui”。

14.4 综合案例——戴墨镜的贴图特效

手机拍照软件自带各种各样的贴图特效，实际上这些贴图特效就是先定位了人脸位置，然后在人脸相应位置覆盖素材实现的。OpenCV 也能够实现贴图特效，下面将按照以下三个步骤实现为人脸添加戴墨镜的贴图特效。

首先要编写一个覆盖图像的 overlay_img() 方法。因为素材中可能包含透明像素，这些透明像素不可以遮挡人脸，所以在覆盖背景图像时要做判断，忽略所有透明像素。判断一个像素是否为透明像素，只需将图像从 3 通道转为 4 通道，判断第 4 通道的 alpha 值，alpha 值为 1 表示完全不透明，alpha 值为表示完全透明。

然后要创建人脸识别级联分类器，分析出如图 14.32 所示的目标图像中人脸的区域。

图 14.32　目标图像

最后要把如图 14.33 所示的墨镜图像按照人脸宽度进行缩放，并覆盖到人脸区域约三分之一的位置。

图 14.33 墨镜图像

实现以上步骤的代码如下所示。

```
01 import cv2
02
03 # 覆盖图像
04 def overlay_img(img, img_over, img_over_x, img_over_y):
05     img_h, img_w, img_p = img.shape  # 背景图像宽、高、通道数
06     img_over_h, img_over_w, img_over_c = img_over.shape  # 覆盖图像高、宽、通道数
07     if img_over_c == 3:  # 通道数小于等于 3
08         img_over = cv2.cvtColor(img_over, cv2.COLOR_BGR2BGRA)  # 转换成 4 通道图像
09     for w in range(0, img_over_w):  # 遍历列
10         for h in range(0, img_over_h):  # 遍历行
11             if img_over[h, w, 3] != 0:  # 如果不是全透明的像素
12                 for c in range(0, 3):  # 遍历三个通道
13                     x = img_over_x + w  # 覆盖像素的横坐标
14                     y = img_over_y + h  # 覆盖像素的纵坐标
15                     if x >= img_w or y >= img_h:  # 如果坐标超出最大宽高
16                         break  # 不做操作
17                     img[y, x, c] = img_over[h, w, c]  # 覆盖像素
18     return img  # 完成覆盖的图像
19
20 face_img = cv2.imread("model.png")  # 读取人脸图像
21 # 读取眼镜图像，保留图像类型
22 glass_img = cv2.imread("glass.png", cv2.IMREAD_UNCHANGED)
23 height, width, channel = glass_img.shape  # 获取眼镜图像高、宽、通道数
24 # 加载级联分类器
25 face_cascade = \
26 cv2.CascadeClassifier("./cascades/haarcascade_frontalface_default.xml")
27 garyframe = cv2.cvtColor(face_img, cv2.COLOR_BGR2GRAY)  # 转为黑白图像
28 faces = face_cascade.detectMultiScale(garyframe, 1.15, 5)  # 识别人脸
29 for (x, y, w, h) in faces:  # 遍历所有人脸的区域
30     gw = w  # 眼镜缩放之后的宽度
31     gh = int(height * w / width)  # 眼镜缩放之后的高度
32     glass_img = cv2.resize(glass_img, (gw, gh))  # 按照人脸大小缩放眼镜
33     overlay_img(face_img, glass_img, x, y + int(h * 1 / 3))  # 将眼镜绘制到人脸上
34 cv2.imshow("screen", face_img)  # 显示最终处理的效果
35 cv2.waitKey()  # 按下任何键盘按键后
36 cv2.destroyAllWindows()  # 释放所有窗体
```

上述代码的运行结果如图 14.34 所示。

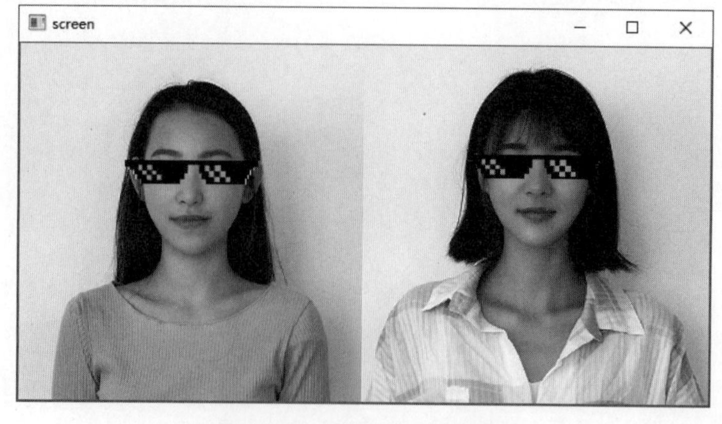

图 14.34 戴墨镜的贴图特效

14.5 实战练习

① 编写一个程序，检测出如图 14.2 所示的目标图像中所有可能是鼻子的区域，通过 for 循环在这些区域上绘制红色边框。

② 编写一个程序，检测出如图 14.2 所示的目标图像中所有可能是嘴的区域，通过 for 循环在这些区域上绘制红色边框。

小结

通过加载指定的级联分类器，可以在目标图像中检测指定图像的所在区域。例如，加载用于检测人脸的级联分类器后，就能够在目标图像中检测人脸的所在区域；加载用于检测行人的级联分类器后，就能够在目标图像中检测行人的所在区域等。人脸检测和人脸识别是相辅相成的，这是因为在进行人脸识别之前，要先判断一幅图像内是否出现了人脸，这个判断的过程由人脸检测完成。在选择人脸识别器时，要注意如何根据信用度评分判断样本中的人脸图像与目标图像中的人脸图像匹配程度的高低。

扫码享受
全方位沉浸式学习

第2篇 实战篇

Python
OpenCV

第15章 更改卡通人物的衣服颜色

逛一些购物APP的时候，经常会发现有些店家的模特表情不变、衣服样式不变，却能展示出穿着不同颜色的衣服的图像，这实际上是通过不断变换同一张照片里的衣服颜色来实现的。OpenCV也能够实现类似的效果，本章将结合具体的实例讲解如何使用OpenCV的相关技术更改卡通人物的衣服颜色。

本章的知识结构如下。

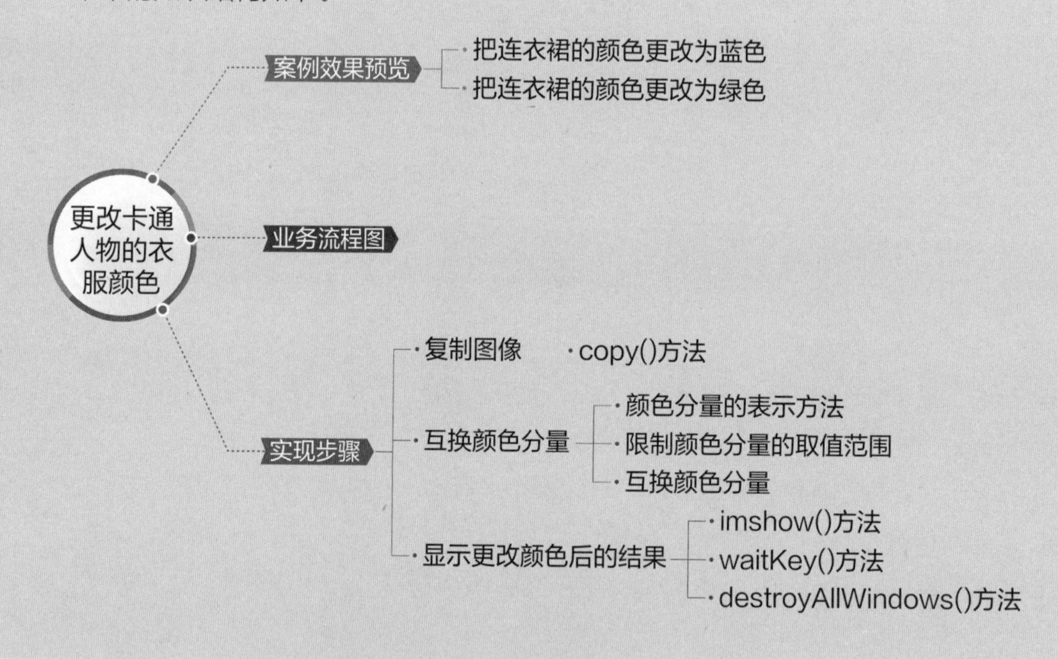

15.1 案例效果预览

图15.1展示的是一个穿着红色连衣裙的卡通人物，裙子通体为红色。因为图15.1的背景是纯白色的，所以可以认为图15.1中偏向红色的像素就是连衣裙的像素。也就是说，只要更改图15.1中偏向红色的像素的值，就可以更改连衣裙的颜色。而且，连衣裙的颜色被更改

后，卡通人物的肤色、发色、妆容均不受影响。例如，图 15.2 展示的是把连衣裙的颜色更改为蓝色的效果，图 15.3 展示的是把连衣裙的颜色更改为绿色的效果。彩图见二维码。

图 15.1　目标图像

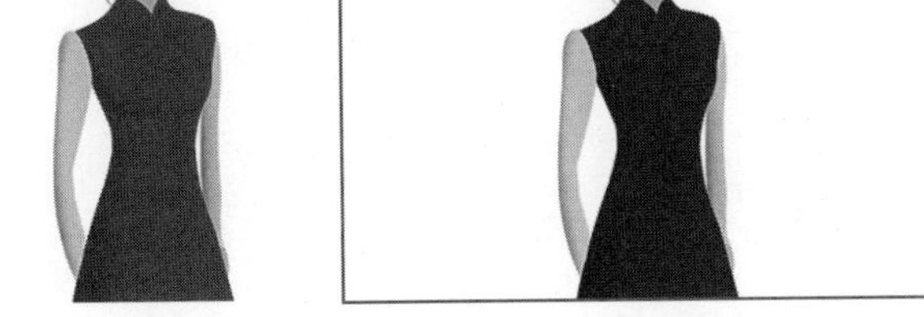

图 15.2　把连衣裙的颜色更改为蓝色

图 15.3　把连衣裙的颜色更改为绿色

15.2　业务流程图

更改卡通人物的衣服颜色的业务流程如图 15.4 所示。

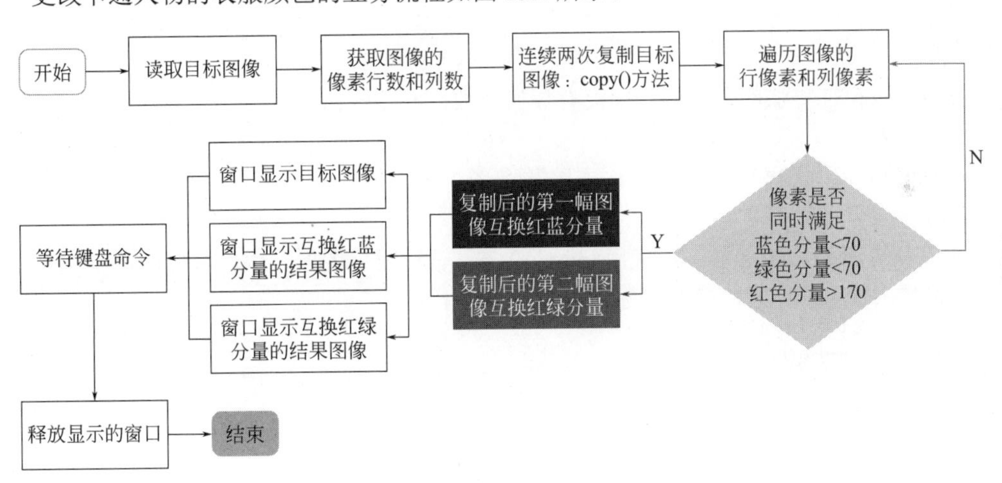

图 15.4　更改卡通人物的衣服颜色的业务流程图

15.3　实现步骤

本案例分为了以下 3 个内容：复制图像、互换颜色分量和显示更改颜色后的结果。下面将依次对这 3 个内容进行讲解。

15.3.1　复制图像

当提起复制文件时，会在第一时间想到快捷键 Ctrl+C 和快捷键 Ctrl+V。但是，为了实现复制如图 15.1 所示的目标图像，本案例使用的不是快捷键，而是 Python 提供的一个方法。

在讲解这个方法前，使用 Python 的内置函数 print() 把如图 15.1 所示的目标图像显示在控制台上，显示结果如图 15.5 所示。

```
D:\Python\python.exe
[[[167 213 184]
  [164 212 183]
  [163 213 183]
  ...
  [160 175 177]
  [156 175 172]
  [155 172 169]]

 [[170 216 187]
  [165 213 184]
  [161 211 181]
  ...
```

图 15.5　控制台显示图 15.1

观察图 15.5 后，能够得到如下的结论：每一幅图像都是由 *M* 行 *N* 列的像素组成的，其中每一个像素都对应一个像素值，这个像素值被保存在一个列表里。如果对保存像素值的所有列表都执行复制操作，那么就相当于对图 15.1 执行了复制操作。也就是说，复制图 15.1 的关键在于复制列表。那么，如何复制列表呢？ Python 提供了用于复制列表的 copy() 方法。copy() 方法的语法格式如下。

```
list.copy()
```

虽然在 copy() 方法的语法格式中没有任何参数，但是 copy() 方法有返回值，返回值是复制后的新列表。

下面编写一段代码，使用 copy() 方法复制图 15.1，分别在两个窗口里显示图 15.1 和复制图 15.1 后的结果图像。

① 在操作目标图像之前，要使用 imread() 方法读取目标图像。由于目标图像在当前项目目录下，使用 imread() 方法读取目标图像的代码如下所示。

```
img = cv2.imread("clothes.jpg")
```

② 因为图像本身就是一个列表，所以直接调用 copy() 方法，对目标图像执行复制操作。代码如下所示。

```
copyImage = img.copy()
```

③ 调用 imshow() 方法，分别在两个窗口里显示目标图像和复制目标图像后的结果图像。代码如下所示。

```
01 cv2.imshow("img", img)
02 cv2.imshow("copyImage", copyImage)
```

④ 调用 waitKey() 方法等待键盘上的按键指令，当键盘上的某一个按键被按下时，使用 destroyAllWindows() 方法释放正在显示目标图像的窗口。代码如下所示。

```
01 cv2.waitKey()
02 cv2.destroyAllWindows()
```

上述代码的运行结果如图 15.6 和图 15.7 所示。

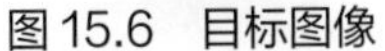
图 15.6　目标图像

图 15.7　复制目标图像后的结果图像

那么，复制图像在本案例中发挥着怎样的作用呢？本案例的目的是通过更改目标图像中偏向红色的像素的值，先把连衣裙的颜色更改为蓝色（见图 15.2），再把连衣裙的颜色更改为绿色（见图 15.3）。也就是说，除目标图像外，还需要与目标图像一模一样的两幅图像充当可供操作的素材。因此，在使用 imread() 方法读取目标图像后，需要连续地调用两次 copy() 方法对目标图像执行复制操作。代码如下所示。

```
01 img = cv2.imread("clothe.jpg")
02 img2 = img.copy()
03 img3 = img.copy()
```

15.3.2　互换颜色分量

为了描述生活中丰富多彩的颜色，光谱三基色应运而生。所谓光谱三基色，指的是红色、绿色和蓝色这 3 种颜色，如图 15.8 所示（彩图见二维码）。将这 3 种颜色以不同的比例混合后，就能够得到其他颜色。

图 15.8　光谱三基色

OpenCV 默认按照 BGR 色彩空间读取图片，也就是每个像素的 3 个通道依次为 Blue（蓝）、Green（绿）、Red（红）。一个像素中三种颜色分量占比不同，这个像素呈现出的颜色也会不同，如果调换任意两个通道的数值，就会导致图像的颜色发生改变。例如，调换 B、R 两通道的数值，原先视觉上偏红色的区域就会变成偏蓝色的区域。基于此原理就可以实现更换卡通人物衣服颜色的功能。

由图 15.5 可知，彩色图像是一个三维数组。对于这个三维数组，第 3 个索引表示的是 Blue（蓝）、Green（绿）、Red（红）这 3 个颜色的颜色分量。其中，“索引 0”对应的元素表示蓝色分量，“索引 1”对应的元素表示绿色分量、“索引 2”对应的元素表示红色分量。

例如，分别使用标签 img 表示一幅图像，标签 r 表示这幅图像的行像素，标签 c 表示这幅图像的列像素，那么这幅图像的蓝、绿、红这 3 个颜色的颜色分量的表示方法如下所示。

```
01 img[r][c][0]          # 蓝色分量
02 img[r][c][1]          # 绿色分量
03 img[r][c][2]          # 红色分量
```

对于本案例而言，红色连衣裙所在区域的像素的蓝色分量和绿色分量的值都小于 70，红色分量的值大于 170。因此，通过限制蓝色分量、绿色分量和红色分量，就能够在目标图像中找到红色连衣裙的所在区域。进而，通过互换颜色分量的方式，即可实现先把连衣裙的颜色更改为蓝色，再把连衣裙的颜色更改为绿色的目的。下面讲解如何对上述过程进行编码。

① 通过调用目标图像（用标签 img 表示）的 shape 属性，能够得到目标图像中像素的行数（用标签 rows 表示）、列数（用标签 columns 表示）和目标图像的通道数（用标签 “_” 表示）。代码如下所示。

```
row, column, _ = img.shape
```

② 使用嵌套 for 循环和 Python 的内置函数 range()，遍历目标图像的行像素和列像素。代码如下所示。

```
01 for r in range(0, row):
02     for c in range(0, column):
```

③ 使用简单的 if 语句通过限制蓝色分量、绿色分量和红色分量，就能够在目标图像中找到红色连衣裙的所在区域。其中，红色连衣裙所在区域的像素的蓝色分量和绿色分量的值都小于 70，红色分量的值大于 170。代码如下所示。

```
if img[r][c][0] < 70 and img[r][c][1] < 70 and img[r][c][2] > 170:
```

④ 为了把连衣裙的颜色由红色更改为蓝色，需要互换红、蓝颜色分量。其中，“索引 0” 对应的元素表示蓝色分量，“索引 2” 对应的元素表示红色分量。代码如下所示。

```
01 img2[r][c][0] = img[r][c][2]
02 img2[r][c][2] = img[r][c][0]
```

⑤ 为了把连衣裙的颜色由红色更改为绿色，需要互换红、绿颜色分量。其中，“索引 1” 对应的元素表示绿色分量，“索引 2” 对应的元素表示红色分量。代码如下所示。

```
01 img3[r][c][1] = img[r][c][2]
02 img3[r][c][2] = img[r][c][1]
```

15.3.3 显示更改颜色后的结果

前面的内容已经分别讲解了如何对目标图像执行复制操作、如何理解 OpenCV 中的颜色分量、如何通过互换颜色分量更改连衣裙的颜色等内容。下面将编写用于实现本案例的其他代码。

① 调用 imshow() 方法，分别在两个窗口里显示把连衣裙的颜色由红色更改为蓝色和把连衣裙的颜色由红色更改为绿色的结果。代码如下所示。

```
01 cv2.imshow( “Blue” , img2)
02 cv2.imshow("Green", img3)
```

② 调用 waitKey() 方法等待键盘上的按键指令，当键盘上的某一个按键被按下时，使用 destroyAllWindows() 方法释放正在显示目标图像的窗口。代码如下所示。

```
01 cv2.waitKey()
02 cv2.destroyAllWindows()
```

为了更系统地理解本案例中每一行代码的含义及其作用，下面将给出本实例的完整代码，代码如下所示。

```
01 import cv2
02
03 img = cv2.imread("clothes.jpg")
04 row, column, _ = img.shape
05 img2 = img.copy()
06 img3 = img.copy()
07 for r in range(0, row):
08     for c in range(0, column):
09         if img[r][c][0] < 70 and img[r][c][1] < 70 and img[r][c][2] > 170:
10             img2[r][c][0] = img[r][c][2]
11             img2[r][c][2] = img[r][c][0]
12             img3[r][c][1] = img[r][c][2]
13             img3[r][c][2] = img[r][c][1]
14 cv2.imshow("Blue", img2)
15 cv2.imshow("Green", img3)
16 cv2.waitKey()
17 cv2.destroyAllWindows()
```

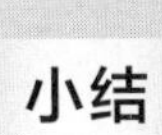

小结

本案例有如下几个关键点：如何对一幅图像执行复制操作；借助光谱三基色，理解 OpenCV 中的颜色分量；如何表示一幅图像的颜色分量；对于一幅彩色图像，如果互换 3 个颜色分量中的两个，那么会得到怎样的结果；为了在目标图像中确定连衣裙的所在区域，怎样限制颜色分量的取值范围。

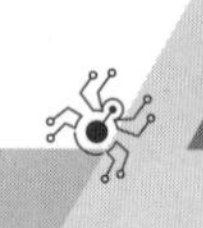

第 16 章 图像操作之均分、截取和透视（OpenCV + NumPy 实现）

虽然 OpenCV 提供了很多用于操作图像的方法，但是有些情况下使用这些方法不能得到理想的处理结果。有时不需要这些方法，也能够操作图像；有时这些方法的返回值不能直接被使用，需要对其做进一步的处理；有时这些方法需要嵌套使用，如一个方法的返回值是另一个方法的参数；等等。本章将详细讲解上述 3 种情况下的图像操作。

本章的知识结构如下。

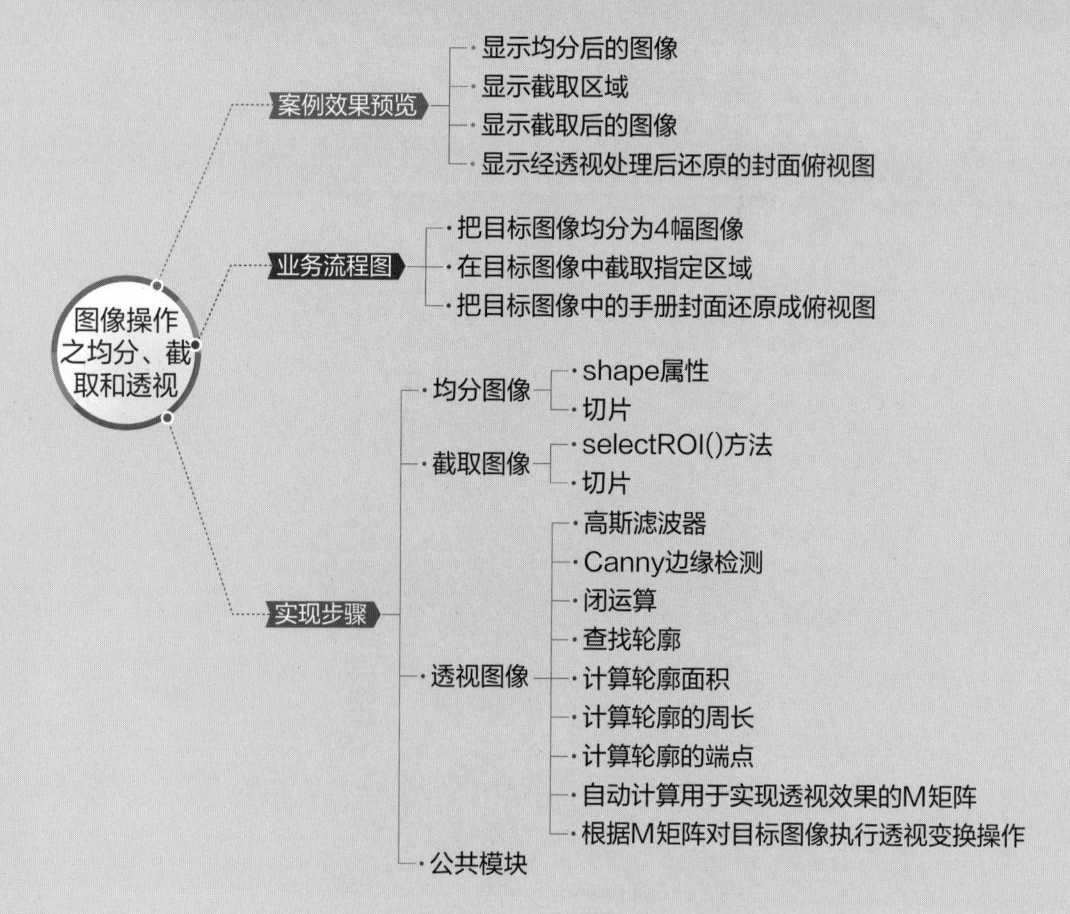

16.1　案例效果预览

本案例将对如图 16.1 所示的目标图像依次执行 3 次操作，这 3 次操作分别是先将目标图像在水平方向上对折，再将其在垂直方向上对折，把目标图像均分为 4 幅图像，如图 16.2 所示；使用鼠标在目标图像中选择截取区域（见图 16.3）后，在一个窗口里显示截取后的图像，如图 16.4 所示；通过透视变换把目标图像中的手册封面还原成俯视图，如图 16.5 所示。

图 16.1　目标图像

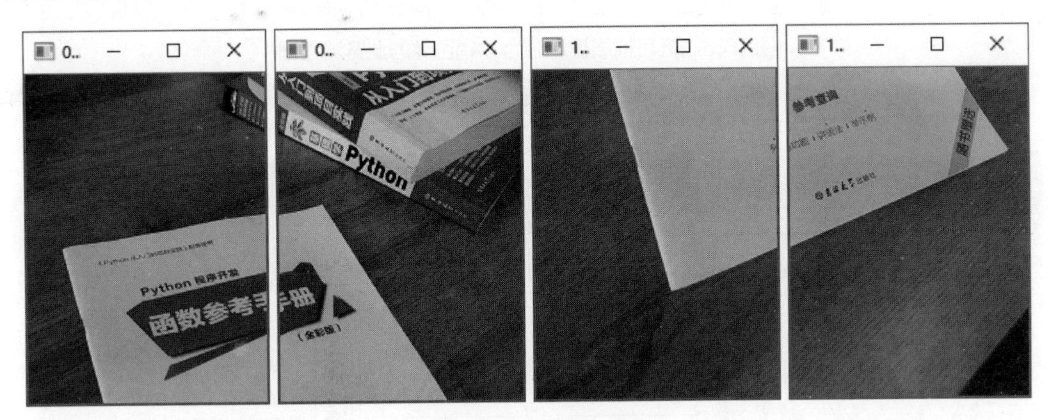

图 16.2　均分后的图像

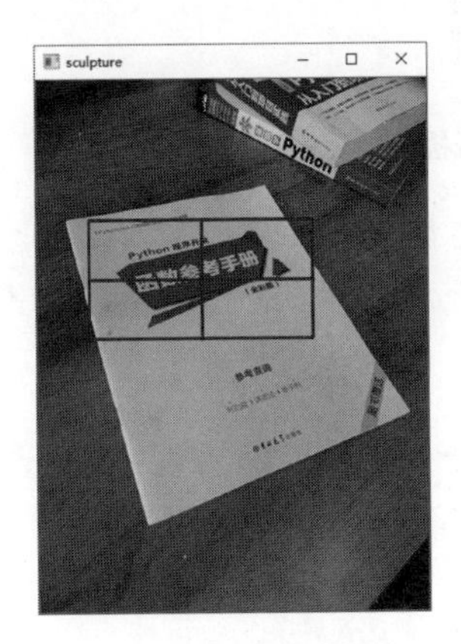

图 16.3　选择截取区域

图 16.4　截取后的图像

图 16.5　经透视处理后还原的封面俯视图

16.2　业务流程图

由于本案例将对如图 16.1 所示的目标图像依次执行 3 次操作，为了更清晰地理顺每一次操作的业务流程，将分别对这 3 次操作的业务流程进行讲解。

把目标图像均分为 4 幅图像的业务流程如图 16.6 所示。

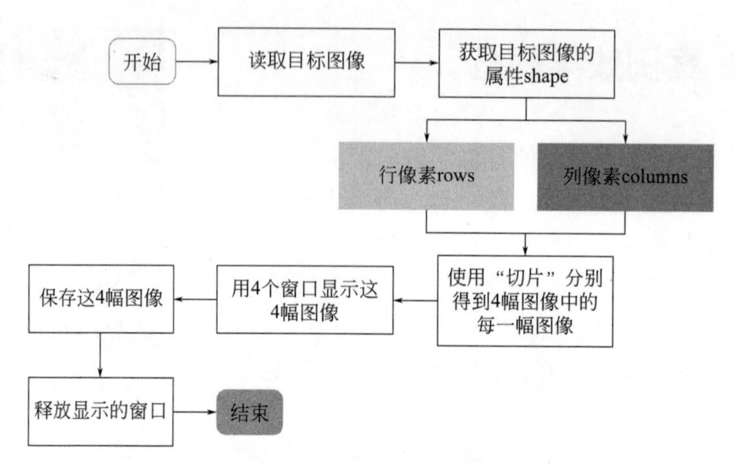

图 16.6　把目标图像均分为 4 幅图像的业务流程图

在目标图像中截取指定区域的业务流程如图 16.7 所示。

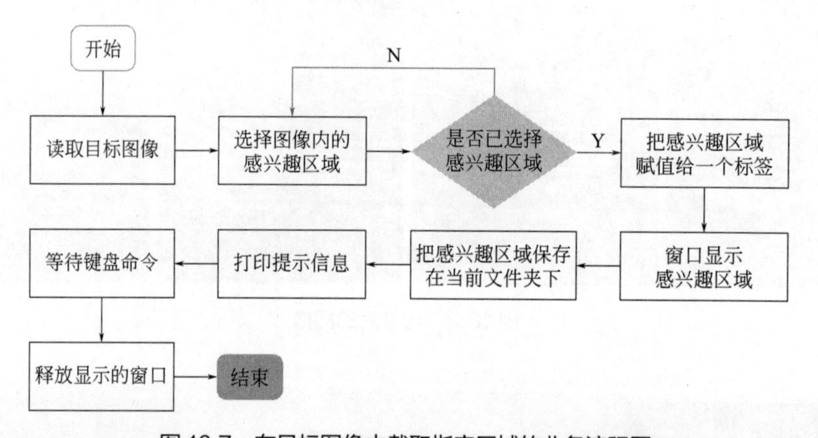

图 16.7　在目标图像中截取指定区域的业务流程图

把目标图像中的手册封面还原成俯视图的业务流程如图 16.8 所示。

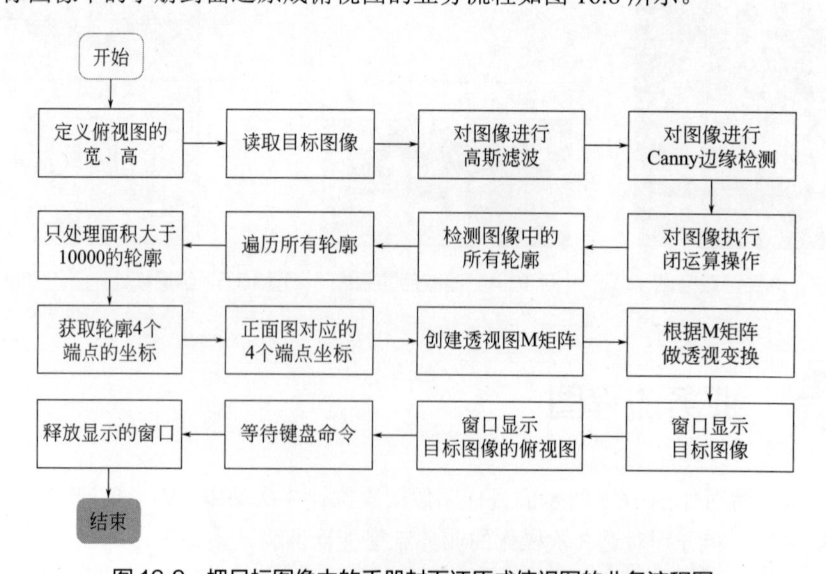

图 16.8　把目标图像中的手册封面还原成俯视图的业务流程图

16.3 实现步骤

本案例分为以下 4 个内容：均分图像、截取图像、透视图像和公共模块。其中，“透视图像”指的是通过透视变换把图 16.1 中的手册封面还原成俯视图。下面将依次对这 4 个内容进行讲解。

16.3.1 均分图像

本案例自定义了一个用于把目标图像均分为 4 幅图像的 divide_four() 方法，该方法没有参数和返回值。下面将逐行讲解 divide_four() 方法中的代码及其发挥的作用。

① 通过调用目标图像（用标签 img 表示）的 shape 属性，能够得到目标图像中像素的行数（用标签 rows 表示）、列数（用标签 columns 表示）和目标图像的通道数（用标签 channels 表示）。代码如下所示。

```
rows, columns, channels = img.shape
```

② 为了把目标图像均分为 4 幅图像，本案例采用的方式是先将目标图像在水平方向上对折，再将其在垂直方向上对折。也就是说，目标图像被均分为 2 行 2 列、一共 4 幅图像。如果分别使用“0-0”“0-1”“1-0”和“1-1”表示这 4 幅图像，那么应该如何进行编码呢？答案是使用嵌套 for 循环和 Python 的内置函数 range()。代码如下所示。

```
01 for i in range(2):
02     for j in range(2):
```

其中，i 表示“行”，j 表示“列”。

③ 因为目标图像相当于一个列表，所以目标图像被均分为 4 幅图像后，得到的每一幅图像都相当于这个列表的一部分。在 Python 中，把列表中的部分元素称作“切片”。因此，本案例要借助“切片”，并且根据标签 i 和标签 j 的值，分别表示被均分后的 4 幅图像。代码如下所示。

```
01 img_roi = img[(i * int(rows / 2)):((i + 1) * int(rows / 2) - 1),
02           (j * int(columns / 2)):((j + 1) * int(columns / 2) - 1)]
```

其中，img_roi 表示“被均分后的每一幅图像”。

④ 调用 imshow() 方法，分别在 4 个窗口里显示被均分后的 4 幅图像，这 4 个窗口的名称分别为“0-0”“0-1”“1-0”和“1-1”。代码如下所示。

```
cv2.imshow(str(i) + "-" + str(j), img_roi)
```

为了更系统地理解 divide_four() 方法中每一行代码的含义及其作用，下面将给出 divide_four() 方法的完整代码，代码如下所示。

```
01 def divide_four():
02     rows, columns, channels = img.shape
03     for i in range(2):
04         for j in range(2):
05             img_roi = img[(i * int(rows / 2)):((i + 1) * int(rows / 2) - 1),
06                           (j * int(columns / 2)):((j + 1) * int(columns / 2) - 1)]
07             cv2.imshow(str(i) + "-" + str(j), img_roi)
```

16.3.2 截取图像

本案例的“截取图像”要实现的效果是使用鼠标在目标图像中选择截取区域后，在一个窗口里显示截取后的图像。为此，自定义了一个没有参数和返回值的 cut_roi() 方法。

为了能够在目标图像中选择截取区域，需要借助 OpenCV 中的 selectROI() 方法，该方法的语法格式如下。

```
dst = cv2.selectROI(windowName, img, showCrosshair, fromCenter)
```

参数说明：

☑ windowName：窗口名称。

☑ img：目标图像。

☑ showCrosshair：是否在矩形边框里画十字线，有 True 和 False 两个值。

☑ fromCenter：是否从矩形边框的中心开始画矩形边框，有 True 和 False 两个值。

返回值说明：

dst：一个元组。该元组的格式为 (min_x, min_y, w, h)。其中，min_x 表示矩形边框左上角的横坐标；min_y 表示矩形边框左上角的纵坐标；w 表示矩形边框的宽度；h 表示矩形边框的高度。

调用 OpenCV 中的 selectROI() 方法，实现在目标图像中选择截取区域。代码如下所示。

```
dst = cv2.selectROI("sculpture", img, True, False)
```

为元组 dst 中的各个元素设置标签。代码如下所示。

```
x, y, w, h = dst
```

使用简单的 if 语句判断是否已经在目标图像中选择截取区域。代码如下所示。

```
if dst != (0, 0, 0, 0):
```

在目标图像中选择截取区域后，借助元组 dst 中的各个元素，使用“切片”表示截取后的图像。代码如下所示。

```
roi = img[y:y + h, x:x + w]
```

调用 imshow() 方法，在一个窗口里显示截取后的图像。代码如下所示。

```
cv2.imshow( “roi” , roi)
```

为了更系统地理解 cut_roi() 方法中每一行代码的含义及其作用，下面将给出 cut_roi() 方法的完整代码，代码如下所示。

```
01 def cut_roi():
02     dst = cv2.selectROI("sculpture", img, True, False)
03     x, y, w, h = dst
04     if dst != (0, 0, 0, 0):
05         roi = img[y:y + h, x:x + w]
06         cv2.imshow("roi", roi)
```

16.3.3 透视图像

本案例的“透视图像”要实现的效果是通过透视变换把目标图像中的手册封面还原成俯视图。为此，自定义了一个没有参数和返回值的 do_perspectivity() 方法。下面将逐行讲解 do_perspectivity() 方法中的代码及其发挥的作用。

① 把目标图像中的手册封面还原成俯视图后，需要定义俯视图的宽、高。代码如下所示。

```
w, h = 320, 480
```

② 使用 Canny 边缘检测获取与目标图像对应的二值边缘图像。因为 Canny 边缘检测受图像中的噪声影响很大，所以在对目标图像进行 Canny 边缘检测前，务必要去除目标图像中的噪声。本案例用于去除目标图像中的噪声的工具是高斯滤波器。代码如下所示。

```
01 tmp = cv2.GaussianBlur(img, (5, 5), 0)
02 tmp = cv2.Canny(tmp, 50, 120)
```

③ 为了保证二值边缘图像中的边缘都是闭合的，需要调用 OpenCV 中用于执行形态学操作的 morphologyEx() 方法，对二值边缘图像执行闭运算。代码如下所示。

```
tmp = cv2.morphologyEx(tmp, cv2.MORPH_CLOSE, (15, 15), iterations=2)
```

④ 调用 OpenCV 中的 findContours() 方法，查找执行闭运算操作后的二值边缘图像中的所有轮廓。代码如下所示。

```
contours, _ = cv2.findContours(tmp, cv2.RETR_EXTERNAL, cv2.CHAIN_APPROX_SIMPLE)
```

⑤ 使用 for 循环遍历这些轮廓，调用 OpenCV 中的 contourArea() 方法，计算每一个轮廓的面积。代码如下所示。

```
01 for c in contours:
02     area = cv2.contourArea(c)
```

⑥ 因为在目标图像中只有手册封面的轮廓面积大于 1000，所以使用简单的 if 语句筛选出面积大于 1000 的轮廓。代码如下所示。

```
if area > 10000:
```

⑦ 首先，调用 OpenCV 中的 arcLength() 方法，计算手册封面轮廓的周长；然后，根据手册封面轮廓的周长，调用 OpenCV 中的 approxPolyDP() 方法，计算手册封面轮廓的端点。代码如下所示。

```
01 length = cv2.arcLength(c, True)
02 approx = cv2.approxPolyDP(c, 0.02 * length, True)
```

⑧ 调用 NumPy 中的 float32() 方法，分别将手册封面轮廓的端点和俯视图的端点转换为浮点型列表。代码如下所示。

```
01 pts1 = np.float32(approx)
02 pts2 = np.float32([[w, 0], [0, 0], [0, h], [w, h]])
```

⑨ 首先，调用 OpenCV 中的 getPerspectiveTransform() 方法，根据已经转换为浮点型列表的手册封面轮廓的端点和俯视图的端点，自动计算用于实现透视效果的 M 矩阵；然后，调用 OpenCV 中的 warpPerspective() 方法，根据 M 矩阵对目标图像执行透视变换操作。代码如下所示。

```
01 M = cv2.getPerspectiveTransform(pts1, pts2)
02 tmp = cv2.warpPerspective(img, M, (w, h))
```

⑩ 调用 imshow() 方法，在一个窗口里显示手册封面的俯视图。代码如下所示。

```
cv2.imshow("Top view", tmp)
```

为了更系统地理解 do_perspectivity() 方法中每一行代码的含义及其作用，下面将给出 do_perspectivity() 方法的完整代码，代码如下所示。

```
01 def do_perspectivity():
02 w, h = 320, 480
03 tmp = cv2.GaussianBlur(img, (5, 5), 0)
04 tmp = cv2.Canny(tmp, 50, 120)
05 tmp = cv2.morphologyEx(tmp, cv2.MORPH_CLOSE, (15, 15), iterations=2)
06 contours, _ = cv2.findContours(tmp, cv2.RETR_EXTERNAL, cv2.CHAIN_APPROX_SIMPLE)
07 for c in contours:
08     area = cv2.contourArea(c)
09     if area > 10000:
10         length = cv2.arcLength(c, True)
11         approx = cv2.approxPolyDP(c, 0.02 * length, True)
12         pts1 = np.float32(approx)
13         pts2 = np.float32([[w, 0], [0, 0], [0, h], [w, h]])
14         M = cv2.getPerspectiveTransform(pts1, pts2)
15         tmp = cv2.warpPerspective(img, M, (w, h))
16 cv2.imshow("Top view", tmp)
```

16.3.4 公共模块

前面的内容已经分别讲解了用于实现均分图像、截取图像和透视图像的 divide_four() 方法、cut_roi() 方法和 do_perspectivity() 方法。本案例除了这 3 个方法外，还有一些公共模块。下面就来看一下本案例都有哪些公共模块。

① 在操作目标图像之前，要使用 imread() 方法读取目标图像。由于目标图像在当前项目目录下，使用 imread() 方法读取目标图像的代码如下所示。

```
img = cv2.imread("book.jpg")
```

② 调用用于实现均分图像、截取图像和透视图像的 divide_four() 方法、cut_roi() 方法和 do_perspectivity() 方法，让这 3 个方法发挥它们各自的作用。代码如下所示。

```
01 divide_four()
02 cut_roi()
03 do_perspectivity()
```

③ 调用 waitKey() 方法等待键盘上的按键指令，当键盘上的某一个按键被按下时，使用 destroyAllWindows() 方法释放正在显示目标图像的窗口。代码如下所示。

```
01 cv2.waitKey()
02 cv2.destroyAllWindows()
```

小结

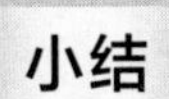

本案例有 3 个重点内容：在均分图像中，如何使用“切片”把目标图像均分为 4 幅图像；在截取图像中，如何借助 OpenCV 中的 selectROI() 方法，在目标图像中选择截取区域；在透视图像中，如何得到实现透视效果的 M 矩阵，又该如何根据 M 矩阵对目标图像执行透视变换操作，进而把目标图像中的手册封面还原成俯视图。

第17章 计算轮廓的面积、周长和极点（OpenCV + Python 内置函数 + NumPy 实现）

轮廓是将边缘连接起来而形成的一个整体。虽然本书第11章讲解了查找轮廓、绘制轮廓、轮廓拟合和凸包这4个内容，但是这4个内容基本没有涉及如何处理轮廓。本章将填补这个缺失：通过调用 OpenCV 中的一些新的方法，计算轮廓的面积和周长；通过调用 Python 中的一些函数，计算轮廓的最左端、最右端、最顶端和最底端的像素点。

本章的知识结构如下。

- 计算轮廓的面积、周长和极点
  - 案例效果预览
    - 显示绘制有轮廓的面积、周长和极点等信息的目标图像
  - 业务流程图
  - 实现步骤
    - 计算轮廓的面积
      - getArea()方法
      - contourArea()方法
    - 计算轮廓的周长
      - arcLength()方法
      - getGirth()方法
    - 标记轮廓的极点
      - getPoints()方法
      - 内置函数tuple()
      - argmin()方法
      - argmax()方法
      - circle()方法
    - 公共模块
      - imread()方法
      - findContours()方法
      - cvtColor()方法
      - imshow()方法
      - waitKey()方法
      - destroyAllWindows()方法
    - 显示绘制的轮廓面积、轮廓周长和轮廓极点
      - putText()方法
      - 内置函数round()
      - 内置函数str()
      - 调用getPoints()方法

17.1 案例效果预览

想一想，在如图 17.1 所示的目标图像中查找轮廓，找到轮廓后应该如何计算这个轮廓的面积和周长？如果用尺子量，那么尺子的单位是毫米，而图像的单位是像素，在单位不统一的情况下，又该如何计算轮廓的面积和周长呢？如果把目标图像不断地放大，放大到能看见每一个像素，这样就可以通过计数的方式统计出轮廓的周长。但是，这种统计方式无法统计出轮廓的面积，而且这种统计方式不仅费时费力，还不够精准。那么，有没有什么办法能够精准、快速地计算出轮廓的面积和周长呢？这就是本案例要解决的两个问题（本案例会把计算出的轮廓的面积和周长绘制在目标图像的左上角，绘制效果如图 17.2 所示）。

本案例要解决的第 3 个问题是如何标记轮廓的极点。所谓极点，指的是轮廓的最左端、最右端、最顶端和最底端的像素点。极点也是轮廓的一种特征，找到目标图像中的轮廓后，用“小红点”标记这个轮廓的极点，标记效果如图 17.2 所示。

图 17.1　目标图像

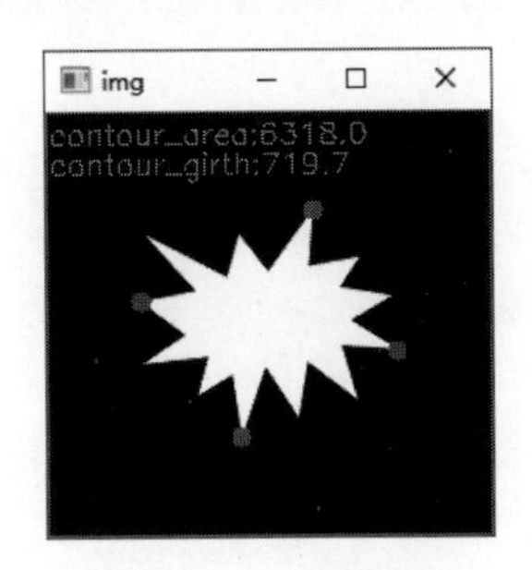

图 17.2　结果图像

17.2 业务流程图

计算轮廓的面积、周长和极点的业务流程如图 17.3 所示。

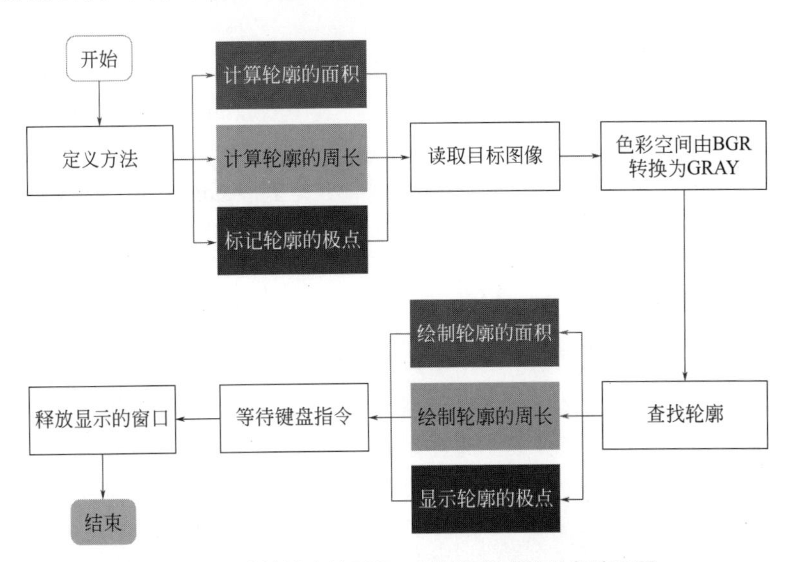

图 17.3　计算轮廓的面积、周长和极点的业务流程图

17.3 实现步骤

本案例分为以下 5 个内容：计算轮廓的面积、计算轮廓的周长、标记轮廓的极点、公共模块和显示绘制的轮廓面积、轮廓周长、轮廓极点。下面将依次对这 5 个内容进行讲解。

17.3.1 计算轮廓的面积

通过轮廓的面积，就能够明确与这个轮廓对应的图像的大小。为此，OpenCV 提供了用于计算轮廓面积的 contourArea() 方法。contourArea() 方法通过格林公式计算轮廓的面积，得出的结果可能与轮廓的真实面积有差别（计算结果并不是轮廓所占的像素个数）。contourArea() 方法的语法格式如下。

```
retval = cv2.contourArea(contour, oriented)
```

参数说明：

☑ contour：某个轮廓的像素坐标数组。

☑ oriented：可选参数。如果值为 True，则会根据轮廓方向（顺时针或逆时针）返回带符号的面积值。默认值为 False。

本案例创建了一个自定义的、无参的、有返回值的 getArea() 方法，其作用在于调用 contourArea() 方法计算从目标图像中找到的轮廓的面积。代码如下所示。

```
01 def getArea():
02     ret_area = cv2.contourArea(contours[0])
03     return ret_area
```

在上述 3 行代码里，有两个参数，一个是 contours[0]，另一个是 ret_area，那么如何理解这两个参数呢？首先分析参数 ret_area，它表示的是“轮廓的面积”，它是一个浮点型的值。也就是说，getArea() 方法返回的是一个浮点型的“轮廓的面积”。然后分析参数 contours[0]，在分析它之前，看一下用于实现查找轮廓的 findContours() 方法的语法格式：

```
contours, hierarchy = cv2.findContours(image, mode, methode)
```

不难看出，findContours() 方法有两个返回值，其中 contours 表示的是找到的所有轮廓，它是一个列表，每一个元素都是某个轮廓的像素坐标数组。对于本案例，因为目标图像中只有一个轮廓，所以 findContours() 方法的返回值尽管还是列表 contours，但是其中只有一个元素。因此，参数 contours[0] 表示的就是从目标图像中找到的、唯一的轮廓。

17.3.2 计算轮廓的周长

一幅图像中的轮廓的周长区别于一个实际物体的周长。对于一个实际物体的周长，可以用尺子量。但是，一幅图像中的轮廓的周长不能用尺子量，因为尺子和图像的单位是不统一的。即使把图像放大到能看见每一个像素，通过计数的方式统计出轮廓的周长，统计出的结果也不够精准。为此，OpenCV 提供了用于计算轮廓周长的 arcLength() 方法，其语法格式如下。

```
retval = cv2.arcLength(curve, closed)
```

参数说明：

☑ curve：在目标图像中获取到的图像轮廓。

☑ closed：表示获取到的图像轮廓是否是闭合的。如果 closed 为 True，那么表示获取到的图像轮廓是闭合的；如果 closed 为 False，那么表示获取到的图像轮廓不是闭合的。

本案例创建了一个自定义的、无参的、有返回值的 getGirth() 方法，其作用在于调用 arcLength() 方法计算从目标图像中找到的轮廓的周长。代码如下所示。

```
01 def getGirth():
02     ret_girth = cv2.arcLength(contours[0], True)
03     return ret_girth
```

在上述 3 行代码里，有两个参数和一个 True。这两个参数一个是 contours[0]，另一个是 ret_girth。下面简单解析下这两个参数和 True 表示的含义。

☑ contours[0]：contours 是一个列表，是 findContours() 方法的返回值。因为目标图像中只有一个轮廓，所以 contours[0] 表示的就是这个轮廓。

☑ ret_girth：表示的是“轮廓的周长”，它是一个浮点型的值。

☑ True：表示从目标图像中找到的轮廓是闭合的。

17.3.3 标记轮廓的极点

为了从目标图像中获取轮廓的最左端、最右端、最顶端和最底端的像素的坐标，即轮廓极点的坐标，需要调用 Python 中的内置函数 tuple()，其作用在于能够把列表转换为元组。内置函数 tuple() 的语法格式如下。

```
tuple(iterable)
```

参数说明：

☑ iterable：列表。

那么，获取到的元组在本案例中又能发挥怎样的作用呢？在本案例中，contours[0] 表示的是目标图像中的轮廓。在处理这个轮廓时，通过调用 4 次内置函数 tuple()，就能够依次获取轮廓的最左端、最右端、最顶端和最底端的像素的坐标。代码如下所示。

```
01 ct = contours[0]
02 left = tuple(ct[ct[:, :, 0].argmin()][0])  # 图像轮廓的最左端像素点的坐标
03 right = tuple(ct[ct[:, :, 0].argmax()][0])  # 图像轮廓的最右端像素点的坐标
04 top = tuple(ct[ct[:, :, 1].argmin()][0])  # 图像轮廓的最顶端像素点的坐标
05 bottom = tuple(ct[ct[:, :, 1].argmax()][0])  # 图像轮廓的最底端像素点的坐标
```

上述代码包含了两个陌生的方法，即 argmin() 方法和 argmax() 方法，这两个方法是由 NumPy 工具包提供的方法。其中，argmin() 方法的作用是返回特定要求下的最小值的下标；argmax() 方法的作用是返回特定要求下的最大值的下标。

具备了轮廓极点的坐标后，就能够通过 OpenCV 提供的用于绘制圆形的 circle() 方法，绘制轮廓的极点。circle() 方法的语法格式如下。

```
img = cv2.circle(img, center, radius, color, thickness)
```

参数说明：

☑ img：画布，即目标图像。

☑ center：圆形的圆心坐标，即“left”“right”“top”或者“bottom”。

☑ radius：圆形的半径，即“5”。

☑ color：绘制圆形时的线条颜色，即表示红色的“(0, 0, 255)”。

☑ thickness：绘制圆形时的线条宽度，即表示实心圆的“−1”。

综上所述，绘制轮廓极点的代码如下所示。

```
01 cv2.circle(img, left, 5, (0, 0, 255), -1)
02 cv2.circle(img, right, 5, (0, 0, 255), -1)
03 cv2.circle(img, top, 5, (0, 0, 255), -1)
04 cv2.circle(img, bottom, 5, (0, 0, 255), -1)
```

本案例创建了一个自定义的、无参的、无返回值的 getPoints() 方法，该方法包含了用于获取轮廓极点的坐标和绘制轮廓的极点这两个内容的代码。getPoints() 方法的代码如下所示。

```
01 def getPoints():
02     ct = contours[0]
03     left = tuple(ct[ct[:, :, 0].argmin()][0])
04     right = tuple(ct[ct[:, :, 0].argmax()][0])
05     top = tuple(ct[ct[:, :, 1].argmin()][0])
06     bottom = tuple(ct[ct[:, :, 1].argmax()][0])
07     cv2.circle(img, left, 5, (0, 0, 255), -1)
08     cv2.circle(img, right, 5, (0, 0, 255), -1)
09     cv2.circle(img, top, 5, (0, 0, 255), -1)
10     cv2.circle(img, bottom, 5, (0, 0, 255), -1)
```

17.3.4 公共模块

前面的内容已经分别讲解了用于计算轮廓的面积、计算轮廓的周长和标记轮廓的极点的 getArea() 方法、getGirth() 方法和 getPoints() 方法。这 3 个方法有一个共同点：用到了 contours[0] 这个参数。下面就来看一下本案例都有哪些公共模块。

在操作目标图像之前，要使用 imread() 方法读取目标图像。由于目标图像在当前项目目录下，使用 imread() 方法读取目标图像的代码如下所示。

```
img = cv2.imread(“shape.png”)
```

在调用 findContours() 方法查找目标图像中的轮廓前，需根据 findContours() 方法的语法格式，明确其中各个参数的值都是什么。findContours() 方法的语法格式如下。

```
contours, hierarchy = cv2.findContours(image, mode, methode)
```

参数说明：

☑ image：目标图像，必须是 8 位单通道的二值图像。如果原始图像是彩色图像，必须转为灰度图像，并经过二值化阈值处理。

观察图 17.1，不难发现它已经是一幅只有黑色和白色的图像。只不过，它现在是一幅具有 3 个通道的图像。因此，需要调用 cvtColor() 方法把目标图像转为灰度图像，使之转为一幅单通道的二值图像。代码如下所示。

```
gray = cv2.cvtColor(img, cv2.COLOR_RGB2GRAY)
```

☑ mode：轮廓的检索模式，它有 4 个值，本案例采用的是表示“检测所有轮廓，但不建立层次关系”的 cv2.RETR_LIST。

☑ methode：检测轮廓时使用的方法。它也有 4 个值，本案例采用的是表示“存储轮廓上的所有点”的 cv2.CHAIN_APPROX_NONE。

明确了 findContours() 方法中各个参数的值，用于查找目标图像中的轮廓的代码如下所示。

```
contours, hierarchy = cv2.findContours(gray, cv2.RETR_LIST, cv2.CHAIN_APPROX_NONE)
```

调用 imshow() 方法在一个窗口里显示已经绘制有轮廓的面积、周长和极点等信息的目标图像。代码如下所示。

```
cv2.imshow("img", img)
```

调用 waitKey() 方法等待键盘上的按键指令，当键盘上的某一个按键被按下时，使用 destroyAllWindows() 方法释放正在显示目标图像的窗口。代码如下所示。

```
01 cv2.waitKey()
02 cv2.destroyAllWindows()
```

17.3.5　显示绘制的轮廓面积、轮廓周长和轮廓极点

用于计算轮廓面积的 getArea() 方法和计算、轮廓周长的 getGirth() 方法都具有返回值，这两个返回值的数据类型都是浮点型。那么，如何把这两个浮点型的返回值绘制在目标图像上呢？ OpenCV 提供了用于绘制文字的 putText() 方法，其方法的语法格式如下。

```
img = cv2.putText(img, text, org, fontFace, fontScale, color, thickness)
```

以绘制轮廓面积为例，明确各个参数的值：

☑ img：画布，即目标图像。

☑ text：要绘制的文字内容。

因为 getArea() 方法的返回值是一个浮点型值，且这个值的小数点后可能会有很多位数字，所以调用 Python 的内置函数 round() 保留小数点后的一位数字。又因为参数 text 的值是一个字符串，所以还要调用 Python 的内置函数 str() 把保留小数点后一位数字的浮点型值转为字符串。因此，在本案例中，text 的值如下所示。

```
"contour_area:" + str(round(getArea(), 1))
```

☑ org：文字在画布中的左下角坐标，即“(0, 15)”。

☑ fontFace：字体样式，即“cv2.FONT_HERSHEY_SIMPLEX”。

☑ fontScale：字体大小，即“0.5”。

☑ color：绘制文字时的线条颜色，即表示绿色的“(0, 255, 0)”。

☑ thickness：绘制文字时的线条宽度，即“1”。

综上所述，用于绘制轮廓面积的代码如下所示。

```
cv2.putText(img, "contour_area:" + str(round(getArea(), 1)), (0, 15),
            cv2.FONT_HERSHEY_SIMPLEX, 0.5, (0, 255, 0), 1)
```

用于绘制轮廓周长的代码与用于绘制轮廓面积的代码大致相同，但是有两处不同。一个

是方法不同，要把 getArea() 方法修改为 getGirth() 方法；另一个是文字在画布中的左下角坐标不同，要把“(0, 15)”修改为“(0, 30)”。用于绘制轮廓周长的代码如下所示。

```
cv2.putText(img, "contour_girth:" + str(round(getGirth(), 1)), (0, 30),
            cv2.FONT_HERSHEY_SIMPLEX, 0.5, (0, 255, 0), 1)
```

对于用于绘制轮廓极点的 getPoints() 方法，它没有返回值，而是直接在目标图像上根据轮廓的最左端、最右端、最顶端和最底端这 4 个像素点的坐标绘制极点。因此，调用 getPoints() 方法的代码如下所示。

```
getPoints()
```

为了更深入地理解每一行代码的含义及其作用，下面将给出用于实现本案例的完整代码，代码如下所示。

```
01 import cv2
02
03 def getArea():
04     ret_area = cv2.contourArea(contours[0])
05     return ret_area
06
07 def getGirth():
08     ret_girth = cv2.arcLength(contours[0], True)
09     return ret_girth
10
11 def getPoints():
12     ct = contours[0]
13     left = tuple(ct[ct[:, :, 0].argmin()][0])
14     right = tuple(ct[ct[:, :, 0].argmax()][0])
15     top = tuple(ct[ct[:, :, 1].argmin()][0])
16     bottom = tuple(ct[ct[:, :, 1].argmax()][0])
17     cv2.circle(img, left, 5, (0, 0, 255), -1)
18     cv2.circle(img, right, 5, (0, 0, 255), -1)
19     cv2.circle(img, top, 5, (0, 0, 255), -1)
20     cv2.circle(img, bottom, 5, (0, 0, 255), -1)
21
22 img = cv2.imread("shape.png")
23 gray = cv2.cvtColor(img, cv2.COLOR_RGB2GRAY)
24 contours, hierarchy = cv2.findContours(gray, cv2.RETR_LIST, cv2.CHAIN_APPROX_NONE)
25 cv2.putText(img, "contour_area:" + str(round(getArea(), 1)), (0, 15),
           cv2.FONT_HERSHEY_SIMPLEX, 0.5, (0, 255, 0), 1)
26 cv2.putText(img, "contour_girth:" + str(round(getGirth(), 1)), (0, 30),
           cv2.FONT_HERSHEY_SIMPLEX, 0.5, (0, 255, 0), 1)
27 getPoints()
28 cv2.imshow("img", img)
29 cv2.waitKey()
30 cv2.destroyAllWindows()
```

小结

本案例有如下几个关键点：调用 contourArea() 方法，计算目标图像中轮廓的面积；调用 arcLength() 方法，计算目标图像中轮廓的周长；调用内置函数 tuple() 和 NumPy 工具包中的 argmin() 方法、argmax() 方法，计算图像中轮廓的极点；调用内置函数 round() 操作浮点型值，保留小数点后的一位数字；调用内置函数 str()，把保留小数点后一位数字的浮点型值转为字符串。

第 18 章 掩模调试器（OpenCV + NumPy 实现）

前面我们讲解过“掩模”，通过掩模可以覆盖原始图像，仅暴露对原始图像“感兴趣区域”（ROI）中指定模板图像。本章将借助 NumPy 技术设计一个掩模调试器，将掩模技术应用于实际中。

本章的知识结构如下。

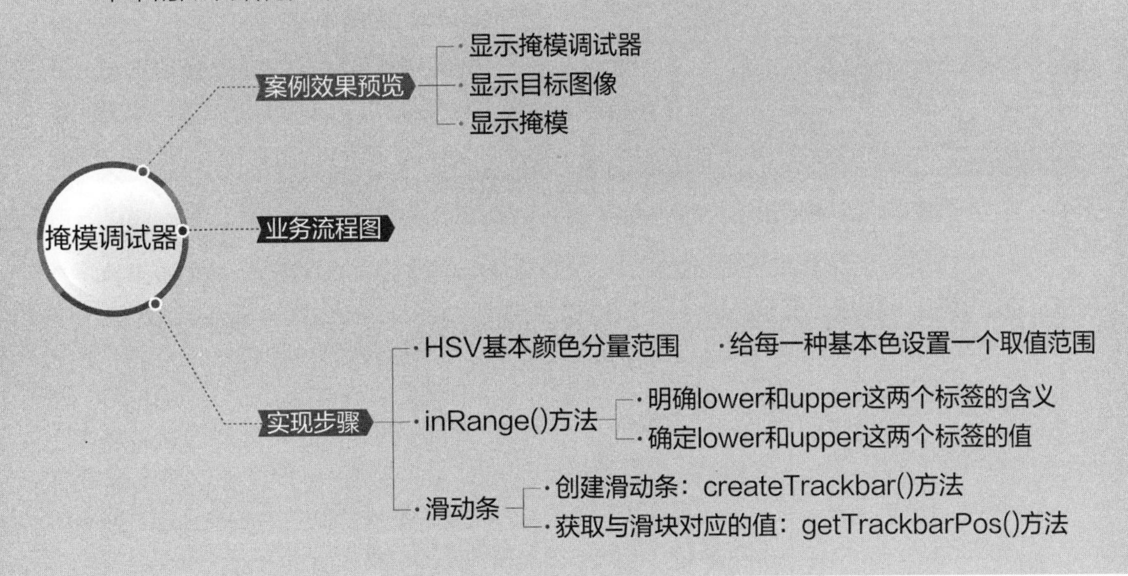

18.1 案例效果预览

掩模，又称掩码，英文名为 mask。掩模在程序中用二值图像表示，其中 0 值（纯黑）区域表示被遮盖的部分，255 值（纯白）区域表示暴露的部分。掩模的作用就好比外科医生在给患者做手术时使用的手术洞巾，如图 18.1 所示。在图像运算的过程中，为了能够更加直观地看到运算结果，掩模扮演着极其重要的角色。

明确了掩模的作用后，下面将通过编码实现一个如图 18.2 所示的掩模调试器。这个掩模调试器是基于 HSV 色彩空间建立起来的。把掩模调试器中各个参数的值按照图 18.2 进行设置后，使用设置后的掩模处理如图 18.3 所示的目标图像，得到的结果图像如图 18.4 所示。观察图 18.4 可知，这个掩模的作用是把目标图像中的红色区域暴露出来。

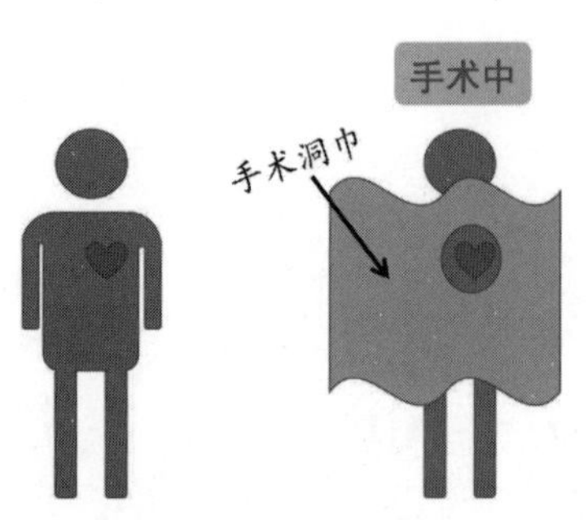

图 18.1　外科手术会给患者盖上手术洞巾

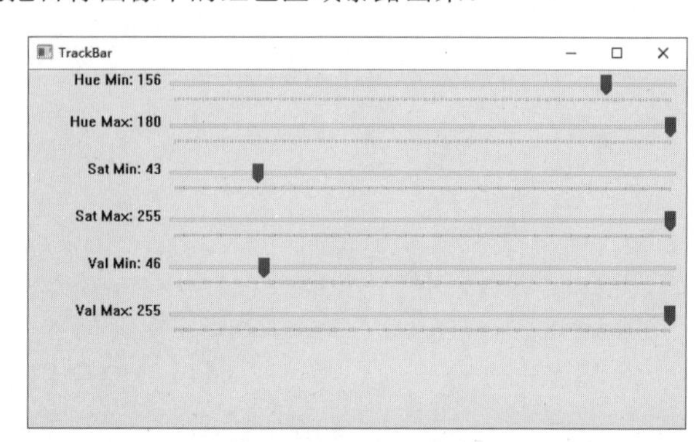

图 18.2　掩模调试器

图 18.3　目标图像

图 18.4　目标图像经掩模处理后的结果

18.2　业务流程图

掩模调试器的业务流程如图 18.5 所示。

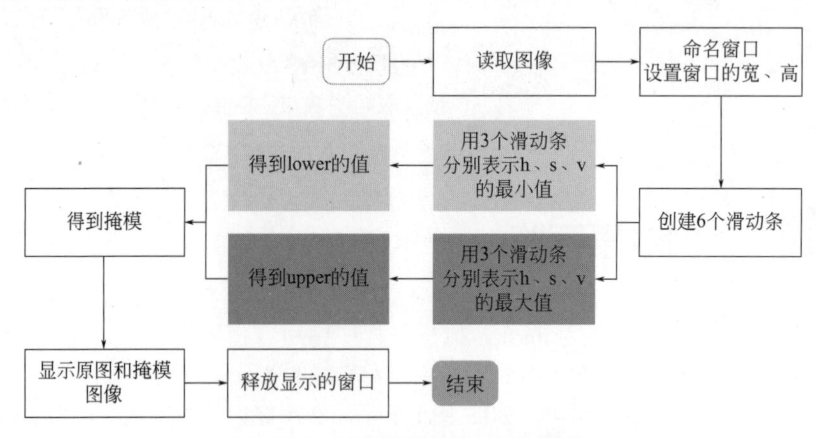

图 18.5　掩模调试器的业务流程图

18.3 实现步骤

本案例实现的关键是设置掩模及滑动条的使用，而设置掩模需要使用 OpenCV 中 inRange() 方法实现，并且需要对 HSV 色彩空间基础有一个基本的认识。本节将首先介绍 HSV 色彩空间基础知识，然后讲解 inRange() 方法和滑动条的使用，最后分步讲解该案例的实现过程。

18.3.1 HSV 基本颜色分量范围

HSV 色彩空间是基于图像的色调、饱和度和亮度而言的，它以人类更熟悉的方式封装了颜色的信息：“这是什么颜色？深浅如何？明暗如何？”。一般情况下，基于色彩空间的图像处理都是在 HSV 色彩空间中进行的。

色调（H，即 Hue）是指光的颜色，如彩虹中的赤、橙、黄、绿、青、蓝、紫分别表示的就是不同的色调。在 OpenCV 中，色调在闭合区间 [0, 180] 内取值。

饱和度（S，即 Saturation）是指色彩的深浅。在 OpenCV 中，饱和度在闭合区间 [0, 255] 内取值。当饱和度为 0 时，图像将变为灰度图像。

亮度（V，即 Value）是指光的明暗。与饱和度相同，在 OpenCV 中，亮度也在闭合区间 [0, 255] 内取值。亮度值越大，图像越亮。当亮度值为 0 时，图像呈纯黑色。

通常把黑、灰、白、红、橙、黄、绿、青、蓝、紫称作基本色，为了在 HSV 色彩空间中给每一种基本色设置一个严格的取值范围，需要分别对 HSV 色彩空间的 3 个颜色分量进行实验计算。通过大量的实验计算，得到一个如表 18.1 所示的模糊范围。

表 18.1　在 HSV 色彩空间中给每一种基本色设置一个取值范围

基本色	黑	灰	白	红		橙	黄	绿	青	蓝	紫
hmin	0	0	0	0	156	11	26	35	78	100	125
hmax	180	180	180	10	180	25	34	77	99	124	155
smin	0	0	0	43		43	43	43	43	43	43
smax	255	43	30	255		255	255	255	255	255	255
vmin	0	46	221	46		46	46	46	46	46	46
vmax	46	220	255	255		255	255	255	255	255	255

18.3.2 inRange() 方法

对于 HSV 色彩空间的图像，OpenCV 提供了 inRange() 方法设置掩模，inRange() 方法的语法格式如下。

```
mask = cv2.inRange(hsv, lower, upper)
```

参数说明：

☑ hsv：一幅色彩空间是 HSV 的图像。

☑ lower：在图像中，对于像素值低于 lower 的像素，将这些像素的值变为 0。

☑ upper：在图像中，对于像素值高于 upper 的像素，将这些像素的值变为 0。

在图像中，对于像素值介于 lower 和 upper 之间的像素，将这些像素的值变为 255。

返回值说明：

☑ mask：一幅只有黑色和白色的二值图像。

那么，应该如何理解 lower 和 upper 这两个标签，又该如何确定 lower 和 upper 这两个标签的值呢？下面以图 18.3 和图 18.4 为例，解答这两个问题。

图 18.4 是把目标图像（即图 18.3）中的红色区域暴露出来后的结果（红色区域呈现白色，其他区域呈现黑色）。在处理目标图像之前，因为 OpenCV 把目标图像的色彩空间默认为 BGR，所以需要调用 cvtColor() 方法将目标图像的色彩空间由 BGR 转换为 HSV。

这样，在 HSV 色彩空间中，lower 和 upper 这两个标签才拥有了各自的意义。其中，lower 表示的是通过色调（H）、饱和度（S）和亮度（V）确定的红色区域内像素的最小值；upper 表示的是通过色调（H）、饱和度（S）和亮度（V）确定的红色区域内像素的最大值。

由表 18.1 可知，在 HSV 色彩空间中，与红色对应的色调（H）、饱和度（S）和亮度（V）分别在闭合区间 [156, 180]、[43, 255] 和 [46, 255] 内取值。因此，与红色对应的色调（H）、饱和度（S）和亮度（V）的最小值分别为 156、43 和 46；与红色对应的色调（H）、饱和度（S）和亮度（V）的最大值分别为 180、255 和 255。不难发现，这些数值就是在图 18.2 中与滑块所在位置对应的值。

对于色彩空间是 HSV 的目标图像，其中的每一个像素的像素值都是一个含有 3 个元素的一维数组，这 3 个元素分别对应色调（H）、饱和度（S）和亮度（V）的值。结合以上内容，调用 NumPy 中的 array() 方法即可确定 lower 和 upper 这两个标签的值。代码如下所示。

```
01 lower = np.array([156, 43, 46])
02 upper = np.array([180, 255, 255])
```

18.3.3 滑动条

由图 18.2 可知，本案例有 6 个滑动条，它们分别对应的是色调（H）的最小值和最大值，饱和度（S）的最小值和最大值，亮度（V）的最小值和最大值。这刚好凸显了滑动条的两个作用：一个是在指定的范围内，通过滑块设置值；另一个是获取与滑块所在位置对应的值。下面回顾下如何创建滑动条和如何获取与滑块所在位置对应的值。

在使用滑动条之前，要先创建滑动条。为此，OpenCV 提供了 createTrackbar() 方法，该方法的语法格式如下。

```
cv2.createTrackbar(trackbarname, winname, value, count, onChange)
```

参数说明：

☑ trackbarname：滑动条的名称。

☑ winname：显示滑动条的窗口名称。

☑ value：滑动条的初始值（这个值决定滑动条上的滑块的位置）。

☑ count：滑动条的最大值。

☑ onChange：一个回调函数（一般情况下，将滑动条要实现的操作写在这个回调函数内）。

滑动条被创建后，拖动滑动条上的滑块，就能够设置滑动条的值。那么，如何获取这个值呢？这时要用到的是 OpenCV 中的 getTrackbarPos() 方法，该方法的语法格式如下。

```
retval = cv2.getTrackbarPos(trackbarname, winname)
```

参数说明：

☑ trackbarname：滑动条的名称。

☑ winname：显示滑动条的窗口名称。

返回值说明：

☑ retval：滑块所在位置对应的值。

18.3.4　编码实现

在使用 createTrackbar() 方法创建滑动条前，需要定义一个回调函数。在这个回调函数中，包含滑动条要实现的操作。但是，对于本案例而言，不需要滑动条实现任何操作，只需要获取与滑块所在位置对应的值。也就是说，这个回调函数不需要做任何事情，其代码如下所示。

```
01 def change(null):
02     pass
```

Python 中的 pass 语句是空语句，其作用是为了保持程序结构的完整性。换言之，pass 语句不做任何事情，只是一个占位语句。

在操作目标图像之前，要使用 imread() 方法读取目标图像。由于目标图像在当前项目目录下，使用 imread() 方法读取目标图像的代码如下所示。

```
img = cv2.imread("car.png")
```

调用 namedWindow() 方法定义用于显示滑动条的窗口名称。代码如下所示。

```
cv2.namedWindow("TrackBar")
```

调用 resizeWindow() 方法设置用于显示滑动条的窗口的宽度为 640，高度为 340。代码如下所示。

```
cv2.resizeWindow("TrackBar", 640, 340)
```

调用 createTrackbar() 方法，创建一个用于表示“色调最小值”的滑动条。其中，这个滑动条的名称为“Hue Min”，用于显示这个滑动条的窗口名称为“TrackBar”，这个滑动条的初始值为 9，最大值为 180，回调函数是 change()。代码如下所示。

```
cv2.createTrackbar("Hue Min", "TrackBar", 9, 180, change)
```

调用 createTrackbar() 方法，创建一个用于表示“色调最大值”的滑动条。其中，这个滑动条的名称为“Hue Max”，用于显示这个滑动条的窗口名称为“TrackBar”，这个滑动条的初始值为 19，最大值为 180，回调函数是 change()。代码如下所示。

```
cv2.createTrackbar("Hue Max", "TrackBar", 19, 180, change)
```

调用 createTrackbar() 方法，创建一个用于表示“饱和度最小值”的滑动条。其中，这个滑动条的名称为“Sat Min”，用于显示这个滑动条的窗口名称为“TrackBar”，这个滑动条的初始值为43，最大值为255，回调函数是change()。代码如下所示。

```
cv2.createTrackbar("Sat Min", "TrackBar", 43, 255, change)
```

调用createTrackbar()方法，创建一个用于表示“饱和度最大值”的滑动条。其中，这个滑动条的名称为“Sat Max”，用于显示这个滑动条的窗口名称为“TrackBar”，这个滑动条的初始值为255，最大值为255，回调函数是change()。代码如下所示。

```
cv2.createTrackbar("Sat Max", "TrackBar", 255, 255, change)
```

调用createTrackbar()方法，创建一个用于表示“亮度最小值”的滑动条。其中，这个滑动条的名称为“Val Min”，用于显示这个滑动条的窗口名称为“TrackBar”，这个滑动条的初始值为46，最大值为255，回调函数是change()。代码如下所示。

```
cv2.createTrackbar("Val Min", "TrackBar", 46, 255, change)
```

调用createTrackbar()方法，创建一个用于表示“亮度最大值”的滑动条。其中，这个滑动条的名称为“Val Max”，用于显示这个滑动条的窗口名称为“TrackBar”，这个滑动条的初始值为255，最大值为255，回调函数是change()。代码如下所示。

```
cv2.createTrackbar("Val Max", "TrackBar", 255, 255, change)
```

判断是否按下键盘上的“A”键。如果没有按下键盘上的“A”键，分别读取6个滑动条中与滑块所在位置对应的值；如果按下键盘上的“A”键，释放正在显示图像的窗口。判断是否按下键盘上的“A”键的代码如下所示。

```
while cv2.waitKey(1) & 0xFF != ord('a'):
```

调用cvtColor()方法将目标图像的色彩空间由BGR转换为HSV。代码如下所示。

```
imgHSV = cv2.cvtColor(img, cv2.COLOR_BGR2HSV)
```

获取表示“色调最大值”的滑动条上与滑块所在位置对应的值。代码如下所示。

```
h_max = cv2.getTrackbarPos("Hue Max", "TrackBar")
```

获取表示“色调最小值”的滑动条上与滑块所在位置对应的值。代码如下所示。

```
h_min = cv2.getTrackbarPos("Hue Min", "TrackBar")
```

获取表示“饱和度最大值”的滑动条上与滑块所在位置对应的值。代码如下所示。

```
s_max = cv2.getTrackbarPos("Sat Max", "TrackBar")
```

获取表示“饱和度最小值”的滑动条上与滑块所在位置对应的值。代码如下所示。

```
s_min = cv2.getTrackbarPos("Sat Min", "TrackBar")
```

获取表示“亮度最大值”的滑动条上与滑块所在位置对应的值。代码如下所示。

```
v_max = cv2.getTrackbarPos("Val Max", "TrackBar")
```

获取表示“亮度最小值”的滑动条上与滑块所在位置对应的值。代码如下所示。

```
v_min = cv2.getTrackbarPos("Val Min", "TrackBar")
```

调用 NumPy 中的 array() 方法，先根据色调、饱和度和亮度的最小值确定 lower 标签的值，再根据色调、饱和度和亮度的最大值确定 upper 标签的值。代码如下所示。

```
01 lower = np.array([h_min, s_min, v_min])
02 upper = np.array([h_max, s_max, v_max])
```

调用 inRange() 方法，根据 lower 和 upper 这两个标签设置掩模。代码如下所示。

```
mask = cv2.inRange(imgHSV, lower, upper)
```

调用 imshow() 方法，分别在两个窗口里显示目标图像和掩模。代码如下所示。

```
01 cv2.imshow("img", img)
02 cv2.imshow("mask", mask)
```

调用 destroyAllWindows() 方法释放正在显示目标图像的窗口。代码如下所示。

```
cv2.destroyAllWindows()
```

为了更系统地理解本案例中每一行代码的含义及其作用，下面将给出本案例的完整代码，代码如下所示。

```
01 import cv2
02 import numpy as np
03
04 def change(null):
05     pass
06
07 img = cv2.imread("car.png")
08 cv2.namedWindow("TrackBar")
09 cv2.resizeWindow("TrackBar", 640, 340)
10 cv2.createTrackbar("Hue Min", "TrackBar", 9, 180, change)
11 cv2.createTrackbar("Hue Max", "TrackBar", 19, 180, change)
12 cv2.createTrackbar("Sat Min", "TrackBar", 43, 255, change)
13 cv2.createTrackbar("Sat Max", "TrackBar", 255, 255, change)
14 cv2.createTrackbar("Val Min", "TrackBar", 46, 255, change)
15 cv2.createTrackbar("Val Max", "TrackBar", 255, 255, change)
16
17 while cv2.waitKey(1) & 0xFF != ord( ‘a’ ):
18     imgHSV = cv2.cvtColor(img, cv2.COLOR_BGR2HSV)
19     h_max = cv2.getTrackbarPos("Hue Max", "TrackBar")
20     h_min = cv2.getTrackbarPos("Hue Min", "TrackBar")
21     s_max = cv2.getTrackbarPos("Sat Max", "TrackBar")
22     s_min = cv2.getTrackbarPos("Sat Min", "TrackBar")
23     v_max = cv2.getTrackbarPos("Val Max", "TrackBar")
24     v_min = cv2.getTrackbarPos("Val Min", "TrackBar")
25     lower = np.array([h_min, s_min, v_min])
26     upper = np.array([h_max, s_max, v_max])
27     mask = cv2.inRange(imgHSV, lower, upper)
28     cv2.imshow("img", img)
29     cv2.imshow("mask", mask)
30
31 cv2.destroyAllWindows()
```

小结

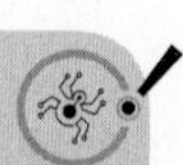

本案例有如下几个关键点：明确在 HSV 色彩空间中如何给一种基本色设置一个取值范围；如何定义 inRange() 方法中 lower 和 upper 这两个标签；深入理解 inRange() 方法是如何设置掩模的；在设置掩模前，需要把目标图像的色彩空间由 BGR 转换为 HSV；在创建滑动条前，需要先定义一个回调函数；如何定义一个不做任何事情的回调函数。

Python OpenCV

第19章 粘贴带透明区域的图像（OpenCV + NumPy实现）

如果想把两幅图像混合到一起，就需要计算这两幅图像的加权和。这种方式在某种程度上可以实现粘贴图像的效果。那么，是否还有其他方法能够实现粘贴图像的效果？如果被粘贴的图像带有透明区域，那么又该如何实现粘贴图像的效果？本章将使用OpenCV和NumPy这两个工具包解决上述两个问题。

本章的知识结构如下。

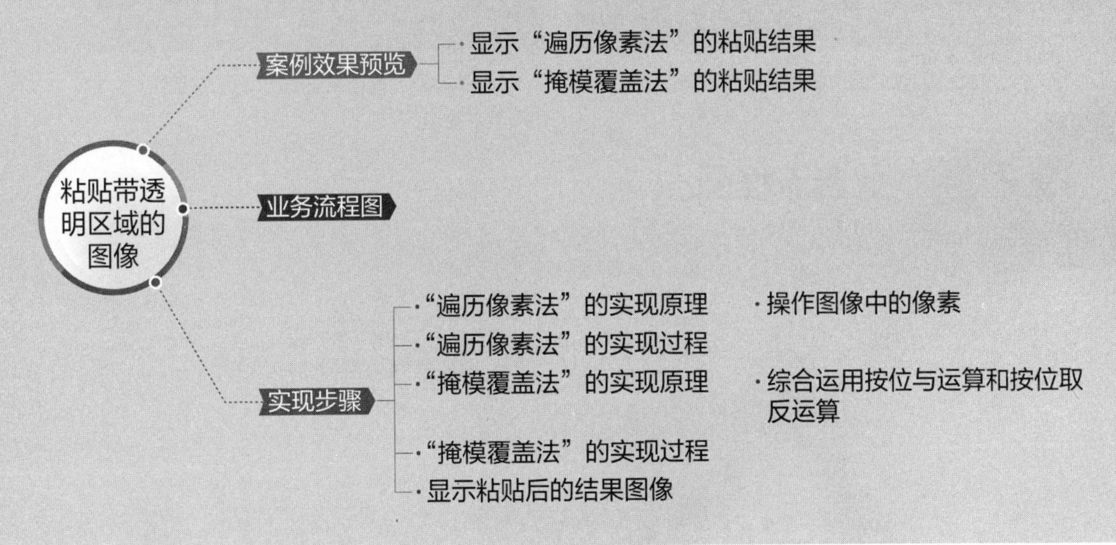

19.1 案例效果预览

图19.1是一幅带透明区域的图像，五角星是不透明的，而五角星以外的区域是透明的。图19.2是一幅不透明的图像。把图19.1看作前景图像，将图19.2看作背景图像，本章要分别使用“遍历像素法”和“掩模覆盖法”实现将图19.1粘贴到图19.2中的指定位置上，粘

贴后的结果图像分别如图 19.3 和图 19.4 所示。

图 19.1　前景图像

图 19.2　背景图像

图 19.3　“遍历像素法”的粘贴结果

图 19.4　“掩模覆盖法”的粘贴结果

19.2 业务流程图

“遍历像素法”的业务流程如图 19.5 所示。

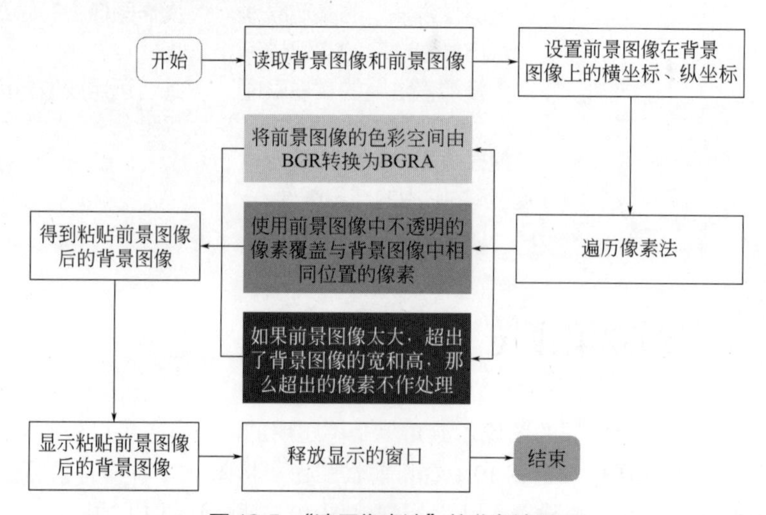

图 19.5　“遍历像素法”的业务流程

“掩模覆盖法”的业务流程如图 19.6 所示。

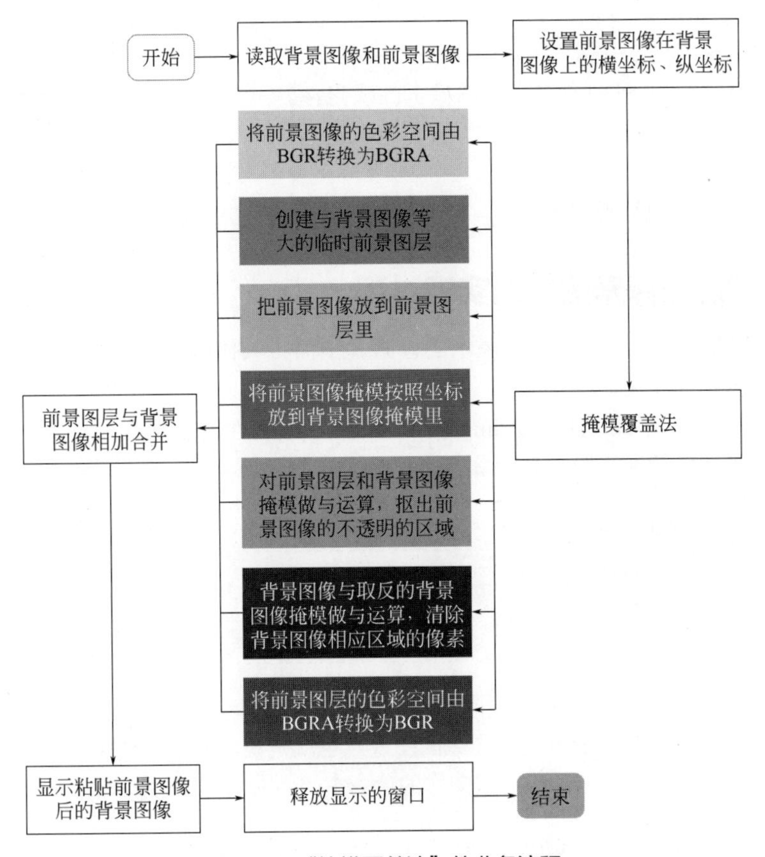

图 19.6 “掩模覆盖法”的业务流程

19.3 实现步骤

本章分别使用“遍历像素法”和“掩模覆盖法”实现将图 19.1 粘贴到图 19.2 中的指定位置上。下面将分别对这两种方法的实现原理和实现过程进行讲解。

19.3.1 “遍历像素法”的实现原理

图像是由像素组成的。要想实现将图 19.1 粘贴到图 19.2 中的指定位置上，首先要确定的是粘贴位置，也就是要确定前景图像的左上角在背景图像上的横坐标、纵坐标，然后遍历图 19.1 的行像素、列像素，最后使用图 19.1 中的像素覆盖与图 19.2 中相同位置的像素。

“遍历像素法”的实现过程被编写在 overlay_pixel() 方法中，overlay_pixel() 方法是一个自定义的、有参且有返回值的方法。overlay_pixel() 方法的语法格式如下。

```
def overlay_pixel(img, img_over, img_over_x, img_over_y):
    ……# 省略方法体中的代码
    return img
```

参数说明：

☑ img：背景图像。

☑ img_over：前景图像。

☑ img_over_x：前景图像在背景图像上的横坐标。

☑ img_over_y：前景图像在背景图像上的纵坐标。

返回值说明：

☑ img：粘贴后的结果图像。

19.3.2 “遍历像素法”的实现过程

“遍历像素法”的实质是操作图像中的像素。下面将具体解析 overlay_pixel() 方法中被省略的代码及其发挥的作用。

① 通过调用背景图像（用标签 img 表示）的 shape 属性，分别获取背景图像中像素的行数、列数和背景图像的通道数。代码如下所示。

```
img_h, img_w, img_p = img.shape
```

② 通过调用前景图像（用标签 img_over 表示）的 shape 属性，分别获取前景图像中像素的行数、列数和前景图像的通道数。代码如下所示。

```
img_over_h, img_over_w, img_over_c = img_over.shape
```

③ 因为前景图像是一幅带有透明区域的图像，也就是说，前景图像是一幅具有 4 个通道的图像，所以要调用 cvtColor() 方法将前景图像的色彩空间由 BGR 转换为 BGRA。代码如下所示。

```
img_over = cv2.cvtColor(img_over, cv2.COLOR_BGR2BGRA)
```

④ 使用嵌套 for 循环，遍历前景图像中的列像素和行像素。代码如下所示。

```
01 for w in range(0, img_over_w):
02     for h in range(0, img_over_h):
```

⑤ 判断前景图像中每个像素是否透明，如果某个像素不透明，就用这个像素覆盖与背景图像中相同位置的像素。其中，这个像素的横坐标、纵坐标需要根据前景图像在背景图像上的横坐标、纵坐标进行确定。代码如下所示。

```
01 if img_over[h, w, 3] != 0:
02     for c in range(0, 3):
03         x = img_over_x + w
04         y = img_over_y + h
05         if x >= img_w or y >= img_h:
06             break
07         img[y, x, c] = img_over[h, w, c]
```

结合以上关于 overlay_pixel() 方法中被省略的代码及其发挥的作用，就能够迅速完成 overlay_pixel() 方法的编写。overlay_pixel() 方法的代码如下所示。

```
01 def overlay_pixel(img, img_over, img_over_x, img_over_y):
02     img_h, img_w, img_p = img.shape
03     img_over_h, img_over_w, img_over_c = img_over.shape
```

```
04    img_over = cv2.cvtColor(img_over, cv2.COLOR_BGR2BGRA)
05    for w in range(0, img_over_w):
06        for h in range(0, img_over_h):
07            if img_over[h, w, 3] != 0:
08                for c in range(0, 3):
09                    x = img_over_x + w
10                    y = img_over_y + h
11                    if x >= img_w or y >= img_h:
12                        Break
13                    img[y, x, c] = img_over[h, w, c]
14    return img
```

19.3.3　“掩模覆盖法”的实现原理

“掩模覆盖法”需要按位与运算、按位取反运算这两种图像的位运算予以支持。与“遍历像素法”相比，其实现逻辑更复杂。

按位与运算是按照二进制位进行判断，如果同一位的数字都是 1，则运算结果的相同位数字取 1，否则取 0。OpenCV 提供 bitwise_and() 方法来对图像做与运算，该方法的语法格式如下。

```
dst = cv2.bitwise_and(src1, src2, mask)
```

参数说明：

☑ src1：第一幅图像。

☑ src2：第二幅图像。

☑ mask：可选参数，掩模。

返回值说明：

☑ dst：与运算之后的结果图像。

按位取反运算是一种单目运算，仅需一个数字参与运算就可以得出结果。取反运算也是按照二进制位进行判断，如果运算数某位上数字是 0，则运算结果的相同位的数字就取 1，如果这一位的数字是 1，则运算结果的相同位的数字就取 0。OpenCV 提供 bitwise_not() 方法来对图像做取反运算，该方法的语法格式如下。

```
dst = cv2.bitwise_not(src, mask)
```

参数说明：

☑ src：参与运算的图像。

☑ mask：可选参数，掩模。

返回值说明：

☑ dst：取反运算之后的结果图像。

“掩模覆盖法”的实现过程被编写在 overlay_mask() 方法中。与 overlay_pixel() 方法相同，overlay_mask() 方法也是一个自定义的、有参且有返回值的方法。overlay_mask() 方法的语法格式如下。

```
def overlay_mask(background_img, prospect_img, img_over_x, img_over_y):
    ……# 省略方法体中的代码
    return prospect_tmp + background_img
```

参数说明：

☑ background_img：背景图像。

☑ prospect_img：前景图像。

☑ img_over_x：前景图像在背景图像上的横坐标。

☑ img_over_y：前景图像在背景图像上的纵坐标。

返回值说明：

☑ prospect_tmp + background_img：粘贴后的结果图像。其中，prospect_tmp 表示的是“与背景图像等大的临时前景图层”。

19.3.4 “掩模覆盖法”的实现过程

“掩模覆盖法”的核心在于综合运用按位与运算和按位取反运算。下面将具体解析 overlay_mask() 方法中被省略的代码及其发挥的作用。

① 通过调用背景图像（用标签 background_img 表示）的 shape 属性，分别获取背景图像中像素的行数、列数和背景图像的通道数。代码如下所示。

```
back_r, back_c, _ = background_img.shape
```

② 根据前景图像在背景图像上的横坐标、纵坐标，判断前景图像是否在背景图像的范围内。如果前景图像不在背景图像的范围内，那么控制台将显示“警告”信息，并把背景图像作为 overlay_mask() 方法的返回值。代码如下所示。

```
01 if img_over_x > back_c or img_over_x < 0 or img_over_y > back_r or img_over_y < 0:
02     print(" 前景图像不在背景图像范围内 ")
03     return background_img
```

③ 通过调用前景图像（用标签 prospect_img 表示）的 shape 属性，分别获取前景图像中像素的行数、列数和前景图像的通道数。代码如下所示。

```
pro_r, pro_c, _ = prospect_img.shape
```

④ 分别从水平方向和垂直方向判断前景图像能否在背景图像上展示完全。如果在水平方向上前景图像不能完全展示在背景图像上，那么就截取前景图像中像素的列数，仅展示部分前景图像；如果在垂直方向上不能完全展示在背景图像上，那么就截取前景图像中像素的行数，仅展示部分前景图像。代码如下所示。

```
01 pro_r, pro_c, _ = prospect_img.shape
02 if img_over_x + pro_c > back_c:
03     pro_c = back_c - img_over_x
04     prospect_img = prospect_img[:, 0:pro_c, :]
05 if img_over_y + pro_r > back_r:
06     pro_r = back_r - img_over_y
07     prospect_img = prospect_img[0:pro_r, :, :]
```

⑤ 因为前景图像是一幅带有透明区域的图像，也就是说，前景图像是一幅具有 4 个通道的图像，所以要调用 cvtColor() 方法将前景图像的色彩空间由 BGR 转换为 BGRA。代码如下所示。

```
prospect_img = cv2.cvtColor(prospect_img, cv2.COLOR_BGR2BGRA)
```

⑥ 调用 NumPy 工具包中的 zeros() 方法，创建一个与背景图像等大的、具有 4 个通道的临时前景图层。代码如下所示。

```
prospect_tmp = np.zeros((back_r, back_c, 4), np.uint8)
```

⑦ 根据前景图像在背景图像上的横坐标、纵坐标和前景图像中像素的行数、列数，把前景图像放到前景图层里。代码如下所示。

```
prospect_tmp[img_over_y:img_over_y + pro_r,
     img_over_x: img_over_x + pro_c, :] = prospect_img
```

⑧ 调用 threshold() 方法对前景图像进行二值化阈值处理。其中，阈值取值为 254，阈值最大值取值为 255。代码如下所示。

```
_, binary = cv2.threshold(prospect_img, 254, 255, cv2.THRESH_BINARY)
```

⑨ 首先，调用 NumPy 工具包中的 zeros() 方法，根据前景图像中像素的行数、列数，创建一个单通道前景图像掩模。然后，把经过二值化阈值处理后的图像赋值给这个单通道前景图像掩模。代码如下所示。

```
01 prospect_mask = np.zeros((pro_r, pro_c, 1), np.uint8)
02 prospect_mask[:, :, 0] = binary[:, :, 3]
```

⑩ 首先，调用 NumPy 工具包中的 zeros() 方法，根据背景图像中像素的行数、列数，创建一个单通道背景图像掩模。然后，把前景图像掩模按照坐标参数放到背景图像掩模里。代码如下所示。

```
01 mask = np.zeros((back_r, back_c, 1), np.uint8)
02 mask[img_over_y:img_over_y + prospect_mask.shape[0],
     img_over_x: img_over_x + prospect_mask.shape[1]] = prospect_mask
```

⑪ 调用 bitwise_not() 方法，对背景图像掩模进行按位取反运算。代码如下所示。

```
mask_not = cv2.bitwise_not(mask)
```

⑫ 调用 bitwise_and() 方法，对前景图层和背景图像掩模进行按位与运算。代码如下所示。

```
prospect_tmp = cv2.bitwise_and(prospect_tmp, prospect_tmp, mask=mask)
```

⑬ 调用 bitwise_and() 方法，对背景图像和取反的背景图像掩模进行按位与运算。代码如下所示。

```
background_img = cv2.bitwise_and(background_img, background_img, mask=mask_not)
```

⑭ 调用 cvtColor() 方法，把前景图层的色彩空间由 BGRA 转换为 BGR。代码如下所示。

```
prospect_tmp = cv2.cvtColor(prospect_tmp, cv2.COLOR_BGRA2BGR)
```

⑮ 把前景图层和背景图像相加合并后的结果作为 overlay_mask() 方法的返回值，这个返回值就是粘贴后的结果图像。代码如下所示。

```
return prospect_tmp + background_img
```

结合以上关于 overlay_mask() 方法中被省略的代码及其发挥的作用，就能够迅速完成 overlay_mask() 方法的编写。overlay_mask() 方法的代码如下所示。

```
01 def overlay_mask(background_img, prospect_img, img_over_x, img_over_y):
02     back_r, back_c, _ = background_img.shape
03     if img_over_x > back_c or img_over_x < 0 or img_over_y > back_r or img_over_y < 0:
04         print(" 前景图像不在背景图像范围内 ")
05         return background_img
06     pro_r, pro_c, _ = prospect_img.shape
07     if img_over_x + pro_c > back_c:
08         pro_c = back_c - img_over_x
09         prospect_img = prospect_img[:, 0:pro_c, :]
10     if img_over_y + pro_r > back_r:
11         pro_r = back_r - img_over_y
12         prospect_img = prospect_img[0:pro_r, :, :]
13     prospect_img = cv2.cvtColor(prospect_img, cv2.COLOR_BGR2BGRA)
14     prospect_tmp = np.zeros((back_r, back_c, 4), np.uint8)
15     prospect_tmp[img_over_y:img_over_y + pro_r,
          img_over_x: img_over_x + pro_c, :] = prospect_img
16     _, binary = cv2.threshold(prospect_img, 254, 255, cv2.THRESH_BINARY)
17     prospect_mask = np.zeros((pro_r, pro_c, 1), np.uint8)
18     prospect_mask[:, :, 0] = binary[:, :, 3]
19     mask = np.zeros((back_r, back_c, 1), np.uint8)
20     mask[img_over_y:img_over_y + prospect_mask.shape[0],
          img_over_x: img_over_x + prospect_mask.shape[1]] = prospect_mask
21     mask_not = cv2.bitwise_not(mask)
22     prospect_tmp = cv2.bitwise_and(prospect_tmp, prospect_tmp, mask=mask)
23     background_img = cv2.bitwise_and(background_img, background_img, mask=mask_not)
24     prospect_tmp = cv2.cvtColor(prospect_tmp, cv2.COLOR_BGRA2BGR)
25     return prospect_tmp + background_img
```

19.3.5 显示粘贴后的结果图像

通过以上内容，已经完成了对“遍历像素法”和“掩模覆盖法”的编码工作。如果想让这两个方法发挥各自的作用，就需要在程序中调用这两个方法，并在不同的窗口里显示粘贴后的结果图像。下面将逐步地讲解如何调用这两个方法。

① 调用 imread() 方法分别读取背景图像和前景图像。由于前景图像具有 alpha 通道，使得在读取前景图像时，需要借助“cv2.IMREAD_UNCHANGED”强调读取的是保持原格式的前景图像。又因为背景图像和前景图像都在当前项目目录下，所以调用 imread() 方法的代码如下所示。

```
01 img = cv2.imread("beach.jpg")
02 img_over = cv2.imread("star.png", cv2.IMREAD_UNCHANGED)
```

② 为前景图像在背景图像上的横坐标、纵坐标取值。代码如下所示。

```
01 img_over_x = 55
02 img_over_y = 3
```

③ 首先，分别调用 overlay_pixel() 方法和 overlay_mask() 方法获取粘贴后的结果图像。然后，分别调用 imshow() 方法在两个窗口里显示粘贴后的结果图像。代码如下所示。

```
01 cv2.imshow("overlay_pixel", overlay_pixel(img, img_over, img_over_x, img_over_y))
02 cv2.imshow("overlay_mask", overlay_mask(img, img_over, img_over_x, img_over_y))
```

④ 使用 waitKey() 方法等待键盘上的按键指令，当键盘上的某一个按键被按下时，使用 destroyAllWindows() 方法释放以上两个正在显示图像的窗口。代码如下所示。

```
01 cv2.waitKey()
02 cv2.destroyAllWindows()
```

结合上述步骤和代码，就能够迅速完成剩余代码的编写。剩余代码如下所示。

```
01 img = cv2.imread("beach.jpg")
02 img_over = cv2.imread("star.png", cv2.IMREAD_UNCHANGED)
03 img_over_x = 55
04 img_over_y = 3
05 cv2.imshow("overlay_pixel", overlay_pixel(img, img_over, img_over_x, img_over_y))
06 cv2.imshow("overlay_mask", overlay_mask(img, img_over, img_over_x, img_over_y))
07 cv2.waitKey()
08 cv2.destroyAllWindows()
```

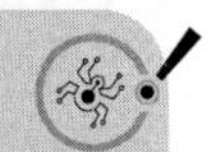

小结

本章讲解了如何使用“遍历像素法”和“掩模覆盖法”粘贴带透明区域的图像。这两个方法都能够让前景图像中不透明的像素覆盖与背景图像中相同位置的像素。其中，“遍历像素法”的实质是操作图像中的像素，“掩模覆盖法”的核心在于综合运用按位与运算和按位取反运算。“掩模覆盖法”的实现过程要比“遍历像素法”的实现过程更复杂，更有难度。

第 20 章 鼠标操作之缩放和移动图像（OpenCV + NumPy 实现）

当显示屏的分辨率小于一幅图像的分辨率时，可能会造成图像的分辨率被压缩成显示屏的分辨率或者图像不能完全展示在显示屏上。如果这幅图像不能完全展示在显示屏上，就需要对图像执行缩放操作或者通过鼠标拖曳图像向上、向下、向左或者向右移动，以查看这幅图像的其他部分。那么，如何使用鼠标缩放和移动图像呢？本案例将使用 OpenCV 和 NumPy 这两个工具包解答这个问题。

本章的知识结构如下。

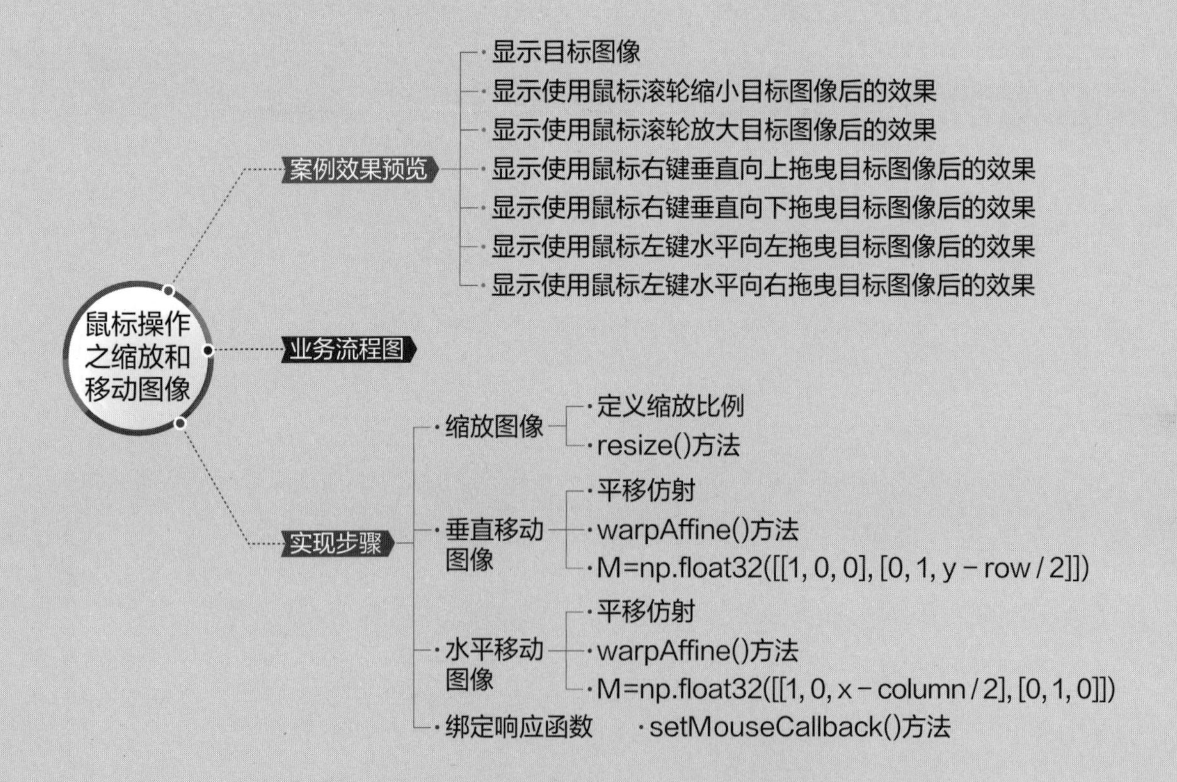

20.1 案例效果预览

当需要调整一幅图像的位置时，一种简单且直接的方式就是用鼠标进行拖曳。各个编程语言通常把使用鼠标进行拖曳的这一操作归纳为鼠标事件。本案例将通过滑动鼠标滚轮缩放图像（见图 20.1），每次滑动滚轮都会让图像缩小或放大原来的 10%（见图 20.2 和图 20.3）；当按下鼠标右键时，窗口显示的图像会随着鼠标的上下移动在垂直的方向上进行移动（见图 20.4 和图 20.5）；当按下鼠标左键时，窗口显示的图像会随着鼠标的左右移动在水平的方向上进行移动（见图 20.6 和图 20.7）。

图 20.1　目标图像

图 20.2　使用鼠标滚轮缩小目标图像

图 20.3　使用鼠标滚轮放大目标图像

图 20.4　使用鼠标右键垂直向上拖曳目标图像

图 20.5　使用鼠标右键垂直向下拖曳目标图像

图 20.6　使用鼠标左键水平向左拖曳目标图像

图 20.7　使用鼠标左键水平向右拖曳目标图像

20.2 业务流程图

鼠标操作之缩放和移动图像的业务流程如图 20.8 所示。

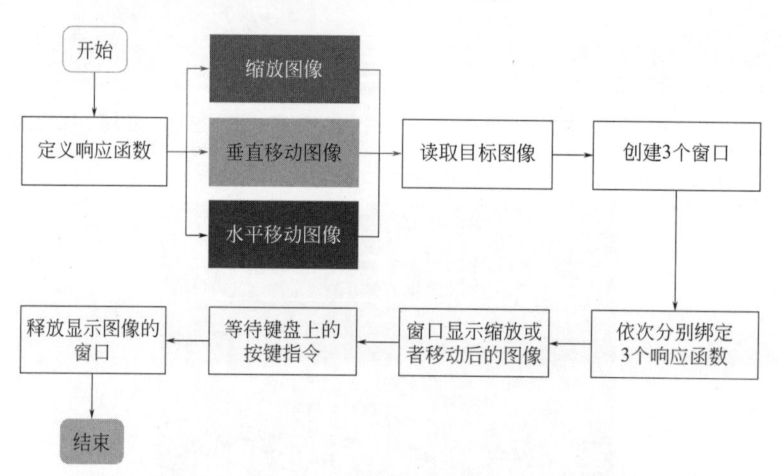

图 20.8　鼠标操作之缩放和移动图像的业务流程图

20.3 实现步骤

本案例包含了 4 部分内容，它们分别是缩放图像、垂直移动图像、水平移动图像和绑定响应函数。下面将依次对这 4 部分内容进行讲解。

20.3.1 缩放图像

缩放图像指的是按照一定的比例对一幅图像执行缩放操作。“缩放”包含两个含义，即“缩小”和“放大”。也就是说，对一幅图像执行缩放操作，既能够缩小这幅图像，又能够放大这幅图像。下面将分步编写用于实现缩放图像的代码。

① 创建一个标签 f 作为缩放图像的比例，其默认值为 1.0，1.0 表示保持图像 100% 的比例。

代码如下所示。

```
f = 1.0
```

② 创建一个鼠标滚轮事件的响应函数，将其命名为“suoFang”。suoFang() 函数是一个自定义的、含有 5 个参数的、没有返回值的方法，其语法格式如下。

```
def suoFang(event, x, y, flag, param):
```

参数说明：

☑ event：表示鼠标滚轮事件，其值为 cv2.EVENT_MOUSEWHEEL。

☑ x，y：在鼠标滚轮事件中，可以忽略这两个参数的含义，并且不予赋值。

☑ flag：在鼠标滚轮事件中，“flag > 0”表示向上滚动鼠标滚轮，“flag < 0”表示向下滚动鼠标滚轮。

☑ param：在鼠标滚轮事件中，可以忽略这个参数的含义，并且不予赋值。

③ 判断鼠标滚轮是否被滚动。如果鼠标滚轮被滚动，先获取表示缩放比例的标签 f 和表示目标图像的标签 img，再判断鼠标滚轮是向上滚动，还是向下滚动。如果鼠标滚轮向上滚动，那么表示缩放比例的标签 f 的值增加 0.1。如果鼠标滚轮向下滚动，那么表示缩放比例的标签 f 的值减少 0.1。但是表示缩放比例的标签 f 的值不能小于或者等于 0.1，否则 f 的值就是 0.1。实现上述过程的代码如下所示。

```
01 if event == cv2.EVENT_MOUSEWHEEL:
02     global img, f
03     if flag > 0:
04         f += 0.1
05     elif flag < 0:
06         f -= 0.1
07         if f <= 0.1:
08             f = 0.1
```

④ 根据表示缩放比例的标签 f 的值，调用 OpenCV 中用于更改图像大小比例的 resize() 方法对目标图像执行缩放操作。调用 OpenCV 中的 imshow() 方法，在一个窗口里显示缩放图像的结果。代码如下所示。

```
01 tmp = cv2.resize(img, None, fx=f, fy=f)
02 cv2.imshow("suoFang", tmp)
```

结合以上关于 suoFang() 方法中的代码及其作用，就能够迅速完成 suoFang() 方法的编写，其代码如下所示。

```
01 f = 1.0
02 def suoFang(event, x, y, flag, param):
03     if event == cv2.EVENT_MOUSEWHEEL:
04         global img, f
05         if flag > 0:
06             f += 0.1
07         elif flag < 0:
08             f -= 0.1
09             if f <= 0.1:
10                 f = 0.1
11         tmp = cv2.resize(img, None, fx=f, fy=f)
12         cv2.imshow("suoFang", tmp)
```

20.3.2 垂直移动图像

本案例中的“垂直移动图像”指的是当窗口显示一幅图像时，通过按住鼠标右键向上或者向下拖曳这幅图像，使其在窗口的垂直方向上跟随鼠标的移动而移动。下面将分步编写用于实现垂直移动图像的代码。

① 创建一个鼠标移动事件的响应函数，将其命名为“chuiZhi”。chuiZhi() 函数是一个自定义的、含有 5 个参数的、没有返回值的方法，其语法格式如下。

```
def chuiZhi(event, x, y, flag, param):
```

参数说明：

☑ event：表示鼠标移动事件，其值为 cv2.EVENT_MOUSEMOVE。

☑ x，y：当触发鼠标移动事件时，鼠标在窗口中的坐标。

☑ flag：鼠标的右键拖曳事件，其值为 cv2.EVENT_FLAG_RBUTTON。

☑ param：在垂直移动图像的过程中，可以忽略这个参数的含义，并且不予赋值。

创建鼠标移动事件的响应函数的代码如下所示。

```
def chuiZhi(event, x, y, flag, param):
```

② 先获取表示目标图像的标签 img，再通过调用目标图像的 shape 属性，分别获取目标图像中像素的行数、列数和目标图像的通道数。代码如下所示。

```
01 global img
02 row, column, _ = img.shape
```

③ 垂直移动图像可以被归纳为平移。在 OpenCV 中，平移是仿射变换的一种表现形式。为了实现仿射变换效果，OpenCV 提供了 warpAffine() 方法。当使用 warpAffine() 方法时，需要对一个用标签 M 表示的 2 行 3 列的矩阵进行设置，标签 M 的值须按如下格式进行设置。

```
M = np.float32[[1, 0, 水平移动的距离 ],[0, 1, 垂直移动的距离 ]]
```

如果垂直移动的距离为正数，图像会向下移动；如果垂直移动的距离为负数，图像会向上移动。

综上，如果按住鼠标右键拖曳这幅图像，根据已经定义的标签 M，调用 warpAffine() 方法即可实现垂直移动图像的效果。调用 OpenCV 中的 imshow() 方法，在一个窗口里显示垂直移动图像后的结果。代码如下所示。

```
01 if flag == cv2.EVENT_FLAG_RBUTTON:
02     M = np.float32([[1, 0, 0], [0, 1, y - row / 2]])
03     tmp = cv2.warpAffine(img, M, (column, row))
04     cv2.imshow("chuiZhi", tmp)
```

结合以上关于 chuiZhi() 方法中的代码及其作用，就能够迅速完成 chuiZhi() 方法的编写，其代码如下所示。

```
01 def chuiZhi(event, x, y, flag, param):
02     if event == cv2.EVENT_MOUSEMOVE:
03         global img
04         row, column, _ = img.shape
05         if flag == cv2.EVENT_FLAG_RBUTTON:
```

```
06            # 指定鼠标的 y 坐标为图像垂直像素的 1/2（x 坐标可取任意值），并设置图像只能垂直移动
07            M = np.float32([[1, 0, 0], [0, 1, y - row / 2]])
08            tmp = cv2.warpAffine(img, M, (column, row))
09            cv2.imshow("chuiZhi", tmp)
```

20.3.3　水平移动图像

本案例中的“水平移动图像”指的是当窗口显示一幅图像时，通过按住鼠标左键向左或者向右拖曳这幅图像，使其在窗口的水平方向上跟随鼠标的移动而移动。下面将分步编写用于实现水平移动图像的代码。

① 创建一个鼠标移动事件的响应函数，将其命名为“shuiPing”。shuiPing() 函数是一个自定义的、含有 5 个参数的、没有返回值的方法，其语法格式如下。

```
def shuiPing(event, x, y, flag, param):
```

参数说明：

☑ event：表示鼠标移动事件，其值为 cv2.EVENT_MOUSEMOVE。

☑ x，y：当触发鼠标移动事件时，鼠标在窗口中的坐标。

☑ flag：鼠标的左键拖曳事件，其值为 cv2.EVENT_FLAG_LBUTTON。

☑ param：在水平移动图像的过程中，可以忽略这个参数的含义，并且不予赋值。

创建鼠标移动事件的响应函数的代码如下所示。

```
def shuiPing(event, x, y, flag, param):
```

② 先获取表示目标图像的标签 img，再通过调用目标图像的 shape 属性，分别获取目标图像中像素的行数、列数和目标图像的通道数。代码如下所示。

```
01 global img
02 row, column, _ = img.shape
```

③ 与垂直移动图像相同，水平移动图像也被归纳为平移。因此，当调用 warpAffine() 方法实现仿射变换效果时，也需要对一个用标签 M 表示的 2 行 3 列的矩阵进行设置，标签 M 的值须按如下格式进行设置。

```
M = np.float32[[1, 0, 水平移动的距离 ],[0, 1, 垂直移动的距离 ]]
```

如果水平移动的距离为正数，图像会向右移动；如果水平移动的距离为负数，图像会向左移动。

综上，如果按住鼠标左键拖曳这幅图像，根据已经定义的标签 M，调用 warpAffine() 方法即可实现水平移动图像的效果。调用 OpenCV 中的 imshow() 方法，在一个窗口里显示水平移动图像后的结果。代码如下所示。

```
01 if flag == cv2.EVENT_FLAG_LBUTTON:
02     M = np.float32([[1, 0, x - column / 2], [0, 1, 0]])
03     tmp = cv2.warpAffine(img, M, (column, row))
04     cv2.imshow("shuiPing", tmp)
```

结合以上关于 shuiPing() 方法中的代码及其作用，就能够迅速完成 shuiPing() 方法的编写，其代码如下所示。

```
01 def shuiPing(event, x, y, flag, param):
02     if event == cv2.EVENT_MOUSEMOVE:
03         global img
04         row, column, _ = img.shape
05         if flag == cv2.EVENT_FLAG_LBUTTON:
06             # 指定鼠标的x坐标为图像水平像素的1/2（y坐标可取任意值），并设置图像只能水平移动
07             M = np.float32([[1, 0, x - column / 2], [0, 1, 0]])
08             tmp = cv2.warpAffine(img, M, (column, row))
09             cv2.imshow("shuiPing", tmp)
```

20.3.4 绑定响应函数

鼠标交互指的是当某一个鼠标事件被触发时，程序会对这个鼠标事件做出相应的响应。为了实现鼠标交互，通过以上内容，已经创建了3个响应函数（又称“鼠标回调函数”）。

3个响应函数被创建后，要把这3个响应函数分别绑定在3个窗口里。这样，在某个窗口中触发了某一个鼠标事件后，程序才会对被触发的鼠标事件做出相应的响应。

为了把一个响应函数和一个窗口绑定在一起，OpenCV提供了setMouseCallback()方法，该方法的语法格式如下。

```
cv2.setMouseCallback(winname, onMouse)
```

参数说明：

☑ winname：窗口名称。

☑ onMouse：响应函数的名称。

结合上述内容和语法格式，就能够迅速完成“绑定响应函数”这一内容的编写。代码如下所示。

```
01 img = cv2.imread("beach.jpg")
02
03 cv2.namedWindow("suoFang")
04 cv2.setMouseCallback("suoFang", suoFang)
05 cv2.imshow("suoFang", img)
06
07 cv2.namedWindow("chuiZhi")
08 cv2.setMouseCallback("chuiZhi", chuiZhi)
09 cv2.imshow("chuiZhi", img)
10
11 cv2.namedWindow("shuiPing")
12 cv2.setMouseCallback("shuiPing", shuiPing)
13 cv2.imshow("shuiPing", img)
14
15 cv2.waitKey()
16 cv2.destroyAllWindows()
```

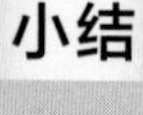

小结

本章讲解了鼠标操作之缩放和移动图像的实现原理。各个编程语言常把使用鼠标左键进行拖曳的这一操作称作鼠标事件。本案例将要实现的是通过滑动鼠标滚轮缩放图片，每次滑动滚轮都让图片缩小或放大原来的10%；当按下鼠标右键时，窗口显示的图像会随着鼠标的上下移动而做垂直移动；当按下鼠标左键时，窗口显示的图像会随着鼠标的左右移动而做水平移动。

第 21 章
机读答题卡
（OpenCV + NumPy 实现）

光标阅读机（又称读卡机）是一种快速、准确的信息输入设备，专门用于识别机读卡。使用光标阅读机审阅、批改填涂黑块的机读卡，每秒钟可以审阅、批改三四张机读卡。这样，既能够大幅度缩短老师审阅、批改试卷的时间，又能够充分保证审阅、批改试卷的精确度。本章将使用 OpenCV 简单地模拟光标阅读机是如何审阅、批改机读卡的。

本章的知识结构如下。

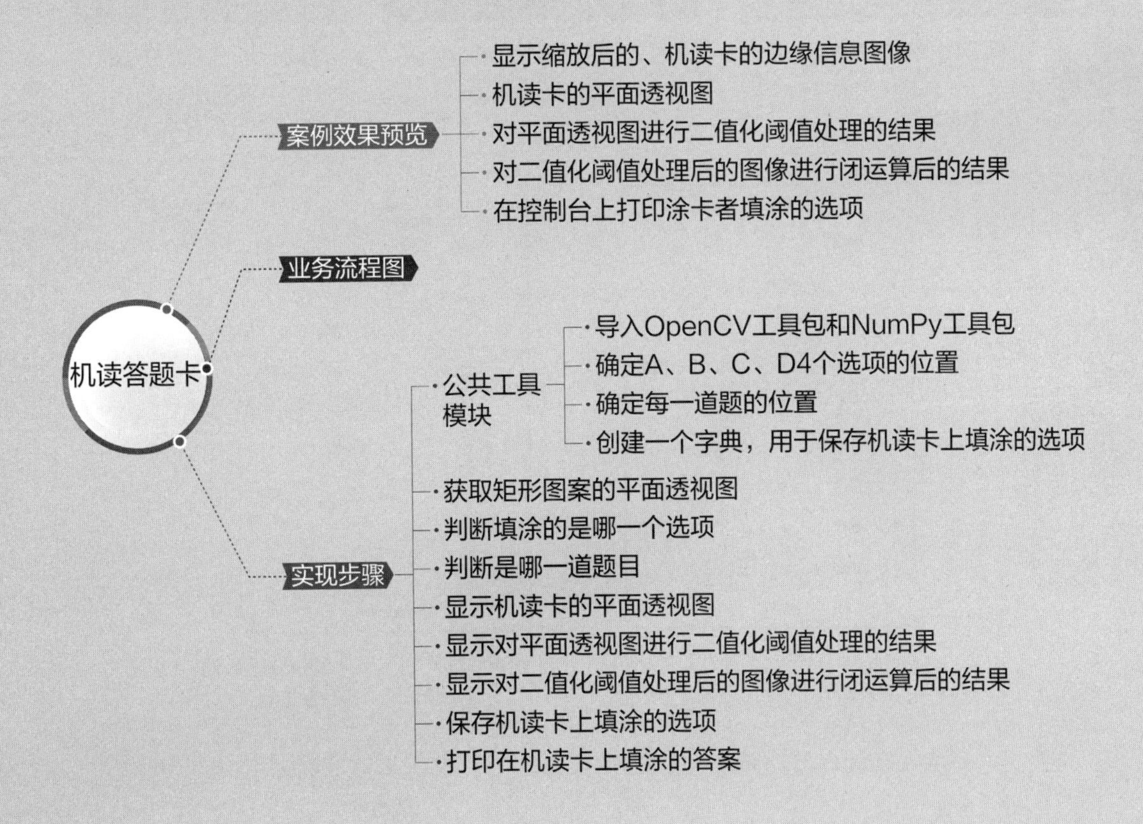

21.1 案例效果预览

机读卡（又称答题卡）是数字化时代的一个产物，涂卡者用铅笔在机读卡上填涂黑块后，就会与机读卡的白色区域共同组成一幅只有黑与白（相当于二进制的“0”和“1”）的图像。如图 21.1 所示就是一幅简易的、被填涂的机读卡。

本章将使用 OpenCV 的相应技术编写一个机读答题卡程序：扫描如图 21.1 所示的机读卡图像，打印涂卡者填涂的选项。运行程序后，会分别在 4 个窗口里显示缩放后的机读卡的边缘信息图像（见图 21.2）、机读卡的平面透视图（见图 21.3）、对平面透视图进行二值化阈值处理的结果（见图 21.4）和对二值化阈值处理后的图像进行闭运算后的结果（见图 21.5）。

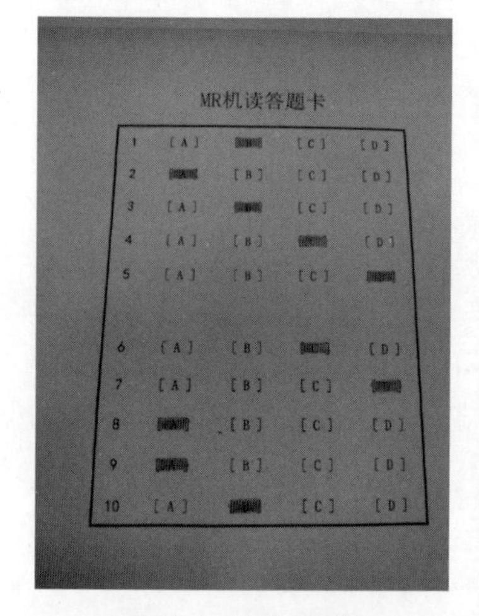

图 21.1　机读卡图像

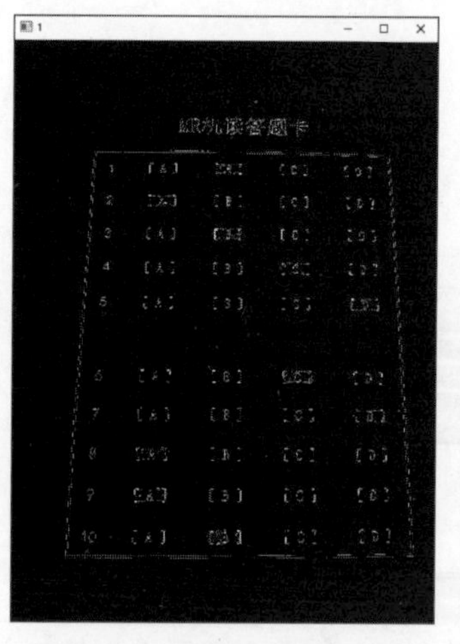

图 21.2　缩放后的机读卡的边缘信息图像

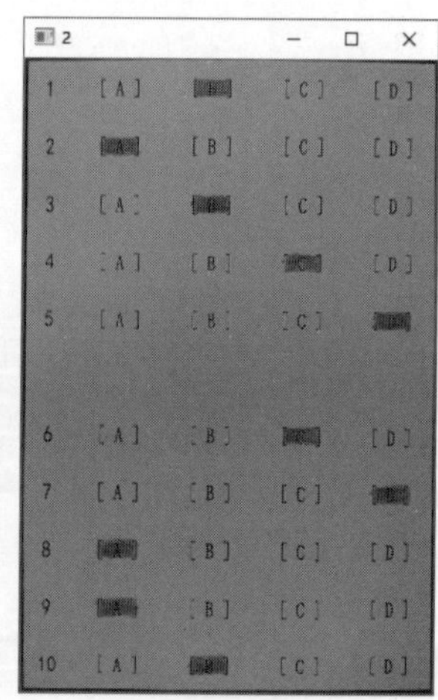

图 21.3　显示机读卡的平面透视图

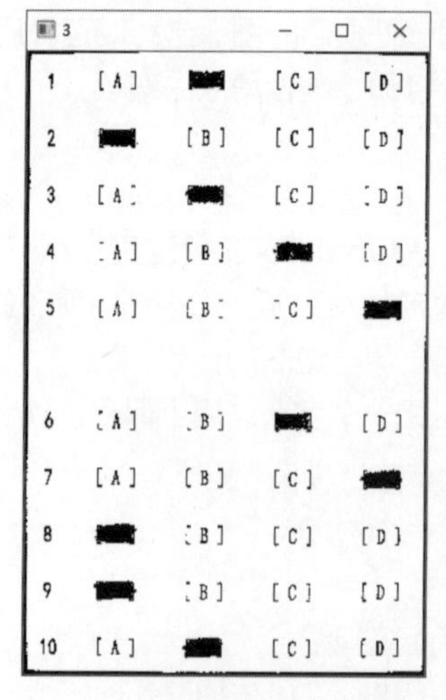

图 21.4　显示对平面透视图进行二值化阈值处理的结果

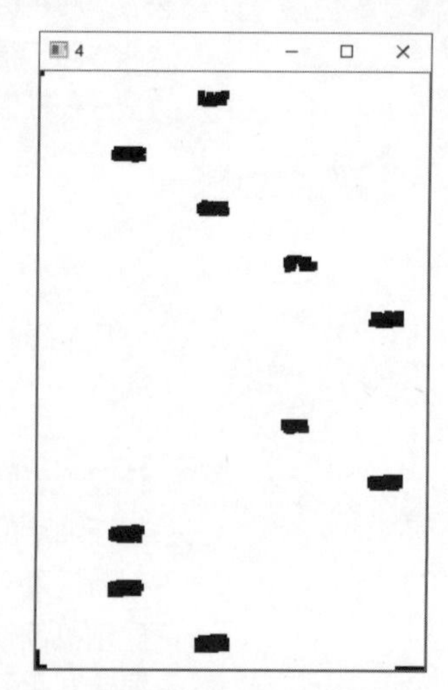

图 21.5　显示对二值化阈值处理后的图像进行闭运算后的结果

此外，还会在控制台上打印涂卡者填涂的选项，打印的结果如下所示。

```
第 10 题：B
第 9 题：A
第 8 题：A
第 7 题：D
第 6 题：C
第 5 题：D
第 4 题：C
第 3 题：B
第 2 题：A
第 1 题：B
```

21.2 业务流程图

机读答题卡的业务流程如图 21.6 所示。

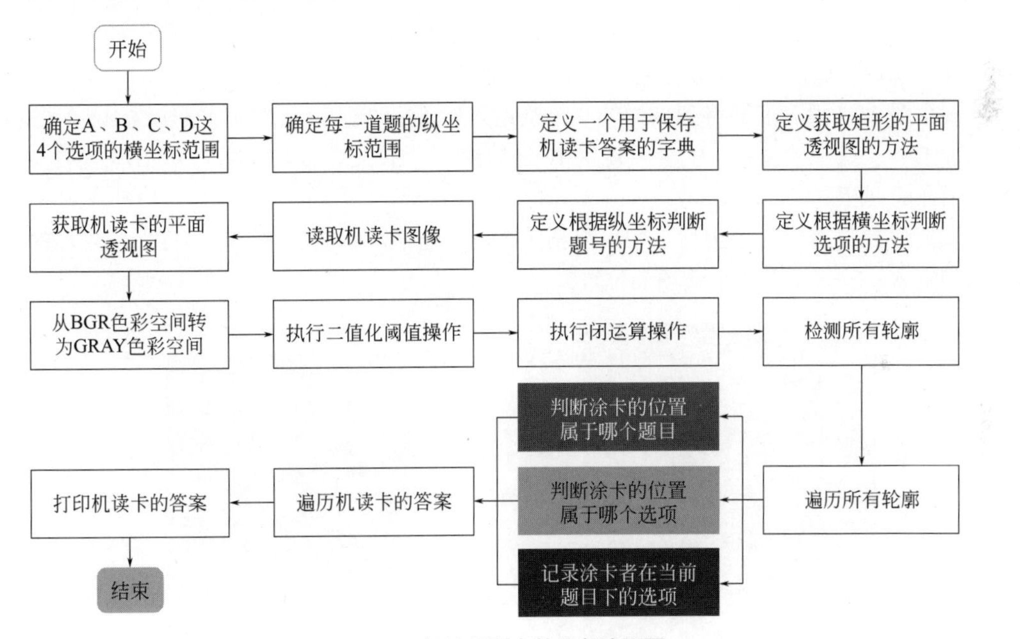

图 21.6　机读答题卡的业务流程图

21.3 实现步骤

机读答题卡程序虽然只是一个程序，但是麻雀虽小、五脏俱全。其中，包含了许多功能模块：确定 A、B、C、D 4 个选项的位置，确定每一道题的位置，保存机读卡上填涂的选项，获取矩形图案的平面透视图，判断填涂的是哪一个选项，判断是哪一道题目，打印在机读卡上填涂的选项等。本节将对以上功能模块逐一进行讲解。

21.3.1 公共工具模块

本程序包含了如下 4 个公共工具模块。

① 导入 OpenCV 工具包和 NumPy 工具包。

② 确定 A、B、C、D 4 个选项的位置。

③ 确定每一道题的位置。

④ 创建一个字典，用于保存机读卡上填涂的选项。

下面将编写与上述 4 个公共工具模块对应的代码。

（1）导入 OpenCV 工具包和 NumPy 工具包

在编写程序之前，要导入 OpenCV 工具包。除了 OpenCV 工具包，还要导入 NumPy 工具包，用于对如图 21.1 所示的机读卡图像执行形态学操作。在导入 OpenCV 工具包和 NumPy 工具包的时候，要用到 import 关键字，代码如下所示。

```
01 import cv2
02 import numpy as np
```

（2）确定 A、B、C、D 4 个选项的位置

在讲解如何确定 A、B、C、D 4 个选项的位置之前，观察下如图 21.7 所示的机读卡图像的平面透视图，这幅平面透视图包含 320 个列像素和 480 个行像素。

观察图 21.7 后，能够得到这样的一个结论：如果用“行”和“列”描述这 10 道题的 A、B、C、D 4 个选项的位置，就会发现这 10 道题的 A、B、C、D 4 个选项虽然所在的行不同，但是所在的列相同。

现把图 21.7 置于一个坐标系中，得到图 21.8。这样，就能够通过横坐标、纵坐标的取值范围确定 A、B、C、D 4 个选项的位置。

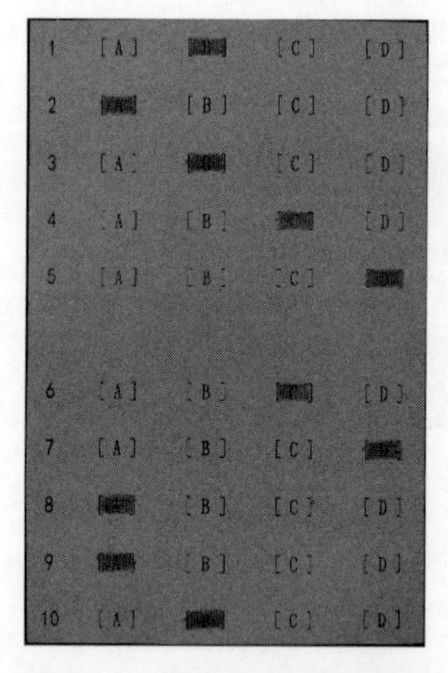

图 21.7　机读卡的平面透视图

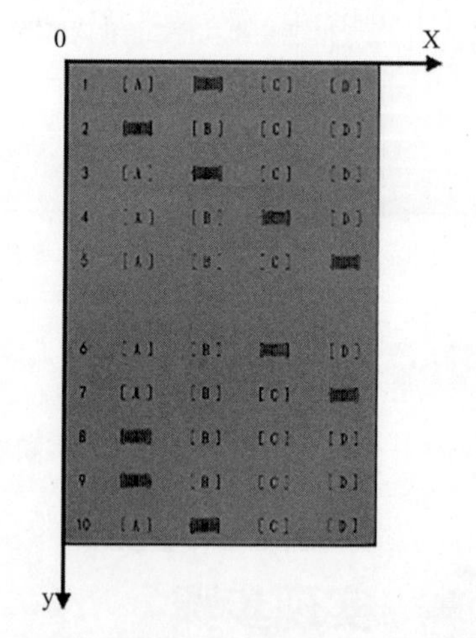

图 21.8　把图 21.7 置于一个坐标系中

因为 A、B、C、D 4 个选项所在的行不同，但所在的列相同，所以根据如图 21.8 所示的坐标系，并且把“[”和“]”作为参照物，通过人工测量就能够确定 A、B、C、D 4 个选项的横坐标的取值范围：

☑ A 选项的横坐标的取值范围：60 ～ 90。

☑ B 选项的横坐标的取值范围：130 ～ 160。

☑ C 选项的横坐标的取值范围：200 ～ 230。

☑ D 选项的横坐标的取值范围：270 ～ 300。

明确 A、B、C、D 4 个选项的横坐标的取值范围后，下面要考虑的是如何通过编码表示它们。在 Python 中，列表非常适合用于存储数据信息，而且列表中的元素是可以修改的。但是对于本程序而言，A、B、C、D 4 个选项的横坐标的取值范围是不能修改的值。换言之，如果使用 4 个列表分别存储 A、B、C、D 4 个选项的横坐标的取值范围，那么这 4 个列表都将被视作不可变的列表。Python 把不可变的列表称作元组。

综上，为了对 A、B、C、D 4 个选项的横坐标的取值范围进行编码，需要定义 4 个元组。元组使用英文格式下的、闭合的圆括号（即“()”）进行标识。定义元组后，就能够使用索引访问其中的元素。代码如下所示。

```
01 A = (60, 90)    # A 选项横坐标范围
02 B = (130, 160)  # B 选项横坐标范围
03 C = (200, 230)  # C 选项横坐标范围
04 D = (270, 300)  # D 选项横坐标范围
```

（3）确定每一道题的位置

观察图 21.8 会发现，如果把这 10 道题看作 10 个矩形区域，那么这 10 个矩形区域的横坐标的取值范围是相同的，纵坐标的取值范围是不同的。也就是说，对图 21.8 的纵坐标进行划分后，便可以确定每一道题的位置。这 10 道题的纵坐标的取值范围分别如下。

☑ 第 1 道题的纵坐标的取值范围：15 ～ 30。

☑ 第 2 道题的纵坐标的取值范围：60 ～ 75。

☑ 第 3 道题的纵坐标的取值范围：105 ～ 120。

☑ 第 4 道题的纵坐标的取值范围：145 ～ 160。

☑ 第 5 道题的纵坐标的取值范围：195 ～ 210。

☑ 第 6 道题的纵坐标的取值范围：280 ～ 295。

☑ 第 7 道题的纵坐标的取值范围：324 ～ 335。

☑ 第 8 道题的纵坐标的取值范围：365 ～ 380。

☑ 第 9 道题的纵坐标的取值范围：410 ～ 425。

☑ 第 10 道题的纵坐标的取值范围：455 ～ 465。

需要注意的是，上述 10 道题的纵坐标的取值范围是通过人工测量的方式得到的，会根据选取的参照物的不同而不同，因此这些数据会存在些许误差，并不绝对。

为了存储这 10 道题的纵坐标的取值范围，使用列表再适合不过了。为了让代码看起来简洁明了，本程序将使用二维列表存储它们。代码如下所示：

```
01 # 每一道题的纵坐标范围
02 questions_ordinate = [[15, 30], [60, 75], [105, 120], [145, 160],
03                       [195, 210], [280, 295], [324, 335], [365, 380],
04                        [410, 425], [455, 465]]
```

（4）创建一个字典，用于保存机读卡上填涂的选项

本程序的目的是先获取机读卡上被填涂的选项，再把选项打印出来。但是这里有一个问题：获取到机读卡上被填涂的选项后，如何存储它们。下面对此进行具体分析：观察图 21.7 后，会发现每一道题都对应着一个被填涂的选项，因此可以把这 10 道题的题号和被填涂的选项看作 10 个键值对（把题号看作“键”，把被填涂的选项看作与“键”相关联的“值”）。

为了存储这 10 个键值对，要用到的工具是 Python 中的字典。只不过，本程序要先定义一个空字典，再向空字典逐个添加键值对。当定义一个空字典时，需要使用英文格式下的花

括号（即“{}”），代码如下所示。

```
result = {}  # 定义一个空字典，用于保存机读卡上填涂的选项
```

21.3.2 获取矩形图案的平面透视图

所谓透视，就是让图像在三维空间中变形。从不同的角度观察物体，就会看到不同的变形效果，例如，矩形会变成不规则的四边形、直角会变成锐角或钝角、圆形会变成椭圆等。在 OpenCV 中，透视是一种非常重要的用于处理图像的技术。想要将三维空间中的图像变形成二维空间的平面图，需要用到透视。在对图像执行透视操作之前，需要定位图像的4个点，这 4 个点的位置如图 21.9 所示。而后 OpenCV 会根据这 4 个点的位置变化来计算出其他像素的位置变化。

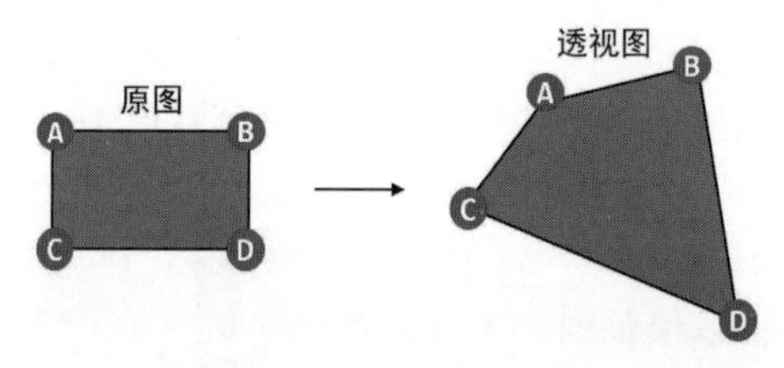

图 21.9　通过 4 个点来定位图像的透视效果

使用 OpenCV 中提供的透视方法，就能够把如图 21.10 所示的目标图像中的手册封面还原成如图 21.11 所示的平面透视图。实现步骤大致如下。

图 21.10　目标图像

图 21.11　平面透视图

① 定义平面透视图的宽、高。
② 对目标图像执行高斯滤波操作。
③ 对去除噪声的目标图像执行 Canny 边缘检测。
④ 对检测边缘后的目标图像执行闭运算操作。
⑤ 检测执行闭运算后的目标图像中的所有轮廓。
⑥ 遍历检测到的所有轮廓。
⑦ 只处理面积大于 10000 的轮廓。

⑧ 获取轮廓的周长。

⑨ 根据轮廓的周长，计算出轮廓的 4 个端点。

⑩ 获取轮廓的 4 个端点的坐标。

⑪ 让平面透视图的 4 个端点对应轮廓的 4 个端点的坐标。

⑫ 创建平面透视图的 ***M*** 矩阵。

⑬ 根据 ***M*** 矩阵对目标图像执行透视操作。

本程序用于获取矩形图案的平面透视图的实现步骤与上述的实现步骤大致相同。不同的是，本程序把上述步骤置于一个有参数的并且有返回值的方法中，即 perspective(img)。其中，参数 img 表示的是如图 21.1 所示的机读卡图像；返回值 tmp 表示的是如图 21.3 所示的机读卡的平面透视图。代码如下所示。

```
01 # 获取矩形图案的平面透视图
02 def perspective(img):
03     w, h = 320, 480  # 俯视图的宽、高
04     tmp = cv2.GaussianBlur(img, (5, 5), 0)  # 高斯滤波
05     tmp = cv2.Canny(tmp, 50, 120)  # 变为二值边缘图像
06     # 闭运算，保证边缘闭合
07     tmp = cv2.morphologyEx(tmp, cv2.MORPH_CLOSE, (15, 15), iterations=2)
08     res = cv2.resize(tmp, None, fx=0.35, fy=0.35)  # 缩放执行闭运算后的图像
09     cv2.imshow("1", res)  # 窗口显示缩放后的机读卡的边缘信息图像
10     # 检测轮廓
11     contours, _ = cv2.findContours(tmp, cv2.RETR_EXTERNAL, cv2.CHAIN_APPROX_SIMPLE)
12     for c in contours:  # 遍历所有轮廓
13         area = cv2.contourArea(c)  # 计算轮廓面积
14         if area > 10000:  # 只处理面积大于 10000 的轮廓
15             length = cv2.arcLength(c, True)  # 获取轮廓周长
16             approx = cv2.approxPolyDP(c, 0.1 * length, True)  # 计算出轮廓的端点
17             pts1 = np.float32(approx)  # 轮廓 4 个端点的坐标
18             # 平面透视图对应的 4 个端点坐标
19             pts2 = np.float32([[0, 0], [0, h], [w, h], [w, 0]])
20             M = cv2.getPerspectiveTransform(pts1, pts2)  # 创建透视图 M 矩阵
21             tmp = cv2.warpPerspective(img, M, (w, h))  # 根据 M 矩阵做透视变换
22     return tmp
```

如果用窗口直接显示机读卡的边缘信息图像，那么窗口的大小很有可能超出屏幕的尺寸。为此，上述代码的第 8、9 行的作用是先缩放机读卡的边缘信息图像，再用窗口显示缩放后的图像。缩放后的机读卡的边缘信息图像如图 21.2 所示。

21.3.3 判断填涂的是哪一个选项

在 21.3.1 节中，已经讲解了如何确定 A、B、C、D4 个选项的横坐标的取值范围，并且把 A、B、C、D4 个选项的横坐标的取值范围分别存储在 A、B、C、D4 个元组中，这样就能够很方便地使用索引访问元组中的元素。其中，A[0] 访问的元素是 60，A[1] 访问的元素是 90；B[0] 访问的元素是 130，B[1] 访问的元素是 160；C[0] 访问的元素是 200，C[1] 访问的元素是 230；D[0] 访问的元素是 270，D[1] 访问的元素是 300。

那么，这 4 个元组中的元素在本程序中能够起到怎样的作用呢？

在机读卡上填涂选项后，对机读卡执行检测所有轮廓的操作，就能够通过比较轮廓的面积，找到填涂选项后产生的轮廓，进而获取到这个轮廓的矩和这个轮廓重心的横坐标、纵坐

标。这样，把填涂选项后产生的轮廓的重心的横坐标与A、B、C、D4个元组中的元素进行比较后，就能够得出“被填涂的选项是什么”的结论。

下面用一个标签x表示填涂选项后产生的轮廓的重心的横坐标，对填涂选项后产生的轮廓的重心的横坐标与A、B、C、D4个元组中的元素进行比较的过程进行解析，内容如下。

① 如果A[0] ≤ x ≤ A[1]，那么被填涂的选项是A。

② 如果B[0] ≤ x ≤ B[1]，那么被填涂的选项是B。

③ 如果C[0] ≤ x ≤ C[1]，那么被填涂的选项是C。

④ 如果D[0] ≤ x ≤ D[1]，那么被填涂的选项是D。

本程序将上述比较过程置于一个有参数的并且有返回值的方法中，即get_result(x)。其中，参数x表示填涂选项后产生的轮廓的重心的横坐标。该方法中，有4个分支，每一个分支都是只有一个测试和一个操作的if语句。

其中，与这4个分支对应的4个测试分别如下。

① A[0] ≤ x ≤ A[1]。

② B[0] ≤ x ≤ B[1]。

③ C[0] ≤ x ≤ C[1]。

④ D[0] ≤ x ≤ D[1]。

与这4个分支对应的4个操作分别是使用return关键字返回A、B、C、D 4个选项，具体内容如下。

☑ return“A”：表示被填涂的选项是A。

☑ return“B”：表示被填涂的选项是B。

☑ return“C”：表示被填涂的选项是C。

☑ return“D”：表示被填涂的选项是D。

综上，get_result() 方法的代码如下所示。

```
01 # 根据横坐标判断选项
02 def get_result(x):
03     if A[0] <= x <= A[1]:
04         return "A"
05     if B[0] <= x <= B[1]:
06         return "B"
07     if C[0] <= x <= C[1]:
08         return "C"
09     if D[0] <= x <= D[1]:
10         return "D"
```

21.3.4 判断是哪一道题目

在21.3.3节中，已经讲解了如何判断填涂的是哪一个选项。本节要讲解的是如何判断是哪一道题目，其实现原理与“判断填涂的是哪一个选项”的实现原理基本相同。不同之处在于比较对象的不同：当判断填涂的是哪一个选项时，比较的是填涂选项后产生的轮廓的重心的横坐标与A、B、C、D4个元组中的元素；当判断是哪一道题目时，比较的是填涂选项后产生的轮廓的重心的纵坐标与每一道题的纵坐标取值范围。

在21.3.1节中，已经把这10道题的纵坐标的取值范围存储在二维列表questions_ordinate中，这样就能够很方便地使用索引访问列表中的元素。其中，

① questions_ordinate[0][0] 访问的元素是 15，questions_ordinate[0][1] 访问的元素是 30。
② questions_ordinate[1][0] 访问的元素是 60，questions_ordinate[1][1] 访问的元素是 75。
③ questions_ordinate[2][0] 访问的元素是 105，questions_ordinate[2][1] 访问的元素是 120。
④ questions_ordinate[3][0] 访问的元素是 145，questions_ordinate[3][1] 访问的元素是 160。
⑤ questions_ordinate[4][0] 访问的元素是 195，questions_ordinate[4][1] 访问的元素是 210。
⑥ questions_ordinate[5][0] 访问的元素是 280，questions_ordinate[5][1] 访问的元素是 295。
⑦ questions_ordinate[6][0] 访问的元素是 324，questions_ordinate[6][1] 访问的元素是 335。
⑧ questions_ordinate[7][0] 访问的元素是 365，questions_ordinate[7][1] 访问的元素是 380。
⑨ questions_ordinate[8][0] 访问的元素是 410，questions_ordinate[8][1] 访问的元素是 425。
⑩ questions_ordinate[9][0] 访问的元素是 455，questions_ordinate[9][1] 访问的元素是 465。

这样，把填涂选项后产生的轮廓的重心的纵坐标与每一道题的纵坐标取值范围进行比较后，就能够得出“与被填涂的选项对应的是哪一道题目”的结论。

下面用一个标签 y 表示填涂选项后产生的轮廓的重心的纵坐标，对填涂选项后产生的轮廓的重心的纵坐标与每一道题的纵坐标取值范围进行比较的过程进行解析，内容如下。

① 如果 questions_ordinate[0][0] ≤ y ≤ questions_ordinate[0][1]，那么与被填涂的选项对应的题号是 1。

② 如果 questions_ordinate[1][0] ≤ y ≤ questions_ordinate[1][1]，那么与被填涂的选项对应的题号是 2。

③ 如果 questions_ordinate[2][0] ≤ y ≤ questions_ordinate[2][1]，那么与被填涂的选项对应的题号是 3。

④ 如果 questions_ordinate[3][0] ≤ y ≤ questions_ordinate[3][1]，那么与被填涂的选项对应的题号是 4。

⑤ 如果 questions_ordinate[4][0] ≤ y ≤ questions_ordinate[4][1]，那么与被填涂的选项对应的题号是 5。

⑥ 如果 questions_ordinate[5][0] ≤ y ≤ questions_ordinate[5][1]，那么与被填涂的选项对应的题号是 6。

⑦ 如果 questions_ordinate[6][0] ≤ y ≤ questions_ordinate[6][1]，那么与被填涂的选项对应的题号是 7。

⑧ 如果 questions_ordinate[7][0] ≤ y ≤ questions_ordinate[7][1]，那么与被填涂的选项对应的题号是 8。

⑨ 如果 questions_ordinate[8][0] ≤ y ≤ questions_ordinate[8][1]，那么与被填涂的选项对应的题号是 9。

⑩ 如果 questions_ordinate[9][0] ≤ y ≤ questions_ordinate[9][1]，那么与被填涂的选项对应的题号是 10。

本程序将上述比较过程置于一个有参数的并且有返回值的方法中，即 get_question(y)。其中，参数 y 表示填涂选项后产生的轮廓的重心的纵坐标。该方法中，有 10 个分支，每一个分支也都是只有一个测试和一个操作（即返回与被填涂的选项对应的题号）的 if 语句。代码如下所示。

```
01 # 根据纵坐标判断题号
02 def get_question(y):
03     if questions_ordinate[0][0] <= y <= questions_ordinate[0][1]:
```

```
04          return 1
05      if questions_ordinate[1][0] <= y <= questions_ordinate[1][1]:
06          return 2
07      if questions_ordinate[2][0] <= y <= questions_ordinate[2][1]:
08          return 3
09      if questions_ordinate[3][0] <= y <= questions_ordinate[3][1]:
10          return 4
11      if questions_ordinate[4][0] <= y <= questions_ordinate[4][1]:
12          return 5
13      if questions_ordinate[5][0] <= y <= questions_ordinate[5][1]:
14          return 6
15      if questions_ordinate[6][0] <= y <= questions_ordinate[6][1]:
16          return 7
17      if questions_ordinate[7][0] <= y <= questions_ordinate[7][1]:
18          return 8
19      if questions_ordinate[8][0] <= y <= questions_ordinate[8][1]:
20          return 9
21      if questions_ordinate[9][0] <= y <= questions_ordinate[9][1]:
22          return 10
```

观察上述代码的第 3 ～ 22 行，会发现除了操作符两端的二维列表的第一个索引和返回值不同外，其他部分完全相同，这样就产生了冗余代码。

那么，如何理解冗余代码呢？一般来说，能够执行既定任务的一段代码经过优化后，在不改变运行结果的情况下，减少了代码数量或者提高了代码的执行效率，说明被优化之前的代码中包含冗余代码。

既然上述代码包含冗余代码，就要对其及时优化。优化的方法如下。

① 把一个只有一个测试和一个操作的 if 语句置于 for 循环中（用一个 if 语句替代上述代码中的 10 个 if 语句）。

② for 循环的循环次数由二维列表中的元素个数决定。

③ 二维数组中的每一个元素表示的是每一个题目的纵坐标范围，每一个题目的纵坐标范围被存储在只有两个元素的一维列表中，定义两个标签就能够直接获取每一个题目的纵坐标范围。

④ 将填涂选项后产生的轮廓的重心的纵坐标与每一道题的纵坐标取值范围进行比较。

⑤ 因为 for 循环的循环变量 i 的值从 0 开始，所以使用 return 关键字返回与被填涂的选项对应的题号时要加 1。

被优化后的 get_question() 方法的代码如下所示。

```
01 # 根据纵坐标判断题号
02 def get_question(y):
03     for i in range(0, len(questions_ordinate)):  # 遍历 10 道题的纵坐标的取值范围
04         y_bottom, y_up = questions_ordinate[i]  # 获取每一个题目的纵坐标范围
05         if y_bottom <= y_center <= y_up:  # 如果在该题目坐标范围内
06             return i + 1  # 返回题号
```

21.3.5 显示机读卡的平面透视图

在 21.3.2 中，已经编写了用于获取矩形图案的平面透视图的 perspective() 方法。perspective() 方法具有一个参数和一个返回值，该方法的参数是如图 21.1 所示的机读卡图像（answer.jpg），该方法返回的是如图 21.3 所示的机读卡的平面透视图。

为了能够显示 perspective() 方法返回的机读卡的平面透视图，需要执行以下步骤。

① 使用 imread() 方法读取 answer.jpg，把它作为 perspective() 方法的参数。

② 调用 perspective() 方法，并且把 perspective() 方法返回的机读卡的平面透视图赋值给一个标签 tmp。

③ 使用 imshow() 方法命名一个窗口，并且在这个窗口中显示如图 21.5 所示的机读卡的平面透视图。

用于实现上述步骤的代码如下所示。

```
01 img = cv2.imread(“answer.jpg”) # 机读卡图像
02 tmp = perspective(img) # 获取机读卡的平面透视图
03 cv2.imshow("2", tmp) # 窗口显示机读卡的平面透视图
```

这样，就能够实现在窗口中显示机读卡的平面透视图，其效果如图 21.3 所示。

21.3.6　显示对平面透视图进行二值化阈值处理的结果

在 21.3.5 节中，通过调用参数 answer.jpg 的 perspective() 方法，不仅获取到机读卡的平面透视图，还将其显示在了一个窗口中。观察图 21.3 会发现，图 21.3 是不是一幅灰度图像暂且不论，但肯定不是一幅二值图像。这会为之后的“找到填涂选项后产生的轮廓”设置障碍。

本书在讲解用于检索图像轮廓的 findContours() 方法的语法格式的时候，不仅对其中的参数进行了说明，而且重点指出“如果被检测的图像是彩色图像，那么必须将其转为灰度图像，并经过二值化阈值处理”这一要求。

因此，为了在图 21.3 中找到填涂选项后产生的轮廓，就要先使用 cvtColor() 方法把图 21.3 的色彩空间由 BGR 色彩空间转为 GRAY 色彩空间。得到图 21.3 的灰度图像后，再使用 threshold() 方法对灰度图像执行二值化阈值处理（其中，阈值的值为 150，阈值的最大值为 255），从而得到对机读卡的平面透视图进行二值化阈值处理的结果。而后使用 imshow() 方法命名一个窗口，在这个窗口中显示这个结果图像。代码如下所示。

```
01 tmp = cv2.cvtColor(tmp, cv2.COLOR_BGR2GRAY) # 转为灰度图
02 _, tmp = cv2.threshold(tmp, 150, 255, cv2.THRESH_BINARY) # 二值化阈值处理
03 cv2.imshow("3", tmp) # 窗口显示对平面透视图进行二值化阈值处理的结果
```

这样，就能够实现在窗口中显示对平面透视图进行二值化阈值处理的结果，其效果如图 21.4 所示。

21.3.7　显示对二值化阈值处理后的图像进行闭运算后的结果

在 21.3.6 节中，通过对图 21.3 执行转换色彩空间和二值化阈值处理的操作，得到了对平面透视图进行二值化阈值处理的结果，并且使用 imshow() 方法把这个结果显示在窗口中。

观察图 21.4 会发现，虽然图 21.4 是一幅二值图像，符合了 findContours() 方法的使用要求，但是在查找填涂选项后产生的轮廓的过程中，需要先比较图 21.4 中所有轮廓的面积，当一个轮廓的面积大于 200、小于 500 时，这个轮廓就会被认为是填涂选项后产生的轮廓。

这时就产生了一个不确定因素：在图 21.4 中，除了填涂选项后产生的轮廓满足轮廓的面积大于 200、小于 500 这个条件外，有没有其他的轮廓也满足这一判断条件？如果有，那么这些轮廓也会被认为是填涂选项后产生的轮廓。这样，就会产生误差。

为了避免误差，需要对图21.4执行闭运算操作。闭运算可以抹除图21.4内部的细节，只保留填涂选项的痕迹。本书第8章讲解了一个形态学方法，即morphologyEx()方法。在该方法中，有一个参数能够为其指定操作类型。当这个参数的值为cv2.MORPH_CLOSE时，说明该方法用于对目标图像执行闭运算操作。

下面使用morphologyEx()方法对图21.4执行闭运算操作，代码如下所示。

```
01 k = np.ones((3, 3), np.uint8)  # 形态学操作所用的核
02 # 对图像做闭运算，迭代2次
03 tmp = cv2.morphologyEx(tmp, cv2.MORPH_CLOSE, k, iterations=2)
04 cv2.imshow("4", tmp)  # 窗口显示对二值化阈值处理后的图像进行闭运算后的结果
05 cv2.waitKey()
06 cv2.destroyAllWindows()
```

注意

为了能够显示图像并且释放窗口，cv2.imshow()方法、cv2.waitKey()方法和cv2.destroyAllWindows()要一起使用。当程序需要显示多个窗口时，把cv2.waitKey()方法和cv2.destroyAllWindows()置于最后一个cv2.imshow()方法后即可。

这样，就能够实现在窗口中显示对二值化阈值处理后的图像进行闭运算后的结果，其效果如图21.5所示。

21.3.8 保存机读卡上填涂的选项

在21.3.7节中，通过对图21.4执行闭运算操作，抹除了图21.4内部的细节，只保留了填涂选项的痕迹，得到了如图21.5所示的结果。这样，就可以放心地使用findContours()方法检测图21.5中所有的轮廓，当一个轮廓的面积大于200、小于500时，这个轮廓就会被认为是填涂选项后产生的轮廓。

获取填涂选项后产生的轮廓后，就能够获取这个轮廓的矩。根据这个轮廓的矩，能够得到这个轮廓重心的横坐标和纵坐标。根据这个轮廓重心的横坐标，能够获取被填涂的是哪一个选项；根据这个轮廓重心的纵坐标，能够获取与被填涂的选项对应的是哪一个题号。把获取的选项及其对应的题号以“键值对”的形式保存在已经创建的字典result中。

实现上述过程的步骤如下。

① 使用findContours()方法检测图21.5中所有的轮廓。

② 使用for循环遍历检测到的所有轮廓。

③ 只处理面积大于200、小于500的轮廓。

④ 使用moments()方法计算轮廓矩（参照本书第11章的11.4节的内容）。

⑤ 通过零阶矩和一阶矩计算轮廓重心的横坐标、纵坐标（参照本书第11章的11.4节的内容）。

⑥ 把轮廓重心的纵坐标作为参数，调用get_question()方法，获取与被填涂的选项对应的是哪一个题号。

⑦ 把轮廓重心的横坐标作为参数，调用get_result()方法，获取被填涂的是哪一个选项。

⑧ 把获取的选项及其对应的题号以“键值对”的形式保存在已经创建的字典result中。

对上述步骤编码后，代码如下所示。

```
01 # 检测所有轮廓
02 counr, _ = cv2.findContours(tmp, cv2.RETR_LIST, cv2.CHAIN_APPROX_NONE)
03 for c in counr:  # 遍历所有轮廓
04     if 200 < cv2.contourArea(c) < 500:  # 只对符合涂卡面积的轮廓进行操作
05         M = cv2.moments(c)  # 获取轮廓的矩
06         x_center = int(M['m10'] / M['m00'])  # 轮廓重心的横坐标
07         y_center = int(M['m01'] / M['m00'])  # 轮廓重心的纵坐标
08         questio_num = get_question(y_center)  # 判断涂卡的位置属于哪个题目
09         res = get_result(x_center)  # 判断涂卡位置属于哪个选项
10         result[questio_num] = res  # 记录答题者在该题目下的选项
```

21.3.9　打印在机读卡上填涂的答案

在 21.3.8 节中，通过对填涂选项后产生的轮廓进行计算，得到了轮廓重心的横坐标、纵坐标。根据轮廓重心的横坐标、纵坐标，得到了被填涂的选项及其对应的题号。把获取的选项及其对应的题号以“键值对”的形式保存在已经创建的字典 result 中。也就是说，此时的字典 result 不再是一个空字典，而是一个包含了 10 个键值对的字典。其中，每一个键值对表示的是与每一个题号对应的选项。

当使用 for 循环遍历字典时，既可以遍历字典的所有键值对，也可以只遍历键或值。本程序使用 for 循环遍历字典的方式是使用 keys() 方法，只遍历字典中的所有键。这样，就能够通过每一个键，获取与其对应的值。而后使用 print() 方法，打印字典中所有的键和值。

打印在机读卡上填涂的答案，代码如下所示。

```
01 for key in result.keys():  # 遍历答题者的答案
02     print(" 第 ", str(key), " 题：", result[key])
```

注意

由于本程序只有一个线程，致使运行程序后，先在 4 个窗口中显示图像。待 4 个窗口被释放后，才会打印在机读卡上填涂的答案。

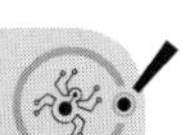

小结

本章使用了 OpenCV 中的 Canny 边缘检测、查找轮廓、透视变换、阈值处理和轮廓矩的应用等技术对如图 21.1 所示的机读卡图像进行处理，并把机读卡上被填涂的选项打印在控制台上。也就是说，本章是从 OpenCV 的视角简单地解析了光标阅读机是如何审阅、批改机读卡的。

第 22 章 检测蓝色矩形的交通标志牌（OpenCV + NumPy 实现）

现如今，已经有许许多多的设备能够检测并识别出交通标志牌。为了探究这些设备的工作原理，本案例将使用 OpenCV 和 NumPy 这两个工具包对如何检测蓝色矩形的交通标志牌进行解析。

本章的知识结构如下。

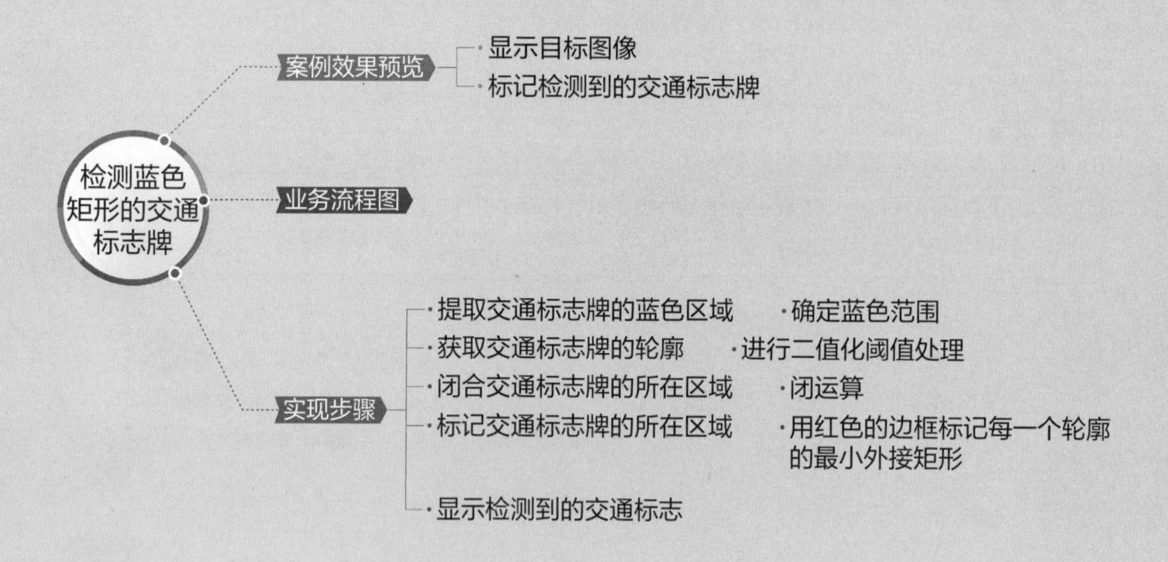

22.1 案例效果预览

本案例和蓝色的交通标志牌相关，即在一幅如图 22.1 所示的街景图像中，检测蓝色矩形的交通标志牌，并用红色的线框把每一个蓝色矩形的交通标志牌标记出来，标记后的结果图像如图 22.2 所示。

图 22.1　目标图像

图 22.2　标记检测到的交通标志牌

22.2　业务流程图

检测蓝色矩形的交通标志牌的业务流程如图 22.3 所示。

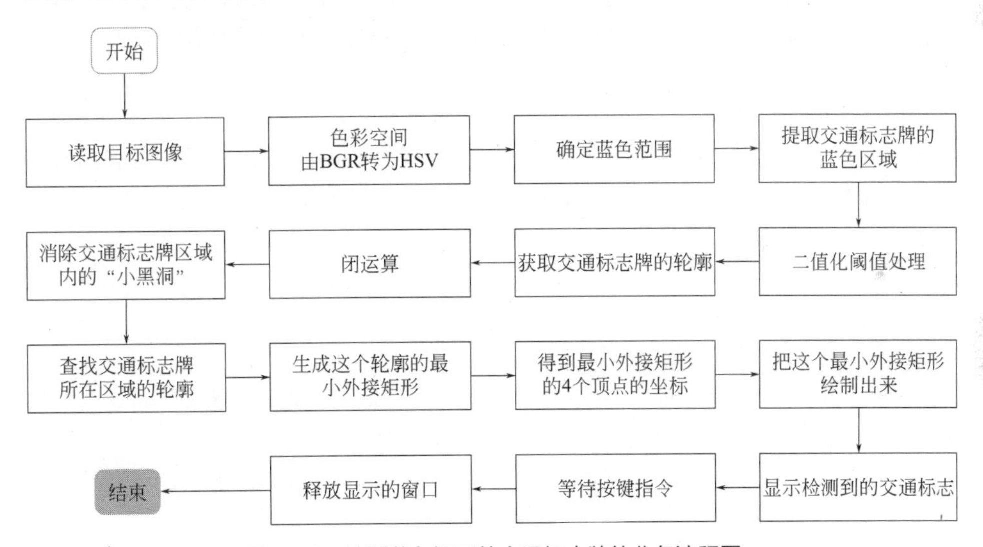

图 22.3　检测蓝色矩形的交通标志牌的业务流程图

22.3　实现步骤

本案例的实现步骤被分解成如下的 5 个步骤：提取交通标志牌的蓝色区域，获取交通标志牌的轮廓，闭合交通标志牌的所在区域，标记交通标志牌的所在区域和显示检测到的交通标志。下面将依次对这 5 个实现步骤进行讲解。

22.3.1　提取交通标志牌的蓝色区域

在如图 22.1 所示的目标图像中，有 3 块大小不一的、远近不同的、蓝色矩形的交通标志牌。为了把这 3 块交通标志牌的所在区域使用红色的矩形边框标记出来，达到检测交通标志牌的目的，首先要做的就是把这3块交通标志牌的所在区域从目标图像中提取出来。因为这3块交通标志牌的背景色都是蓝色的，所以可以把“从目标图像中提取交通标志牌”这个问题理解成“从目标图像中提取交通标志牌的蓝色区域”。

为了从目标图像中提取交通标志牌的蓝色区域，就需要借助HSV色彩空间中的色调（H）、饱和度（S）和亮度（V）确定蓝色的范围。首先，将目标图像的色彩空间由BGR转换为HSV；然后，当色调（H）在100～124的闭区间范围内取值、饱和度（S）在43～255的闭区间范围内取值、亮度（V）在46～255的闭区间范围内取值时，就能够从目标图像中提取交通标志牌的蓝色区域。

下面将根据这一依据对“从目标图像中提取交通标志牌的蓝色区域”这个问题的实现步骤进行讲解。

① 调用imread()方法读取如图22.1所示的目标图像。因为目标图像在当前项目目录下，所以读取目标图像的代码如下所示。

```
img = cv2.imread("traffic.png")
```

② 因为从目标图像中提取交通标志牌的蓝色区域需要借助HSV色彩空间，所以调用cvtColor()方法将目标图像的色彩空间由BGR转换为HSV。代码如下所示。

```
hsv = cv2.cvtColor(img,cv2.COLOR_BGR2HSV)
```

③ 通过inRange()方法把交通标志牌的蓝色区域变成白色，把除交通标志牌的蓝色区域外的区域变成黑色。本案例调用inRange()方法的代码如下所示。

```
dst = cv2.inRange(hsv, lower_blue, upper_blue)
```

参数说明：

☑ hsv：一幅色彩空间是HSV的图像。

☑ lower_blue：在图像（hsv）中，对于像素值低于lower_blue的像素，将这些像素的值变为0。

☑ upper_blue：在图像（hsv）中，对于像素值高于upper_blue的像素，将这些像素的值变为0。

说明

在图像（hsv）中，对于像素值介于lower_blue和upper_blue之间的像素，将这些像素的值变为255。

返回值说明：

☑ dst：掩模，即一幅只有黑色和白色的二值图像。

那么，应该如何理解lower_blue和upper_blue这两个标签，又该如下确定lower_blue和upper_blue这两个标签的值呢？

本小节的目的是从目标图像中提取交通标志牌的蓝色区域，对于色彩空间是HSV的目标图像，lower_blue表示的是通过色调（H）、饱和度（S）和亮度（V）确定的蓝色范围内像素的最小值；upper_blue表示的是通过色调（H）、饱和度（S）和亮度（V）确定的蓝色范围内像素的最大值。

对于色彩空间是HSV的目标图像，其中的每一个像素都是一个含有3个元素的一维数组，这 3 个元素分别对应色调（H）、饱和度（S）和亮度（V）的值，因此调用 NumPy 中的 array() 方法即可确定 lower_blue 和 upper_blue 这两个标签的值。代码如下所示。

```
01 lower_blue = np.array([100, 43, 46])
02 upper_blue = np.array([124, 255, 255])
```

但是，在目标图像中，除交通标志牌的背景色是蓝色的外，天空也是蓝色的。因此，天空的蓝色会对“从目标图像中提取交通标志牌的蓝色区域”的结果产生不小的影响。为此，需要修改如下代码。

```
lower_blue = np.array([100, 43, 46])
```

“[100, 43, 46]”是通过色调（H）、饱和度（S）和亮度（V）确定的蓝色范围内像素的最小值。为了避免天空的蓝色对“从目标图像中提取交通标志牌的蓝色区域”的结果影响，需要对“[100, 43, 46]”进行调整，需要把饱和度（S）和亮度（V）的值都调整到 50。调整后的代码如下所示。

```
lower_blue = np.array([100, 50, 50])
```

④ 调用 imshow() 方法在一个窗口里显示色彩空间是 HSV 的目标图像经 inRange() 方法处理后的结果图像。代码如下所示。

```
cv2.imshow("dst", dst)
```

经过 inRange() 方法处理后，就能够从目标图像中提取交通标志牌的蓝色区域，只不过处理后的图像是一幅如图 22.4 所示的二值图像。

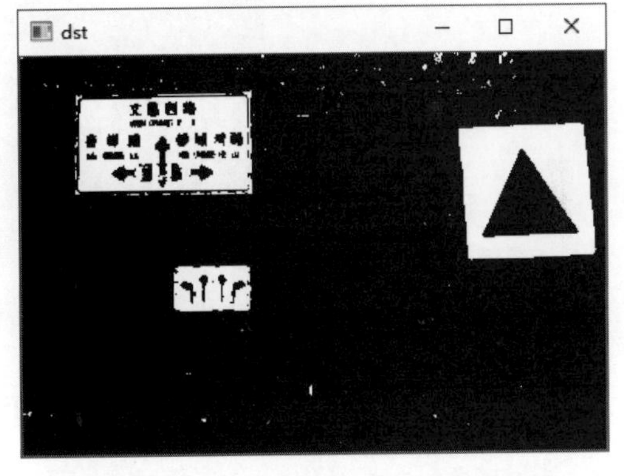

图 22.4　经 inRange() 方法处理后的图像

22.3.2　获取交通标志牌的轮廓

观察如图 22.4 所示的图像，会发现这幅图像含有噪声（3 块交通标志牌的所在区域外含有分布不均的、白色的像素）。为了去除这幅图像中的噪声，需要使用一种用于对图像进行平滑处理的工具，即滤波器。本案例使用的滤波器是均值滤波器。

均值滤波器可以把图像中的每一个像素都当成滤波核的核心，然后计算出核内所有像素的平均值，最后让核心像素值等于这个平均值。OpenCV 将均值滤波器封装成了 blur() 方法。均值滤波器的计算过程和 blur() 方法的语法格式的说明详见本书的第 9 章。

本案例采用的是一个大小为 9×9 的滤波核，这样就能够编写使用均值滤波器对如图 22.4 所示的图像进行平滑处理的代码。代码如下所示。

```
dst_blur = cv2.blur(dst, (9, 9))
```

使用均值滤波器对如图 22.4 所示的图像进行平滑处理后，处理后的图像虽然去除了噪声，但是会变得模糊不清。为了获取交通标志牌的轮廓，需要对进行平滑处理后的图像进行二值化阈值处理。

在对一幅图像进行二值化阈值处理时，每一个像素值都会与阈值进行比较，将大于阈值的像素值变为最大值，将小于或等于阈值的像素值变为0。计算过程如下面公式所示。

```
if 像素值 <= 阈值 : 像素值 = 0
if 像素值 > 阈值 : 像素值 = 最大值
```

OpenCV 提供了用于对图像进行阈值处理的 threshold() 方法。关于 threshold() 方法的语法格式的说明详见本书的第 7 章。

本案例在对进行平滑处理后的图像进行二值化阈值处理时，采用的阈值是 127，阈值的最大值是 255。代码如下所示。

```
ret, dst_threshold = cv2.threshold(dst_blur, 127, 255, cv2.THRESH_BINARY)
```

调用 imshow() 方法在一个窗口里显示对进行平滑处理后的图像进行二值化阈值处理后的结果图像。代码如下所示。

```
cv2.imshow("dst_threshold", dst_threshold)
```

对进行平滑处理后的图像进行二值化阈值处理后的结果图像如图 22.5 所示。

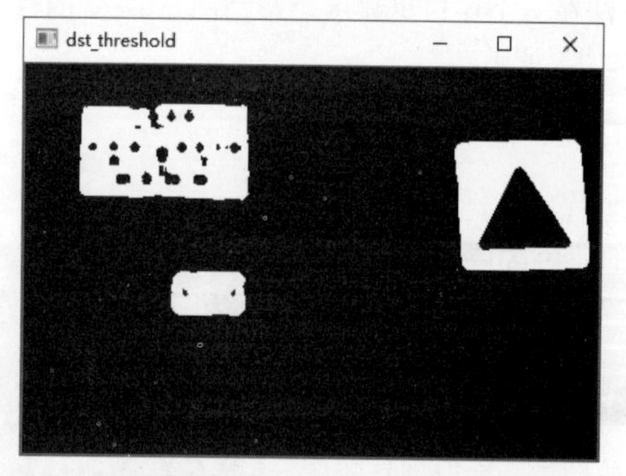

图 22.5　对进行平滑处理后的图像进行二值化阈值处理后的结果图像

22.3.3　闭合交通标志牌的所在区域

从图 22.5 不难看出，经二值化阈值处理后，进行平滑处理后的图像轮廓分明、对比明显。只不过，在图 22.5 中的交通标志牌的所在区域内，存在着或大或小的“小黑洞”。那么有没有什么办法能够消除这些或大或小的“小黑洞”，尽量闭合交通标志牌的所在区域？

为了解决这个问题，需要借助形态学操作中的闭运算。闭运算是一种基于腐蚀和膨胀的组合操作而形成的形态学操作，可以把闭运算的计算过程简单地理解为“先膨胀后腐蚀”。通过闭运算，能够扩张图 22.5 中的交通标志牌的所在区域内的白色部分，尽可能地消除其中的“小黑洞”，进而实现“尽量闭合交通标志牌的所在区域”的效果。

OpenCV 提供了用于执行形态学操作的 morphologyEx() 方法，在这个方法的语法格式中有 7 个参数。在实际开发工作中，为了方便、快捷，只需要对其中的 3 个参数进行赋值即可。简化后的 morphologyEx() 方法的语法格式如下。

```
dst = cv2.morphologyEx(src, op, kernel)
```

参数说明：

☑ src：要执行形态学操作的目标图像。

☑ op：操作类型，具体值如表 8.1 所示。

☑ kernel：操作过程中所采用的核。

通过前文的内容，能够确定简化后的 morphologyEx() 方法中的参数 src 和参数 op 的值。其中，参数 src 的值是 dst_threshold，参数 op 的值是表示“闭运算”的 cv2.MORPH_CLOSE。那么，如何获取参数 kernel 的值呢？为此，OpenCV 提供了用于生成不同形状的核的 getStructuringElement() 方法，其语法格式如下。

```
kernel = cv2.getStructuringElement(shape, ksize)
```

参数说明：

☑ shape：核的形状（本案例采用的核的形状是“矩形”），具体值如表 22.1 所示。

表 22.1　关于核的形状的说明

参数值	核的形状
MORPH_RECT	矩形
MORPH_CROSS	交叉形
MORPH_ELLIPSE	椭圆形

☑ ksize：核的尺寸，本案例采用的核的尺寸是“(21, 7)”。

结合 getStructuringElement() 方法和简化后的 morphologyEx() 方法，就能够消除图 22.5 中的交通标志牌的所在区域内或大或小的“小黑洞”，尽可能地闭合交通标志牌的所在区域。代码如下所示。

```
01 kernel = cv2.getStructuringElement(cv2.MORPH_RECT, (21, 7))
02 closed = cv2.morphologyEx(dst_threshold, cv2.MORPH_CLOSE, kernel)
```

调用 imshow() 方法在一个窗口里显示尽可能地闭合交通标志牌的所在区域后的结果图像。代码如下所示。

```
cv2.imshow("closed", closed)
```

尽可能地闭合交通标志牌的所在区域后的结果图像如图 22.6 所示。

图 22.6　尽可能地闭合交通标志牌的所在区域后的结果图像

22.3.4 标记交通标志牌的所在区域

要想标记交通标志牌的所在区域，就要先查找交通标志牌的所在区域的轮廓。OpenCV 提供了用于查找一幅二值图像中的所有轮廓的 findContours() 方法。关于 findContours() 方法的语法格式的说明详见本书的第 11 章。使用 findContours() 方法查找图 22.6 中的所有轮廓的代码如下所示。

```
contours, hierarchy = cv2.findContours(closed, cv2.RETR_EXTERNAL,cv2.CHAIN_APPROX_SIMPLE)
```

观察图 22.6 会发现交通标志牌的所在区域近似于矩形，因此要把在图 22.6 中找到的轮廓转换为矩形。也就是说，要根据找到的轮廓，生成这个轮廓的最小外接矩形。为此，OpenCV 提供 minAreaRect() 方法，其语法格式如下。

```
box = cv2.minAreaRect(points)
```

参数说明：

☑ points：点集（本案例的“点集”就是在图 22.6 中找到的轮廓）。

返回值说明：

☑ box：是一个 Box2D 结构，其中包含最小外接矩形的中心坐标、宽度、高度和相对于水平方向的旋转角度等信息。

虽然通过 minAreaRect() 方法生成了一个轮廓的最小外接矩形，但是得到的不是这个最小外接矩形的 4 个顶点的坐标，而是一个 Box2D 结构。那么，如何根据这个 Box2D 结构获取最小外接矩形的 4 个顶点的坐标呢？为此，OpenCV 提供了 boxPoints() 方法，其语法格式如下。

```
retval = cv2.boxPoints(box)
```

参数说明：

☑ box：一个 Box2D 结构。

返回值说明：

☑ retval：根据这个 Box2D 结构获取最小外接矩形的 4 个顶点的坐标。

获取一个轮廓的最小外接矩形的 4 个顶点的坐标后，会发现这 4 个顶点的坐标是浮点型，而非整型。这里的“整型”区别于 Python 中的“整型”，指的是 NumPy 中的整型。因此，要调用 NumPy 中的 int0() 方法对这 4 个顶点进行取整。

既得到了一个轮廓的最小外接矩形，又得到了对这个最小外接矩形的 4 个顶点进行取整后的坐标，那么就能够使用 OpenCV 中的 drawContours() 方法把这个最小外接矩形绘制出来。

根据以上内容，在通过 findContours() 方法找到图 22.6 中所有的交通标志牌的所在区域的轮廓后，先使用 for 循环遍历这些轮廓，再通过 minAreaRect() 方法得到每一个轮廓的最小外接矩形，接着通过 boxPoints() 方法得到这个最小外接矩形的 4 个顶点的坐标，而后通过 int0() 方法对这 4 个顶点进行取整，最后通过 drawContours() 方法把这个最小外接矩形在如图 22.1 所示的目标图像中用红色的边框绘制出来。实现上述步骤的代码如下所示。

```
01 contours, hierarchy = cv2.findContours(closed, cv2.RETR_EXTERNAL,cv2.CHAIN_APPROX_SIMPLE)
02 for con in contours:
03     box = cv2.minAreaRect(con)
04     points_int = np.int0(cv2.boxPoints(box))
05     cv2.drawContours(img, [points_int], -1, (0, 0, 255), 2)
```

22.3.5　显示检测到的交通标志

经过前面的内容，在对每一个方法进行解析后，基本完成了本案例的代码编写。剩下的 3 行代码是通过 imshow() 方法在一个窗口里显示已经标记了交通标志牌的所在区域的目标图像，通过 waitkey() 方法等待键盘上的按键指令，当键盘上的某一个按键被按下时，通过 destroyAllWindows() 方法释放正在显示图像的窗口。

为了更深入地理解每一行代码的含义及其作用，下面将给出用于实现本案例的完整代码，代码如下所示。

```
01 import cv2
02 import numpy as np
03
04 img = cv2.imread("traffic.png")
05 hsv = cv2.cvtColor(img,cv2.COLOR_BGR2HSV)
06
07 lower_blue = np.array([100, 50, 50])
08 upper_blue = np.array([124, 255, 255])
09 dst = cv2.inRange(hsv, lower_blue, upper_blue)
10 cv2.imshow("dst", dst)
11
12 dst_blur = cv2.blur(dst, (9, 9))
13 ret, dst_threshold = cv2.threshold(dst_blur, 127, 255, cv2.THRESH_BINARY)
14 cv2.imshow("dst_threshold", dst_threshold)
15
16 kernel = cv2.getStructuringElement(cv2.MORPH_RECT, (21, 7))
17 closed = cv2.morphologyEx(dst_threshold, cv2.MORPH_CLOSE, kernel)
18 cv2.imshow("closed", closed)
19
20 contours, hierarchy = cv2.findContours(closed, cv2.RETR_EXTERNAL,cv2.CHAIN_APPROX_SIMPLE)
21 for con in contours:
22     box = cv2.minAreaRect(con)
23     points_int = np.int0(cv2.boxPoints(box))
24     cv2.drawContours(img, [points_int], -1, (0, 0, 255), 2)
25 cv2.imshow("result", img)
26 cv2.waitKey(0)
27 cv2.destroyAllWindows()
```

小结

本案例的代码虽然不多，但是使用到的方法很多。这些方法紧密地联系在一起，一环套一环，为得到最后的结果图像发挥各自的作用。编写本案例的代码前，要明确本案例的业务流程，根据每一个步骤，通过适当的方法，得到阶段性的结果。让这些阶段性结果可视化，不仅会事半功倍，还能够方便且迅速地指出下一步的处理方向。捋顺思路后，看似很复杂的问题就会变得很简单，结合 OpenCV 和 NumPy 中的方法，处理这些问题会更加得心应手。

第 23 章
滤镜编辑器
（OpenCV + NumPy + Math 实现）

滤镜用于实现图像的各种特殊的视觉效果。滤镜在 Photoshop 中具有非常神奇的作用，它们被放置在菜单中。通过滤镜，不仅能够为图像实现绚丽的视觉效果，还能够对图像进行合成、移花接木等操作，使图像达到理想的视觉效果。本章将使用 OpenCV、NumPy 和 Math 这 3 个工具包编写一个简单的滤镜编辑器。

本章的知识结构如下。

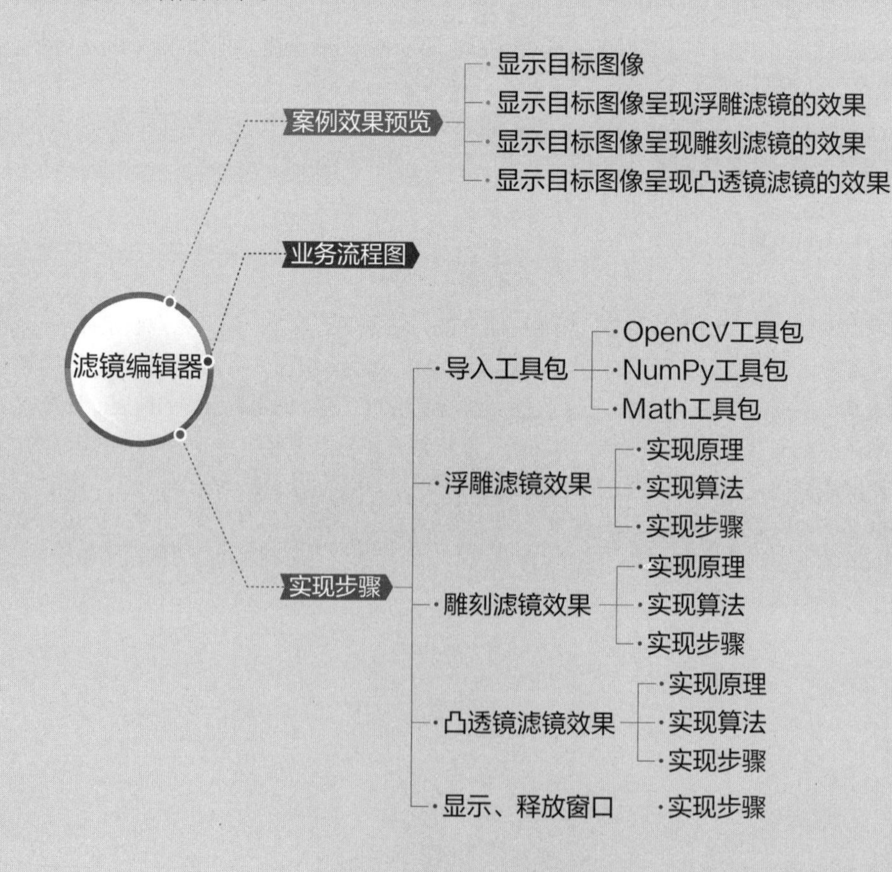

23.1 案例效果预览

本案例要使用 OpenCV、NumPy 和 Math 这 3 个工具包实现一个简单的滤镜编辑器。在这个滤镜编辑器中，包含了 3 种滤镜效果，它们分别是浮雕滤镜、雕刻滤镜和凸透镜滤镜。本案例将对目标图像（见图 23.1）进行处理，使得目标图像分别呈现浮雕滤镜（见图 23.2）、雕刻滤镜（见图 23.3）和凸透镜滤镜（见图 23.4）的效果。为了让读者朋友更加深入地理解并掌握上述 3 种滤镜效果的实现过程，本章将依次对它们各自的实现原理和算法进行讲解。

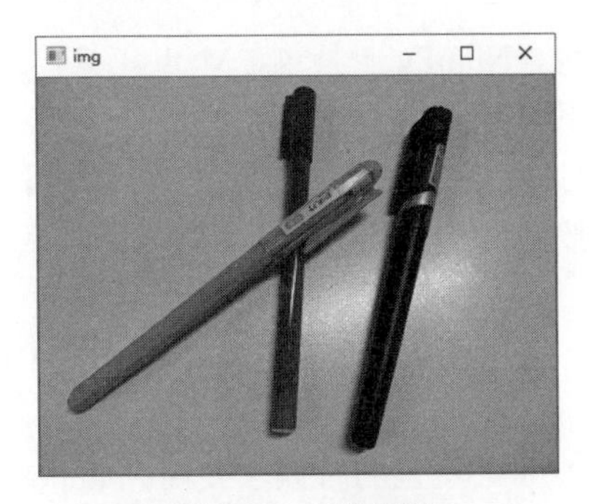

图 23.1　目标图像

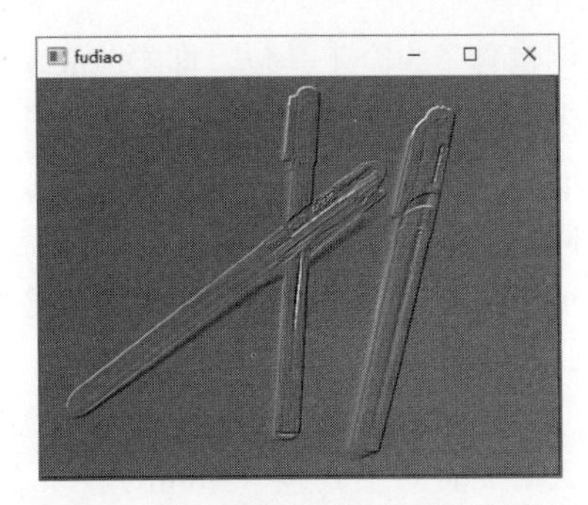

图 23.2　目标图像呈现浮雕滤镜的效果

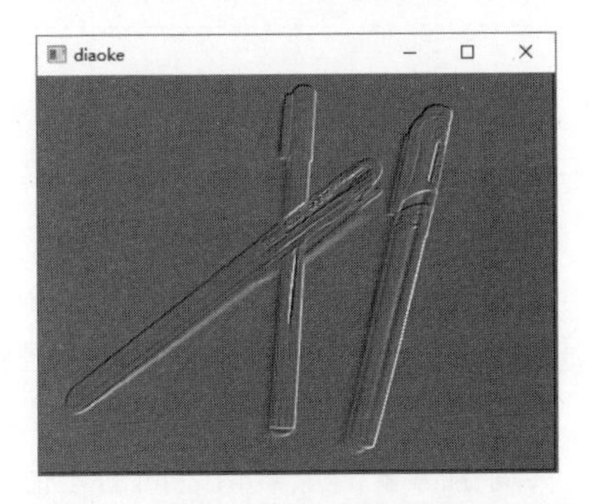

图 23.3　目标图像呈现雕刻滤镜的效果

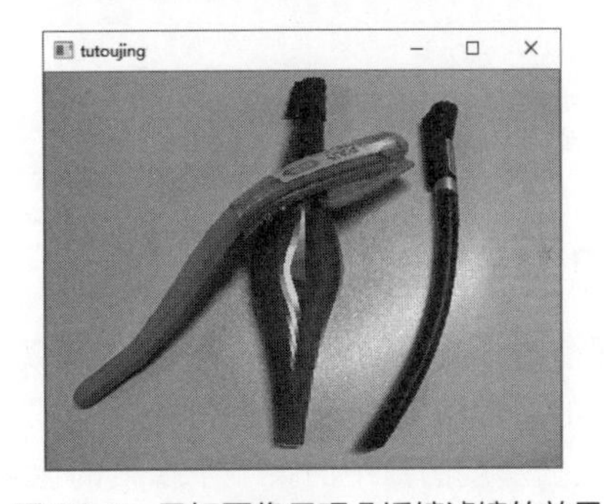

图 23.4　目标图像呈现凸透镜滤镜的效果

23.2 业务流程图

滤镜编辑器的业务流程如图 23.5 所示。

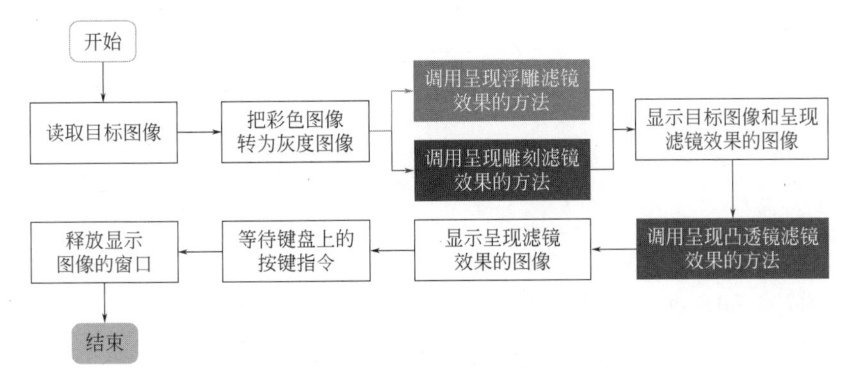

图 23.5　滤镜编辑器的业务流程图

23.3 实现步骤

本案例包括5个实现步骤，它们分别是导入工具包、编写呈现浮雕滤镜效果的方法、编写呈现雕刻滤镜效果的方法、编写呈现凸透镜滤镜效果的方法、显示和释放图像的窗口。下面将依次对这5个步骤进行讲解。

23.3.1 导入工具包

本案例包含了3个工具包，即OpenCV工具包、NumPy工具包、Math工具包。

这3个工具包在本案例中各自发挥的作用如下。

☑ OpenCV工具包：用于对如图23.1所示的目标图像进行处理，如读取图像、转换图像色彩空间、在窗口里显示图像、等待键盘上的按键指令、释放显示图像的窗口等。

☑ NumPy工具包：用于实现3种滤镜效果。

☑ Math工具包：仅用于凸透镜滤镜，计算图像中的每一个像素与这幅图像中心之间的距离。

在导入OpenCV工具包、NumPy工具包和Math工具包的时候，要用到import关键字，代码如下所示。

```
01 import cv2
02 import numpy as np
03 import math
```

23.3.2 浮雕滤镜效果

为了实现浮雕滤镜效果，首先要把实现浮雕滤镜效果的原理搞清楚、弄明白。实现浮雕滤镜效果的原理如下。

① 根据灰度图像中的某一个像素的像素值与其周围像素的像素值之间的差值，确定这个像素经过卷积处理后的像素值。

② 由于边缘点的像素值与其周围像素的像素值之间的差值较大，经卷积处理后，导致这些边缘点较亮，从而达到突显边缘的目的，进而形成浮雕状。

③ 为经卷积处理后的每一个像素加上一个灰度偏移值128，作为呈现浮雕滤镜效果的图像的底色。

明确了实现浮雕滤镜效果的原理后，再来学习一下实现浮雕滤镜效果的算法。实现浮雕滤镜效果的算法如下。

① 对灰度图像中的每一个像素进行卷积处理。

② 实现浮雕滤镜效果的卷积核算子需采用如下矩阵。

```
[[1, 0],
[0, -1]]
```

掌握了实现浮雕滤镜效果的原理和算法后，下面开始编写用于实现浮雕滤镜效果的方法，即fuDiao()方法。fuDiao()方法是一个自定义的、有参且有返回值的方法，fuDiao()方法的语法格式如下。

```
def fuDiao(img):
    ……# 省略方法体中的代码
    return canvas
```

参数说明：

☑ img：与目标图像对应的灰度图像。

返回值说明：

☑ canvas：画布，用于呈现浮雕滤镜效果的图像。

那么，fuDiao() 方法被省略的代码各自发挥怎样的作用？此外，被省略的代码又是哪些呢？

先要明确 fuDiao() 方法中被省略的代码各自发挥的作用是什么。

① 因为用于实现浮雕滤镜效果的卷积核算子是一个二维矩阵，所以需要使用 NumPy 工具包中的 array() 方法创建这个二维矩阵。关键代码如下所示。

```
kernel = np.array([[1, 0], [0, -1]])
```

② 分别获取灰度图像中像素的行数和列数。关键代码如下所示。

```
01 row = img.shape[0]
02 col = img.shape[1]
```

③ 根据灰度图像中像素的行数和列数，创建一个等高、等宽的纯黑色的画布。关键代码如下所示。

```
canvas = np.zeros([row, col], dtype=np.uint8)
```

④ 根据横坐标、纵坐标，使用嵌套的 for 循环得到灰度图像中的每一个像素。关键代码如下所示。

```
01 for i in range(row - 1):
02     for j in range(col - 1):
```

⑤ 使用实现浮雕滤镜效果的卷积核算子，对灰度图像中的每一个像素进行卷积处理，并且为经卷积处理后的每一个像素加上一个灰度偏移值 128。关键代码如下所示。

```
new_value = np.sum(img[i:i + 2, j:j + 2] * kernel) + 128
```

⑥ 对于经卷积处理且加上一个灰度偏移值后的每一个像素的像素值，如果大于 255，那么等于 255；如果小于 0，那么等于 0。关键代码如下所示。

```
01 if new_value > 255:
02     new_value = 255
03 elif new_value < 0:
04     new_value = 0
05 else:
06     pass
```

⑦ 把经过比较后的每一个像素的像素值根据坐标赋值给画布对应位置上的像素。关键代码如下所示。

```
canvas[i, j] = new_value
```

结合 fuDiao() 方法中被省略的代码和它们各自发挥的作用，就能够迅速完成 fuDiao() 方法的编写。fuDiao() 方法的代码如下所示。

```
07 def fuDiao(img):
08     kernel = np.array([[1, 0], [0, -1]])
09     row = img.shape[0]
10     col = img.shape[1]
11     canvas = np.zeros([row, col], dtype=np.uint8)
12     for i in range(row - 1):
13         for j in range(col - 1):
14             new_value = np.sum(img[i:i + 2, j:j + 2] * kernel) + 128
15             if new_value > 255:
16                 new_value = 255
17             elif new_value < 0:
18                 new_value = 0
19             else:
20                 pass
21             canvas[i, j] = new_value
22     return canvas
```

23.3.3 雕刻滤镜效果

实现雕刻滤镜效果的原理与实现浮雕滤镜效果的原理大致相同，实现雕刻滤镜效果的原理如下。

① 根据灰度图像中的某一个像素的像素值与其周围像素的像素值之间的差值，确定这个像素经过卷积处理后的像素值。

② 由于边缘点的像素值与其周围像素的像素值之间的差值较大，经卷积处理后，导致这些边缘点较暗，从而达到凹陷边缘的目的，进而形成雕刻状。

③ 为经卷积处理后的每一个像素加上一个灰度偏移值 128，作为呈现雕刻滤镜效果的图像的底色。

虽然实现雕刻滤镜效果的原理与实现浮雕滤镜效果的原理大致相同，但是实现雕刻滤镜效果的算法与实现浮雕滤镜效果的算法大不相同。实现雕刻滤镜效果的算法如下。

① 对灰度图像中的每一个像素进行卷积处理。

② 实现雕刻滤镜效果的卷积核算子需采用如下矩阵。

```
[[-1, 0],
[0, 1]]
```

掌握了实现雕刻滤镜效果的原理和算法后，下面开始编写用于实现雕刻滤镜效果的方法，即 diaoKe() 方法。与 fuDiao() 方法相同，diaoKe() 方法也是一个自定义的、有参且有返回值的方法，diaoKe() 方法的语法格式如下。

```
def diaoKe(img):
    ……# 省略方法体中的代码
    return canvas
```

参数说明：

☑ img：与目标图像对应的灰度图像。

返回值说明：

☑ canvas：画布，用于呈现雕刻滤镜效果的图像。

diaoKe() 方法被省略的代码与 fuDiao() 方法被省略的代码大同小异，首先明确下 diaoKe() 方法中被省略的代码各自发挥的作用是什么。

① 用于实现雕刻滤镜效果的卷积核算子与用于实现浮雕滤镜效果的卷积核算子虽然不同，但也是一个二维矩阵，因此需要使用 NumPy 工具包中的 array() 方法创建这个二维矩阵。关键代码如下所示。

```
kernel = np.array([[-1, 0], [0, 1]])
```

② 分别获取灰度图像中像素的行数和列数。关键代码如下所示。

```
01 row = img.shape[0]
02 col = img.shape[1]
```

③ 根据灰度图像中像素的行数和列数，创建一个等高、等宽的纯黑色的画布。关键代码如下所示。

```
canvas = np.zeros([row, col], dtype=np.uint8)
```

④ 根据横坐标、纵坐标，使用嵌套的 for 循环得到灰度图像中的每一个像素。关键代码如下所示。

```
01 for i in range(row - 1):
02     for j in range(col - 1):
```

⑤ 使用实现雕刻滤镜效果的卷积核算子，对灰度图像中的每一个像素进行卷积处理，并且为经卷积处理后的每一个像素加上一个灰度偏移值 128。关键代码如下所示。

```
new_value = np.sum(img[i:i + 2, j:j + 2] * kernel) + 128
```

⑥ 对于经卷积处理且加上一个灰度偏移值后的每一个像素的像素值，如果大于 255，那么等于 255；如果小于 0，那么等于 0。关键代码如下所示。

```
01 if new_value > 255:
02     new_value = 255
03 elif new_value < 0:
04     new_value = 0
05 else:
06     pass
```

⑦ 把经过比较后的每一个像素的像素值根据坐标赋值给画布对应位置上的像素。关键代码如下所示。

```
canvas[i, j] = new_value
```

结合 diaoKe() 方法中被省略的代码和它们各自发挥的作用，就能够迅速完成 diaoKe() 方法的编写。diaoKe() 方法的代码如下所示。

```
07 def diaoKe(img):
08     kernel = np.array([[-1, 0], [0, 1]])
09     row = img.shape[0]
10     col = img.shape[1]
11     canvas = np.zeros([row, col], dtype=np.uint8)
12     for i in range(row - 1):
```

```
13          for j in range(col - 1):
14              new_value = np.sum(img[i:i + 2, j:j + 2] * kernel) + 128
15              if new_value > 255:
16                  new_value = 255
17              elif new_value < 0:
18                  new_value = 0
19              else:
20                  pass
21              canvas[i, j] = new_value
22      return canvas
```

23.3.4 凸透镜滤镜效果

所谓凸透镜滤镜效果，相当于用户使用凸透镜观察一幅图像而成的视觉效果。实现凸透镜滤镜效果的原理与实现浮雕滤镜效果的原理和实现雕刻滤镜效果的原理大不相同。下面将着重对实现凸透镜滤镜效果的原理进行讲解。

① 当使用凸透镜中心观察一幅图像时，被观察的图像区域将按照一定比例进行放大。相应地，这个区域的周围区域将被压缩。

② 为了让放大后的图像区域看起来和谐、自然，这些被压缩的周围区域要保持连续性。

明确了实现凸透镜滤镜效果的原理后，再来学习一下实现凸透镜滤镜效果的算法。实现凸透镜滤镜效果的算法如下。

① 根据目标图像的宽、高确定凸透镜的半径。

② 选择一个凸函数作为映射函数。

③ 如果目标图像中的某一个像素与目标图像中心之间的距离的平方不大于凸透镜的半径的平方（两个整数进行比较，保证比较结果的精确度），就使用映射函数对这个像素的横坐标、纵坐标进行映射处理。

掌握了实现凸透镜滤镜效果的原理和算法后，下面开始编写用于实现凸透镜滤镜效果的方法，即 tuTouJing() 方法。与 fuDiao() 方法和 diaoKe() 方法相同，tuTouJing() 方法也是一个自定义的、有参且有返回值的方法，tuTouJing() 方法的语法格式如下。

```
def tuTouJing(img):
    ……# 省略方法体中的代码
    return canvas
```

参数说明：

☑ img：目标图像。

返回值说明：

☑ canvas：画布，用于呈现凸透镜滤镜效果的图像。

先要明确 tuTouJing() 方法中被省略的代码各自发挥的作用是什么。

① 分别获取目标图像中像素的行数和列数以及目标图像的通道数。关键代码如下所示。

```
01 row = img.shape[0]
02 col = img.shape[1]
03 channel = img.shape[2]
```

② 根据目标图像中像素的行数和列数以及目标图像的通道数，创建一个等高、等宽、等通道数的纯黑色的画布。关键代码如下所示。

```
canvas = np.zeros([row, col, channel], dtype=np.uint8)
```

③ 根据目标图像中像素的行数和列数，分别获取目标图像中心的横坐标、纵坐标。关键代码如下所示。

```
01 center_x = row/2
02 center_y = col/2
```

④ 比较目标图像中心的横坐标、纵坐标的大小，把较小的数值作为凸透镜的半径。关键代码如下所示。

```
radius = min(center_x, center_y)
```

⑤ 根据横坐标、纵坐标，使用嵌套的 for 循环得到目标图像中的每一个像素。关键代码如下所示。

```
01 for i in range(row):
02     for j in range(col):
```

⑥ 计算目标图像中的每一个像素与目标图像中心之间的距离的平方和。关键代码如下所示。

```
01 distance = ((i-center_x) * (i-center_x) + (j-center_y) * (j-center_y))
02 new_dist = math.sqrt(distance)
```

⑦ 把目标图像中的每一个像素的像素值根据坐标赋值给画布对应位置上的像素。关键代码如下所示。

```
canvas[i,j,:] = img[i, j, :]
```

⑧ 如果目标图像中的某一个像素与目标图像中心之间的距离的平方不大于凸透镜的半径的平方，就使用映射函数对这个像素的横坐标、纵坐标进行映射处理。关键代码如下所示。

```
01 if distance <= radius**2:
02     new_i = np.int(np.floor(new_dist * (i-center_x) / radius + center_x))
03     new_j = np.int(np.floor(new_dist * (j-center_y) / radius + center_y))
```

⑨ 把经过映射处理后的每一个像素的像素值根据坐标赋值给画布对应位置上的像素。关键代码如下所示。

```
canvas[i,j,:] = img[new_i, new_j, :]
```

结合 tuTouJing() 方法中被省略的代码和它们各自发挥的作用，就能够迅速完成 tuTouJing() 方法的编写。tuTouJing() 方法的代码如下所示。

```
01 def tuTouJing(img):
02     row = img.shape[0]
03     col = img.shape[1]
04     channel = img.shape[2]
05     canvas = np.zeros([row, col, channel], dtype=np.uint8)
06     center_x = row/2
07     center_y = col/2
08     radius = min(center_x, center_y)
```

```
09    for i in range(row):
10        for j in range(col):
11            distance = ((i-center_x) * (i-center_x) + (j-center_y) * (j-center_y))
12            new_dist = math.sqrt(distance)
13            canvas[i,j,:] = img[i, j, :]
14            if distance <= radius**2:
15                new_i = np.int(np.floor(new_dist * (i-center_x) / radius + center_x))
16                new_j = np.int(np.floor(new_dist * (j-center_y) / radius + center_y))
17                canvas[i,j,:] = img[new_i, new_j, :]
18    return canvas
```

23.3.5 显示、释放窗口

通过以上内容，已经完成了对 fuDiao() 方法、diaoKe() 方法和 tuTouJing() 方法这 3 个核心方法的编写。这 3 个核心方法分别对应着实现浮雕滤镜效果的方法、实现雕刻滤镜效果的方法和实现凸透镜滤镜效果的方法。但是，这 3 个核心方法并没有发挥任何作用，原因是它们只是单独的个体，只有被程序调用时才会发挥作用，就像是工具箱里的锤子、扳手等工具，只有它们被使用时，才会发挥它们各自的作用。下面将逐步地讲解如何调用这 3 个核心方法。

① 在操作目标图像之前，要使用 imread() 方法读取目标图像。由于目标图像在当前项目目录下，使用 imread() 方法读取目标图像的代码如下所示。

```
img = cv2.imread("pen.jpg")
```

② 因为 fuDiao() 方法和 diaoKe() 方法操作的都是与目标图像对应的灰度图像，所以要使用 cvtColor() 方法把目标图像转为灰度图像。代码如下所示。

```
gray_img = cv2.cvtColor(img, cv2.COLOR_BGR2GRAY)
```

③ 调用 fuDiao() 方法和 diaoKe() 方法，把标签 gray_img 作为参数传递给这两个方法，让目标图像分别呈现浮雕滤镜效果和雕刻滤镜效果。代码如下所示。

```
01 ret_FuDiao = fuDiao(gray_img)
02 ret_DiaoKe = diaoKe(gray_img)
```

④ 使用 imshow() 方法，分别在 3 个窗口里显示目标图像、呈现浮雕滤镜效果的目标图像和呈现雕刻滤镜效果的目标图像。代码如下所示。

```
01 cv2.imshow("img", img)
02 cv2.imshow("fudiao", ret_FuDiao)
03 cv2.imshow("diaoke", ret_DiaoKe)
```

⑤ 因为 tuTouJing() 方法操作的是目标图像，所以把标签 img 作为参数传递给 tuTouJing() 方法。代码如下所示。

```
ret_TuTouJing = tuTouJing(img)
```

⑥ 使用 imshow() 方法，在窗口上显示呈现凸透镜滤镜效果的目标图像。代码如下所示。

```
cv2.imshow("tutoujing", ret_TuTouJing)
```

⑦ 使用 waitKey() 方法等待键盘上的按键指令，当键盘上的某一个按键被按下时，使用 destroyAllWindows() 方法释放以上 4 个正在显示图像的窗口。代码如下所示。

```
01 cv2.waitKey()
02 cv2.destroyAllWindows()
```

结合上述调用 3 个核心方法的步骤和代码，就能够迅速完成本案例剩余代码的编写。剩余代码如下所示。

```
01 img = cv2.imread("pen.jpg")
02 gray_img = cv2.cvtColor(img, cv2.COLOR_BGR2GRAY)
03 ret_FuDiao = fuDiao(gray_img)
04 ret_DiaoKe = diaoKe(gray_img)
05 cv2.imshow("img", img)
06 cv2.imshow("fudiao", ret_FuDiao)
07 cv2.imshow("diaoke", ret_DiaoKe)
08
09 ret_TuTouJing = tuTouJing(img)
10 cv2.imshow("tutoujing", ret_TuTouJing)
11 cv2.waitKey()
12 cv2.destroyAllWindows()
```

小结

本案例主要讲解了浮雕滤镜、雕刻滤镜和凸透镜滤镜这 3 种滤镜效果。其中，浮雕滤镜和雕刻滤镜大同小异，除了卷积核算子不同，其他实现步骤基本相同。因此，可以把浮雕滤镜和雕刻滤镜放在一起进行理解，理解了其中一个，另外一个也会融会贯通。凸透镜滤镜是 3 种滤镜效果中比较难理解的一个，重点要掌握如何选择一个凸函数作为映射函数，以及如何使用映射函数对凸透镜内的每一个像素进行映射处理这两个核心问题。

第 24 章
给图像打马赛克
（OpenCV + Math 实现）

根据国家的一些法律法规要求和一些维护个人隐私的情况，某些图片中的部分内容不宜公开展示，需要遮挡或模糊处理。马赛克是一种常用的对图像进行模糊处理的技术。图像打上马赛克之后，被遮盖的区域会呈现出打乱色块的效果，一个个的不同颜色的小格子就像建筑墙面使用的马赛克（中文名叫锦砖）一样。本章将使用 OpenCV 和 Math 这两个工具包实现如何给图像打马赛克。

本章的知识结构如下。

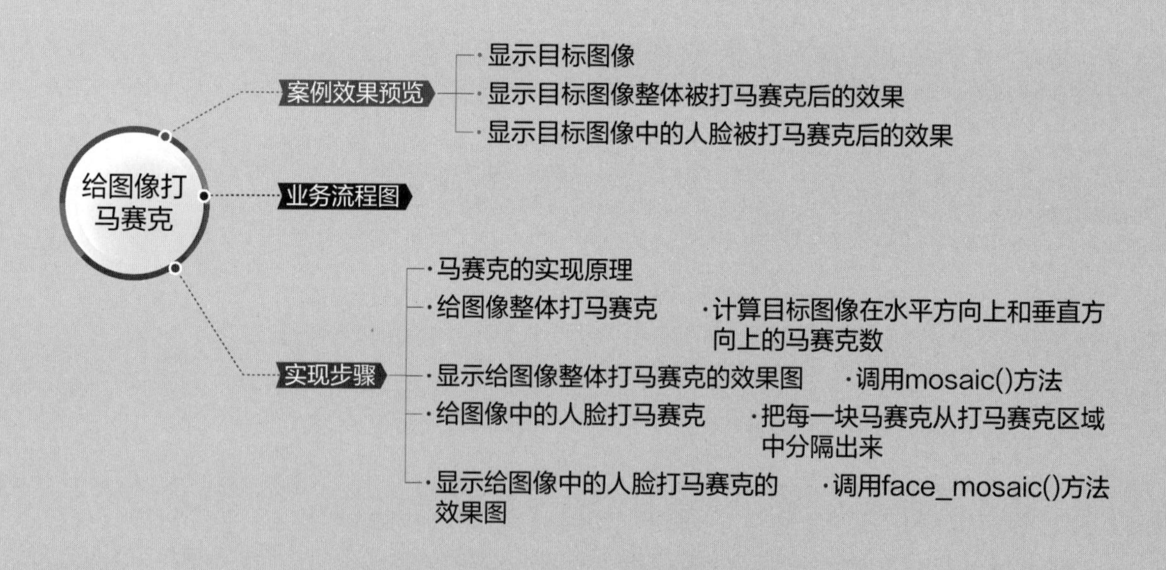

24.1 案例效果预览

本章要使用 OpenCV 和 Math 这两个工具包编写两个案例：一个是给图像整体打马赛克；另一个是给图像中的人脸打马赛克。这两个案例将给同一幅图像打马赛克，其宗旨是如何使用马赛克对图像的整体和局部进行模糊处理。图 24.1 是要被打马赛克的目标图像，目标图像整体被打马赛克后的效果如图 24.2 所示，目标图像中的人脸被打马赛克后的效果如图 24.3 所示。本章将先讲解给图像整体打马赛克的实现过程，再讲解给图像中的人脸打马赛克的实现过程。

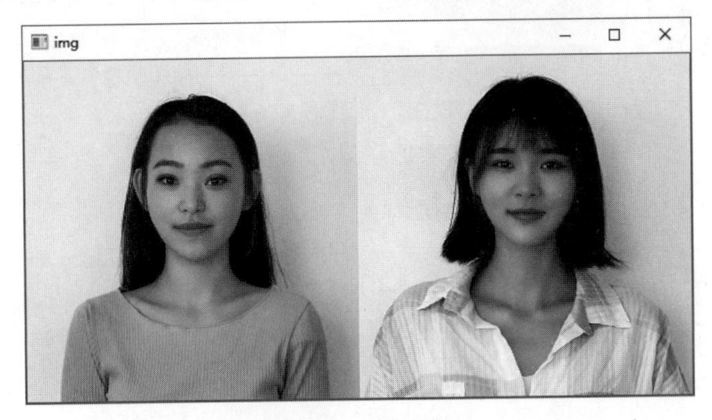

图 24.1　目标图像

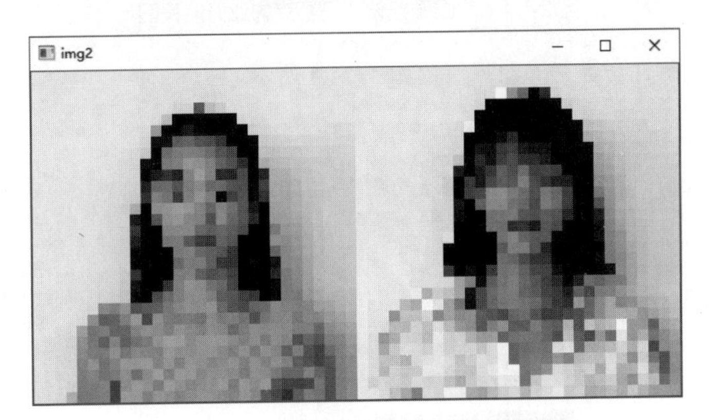

图 24.2　目标图像整体被打马赛克后的效果

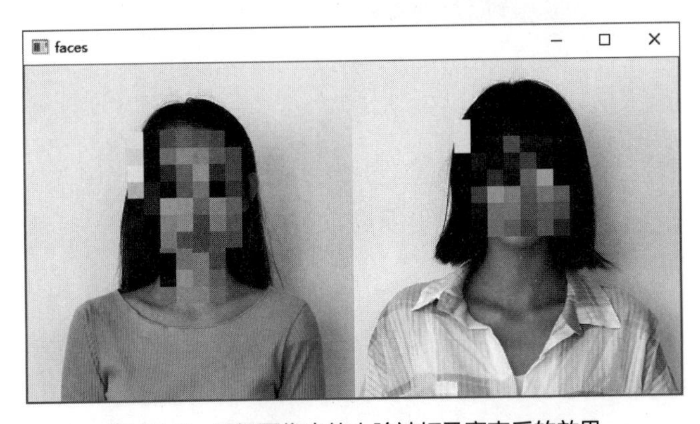

图 24.3　目标图像中的人脸被打马赛克后的效果

24.2 业务流程图

给图像整体打马赛克的业务流程如图 24.4 所示。

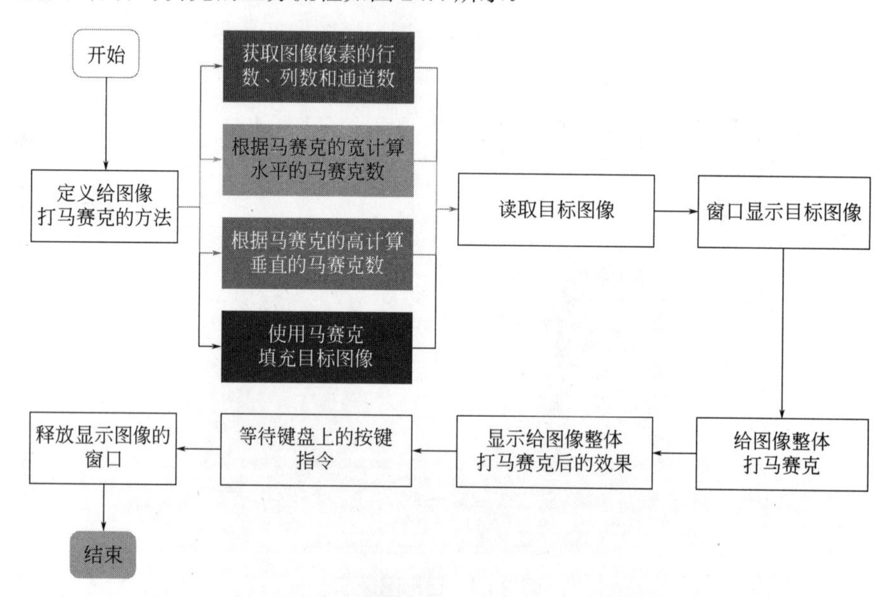

图 24.4　给图像整体打马赛克的业务流程图

给图像中的人脸打马赛克的业务流程如图 24.5 所示。

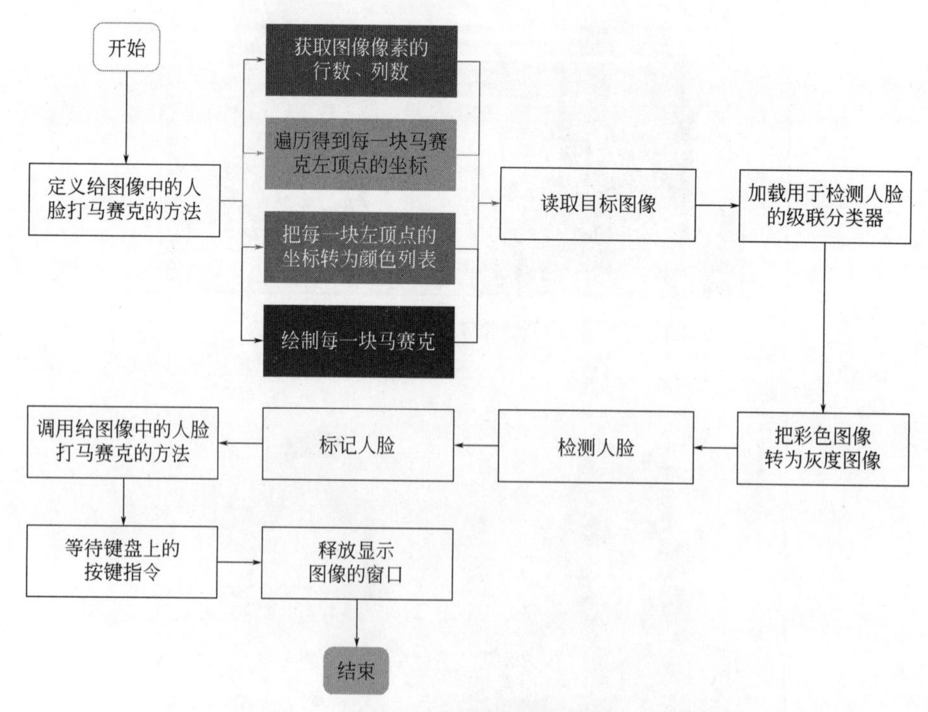

图 24.5　给图像中的人脸打马赛克的业务流程图

24.3 实现步骤

本章包含了两个案例，为了便于理解，首先讲解的是马赛克的实现原理，然后讲解的是如何给图像整体打马赛克，最后讲解的是如何给图像中的人脸打马赛克。下面将分为 5 个小节依次对上述 3 个内容进行讲解。

24.3.1 马赛克的实现原理

马赛克的实现原理如图 24.6 所示，在图片中取出一块区域，将该区域平均分成四块，保留左上角那一块，其他三块都去除不要，将左上角那一块拉伸到原区域的大小，最后覆盖原区域。原图的区域越大，马赛克就越模糊。

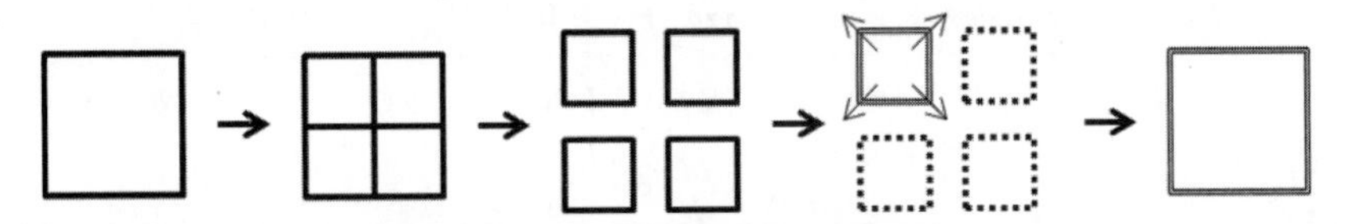

图 24.6　马赛克的实现原理

24.3.2 给图像整体打马赛克

掌握了马赛克的实现原理后，下面开始编写用于给图像整体打马赛克的方法，即 mosaic() 方法。mosaic() 方法是一个自定义的、有参且有返回值的方法。mosaic() 方法的语法格式如下。

```
def mosaic(img, block_size):
    ……# 省略方法体中的代码
    return img
```

参数说明：

☑ img：目标图像。

☑ block_size：每一块马赛克的边长。

返回值说明：

☑ img：给目标图像整体打马赛克后的图像。

下面将逐步对被省略的代码是什么和它们各自发挥的作用进行讲解。

① 通过目标图像的 shape 属性，能够得到目标图像中像素的行数和列数。其中，目标图像中像素的行数对应的是目标图像的高度（用标签 img_height 进行标记），目标图像中像素的列数对应的是目标图像的宽度（用标签 img_width 进行标记）。代码如下所示。

```
img_height, img_width, _ = img.shape
```

② 使用目标图像的宽度除以每一块马赛克的边长，就能够得到在水平方向上一共有多少个马赛克（如果相除运算后的结果不是整数，就向上取整）。同理，使用目标图像的高度除以每一块马赛克的边长，就能够得到在垂直方向上一共有多少个马赛克。代码如下所示。

```
01 x_count = math.ceil(img_width / block_size)
02 y_count = math.ceil(img_height / block_size)
```

③ 分别得到目标图像在水平方向上和垂直方向上的马赛克数后，使用嵌套 for 循环遍历目标图像中所有的马赛克。代码如下所示。

```
01 for x in range(0, x_count):
02     for y in range(0, y_count):
```

④ 分别获取每一块马赛克所在区域的左上角、右上角、左下角和右下角在目标图像中的行、列索引。代码如下所示。

```
01 start_index_x = x * block_size  # 每一块马赛克区域的列起始索引
02 end_index_x = start_index_x + block_size  # 每一块马赛克区域的列终止索引
03 start_index_y = y * block_size  # 每一块马赛克区域的行起始索引
04 end_index_y = start_index_y + block_size  # 每一块马赛克区域的行终止索引
```

⑤ 让每一块马赛克中所有像素的像素值都等于每一块马赛克左上角像素的像素值。代码如下所示。

```
img[start_index_y:end_index_y, start_index_x:end_index_x, :] = \
    img[y * block_size, x * block_size, :]
```

结合上述 mosaic() 方法中被省略的代码和它们各自发挥的作用，就能够迅速完成 mosaic() 方法的编写。mosaic() 方法的代码如下所示。

```
01 def mosaic(img, block_size):
02     """
03     给图像整体打马赛克
04     :param img: 原图
05     :param block_size: 马赛克块边长
06     :return: 加完马赛克的图像
07     """
08     img_height, img_width, _ = img.shape
09     x_count = math.ceil(img_width / block_size)
10     y_count = math.ceil(img_height / block_size)
11     for x in range(0, x_count):
12         for y in range(0, y_count):
13             start_index_x = x * block_size
14             end_index_x = start_index_x + block_size
15             start_index_y = y * block_size
16             end_index_y = start_index_y + block_size
17             img[start_index_y:end_index_y, start_index_x:end_index_x, :] = \
                img[y * block_size, x * block_size, :]
18     return img
```

24.3.3 显示给图像整体打马赛克的效果图

通过 24.3.2 节的内容，已经完成了用于给图像整体打马赛克这个方法的编写。但是，这个方法没有发挥任何作用，因为它只是单独的个体，只有被程序调用时才会发挥作用。下面将逐步地讲解如何调用这个方法。

① 在操作目标图像之前，要使用 imread() 方法读取目标图像。由于目标图像在当前项目目录下，使用 imread() 方法读取目标图像的代码如下所示。

```
img = cv2.imread("faces.png")
```

② 使用 imshow() 方法，在一个窗口里显示目标图像。代码如下所示。

```
cv2.imshow("img", img)
```

③ 调用用于给图像整体打马赛克的 mosaic() 方法，因为 mosaic() 方法有两个参数（一个是目标图像，另一个是每一块马赛克的边长），所以把标签 img 和参数值 10（表示每一块马赛克的边长为 10）作为参数传递给 mosaic() 方法。代码如下所示。

```
img = mosaic(img, 10)
```

④ 使用 imshow() 方法，在另一个窗口里显示给图像整体打马赛克后的效果图。代码如下所示。

```
cv2.imshow("img2", img)
```

⑤ 使用 waitKey() 方法等待键盘上的按键指令，当键盘上的某一个按键被按下时，使用 destroyAllWindows() 方法释放以上两个正在显示图像的窗口。代码如下所示。

```
01 cv2.waitKey()
02 cv2.destroyAllWindows()
```

结合上述调用用于给图像整体打马赛克的 mosaic() 方法的步骤和代码，就能够迅速完成实例“给图像整体打马赛克”的剩余代码的编写。剩余代码如下所示。

```
01 img = cv2.imread("faces.png")
02 cv2.imshow("img", img)
03 img = mosaic(img, 10)
04 cv2.imshow("img2", img)
05 cv2.waitKey()
06 cv2.destroyAllWindows()
```

24.3.4　给图像中的人脸打马赛克

明确了如何给图像整体打马赛克后，下面开始编写用于给图像中的人脸打马赛克的方法，即 face_mosaic() 方法。face_mosaic() 方法是一个自定义的、有参但没有返回值的方法。face_mosaic() 方法的语法格式如下。

```
def face_mosaic(img, x, y, w, h, block_size):
    ……# 省略方法体中的代码
```

参数说明：

☑ img：目标图像。
☑ x：打马赛克区域左上角的横坐标。
☑ y：打马赛克区域左上角的纵坐标。
☑ w：打马赛克区域的宽。
☑ h：打马赛克区域的高。
☑ block_size：每一块马赛克的边长。

下面将逐步对被省略的代码是什么和它们各自发挥的作用进行讲解。

① 通过目标图像的 shape 属性，能够得到目标图像中像素的行数和列数。其中，目标图像中像素的行数对应的是目标图像的高度（用标签 img_height 进行标记），目标图像中像素的列数对应的是目标图像的宽度（用标签 img_width 进行标记）。代码如下所示。

```
img_height, img_width = img.shape[0], img.shape[1]
```

② 使用 if 语句对打马赛克的区域进行限定：打马赛克区域的宽、高不得超过目标图像的宽、高。代码如下所示。

```
01 if (y + h > img_height) or (x + w > img_width):
02     return
```

③ 使用嵌套 for 循环，按照每一块马赛克的边长，把每一块马赛克从打马赛克区域中分隔出来。代码如下所示。

```
01 for i in range(0, h - block_size, block_size):
02     for j in range(0, w - block_size, block_size):
```

④ 使用 tolist() 方法，把每一块马赛克左上角的像素转化为列表，把转化后的列表作为每一块马赛克的颜色。代码如下所示。

```
color = img[i + y][j + x].tolist()
```

⑤ 通过运算，得到每一块马赛克左上角和右下角的坐标。代码如下所示。

```
01 left_up = (j + x, i + y)
02 right_down = (j + x + block_size - 1, i + y + block_size - 1)
```

⑥ 根据每一块马赛克左上角和右下角的坐标以及每一块马赛克的颜色，通过绘制实心矩形的方式，绘制每一块马赛克。代码如下所示。

```
cv2.rectangle(img, left_up, right_down, color, -1)
```

结合上述 mosaic() 方法中被省略的代码和它们各自发挥的作用，就能够迅速完成 mosaic() 方法的编写。mosaic() 方法的代码如下所示。

```
01 def face_mosaic(img, x, y, w, h, block_size):
02     """
03     给图像中的人脸打马赛克
04     :param img: 目标图像
05     :param x :  打马赛克区域左上角的横坐标
06     :param y:  打马赛克区域左上角的纵坐标
07     :param w:  打马赛克区域的宽
08     :param h:  打马赛克区域的高
09     :param block_size:  每一块马赛克的边长
10     """
11     img_height, img_width = img.shape[0], img.shape[1]
12     if (y + h > img_height) or (x + w > img_width):
13         return
14     for i in range(0, h - block_size, block_size):
15         for j in range(0, w - block_size, block_size):
16             color = img[i + y][j + x].tolist()
17             left_up = (j + x, i + y)  # 每一块马赛克左上角的坐标
18             right_down = (j + x + block_size - 1, i + y + block_size - 1)
19             cv2.rectangle(img, left_up, right_down, color, -1)
```

24.3.5　显示给图像中的人脸打马赛克的效果图

通过 24.3.4 节的内容，已经完成了给图像中的人脸打马赛克这个方法的编写。如果想让这个方法发挥作用，就需要在程序中调用这个方法。下面将逐步地讲解如何调用这个方法。

① 在操作目标图像之前，要使用 imread() 方法读取目标图像。由于目标图像在当前项目目录下，使用 imread() 方法读取目标图像的代码如下所示。

```
image = cv2.imread("faces.png")
```

② 使用 CascadeClassifier() 方法，加载用于检测人脸的级联分类器。与用于检测人脸的级联分类器对应的 XML 文件是 haarcascade_frontalface_default.xml。读者朋友在使用这个 XML 文件的时候，要明确这个 XML 文件所在的具体路径。代码如下所示。

```
01 faceCascade = cv2.CascadeClassifier(
02         "D:\\Python\\Lib\\site-packages\\cv2\\data\\haarcascade_frontalface_default.xml")
```

③ 为了从目标图像中检测到所有人脸，需要使用 detectMultiScale() 方法。在使用 detectMultiScale() 方法的时候，需要注意两点：一是需要具备级联分类器对象，只有通过级联分类器对象，才能调用 detectMultiScale() 方法；二是 detectMultiScale() 方法操作的是灰度图像，因此，在使用 detectMultiScale() 方法之前，需要使用 cvtColor() 方法把彩色的目标图像转为灰度图像。代码如下所示。

```
01 gray = cv2.cvtColor(image, cv2.COLOR_RGB2GRAY)
02 faces = faceCascade.detectMultiScale(gray)
```

④ 因为从目标图像中检测到的所有人脸都被单独的矩形边框标记着，所以使用 for 循环遍历这些矩形边框，就能够得到每一个矩形边框的左上角坐标、宽度和高度。代码如下所示。

```
for (x, y, w, h) in faces:
```

⑤ 用于给图像中的人脸打马赛克的 face_mosaic() 方法有 6 个参数：目标图像、打马赛克区域左上角的横坐标和纵坐标、打马赛克区域的宽度和高度、每一块马赛克的边长。其中，打马赛克区域左上角的横坐标、纵坐标对应的是每一个用于标记人脸的矩形边框的左上角坐标；打马赛克区域的宽度、高度对应的是每一个用于标记人脸的矩形边框的宽度和高度；把每一块马赛克的边长设置为 15。因此，face_mosaic() 方法的代码如下所示。

```
face_mosaic(image, x, y, w, h, 15)
```

⑥ 使用 imshow() 方法，在一个窗口里显示给图像中的人脸打马赛克的效果图。代码如下所示。

```
cv2.imshow("faces", image)
```

结合上述调用用于给图像中的人脸打马赛克的 face_mosaic() 方法的步骤和代码，就能够迅速完成案例“给图像中的人脸打马赛克”的剩余代码的编写。剩余代码如下所示。

```
01 image = cv2.imread("faces.png")
02 faceCascade = cv2.CascadeClassifier(
03         "D:\\Python\\Lib\\site-packages\\cv2\\data\\haarcascade_frontalface_default.xml")
04 gray = cv2.cvtColor(image, cv2.COLOR_RGB2GRAY)
```

```
05 faces = faceCascade.detectMultiScale(gray)
06 for (x, y, w, h) in faces:
07     face_mosaic(image, x, y, w, h, 15)
08 cv2.imshow("faces", image)
```

小结

本章讲解了马赛克的实现原理、如何给图像整体打马赛克和如何给图像中的人脸打马赛克这 3 个内容。尽管给图像整体打马赛克和给图像中的人脸打马赛克具有相同的基本实现原理，但是用于实现它们的具体过程有所不同：前者是把目标图像在水平方向上和垂直方向上的马赛克数作为突破口，进而得到每一块马赛克的行、列索引；后者则是要把每一块马赛克从打马赛克区域中分隔出来，而后对每一块马赛克进行处理。

第 25 章 给图像的任意区域打马赛克（OpenCV + NumPy 实现）

第 24 章分别讲解了给图像整体打马赛克和给图像中的人脸打马赛克。给图像整体打马赛克是把目标图像在水平方向上和垂直方向上的马赛克数作为突破口，进而得到每一块马赛克的行、列索引；给图像中的人脸打马赛克则是要把每一块马赛克从打马赛克区域中分隔出来，而后对每一块马赛克进行处理。虽然这两种打马赛克的方法都能实现既定效果，但是无法实现给图像的任意区域打马赛克。本章将使用 OpenCV 和 NumPy 这两个工具包弥补第 24 章的“局限性”。

本章的知识结构如下。

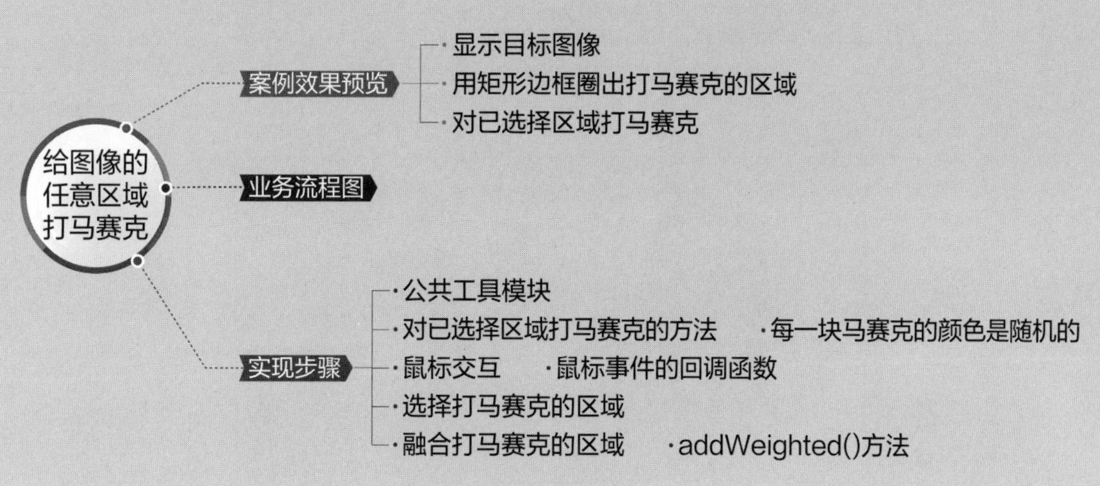

25.1 案例效果预览

本章将使用 OpenCV 和 NumPy 这两个工具包给如图 25.1 所示的目标图像的任意区域打马赛克。通过鼠标交互，指定打马赛克的区域，并用矩形边框把这个区域圈出来，如图 25.2

所示。确定打马赛克的区域后，按照每一块马赛克的边长，把每一块马赛克从打马赛克区域中分隔出来，并用随机的颜色填充每一块马赛克，每一块马赛克填充颜色后的效果如图 25.3 所示。

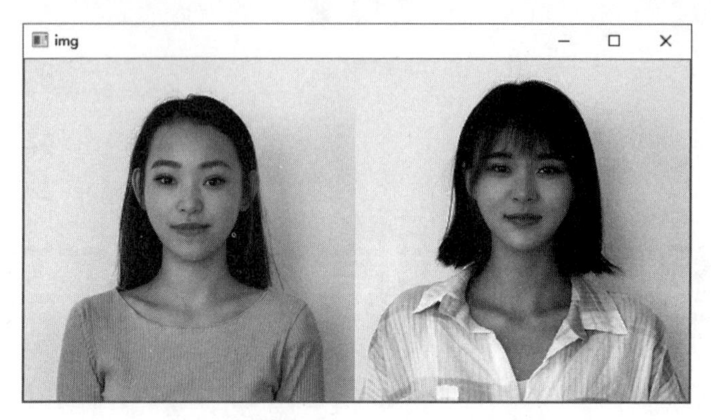

图 25.1　目标图像

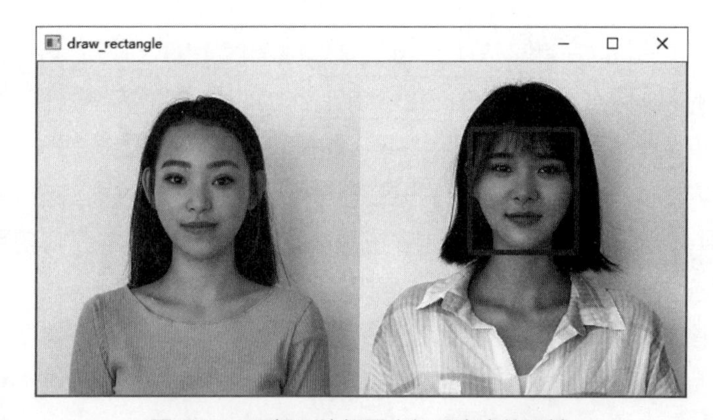

图 25.2　用矩形边框圈出打马赛克的区域

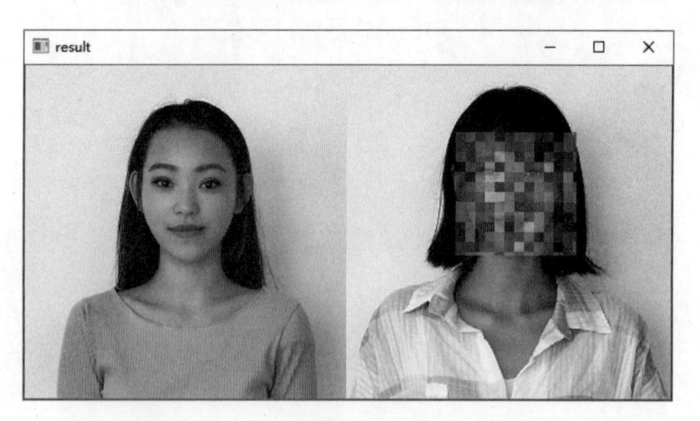

图 25.3　对已选择区域打马赛克后的效果

25.2 业务流程图

给图像的任意区域打马赛克的业务流程如图 25.4 所示。

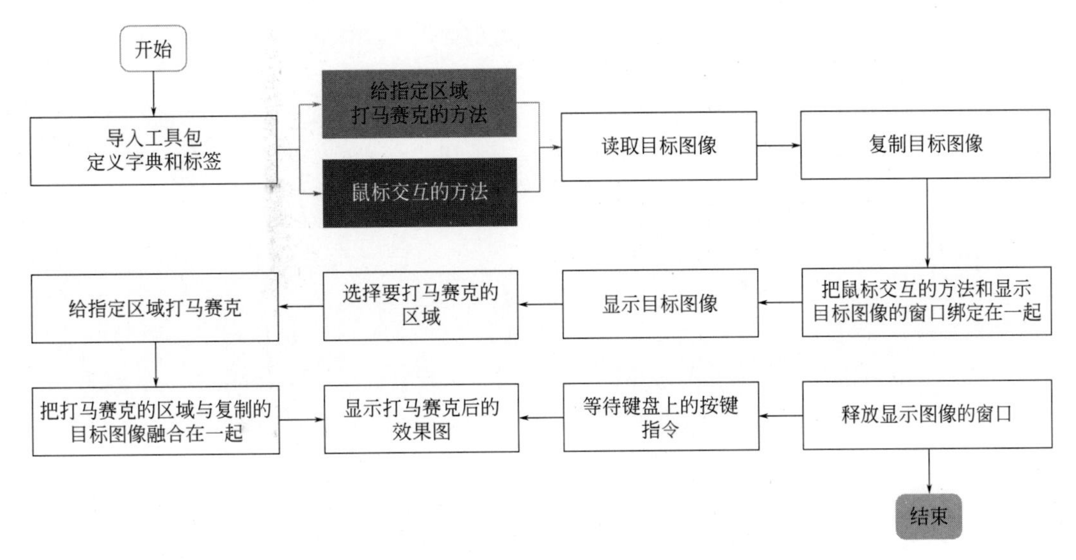

图 25.4　给图像的任意区域打马赛克的业务流程图

25.3　实现步骤

本案例包含了 5 个工具模块，它们分别是公共工具模块、对已选择区域打马赛克的方法、鼠标交互、选择打马赛克的区域和融合打马赛克的区域。下面将依次对这 5 个工具模块进行讲解。

25.3.1　公共工具模块

本案例包含如下 4 个公共工具模块。

① 导入 OpenCV 工具包和 NumPy 工具包。

② 当按下鼠标左键时，初始化鼠标所在像素的横坐标、纵坐标。

③ 当抬起鼠标左键时，初始化鼠标所在像素的横坐标、纵坐标。

④ 初始化是否选择打马赛克的区域。

下面将编写与上述 4 个公共工具模块对应的代码。

（1）导入 OpenCV 工具包和 NumPy 工具包

OpenCV 工具包和 NumPy 工具包是本案例需要使用的两个工具包。在使用它们对如图 25.1 所示的目标图像执行形态学操作之前，要使用 import 关键字把它们导入到当前的 .py 文件。代码如下所示。

```
01 import cv2
02 import numpy as np
```

（2）当按下、抬起鼠标左键时，初始化鼠标所在像素的横坐标、纵坐标

本案例通过鼠标交互的方式，选择打马赛克的区域。当按下鼠标左键时，记录鼠标所在像素的横坐标、纵坐标；当抬起鼠标左键时，记录鼠标所在像素的横坐标、纵坐标。通过这两个像素的横坐标、纵坐标，就能够确定打马赛克的区域。Python 规定在使用标签之前，要

定义标签。也就是说，在尚未选择打马赛克的区域之前，要初始化这两个像素的横坐标、纵坐标。

在 Python 中，字典是一系列的键值对。在字典中，每个键都对应着一个值。如果把像素的横坐标、纵坐标作为键（即 x 和 y），把横坐标、纵坐标的数值作为对应键的值，那么就可以用字典初始化上述两个像素的横坐标、纵坐标。代码如下所示。

```
01 start = {'x': 0, 'y': 0}
02 end = {'x': 0, 'y': 0}
```

参数说明：

☑ start：标签名，表示的是当按下鼠标左键时，记录鼠标所在像素的横坐标、纵坐标。

☑ end：标签名，表示的是当抬起鼠标左键时，记录鼠标所在像素的横坐标、纵坐标。

（3）初始化是否选择打马赛克的区域

不论是在程序运行前，还是在程序运行后，只要没有进行鼠标交互，就尚未选择打马赛克的区域。因此，要对“是否选择打马赛克的区域”执行初始化操作。如果用“True”和“False”表示“是否选择打马赛克的区域”，那么与“尚未选择打马赛克的区域”对应的就是“False”，与“已经选择打马赛克的区域”对应的就是“True”。代码如下所示。

```
selected = False
```

参数说明：

☑ selected：标签名，表示的是“是否选择打马赛克的区域”。

25.3.2　对已选择区域打马赛克的方法

本案例的目的是根据按下、抬起鼠标左键时鼠标所在像素的横坐标、纵坐标，先在目标图像中确定被选择的区域，再对这个区域打马赛克。因此，在编码时，需要定义一个用于对已选择区域打马赛克的 mosaic() 方法。mosaic() 方法是一个自定义的、有参且有返回值的方法。mosaic() 方法的语法格式如下。

```
def mosaic(selected_img, block_size = 9):
    ……# 省略方法体中的代码
    return dist
```

参数说明：

☑ selected_img：通过鼠标交互，在目标图像中选择的某个区域。

☑ block_size = 9：设置每一块马赛克的边长为 9。

返回值说明：

☑ dist：对复制后的已选择区域打马赛克的效果图像。

下面将逐步对被省略的代码是什么和它们各自发挥的作用进行讲解。

① 调用已选择区域的 shape 属性，获得已选择区域中像素的行数、列数和已选择区域的通道数。代码如下所示。

```
rows, cols, _ = selected_img.shape
```

② 调用 Python 中用于复制列表的 copy() 方法，对已选择区域进行复制。代码如下所示。

```
dist = selected_img.copy()
```

③ 使用嵌套 for 循环，按照每一块马赛克的边长，把每一块马赛克从打马赛克区域中分隔出来。代码如下所示。

```
01 for y in range(0, rows - block_size, block_size):
02     for x in range(0, cols - block_size, block_size):
```

④ 让每一块马赛克中所有像素的像素值都等于一个随机的颜色。为了得到随机的颜色，需要使用 NumPy 提供的 random.randint() 方法创建随机数组，并且将随机值的取值范围设置在 0 ～ 255 之间。代码如下所示。

```
dist[y:y + block_size, x:x + block_size] = \
(np.random.randint(0, 255), np.random.randint(0, 255), np.random.randint(0, 255))
```

结合上述 mosaic() 方法中被省略的代码和它们各自发挥的作用，就能够迅速完成 mosaic() 方法的编写。mosaic() 方法的代码如下所示。

```
01 def mosaic(selected_img, block_size = 9):
02     rows, cols, _ = selected_img.shape
03     dist = selected_img.copy()
04     for y in range(0, rows - block_size, block_size):
05         for x in range(0, cols - block_size, block_size):
06             dist[y:y + block_size, x:x + block_size] = \
            (np.random.randint(0,255),np.random.randint(0,255),np.random.randint(0,255))
07     return dist
```

25.3.3　鼠标交互

鼠标交互在本案例中的作用是根据按下、抬起鼠标左键时鼠标所在像素的横坐标、纵坐标，在目标图像中确定被选择的区域。因此，需要创建一个鼠标事件的响应函数，函数名为“mouse_handler”。mouse_handler() 函数是一个自定义的、含有 5 个参数的、没有返回值的方法，其语法格式如下。

```
def mouse_handler(event, x, y, flag, param):
```

参数说明：

☑ event：触发的某一个鼠标事件。

☑ x, y：当某一个鼠标事件被触发时，鼠标在窗口中的坐标，即“(x, y)”。

☑ flag：是否触发了鼠标拖曳事件或者键盘鼠标联合事件。

☑ param：用于标识响应函数的 ID。

下面将逐步对 mouse_handler() 函数中的代码进行讲解。

① 在 25.3.1 节中，通过定义标签 selected，已经完成了“是否选择打马赛克的区域”的初始化工作。由于 mouse_handler() 函数要修改标签 selected 的值［标签 selected 不在 mouse_handler() 函数内］，所以需要借助 global 语句完成这个修改的过程。代码如下所示。

```
global selected
```

② 在 25.3.1 节中，定义了一个字典 start，用于记录按下鼠标时鼠标所在像素的横坐标、纵坐标。因此，当在目标图像中触发“按下左键”这一鼠标事件时，需要重新记录鼠标所在

像素的横坐标、纵坐标。代码如下所示。

```
01 if event == cv2.EVENT_LBUTTONDOWN:
02     start['x'] = x
03     start['y'] = y
```

③ 在25.3.1节中，定义一个字典end，用于记录抬起鼠标时鼠标所在像素的横坐标、纵坐标。因此，当在目标图像中触发“抬起左键”这一鼠标事件时，需要重新记录鼠标所在像素的横坐标、纵坐标。在触发“按下左键”和“抬起左键”这两个鼠标事件后，即可确定打马赛克的区域，这时要把标签selected的值由False修改为True。代码如下所示。

```
01 if event == cv2.EVENT_LBUTTONUP:
02     end['x'] = x
03     end['y'] = y
04     selected = True
```

以上就是mouse_handler()函数中的全部代码。为了更系统地理解mouse_handler()函数中每一行代码的含义及其作用，下面将给出mouse_handler()函数的完整代码，代码如下所示。

```
01 def mouse_handler(event, x, y, flag, params):
02     global selected
03     if event == cv2.EVENT_LBUTTONDOWN:
04         start['x'] = x
05         start['y'] = y
06     if event == cv2.EVENT_LBUTTONUP:
07         end['x'] = x
08         end['y'] = y
09         selected = True
```

25.3.4 选择打马赛克的区域

（1）准备工作

在讲解“选择打马赛克的区域”的内容前，需要进行一些准备工作，具体如下所示。

① 调用imread()方法读取在当前项目目录下的目标图像。代码如下所示。

```
img = cv2.imread("faces.png")
```

② 调用Python中用于复制列表的copy()方法，对目标图像进行复制。代码如下所示。

```
img_copy = img.copy()
```

③ 先调用namedWindow()方法命名一个窗口，再调用setMouseCallback()方法把响应函数mouse_handler和这个窗口绑定在一起，代码如下所示。

```
01 cv2.namedWindow("img")
02 cv2.setMouseCallback("img", mouse_handler)
```

④ 如果尚未在目标图像中选择打马赛克的区域，那么在上一步已经命名的窗口里显示目标图像。代码如下所示。

```
01 while not selected:
02     cv2.imshow("img", img)
03     key = cv2.waitKey(10)
```

（2）选择打马赛克的区域

下面开始对“选择打马赛克的区域”进行讲解。

① 因为打马赛克的区域是一个矩形，所以定义一个字典 rect，用于记录这个矩形的左上角坐标、宽度和高度。定义字典 rect 的代码如下所示。

```
rect = {}
```

② 如果按下鼠标左键时鼠标所在像素的横坐标、纵坐标均小于抬起鼠标左键时鼠标所在像素的横坐标、纵坐标，那么打马赛克的区域的左上角的横坐标、纵坐标就是按下鼠标左键时鼠标所在像素的横坐标、纵坐标。代码如下所示。

```
01 if start['x'] < end['x'] and start['y'] < end['y']:
02     rect['x'] = start['x']
03     rect['y'] = start['y']
```

③ 如果按下鼠标左键时鼠标所在像素的横坐标小于抬起鼠标左键时鼠标所在像素的横坐标，按下鼠标左键时鼠标所在像素的纵坐标大于抬起鼠标左键时鼠标所在像素的纵坐标，那么打马赛克的区域的左上角的横坐标就是按下鼠标左键时鼠标所在像素的横坐标，打马赛克的区域的左上角的纵坐标就是抬起鼠标左键时鼠标所在像素的纵坐标。代码如下所示。

```
01 if start['x'] < end['x'] and start['y'] > end['y']:
02     rect['x'] = start['x']
03     rect['y'] = end['y']
```

④ 如果按下鼠标左键时鼠标所在像素的横坐标大于抬起鼠标左键时鼠标所在像素的横坐标，按下鼠标左键时鼠标所在像素的纵坐标小于抬起鼠标左键时鼠标所在像素的纵坐标，那么打马赛克的区域的左上角的横坐标就是抬起鼠标左键时鼠标所在像素的横坐标，打马赛克的区域的左上角的纵坐标就是按下鼠标左键时鼠标所在像素的纵坐标。代码如下所示。

```
01 if start['x'] > end['x'] and start['y'] < end['y']:
02     rect['x'] = end['x']
03     rect['y'] = start['y']
```

⑤ 如果按下鼠标左键时鼠标所在像素的横坐标、纵坐标均大于抬起鼠标左键时鼠标所在像素的横坐标、纵坐标，那么打马赛克的区域的左上角的横坐标、纵坐标就是抬起鼠标左键时鼠标所在像素的横坐标、纵坐标。代码如下所示。

```
01 if start['x'] > end['x'] and start['y'] > end['y']:
02     rect['x'] = end['x']
03     rect['y'] = end['y']
```

⑥ 根据按下、抬起鼠标左键时鼠标所在像素的横坐标、纵坐标，调用 rectangle() 方法把打马赛克的区域用蓝色的矩形边框标记出来。代码如下所示。

```
cv2.rectangle(img, (start['x'], start['y']),
                   (end['x'], end['y']), (255, 0, 0), 3)
```

⑦ 调用 imshow() 方法，在一个窗口里显示用蓝色的矩形边框标记打马赛克的区域的结果图像。代码如下所示。

```
cv2.imshow("draw_rectangle", img)
```

⑧ 调用 NumPy 中的 abs() 方法，根据按下、抬起鼠标左键时鼠标所在像素的横坐标、纵坐标，计算出打马赛克的区域的宽度和高度。代码如下所示。

```
01 rect['width'] = np.abs(end['x'] - start['x'])
02 rect['height'] = np.abs(end['y'] - start['y'])
```

⑨ 根据打马赛克的区域的左上角坐标、宽度和高度，通过操作复制后的目标图像，对打马赛克的区域进行编码。代码如下所示。

```
selected_img = img_copy[rect['y']:rect['y'] + rect['height'],
                        rect['x']:rect['x'] + rect['width']]
```

为了更系统地理解用于实现“选择打马赛克的区域”的代码及其作用，下面将给出这部分内容的完整代码，代码如下所示。

```
01 img = cv2.imread("faces.png")
02 img_copy = img.copy()
03 cv2.namedWindow("img")
04 cv2.setMouseCallback("img", mouse_handler)
05
06 while not selected:
07     cv2.imshow("img", img)
08     key = cv2.waitKey(10)
09
10 rect = {}
11 if start['x'] < end['x'] and start['y'] < end['y']:
12     rect['x'] = start['x']
13     rect['y'] = start['y']
14
15 if start['x'] < end['x'] and start['y'] > end['y']:
16     rect['x'] = start['x']
17     rect['y'] = end['y']
18
19 if start['x'] > end['x'] and start['y'] < end['y']:
20     rect['x'] = end['x']
21     rect['y'] = start['y']
22
23 if start['x'] > end['x'] and start['y'] > end['y']:
24     rect['x'] = end['x']
25     rect['y'] = end['y']
26
27 cv2.rectangle(img, (start['x'], start['y']),
                 (end['x'], end['y']), (255, 0, 0), 3)
28 cv2.imshow("draw_rectangle", img)
29 rect['width'] = np.abs(end['x'] - start['x'])
30 rect['height'] = np.abs(end['y'] - start['y'])
31 selected_img = img_copy[rect['y']:rect['y'] + rect['height'],
                           rect['x']:rect['x'] + rect['width']]
```

25.3.5 融合打马赛克的区域

通过 25.3.4 节的内容，已经成功地通过编码表示了打马赛克的区域。下面将操作这个打马赛克的区域，完成本案例的尾声部分。

① 在 mosaic() 方法中，有一个参数 selected_img，其含义是“通过鼠标交互，在目标图像中选择的某个区域”。也就是说，参数 selected_img 实质上就是打马赛克的区域。因此，调

用 mosaic() 方法，对指定区域打马赛克的代码如下所示。

```
result = mosaic(selected_img)
```

② 获得对指定区域打马赛克的图像后，需要将其与打马赛克的区域进行融合。为了能够在尽量保留原有图像信息的基础上把这两幅图像融合到一起，需要借助 OpenCV 中用于计算图像加权和的 addWeighted() 方法。获取融合到一起的图像后，将其赋值给复制后的目标图像中的相应位置上的像素。代码如下所示。

```
img_copy[rect['y']:rect['y'] + rect['height'], rect['x']:rect['x'] + rect['width']] = \cv2.
addWeighted(result, 0.65, selected_img, 0.35, 2.0)
```

③ 调用 imshow() 方法，在另一个窗口里显示给目标图像中的指定区域打马赛克的结果图像。代码如下所示。

```
cv2.imshow('result', img_copy)
```

④ 调用 waitKey() 方法等待键盘上的按键指令，当键盘上的某一个按键被按下时，使用 destroyAllWindows() 方法释放以上两个正在显示图像的窗口。代码如下所示。

```
01 cv2.waitKey()
02 cv2.destroyAllWindows()
```

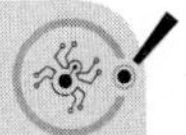

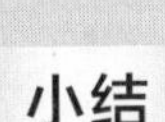

小结

本案例有 3 个关键点：选择打马赛克的区域、对选择的区域打马赛克和把打马赛克的区域与复制的目标图像融合在一起。其中，重点掌握如何通过鼠标交互的方式（按下、抬起鼠标左键）选择打马赛克的区域；如何按照每一块马赛克的边长，把每一块马赛克从打马赛克区域中分隔出来，并用随机的颜色填充每一块马赛克；如何使用 addWeighted() 方法把打马赛克的区域与复制的目标图像融合在一起。

第 26 章 手势识别（OpenCV + NumPy + Math 实现）

在计算机科学中，手势识别是通过数学算法识别出人类手势的一个议题。顾名思义，手势识别一般是来源于人类手部的运动，用户能够通过简单的手势控制相关设备，达到与相关设备进行交互的目的。本章将使用 OpenCV、NumPy 和 Math 这 3 个工具包编写一个简单的、关于手势识别的案例。

本章的知识结构如下。

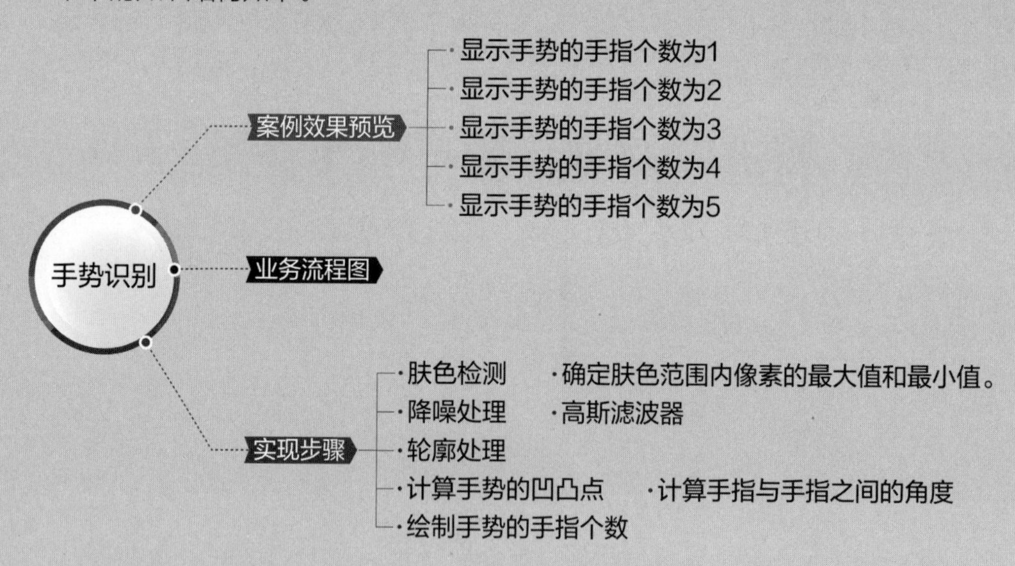

26.1 案例效果预览

打开笔记本摄像头后，窗口会显示由摄像头读取到的每一帧图像。此外，在窗口中绘制了一个红色的正方形边框。由这个正方形边框围成的区域的作用是判断手势的手指个数，如果当前手势的手指个数为 1，那么就会把数字“1”显示在窗口左上角的位置上。依此类推，如果当前手势的手指个数为 5，那么就会把数字“5”显示在窗口左上角的位置上。本案例运行后的效果如图 26.1 ～图 26.5 所示。

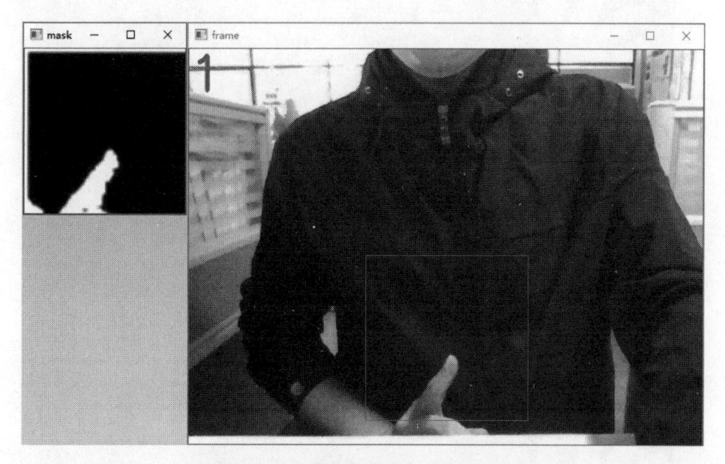

图 26.1　手势的手指个数为 1

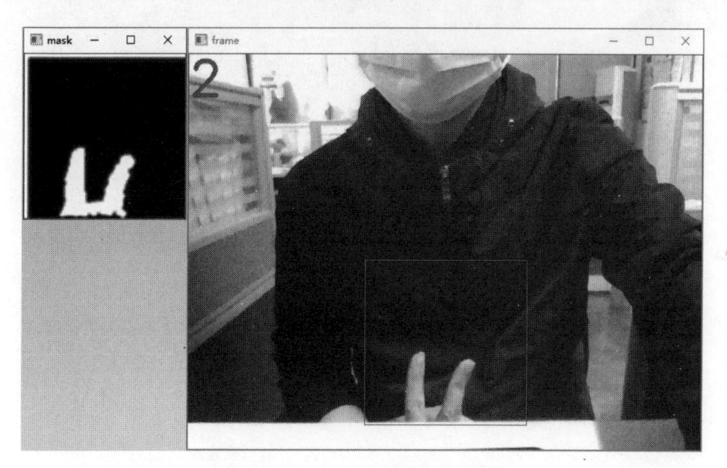

图 26.2　手势的手指个数为 2

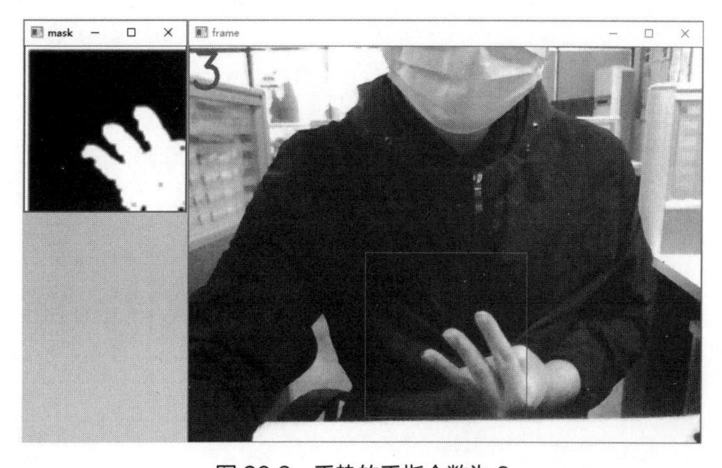

图 26.3　手势的手指个数为 3

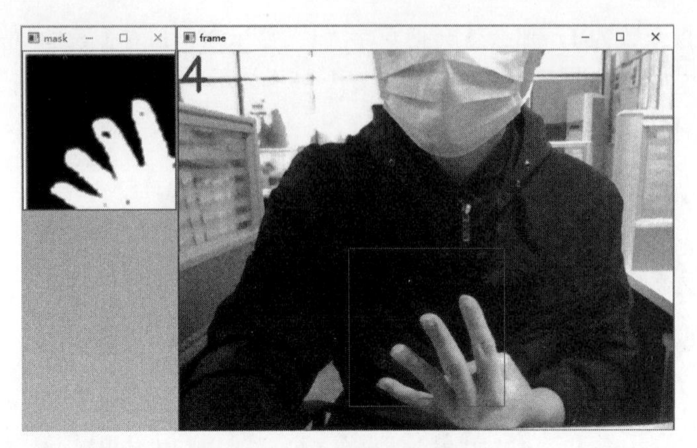

图 26.4　手势的手指个数为 4

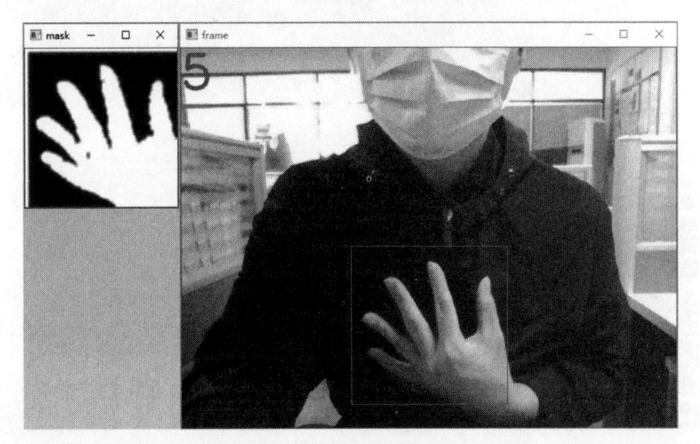

图 26.5　手势的手指个数为 5

26.2 业务流程图

手势识别的业务流程如图 26.6 所示。

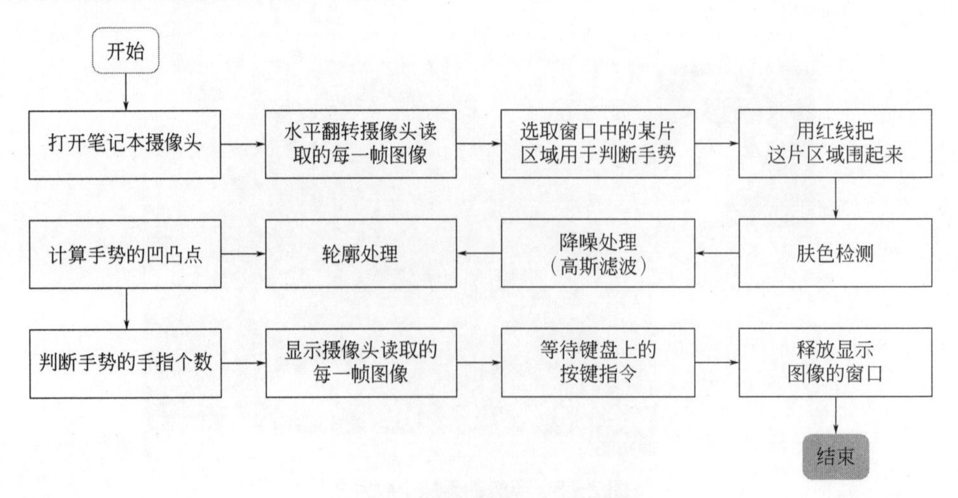

图 26.6　手势识别的业务流程图

26.3 实现步骤

本案例包括 5 个核心步骤，它们分别是肤色检测、降噪处理（高斯滤波）、轮廓处理、计算手势的凹凸点和绘制手势的手指个数。下面将依次对这 5 个核心步骤进行讲解。

26.3.1 肤色检测

本案例的目的是通过笔记本摄像头，识别当前手势的手指个数。因此，需要调用 VideoCapture 类的构造方法 VideoCapture()，以完成笔记本摄像头的初始化工作。在关闭笔记本摄像头时，为了避免控制台打印警告信息，需要在 VideoCapture 类的构造方法 VideoCapture() 中添加一个参数，即 cv2.CAP_DSHOW。代码如下所示。

```
cap = cv2.VideoCapture(0, cv2.CAP_DSHOW)
```

为了检验是否成功地打开笔记本摄像头，需要调用 VideoCapture 类的 isOpened() 方法。代码如下所示。

```
while (cap.isOpened()):
```

笔记本摄像头被打开后，调用 VideoCapture 类的 read() 方法，从笔记本摄像头中读取帧。代码如下所示。

```
ret, frame = cap.read()
```

从笔记本摄像头中读取到的每一帧都是图像，只不过每一幅图像都与笔记本摄像头前面的图像呈现镜面效果。为了解决这个问题，需要调用 OpenCV 中用于实现翻转效果的 flip() 方法处理从笔记本摄像头中读取到的每一帧。代码如下所示。

```
frame = cv2.flip(frame, 1)
```

调用 NumPy 中的 ones() 方法创建一个用于执行膨胀操作的核。代码如下所示。

```
kernel = np.ones((2, 2), np.uint8)
```

首先，在窗口中选择一个区域，用于识别当前手势的手指个数。然后，调用 OpenCV 中的 rectangle() 方法绘制一个红色的矩形边框，以圈出这个区域。代码如下所示。

```
01 roi = frame[250:450, 220:420]
02 cv2.rectangle(frame, (220, 250), (420, 450), (0, 0, 255), 0)
```

因为从窗口指定区域中提取当前手势的肤色需要借助 HSV 色彩空间，所以调用 cvtColor() 方法将窗口指定区域的色彩空间由 BGR 转换为 HSV。代码如下所示。

```
hsv = cv2.cvtColor(roi, cv2.COLOR_BGR2HSV)
```

调用 NumPy 中的 array() 方法确定肤色范围内像素的最大值和最小值。代码如下所示。

```
01 lower_skin = np.array([0, 28, 70], dtype=np.uint8)
02 upper_skin = np.array([20, 255, 255], dtype=np.uint8)
```

为了更系统地理解用于实现肤色检测的代码，下面将给出这部分内容的完整代码，代码如下所示。

```
01 cap = cv2.VideoCapture(0, cv2.CAP_DSHOW)
02 while (cap.isOpened()):
03     ret, frame = cap.read()
04     frame = cv2.flip(frame, 1)
05     kernel = np.ones((2, 2), np.uint8)
06     roi = frame[250:450, 220:420]
07     cv2.rectangle(frame, (220, 250), (420, 450), (0, 0, 255), 0)
08     hsv = cv2.cvtColor(roi, cv2.COLOR_BGR2HSV)
09     lower_skin = np.array([0, 28, 70], dtype=np.uint8)
10     upper_skin = np.array([20, 255, 255], dtype=np.uint8)
```

26.3.2 降噪处理

在 26.3.1 节中，已经在窗口的指定区域中确定了肤色范围内像素的最大值和最小值。这样，就能够通过 inRange() 方法把肤色范围内的像素变成白色，把肤色范围外的像素变成黑色。代码如下所示。

```
mask = cv2.inRange(hsv, lower_skin, upper_skin)
```

在 26.3.1 节中，已经创建了一个用于执行膨胀操作的核。为了让 inRange() 方法处理后的图像中的白色区域变大，根据已经创建的用于执行膨胀操作的核，调用 OpenCV 中的 dilate() 方法对其执行膨胀操作。代码如下所示。

```
mask = cv2.dilate(mask, kernel, iterations=4)
```

为了避免噪声对识别当前手势的手指个数产生影响，需要对执行膨胀操作后的图像进行降噪处理。高斯滤波是目前应用最广泛的平滑处理算法，它可以很好地在降低图片噪声、细节层次的同时保留更多的图像信息。因此，调用 OpenCV 中的 GaussianBlur() 方法使用大小为 5×5 的滤波核对执行膨胀操作后的图像进行降噪处理。代码如下所示。

```
mask = cv2.GaussianBlur(mask, (5, 5), 100)
```

26.3.3 轮廓处理

在对执行膨胀操作后的图像进行降噪处理后，就能够很轻松地找到降噪处理后的图像中的轮廓，调用 OpenCV 中的 findContours() 方法即可完成操作。代码如下所示。

```
contours, h = cv2.findContours(mask, cv2.RETR_TREE, cv2.CHAIN_APPROX_SIMPLE)
```

调用 Python 中的内置函数 max()，借助 lambda 表达式和 OpenCV 中的 contourArea() 方法遍历并计算已找到的轮廓的面积，从中找出最大轮廓。代码如下所示。

```
cnt = max(contours, key=lambda x: cv2.contourArea(x))
```

调用 OpenCV 中的 arcLength() 方法计算已找到的最大轮廓的周长，将计算后的结果缩小至万分之五。代码如下所示。

```
epsilon = 0.0005 * cv2.arcLength(cnt, True)
```

调用 OpenCV 中的 approxPolyDP() 方法将最大轮廓折线化。代码如下所示。

```
approx = cv2.approxPolyDP(cnt, epsilon, True)
```

调用 OpenCV 中的 convexHull() 方法自动查找最大轮廓的凸包。代码如下所示。

```
hull = cv2.convexHull(cnt)
```

调用 OpenCV 中的 contourArea() 方法分别计算凸包的面积和最大轮廓的面积。代码如下所示。

```
01 areahull = cv2.contourArea(hull)
02 areacnt = cv2.contourArea(cnt)
```

通过计算得到凸包与最大轮廓的面积差在最大轮廓面积中的比例。代码如下所示。

```
arearatio = ((areahull - areacnt) / areacnt) * 100
```

为了更系统地理解用于实现降噪处理和轮廓处理的代码，下面将给出这两部分内容的完整代码，代码如下所示。

```
01 mask = cv2.inRange(hsv, lower_skin, upper_skin)
02 mask = cv2.dilate(mask, kernel, iterations=4)
03 mask = cv2.GaussianBlur(mask, (5, 5), 100)
04
05 contours, h = cv2.findContours(mask, cv2.RETR_TREE, cv2.CHAIN_APPROX_SIMPLE)
06 cnt = max(contours, key=lambda x: cv2.contourArea(x))
07 epsilon = 0.0005 * cv2.arcLength(cnt, True)
08 approx = cv2.approxPolyDP(cnt, epsilon, True)
09 hull = cv2.convexHull(cnt)
10 areahull = cv2.contourArea(hull)
11 areacnt = cv2.contourArea(cnt)
12 arearatio = ((areahull - areacnt) / areacnt) * 100
```

26.3.4　计算手势的凹凸点

调用 OpenCV 中的 convexHull() 方法自动查找将最大轮廓折线化后的图像的凸包。代码如下所示。

```
hull = cv2.convexHull(approx, returnPoints=False)
```

将最大轮廓折线化后的图像会出现凹陷，OpenCV 把这些凹陷称为凸包缺陷。为了找到这些凸包缺陷，OpenCV 提供了 cv.convexityDefect() 方法。代码如下所示。

```
defects = cv2.convexityDefects(approx, hull)
```

定义一个标签，用来表示凹凸点的个数，它的初始值为 0。代码如下所示。

```
l = 0
```

在将最大轮廓折线化后的图像中，根据 cv.convexityDefect() 方法找到的凸包缺陷，可以计算出手指与手指之间的角度。当手指与手指之间的角度满足指定条件时，程序将对凹凸点的个数执行加1操作。代码如下所示。

```
01 for i in range(defects.shape[0]):
02     s, e, f, d, = defects[i, 0]
03     start = tuple(approx[s][0])
04     end = tuple(approx[e][0])
05     far = tuple(approx[f][0])
06     pt = (100, 100)
07 
08     a = math.sqrt((end[0] - start[0]) ** 2 + (end[1] - start[1]) ** 2)
09     b = math.sqrt((far[0] - start[0]) ** 2 + (far[1] - start[1]) ** 2)
10     c = math.sqrt((end[0] - far[0]) ** 2 + (end[1] - far[1]) ** 2)
11     s = (a + b + c) / 2
12     ar = math.sqrt(s * (s - a) * (s - b) * (s - c))
13     angle = math.acos((b ** 2 + c ** 2 - a ** 2) / (2 * b * c)) * 57
14     if angle <= 90 and d > 20:
15         l += 1
```

26.3.5 绘制手势的手指个数

当手势的凹凸点个数为1时，需要判断最大轮廓的面积是否小于2000。具体的判断步骤如下。

① 如果最大轮廓的面积小于2000，那么就认为在窗口的指定区域内没有任何手势。

② 如果最大轮廓的面积大于2000，而且最大轮廓的凸包与最大轮廓的面积差在最大轮廓面积中的比例小于12，那么就认为当前手势的手指个数为0。

③ 如果最大轮廓的面积大于2000，而且最大轮廓的凸包与最大轮廓的面积差在最大轮廓面积中的比例不小于12，那么就认为当前手势的手指个数为1。

实现上述判断步骤的代码如下所示。

```
01 l += 1
02 font = cv2.FONT_HERSHEY_SIMPLEX
03 if l == 1:
04     if areacnt < 2000:
05         cv2.putText(frame, "put hand in the window",
06                     (0, 50), font, 2, (0, 0, 255), 3, cv2.LINE_AA)
07     else:
08         if arearatio < 12:
09             cv2.putText(frame, "0", (0, 50), font, 2, (0, 0, 255), 3, cv2.LINE_AA)
10         else:
11             cv2.putText(frame, "1", (0, 50), font, 2, (0, 0, 255), 3, cv2.LINE_AA)
```

当手势的凹凸点个数为2时，就认为当前手势的手指个数为2。代码如下所示。

```
01 elif l == 2:
02     cv2.putText(frame, "2", (0, 50), font, 2, (0, 0, 255), 3, cv2.LINE_AA)
```

当手势的凹凸点个数为3时，就认为当前手势的手指个数为3。代码如下所示。

```
01 elif l == 3:
02     cv2.putText(frame, "3", (0, 50), font, 2, (0, 0, 255), 3, cv2.LINE_AA)
```

当手势的凹凸点个数为4时，就认为当前手势的手指个数为4。代码如下所示。

```
01 elif l == 4:
02     cv2.putText(frame, "4", (0, 50), font, 2, (0, 0, 255), 3, cv2.LINE_AA)
```

当手势的凹凸点个数为 5 时，就认为当前手势的手指个数为 5。代码如下所示。

```
01 elif l == 5:
02     cv2.putText(frame, "5", (0, 50), font, 2, (0, 0, 255), 3, cv2.LINE_AA)
```

调用 imshow() 方法，在两个窗口里分别显示从笔记本摄像头中读取到的每一帧和进行降噪处理后的图像。代码如下所示。

```
01 cv2.imshow('frame', frame)
02 cv2.imshow('mask', mask)
```

调用 waitKey() 方法，等待键盘上的按键指令，当按下键盘上的 Esc 键时，不再从笔记本摄像头中读取帧。代码如下所示。

```
01 k = cv2.waitKey(25) & 0xff
02 if k == 27:
03     break
```

先调用 destroyAllWindows() 方法释放以上两个正在显示图像的窗口，再调用 release() 方法释放笔记本摄像头。代码如下所示。

```
01 cv2.destroyAllWindows()
02 cap.release()
```

在这部分代码中，包含了多个 if 语句、elif 代码块和 else 代码块。为了进一步明确这部分代码的缩进格式，下面将给出这部分内容的完整代码，代码如下所示。

```
01     l += 1
02     font = cv2.FONT_HERSHEY_SIMPLEX
03     if l == 1:
04         if areacnt < 2000:
05             cv2.putText(frame, "put hand in the window",
06                         (0, 50), font, 2, (0, 0, 255), 3, cv2.LINE_AA)
07         else:
08             if arearatio < 12:
09                 cv2.putText(frame, "0", (0, 50), font, 2, (0, 0, 255), 3, cv2.LINE_AA)
10             else:
11                 cv2.putText(frame, "1", (0, 50), font, 2, (0, 0, 255), 3, cv2.LINE_AA)
12     elif l == 2:
13         cv2.putText(frame, "2", (0, 50), font, 2, (0, 0, 255), 3, cv2.LINE_AA)
14     elif l == 3:
15         cv2.putText(frame, "3", (0, 50), font, 2, (0, 0, 255), 3, cv2.LINE_AA)
16     elif l == 4:
17         cv2.putText(frame, "4", (0, 50), font, 2, (0, 0, 255), 3, cv2.LINE_AA)
18     elif l == 5:
19         cv2.putText(frame, "5", (0, 50), font, 2, (0, 0, 255), 3, cv2.LINE_AA)
20     cv2.imshow("frame", frame)
21     cv2.imshow("mask", mask)
22     k = cv2.waitKey(25) & 0xff
23     if k == 27:
24         break
25 cv2.destroyAllWindows()
26 cap.release()
```

小结

本案例有如下几个关键点：在肤色检测时，先要把从笔记本摄像头中读取到的每一帧的色彩空间由 BGR 转为 HSV，再确定肤色范围内像素的最大值和最小值；在降噪处理时，提倡使用的工具是高斯滤波器；在计算手势的凹凸点时，需要计算出手指与手指之间的角度，用于实现这部分内容的代码相对固定，在日后的开发工作中，可以拿过来直接使用。

扫码享受
全方位沉浸式学习

第3篇 强化篇

第 27 章 人工瘦脸（OpenCV + NumPy + Dlib 实现）

许多 IT 公司为了满足用户关于“瘦脸”的需求，研发了各式各样的软件，用户可以根据喜好在适当的范围内调整照片里的人脸，让照片里的人脸尽可能地瘦。

本章的知识结构如下图所示：

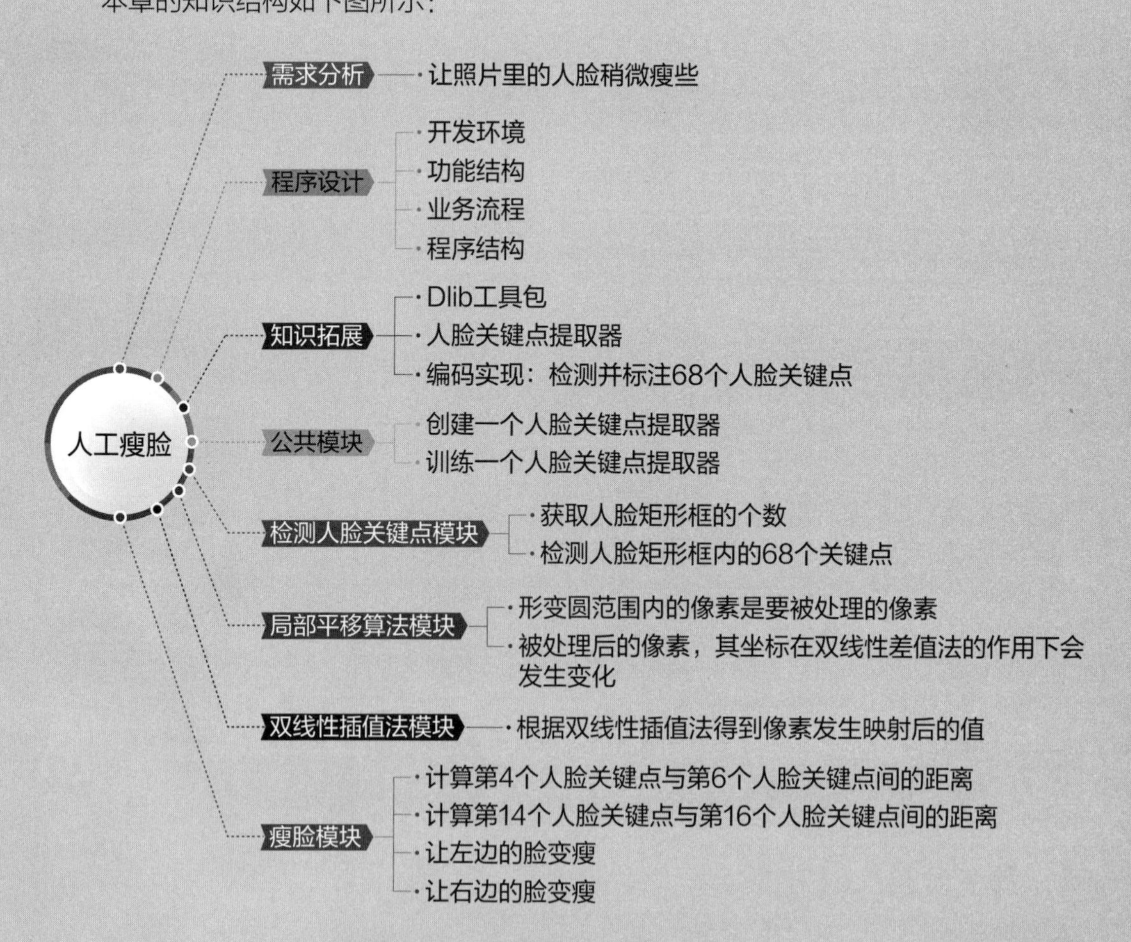

27.1 需求分析

不论是 Photoshop，还是美颜相机，要想让照片显示的人脸稍微瘦些，都少不了一系列的折腾。那么，有没有什么办法能够跳过这些折腾，直接让照片显示的人脸稍微瘦些呢？编程或许是解决这个问题的一个有效的办法，运行编写好的程序后，随即实现“让照片显示的人脸稍微瘦些”的效果。本章将使用 OpenCV 工具包、NumPy 工具包和 Dlib 工具包编写一个能够实现“人工瘦脸”功能的程序，让如图 27.1 所示的人脸稍微瘦些。

图 27.1　目标图像

27.2 程序设计

27.2.1　开发环境

本程序所使用的开发环境如下。

☑ Python 版本：3.8.2。
☑ OpenCV 版本：4.2.0。
☑ NumPy 版本：1.21.2。
☑ Dlib 版本：19.22.1。
☑ IED：PyCharm 2019.3.3 (Community Edition)。
☑ 操作系统：Windows 7/Windows 10。

27.2.2　功能结构

本程序的功能结构如图 27.2 所示。

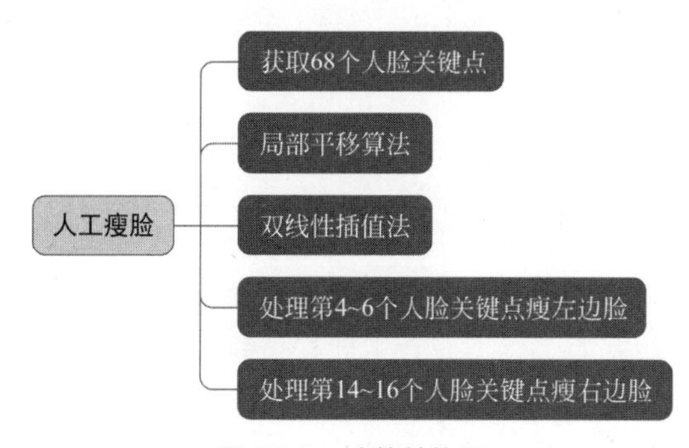

图 27.2　功能结构图

27.2.3　业务流程

本程序的业务流程如图 27.3 所示。

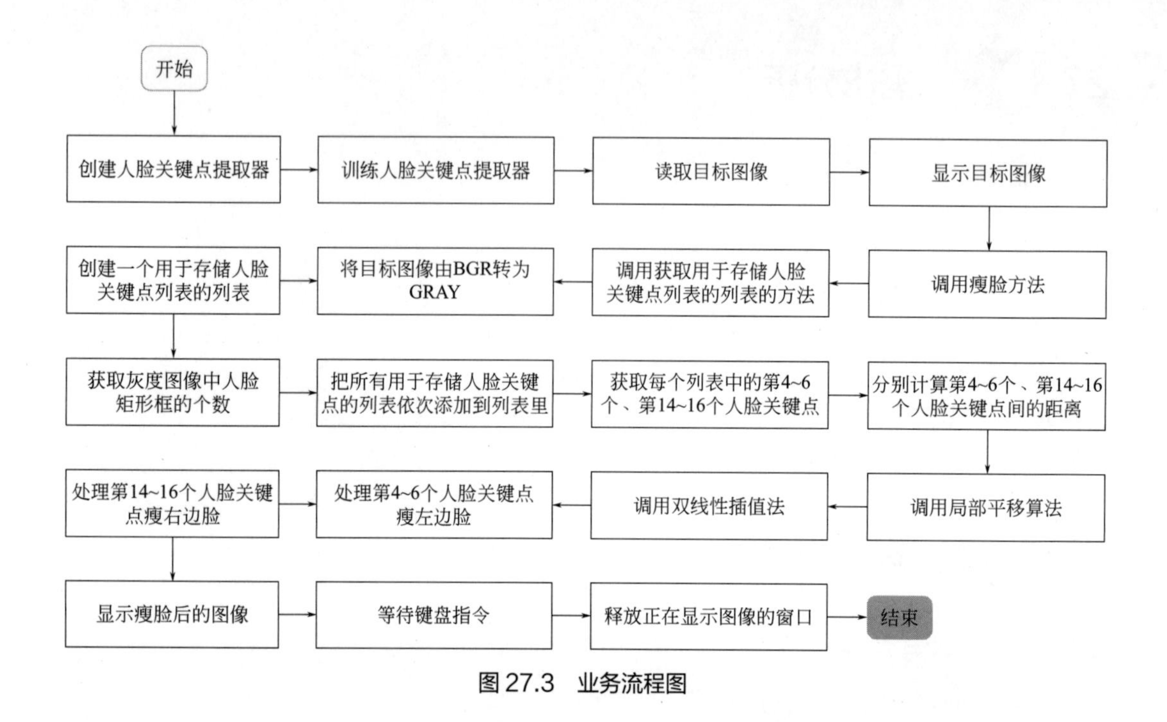

图 27.3　业务流程图

27.2.4　程序结构

本程序的结构如图 27.4 所示。

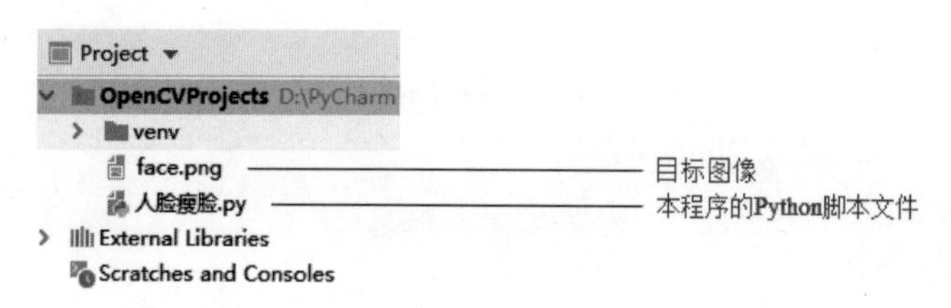

图 27.4　程序结构图

27.3　知识拓展

要想对输入的人脸图像执行瘦脸操作，需要先检测出人脸图像中的人脸关键点。那么，什么是人脸关键点呢？所谓人脸关键点，指的是根据输入的人脸图像，自动定位出面部的关键点，如眼睛、鼻尖、嘴角、眉毛及人脸各个部分轮廓点等。在图 27.5 中，使用图标和数字标注的位置就是 68 个人脸关键点的所在位置。

下面将通过编码检测并标注如图 27.6 所示的人脸图像中的人脸关键点。

27.3.1　Dlib 工具包

Dlib 工具包是一个与机器学习紧密相关的、开源的工具包，包含了机器学习中的很多算法。为了更方便、更快捷地使用这些算法，开发人员把这些算法封装成相应的方法。更加难能可贵的是，这些用于封装算法的方法不依赖于其他工具包。

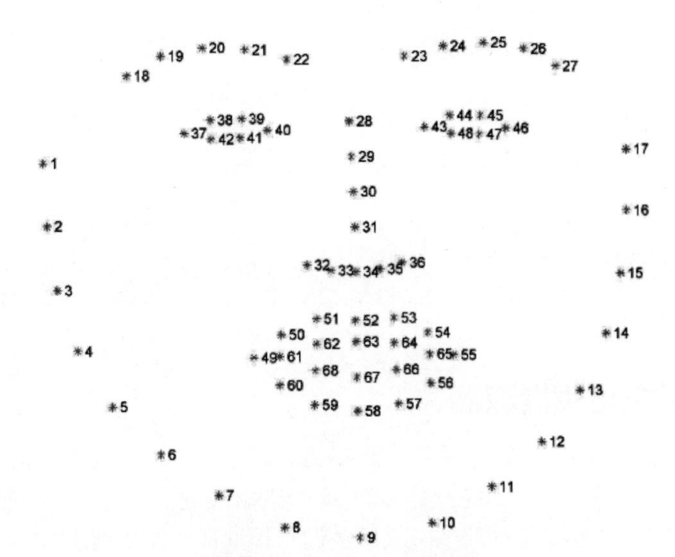

图 27.5 68 个人脸关键点

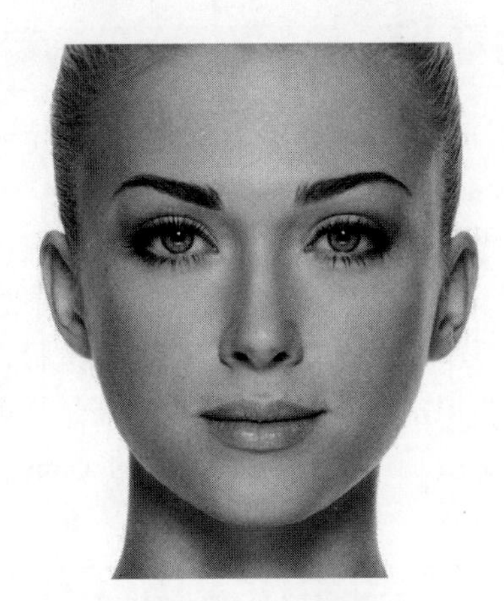

图 27.6 人脸图像

利用 Dlib 工具包能够开发很多复杂的关于机器学习方面的软件，这些软件能够帮助用户解决日常生活、工作中的实际问题。因此，Dlib 工具包被广泛地应用在行业和学术领域，如机器人、嵌入式设备、移动电话和大型高性能计算环境等。Dlib 工具包的主要特点如下。

☑ 完善的文档：每个类、每个函数都有详细的文档，并且提供了大量的示例代码。

☑ 可移植代码：代码符合 ISO C++ 标准，不需要第三方库支持，支持 win32、Linux、Mac OS X、Solaris、HPUX、BSDs 和 POSIX 系统。

☑ 线程支持：提供简单的可移植的线程 API。

☑ 网络支持：提供简单的可移植的 Socket API 和一个简单的 HTTP 服务器。

☑ 图形用户界面：提供线程安全的 GUI API。

☑ 数值算法：矩阵、大整数、随机数运算等。

☑ 机器学习算法。

☑ 图形模型算法。

☑ 图像处理：支持读写 Windows BMP 文件，不同类型色彩转换。

☑ 数据压缩和完整性算法：CRC32、Md5、不同形式的 PPM 算法。

☑ 测试：线程安全的日志类和模块化的单元测试框架及各种测试 assert 支持。

☑ 一般工具：XML 解析、内存管理、类型安全的 big/little endian 转换、序列化支持和容器类。

那么，如何安装 Dlib 工具包呢？在本书第 1 章，在命令提示符窗口中，通过 pip 命令下载并安装了 OpenCV-Contrib-Python 工具包。同理，仍然在命令提示符窗口中，通过 pip 命令下载并安装 Dlib 工具包。pip 命令如下所示。

```
pip install dlib
```

27.3.2 人脸关键点提取器

成功地下载并安装 Dlib 工具包后，就能够调用其中的方法解决本节提出的“检测并标注 68 个人脸关键点”问题。为了检测并标注 68 个人脸关键点，需要一个非常重要的工具，即“人脸关键点提取器”。要想创建一个人脸关键点提取器，需要调用 Dlib 工具包中的 get_frontal_face_detector() 方法，其语法格式如下。

```
detector = dlib.get_frontal_face_detector()
```

返回值说明：

☑ detector：人脸关键点提取器。

虽然已经创建了人脸关键点提取器，但是这个人脸关键点提取器发挥不了任何作用。为了阐述其中的缘由，先来重温一下人脸识别的操作步骤：首先，创建一个人脸识别器；然后，训练这个人脸识别器；最后，使用人脸识别器对人脸进行识别。也就是说，人脸关键点提取器要想发挥作用就要像人脸识别器一样，需要经历一个被训练的过程。那么，如何对人脸关键点提取器进行训练呢？需要调用 Dlib 工具包中的 shape_predictor() 方法训练人脸关键点提取器，该方法的语法格式如下。

```
predictor = dlib.shape_predictor(args['shape_predictor'])
```

参数说明：

☑ args['shape_predictor']：一个训练好的、用于提取人脸关键点的模型，较为常用的用于提取 68 个人脸关键点的模型是 shape_predictor_68_face_landmarks.dat。

返回值说明：

☑ predictor：训练好的人脸关键点提取器。

27.3.3 编码实现

通过上述内容，已经明确了什么是 Dlib 工具包、Dlib 工具包的特点及其用途、如何下载并安装 Dlib 工具包、如何创建一个人脸关键点提取器、如何训练一个人脸关键点提取器等内容。接下来，将逐步讲解如何通过编码检测并标注如图 27.5 所示的人脸图像中的人脸关键点。

① 使用 import 关键字导入 OpenCV 工具包、NumPy 工具包和 Dlib 工具包。代码如下所示。

```
01 import numpy as np
02 import cv2
03 import dlib
```

② 首先，调用 Dlib 工具包中的 get_frontal_face_detector() 方法，创建一个人脸关键点提取器；然后，调用 Dlib 工具包中的 shape_predictor() 方法，借助 shape_predictor_68_face_landmarks.dat 模型训练已经创建的人脸关键点提取器。代码如下所示。

```
01 detector = dlib.get_frontal_face_detector()
02 predictor = dlib.shape_predictor("shape_predictor_68_face_landmarks.dat")
```

因为 shape_predictor_68_face_landmarks.dat 模型在当前项目目录下，所以直接对其进行引用即可。否则，要给出 shape_predictor_68_face_landmarks.dat 模型所在位置的绝对路径。

③ 调用 imread() 方法读取在当前项目目录下的如图 27.6 所示的目标图像。代码如下所示。

```
img = cv2.imread("face.jpg")
```

④ 调用 cvtColor() 方法把目标图像的色彩空间由 BGR 转换为 GRAY。代码如下。

```
img_gray = cv2.cvtColor(img, cv2.COLOR_RGB2GRAY)
```

⑤ 使用人脸关键点提取器在 GRAY 色彩空间的目标图像中检测人脸，进而获取人脸矩形框的个数。代码如下所示。

```
rects = detector(img_gray, 0)
```

⑥ 根据人脸矩形框的个数，建立一个 for 循环。代码如下。

```
for i in range(len(rects)):
```

⑦ 使用训练好的人脸关键点提取器检测人脸矩形框内的 68 个关键点，把 68 个关键点的坐标存储在一个列表里。代码如下所示。

```
landmarks = np.matrix([[p.x, p.y] for p in predictor(img,rects[i]).parts()])
```

⑧ 在 for 循环中，调用 Python 中的内置函数 enumerate() 遍历用于存储 68 个人脸关键点坐标的列表，进而得到列表里的每一个元素及其索引。代码如下所示。

```
for idx, point in enumerate(landmarks):
```

⑨ 因为列表里的每一个元素都是人脸关键点的坐标，所以定义一个表示人脸关键点坐标的标签，依次把列表里的每一个元素以元组的格式都赋值给这个标签，进而得到每一个人脸关键点的坐标。代码如下所示。

```
pos = (point[0, 0], point[0, 1])
```

⑩ 调用 circle() 方法，根据每一个人脸关键点的坐标，绘制 68 个人脸关键点。代码如下。

```
cv2.circle(img, pos, 5, (0, 255, 0))
```

⑪ 采用 cv2.FONT_HERSHEY_SIMPLEX 字体样式，调用 putText() 方法从数字 1 开始依次为 68 个人脸关键点绘制数字。代码如下所示。

```
01 font = cv2.FONT_HERSHEY_SIMPLEX
02 cv2.putText(img, str(idx+1), pos, font, 0.8, (0, 0, 255), 1,cv2.LINE_AA)
```

⑫ 调用 imshow() 方法，在一个窗口里显示标注 68 个人脸关键点的结果图像。代码如下。

```
cv2.imshow("img", img)
```

⑬ 调用 waitKey() 方法等待键盘上的按键指令，当键盘上的某一个按键被按下时，使用 destroyAllWindows() 方法释放以上两个正在显示图像的窗口。代码如下所示。

```
01 cv2.waitKey()
02 cv2.destroyAllWindows()
```

为了更系统地理解用于实现“检测并标注如图 27.6 所示的人脸图像中的人脸关键点”的代码及其作用，下面将给出完整代码，代码如下所示。

```
01 import numpy as np
02 import cv2
03 import dlib
04
05 detector = dlib.get_frontal_face_detector()
06 predictor = dlib.shape_predictor("shape_predictor_68_face_landmarks.dat")
07
08 img = cv2.imread("face.jpg")
09 img_gray = cv2.cvtColor(img, cv2.COLOR_RGB2GRAY)
10
11 rects = detector(img_gray, 0)
12 for i in range(len(rects)):
13     landmarks = np.matrix([[p.x, p.y] for p in predictor(img,rects[i]).parts()])
14     for idx, point in enumerate(landmarks):
15         pos = (point[0, 0], point[0, 1])
16         cv2.circle(img, pos, 5, (0, 255, 0))
17         font = cv2.FONT_HERSHEY_SIMPLEX
18         cv2.putText(img, str(idx+1), pos, font, 0.8, (0, 0, 255), 1,cv2.LINE_AA)
19 cv2.imshow("img", img)
20 cv2.waitKey()
21 cv2.destroyAllWindows()
```

上述代码的运行结果如图 27.7 所示。

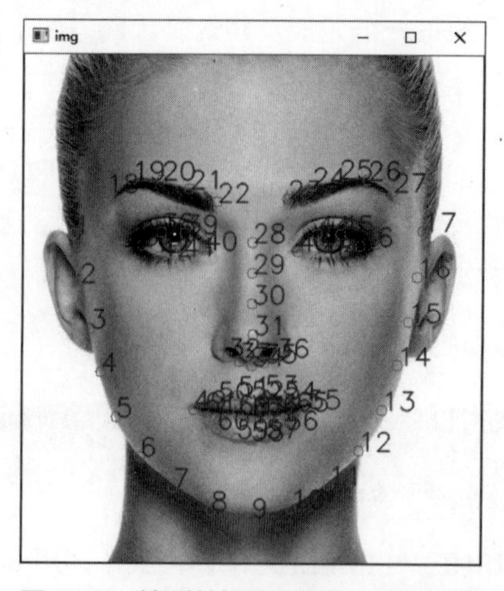

图 27.7　检测并标注 68 个人脸关键点

27.4 模块设计

图 27.7 是标注 68 个人脸关键点后的结果图像。为了实现人工瘦脸的目的，最直接的方式就是对某几个人脸关键点进行操作和处理。下面逐步分析其中的实现原理和实现步骤。

27.4.1 公共模块

公共模块包括导入工具包、创建一个人脸关键点提取器、训练一个人脸关键点提取器、读取目标图像、在窗口里显示目标图像、等待按键指令、释放正在显示图像的窗口等内容。通过编码实现公共模块的具体步骤如下。

① 使用 import 关键字导入 Dlib 工具包、OpenCV 工具包、NumPy 工具包和 Math 工具包。代码如下所示。

```
01 import dlib
02 import cv2
03 import numpy as np
04 import math
```

② 首先，调用 Dlib 工具包中的 get_frontal_face_detector() 方法，创建一个人脸关键点提取器；然后，调用 Dlib 工具包中的 shape_predictor() 方法，借助 shape_predictor_68_face_landmarks.dat 模型训练已经创建的人脸关键点提取器。代码如下所示。

```
01 detector = dlib.get_frontal_face_detector()
02 predictor = dlib.shape_predictor("shape_predictor_68_face_landmarks.dat")
```

因为 shape_predictor_68_face_landmarks.dat 模型在当前项目目录下，所以直接对其进行引用即可。否则，要给出 shape_predictor_68_face_landmarks.dat 模型所在位置的绝对路径。

③ 调用 imread() 方法读取在当前项目目录下的、如图 27.1 所示的目标图像。代码如下所示。

```
img = cv2.imread("face.png")
```

④ 调用 imshow() 方法，在一个窗口里显示标注 68 个人脸关键点的结果图像。代码如下。

```
cv2.imshow("img", img)
```

⑤ 调用 waitKey() 方法等待键盘上的按键指令，当键盘上的某一个按键被按下时，使用 destroyAllWindows() 方法释放以上两个正在显示图像的窗口。代码如下所示。

```
01 cv2.waitKey()
02 cv2.destroyAllWindows()
```

27.4.2 检测人脸关键点模块

检测人脸关键点模块的作用是获取 68 个人脸关键点。本程序把检测人脸关键点模块自定义为一个有参的且有返回值的方法，即 get_landmarks() 方法。该方法的语法格式如下所示。

```
def get_landmarks(img_src):
    # 省略用于实现检测人脸关键点模块的代码
    return landmarks_list
```

参数说明：

☑ img_src：目标图像，即图 27.1。

返回值说明：

☑ landmarks_list：用于存储人脸关键点列表的列表。

下面将逐步讲解用于实现检测人脸关键点模块的代码。

① 调用 cvtColor() 方法把目标图像的色彩空间由 BGR 转换为 GRAY。代码如下所示。

```
img_gray = cv2.cvtColor(img_src, cv2.COLOR_RGB2GRAY)
```

② 观察图 27.1 可知，在图 27.1 中只存在一张人脸。也就是说，在图 27.1 中只能有一个人脸矩形框，从中也只能获取到一个包含 68 个人脸关键点坐标的列表。为了增强 get_landmarks() 方法的实用性，假设不知道目标图像中存在多少张人脸，那么需要定义一个用于存储 68 个人脸关键点坐标列表的列表。代码如下所示。

```
landmarks_list = []
```

③ 使用人脸关键点提取器在 GRAY 色彩空间的目标图像中检测人脸，进而获取人脸矩形框的个数。代码如下所示。

```
rects = detector(img_gray, 0)
```

④ 根据人脸矩形框的个数，建立一个 for 循环。代码如下所示。

```
for i in range(len(rects)):
```

⑤ 使用训练好的人脸关键点提取器检测人脸矩形框内的 68 个关键点，把 68 个关键点的坐标存储在一个列表里。代码如下所示。

```
landmarks = np.matrix([[p.x, p.y] for p in predictor(img,rects[i]).parts()])
```

⑥ 使用 append() 方法，把获取到的每一个用于存储 68 个人脸关键点坐标的列表添加到列表 landmarks_list 中。代码如下所示。

```
landmarks_list.append(landmarks)
```

结合上述各个步骤的代码，就能够迅速完成 get_landmarks() 方法的编写。get_landmarks() 方法的代码如下所示。

```
01 def get_landmarks(img_src):
02     img_gray = cv2.cvtColor(img_src, cv2.COLOR_BGR2GRAY)
03     landmarks_list = []
04     rects = detector(img_gray, 0)
05     for i in range(len(rects)):
06         landmarks = np.matrix([[p.x, p.y] for p in predictor(img_gray, rects[i]).parts()])
07         landmarks_list.append(landmarks)
08     return landmarks_list
```

27.4.3　局部平移算法模块

局部平移算法模块操作的对象是像素，其关键在于判断目标图像中的像素是否在形变圆的范围内。也就是说，形变圆范围内的像素是要被处理的像素。被处理后的像素，其坐标在双线性差值法的作用下会发生变化，这个变化相当于像素做平移运动的过程。形变圆范围内的像素发生平移后，就会出现“瘦脸”的视觉效果。

本程序自定义了一个有参数的、有返回值的、用于实现局部平移算法模块的方法，即 localTranslationWarp() 方法，该方法的代码如下所示。

```
01 def localTranslationWarp(srcImg, startX, startY, endX, endY, radius):
02     ddradius = float(radius * radius)
03     copyImg = srcImg.copy()
04     # 计算公式中的 |m-c|^2
05     ddmc = (endX - startX) * (endX - startX) + (endY - startY) * (endY - startY)
06     H, W, C = srcImg.shape
07     for i in range(W):
08         for j in range(H):
09             # 计算该点是否在形变圆的范围之内
10             # 优化，第一步，直接判断是不是在（startX,startY) 的矩阵框中
11             if math.fabs(i - startX) > radius and math.fabs(j - startY) > radius:
12                 continue
13             distance = (i - startX) * (i - startX) + (j - startY) * (j - startY)
14             if (distance < ddradius):
15                 # 计算出（i,j）坐标的原坐标
16                 # 计算公式中右边平方号里的部分
17                 ratio = (ddradius - distance) / (ddradius - distance + ddmc)
18                 ratio = ratio * ratio
19                 # 映射原位置
20                 UX = i - ratio * (endX - startX)
21                 UY = j - ratio * (endY - startY)
22                 # 根据双线性插值法得到 UX，UY 的值
23                 value = BilinearInsert(srcImg, UX, UY)
24                 # 改变当前 i ，j 的值
25                 copyImg[j, i] = value
26     return copyImg
```

27.4.4　双线性插值法模块

与局部平移算法模块的操作对象相同，双线性插值法模块操作的对象也是像素。要想让形变圆范围内的像素发生平移，局部平移算法与双线性插值法的关系是相辅相成的。

本程序自定义了一个有参数的、有返回值的、用于双线性插值法模块的方法，即 BilinearInsert() 方法，该方法的代码如下所示。

```
01 def BilinearInsert(src, ux, uy):
02     w, h, c = src.shape
03     if c == 3:
04         x1 = int(ux)
05         x2 = x1 + 1
06         y1 = int(uy)
07         y2 = y1 + 1
08 
09         part1 = src[y1, x1].astype(np.float) * (float(x2) - ux) * (float(y2) - uy)
10         part2 = src[y1, x2].astype(np.float) * (ux - float(x1)) * (float(y2) - uy)
11         part3 = src[y2, x1].astype(np.float) * (float(x2) - ux) * (uy - float(y1))
```

```
12        part4 = src[y2, x2].astype(np.float) * (ux - float(x1)) * (uy - float(y1))
13
14        insertValue = part1 + part2 + part3 + part4
15        return insertValue.astype(np.int8)
```

27.4.5 瘦脸模块

本程序自定义了一个参数为如图 27.1 所示的目标图像的、无返回值的、用于实现瘦脸模块的方法，即 face_thin() 方法。该方法的实现步骤如下。

① 定义一个标签 landmarks_list，调用用于实现检测人脸关键点模块的 get_landmarks() 方法，把该方法的返回值赋值给标签 landmarks_list。代码如下所示。

```
landmarks_list = get_landmarks(src)
```

② 判断列表 landmarks_list 中的元素个数，如果列表 landmarks_list 中没有元素，那么终止程序的运行。代码如下所示。

```
01 if len(landmarks_list) == 0:
02        return
```

③ 使用 for 循环遍历列表 landmarks_list 中的元素，获取每一个元素中的第 4 ～ 6 个、第 14 ～ 16 个人脸关键点。代码如下所示。

```
01 for landmarks_node in landmarks_list:
02        left_landmark = landmarks_node[3]
03        left_landmark_down = landmarks_node[5]
04        right_landmark = landmarks_node[13]
05        right_landmark_down = landmarks_node[15]
06        endPt = landmarks_node[30]
```

④ 调用 Math 工具包中的 sqrt() 方法计算第 4 个人脸关键点与第 6 个人脸关键点间的距离，把计算后的结果作为让左边的脸变瘦的距离。代码如下所示。

```
01 r_left = math.sqrt(
02            (left_landmark[0, 0] - left_landmark_down[0, 0]) *
03            (left_landmark[0, 0] - left_landmark_down[0, 0]) +
04            (left_landmark[0, 1] - left_landmark_down[0, 1]) *
05            (left_landmark[0, 1] - left_landmark_down[0, 1]))
```

⑤ 调用 Math 工具包中的 sqrt() 方法计算第 14 个人脸关键点与第 16 个人脸关键点间的距离，把计算后的结果作为让右边的脸变瘦的距离。代码如下所示。

```
01 r_right = math.sqrt(
02            (right_landmark[0, 0] - right_landmark_down[0, 0]) *
03            (right_landmark[0, 0] - right_landmark_down[0, 0]) +
04            (right_landmark[0, 1] - right_landmark_down[0, 1]) *
05            (right_landmark[0, 1] - right_landmark_down[0, 1]))
```

⑥ 调用用于实现局部平移算法模块的 localTranslationWarp() 方法，让左边的脸变瘦。代码如下所示。

```
01 thin_image = localTranslationWarp(src, left_landmark[0, 0],
02                         left_landmark[0, 1], endPt[0, 0], endPt[0, 1], r_left)
```

⑦ 调用用于实现局部平移算法模块的 localTranslationWarp() 方法，让右边的脸变瘦。代码如下所示。

```
01 thin_image = localTranslationWarp(thin_image,right_landmark[0, 0],
02                         right_landmark[0, 1], endPt[0, 0], endPt[0, 1], r_right)
```

⑧ 调用 imshow() 方法，在一个窗口里显示标注 68 个人脸关键点的结果图像。代码如下所示。

```
cv2.imshow("thin", thin_image)
```

结合上述各个步骤的代码，就能够迅速完成 face_thin() 方法的编写。get_landmarks() 方法的代码如下所示。

```
01 def face_thin(src):
02     landmarks_list = get_landmarks(src)
03
04     if len(landmarks_list) == 0:
05         return
06     for landmarks_node in landmarks_list:
07         left_landmark = landmarks_node[3]
08         left_landmark_down = landmarks_node[5]
09         right_landmark = landmarks_node[13]
10         right_landmark_down = landmarks_node[15]
11         endPt = landmarks_node[30]
12
13         r_left = math.sqrt(
14             (left_landmark[0, 0] - left_landmark_down[0, 0]) *
15             (left_landmark[0, 0] - left_landmark_down[0, 0]) +
16             (left_landmark[0, 1] - left_landmark_down[0, 1]) *
17             (left_landmark[0, 1] - left_landmark_down[0, 1]))
18
19         r_right = math.sqrt(
20             (right_landmark[0, 0] - right_landmark_down[0, 0]) *
21             (right_landmark[0, 0] - right_landmark_down[0, 0]) +
22             (right_landmark[0, 1] - right_landmark_down[0, 1]) *
23             (right_landmark[0, 1] - right_landmark_down[0, 1]))
24
25         thin_image = localTranslationWarp(src, left_landmark[0, 0],
26                         left_landmark[0, 1], endPt[0, 0], endPt[0, 1], r_left)
27
28         thin_image = localTranslationWarp(thin_image,right_landmark[0, 0],
29                         right_landmark[0, 1], endPt[0, 0], endPt[0, 1], r_right)
30
31     cv2.imshow("thin", thin_image)
```

运行本程序后，会弹出两个窗口，如图 27.8 所示的窗口显示的是目标图像，如图 27.9 所示的窗口显示的是瘦脸后的图像。

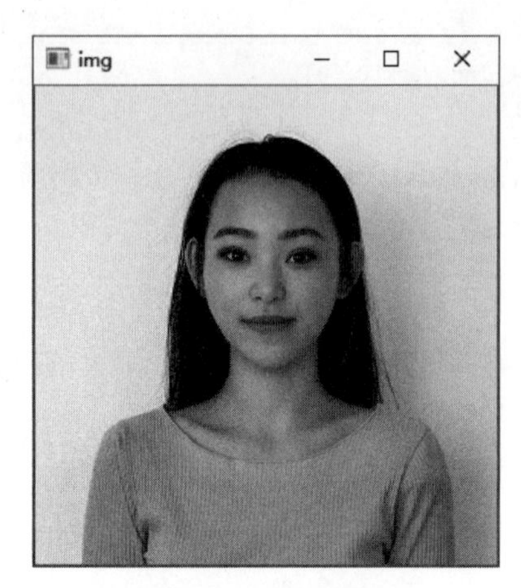

图 27.8　目标图像

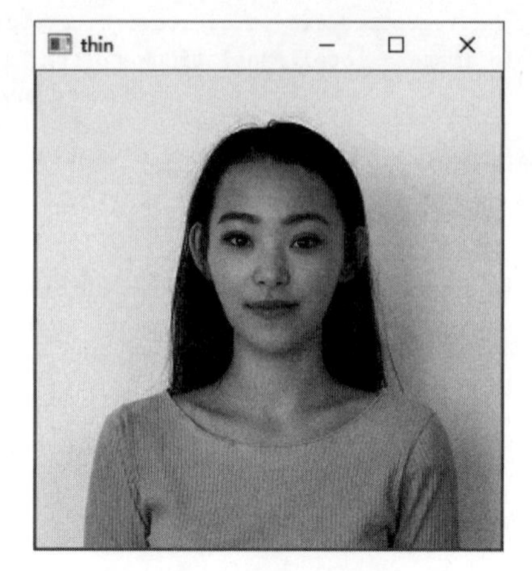

图 27.9　瘦脸后的图像

小结

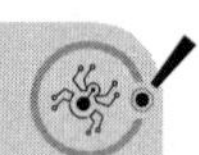

为了实现人工瘦脸的目的，最直接的方式就是对第 4 ~ 6 个、第 14 ~ 16 个人脸关键点进行操作和处理。要想操作和处理人脸关键点，就需要用到 Dlib 工具包，这是因为利用 Dlib 工具包中的方法不仅能够创建一个人脸关键点提取器，还能够训练一个人脸关键点提取器。获取到第 4 ~ 6 个、第 14 ~ 16 个人脸关键点后，结合局部平移算法与双线性插值法，即可让目标图像在形变圆范围内的像素发生平移，进而实现“瘦脸”的效果。

第 28 章 MR 智能视频打卡系统（OpenCV + NumPy + os 实现）

传统的打卡方式包括点名、签字、刷卡、指纹等。随着时代的不断发展，技术的不断更迭，计算机视觉技术的应用领域越来越广泛，这使得很多公司都通过打卡软件中的人脸打卡功能进行考勤工作。这些打卡软件通过摄像头扫描人脸特征，利用人脸的差异识别公司的员工，其准确性不输于指纹打卡，甚至其安全性和便捷性都高于指纹打卡。本章将讲解一个用 Python OpenCV 开发的智能视频打卡系统。

本章的知识结构如下。

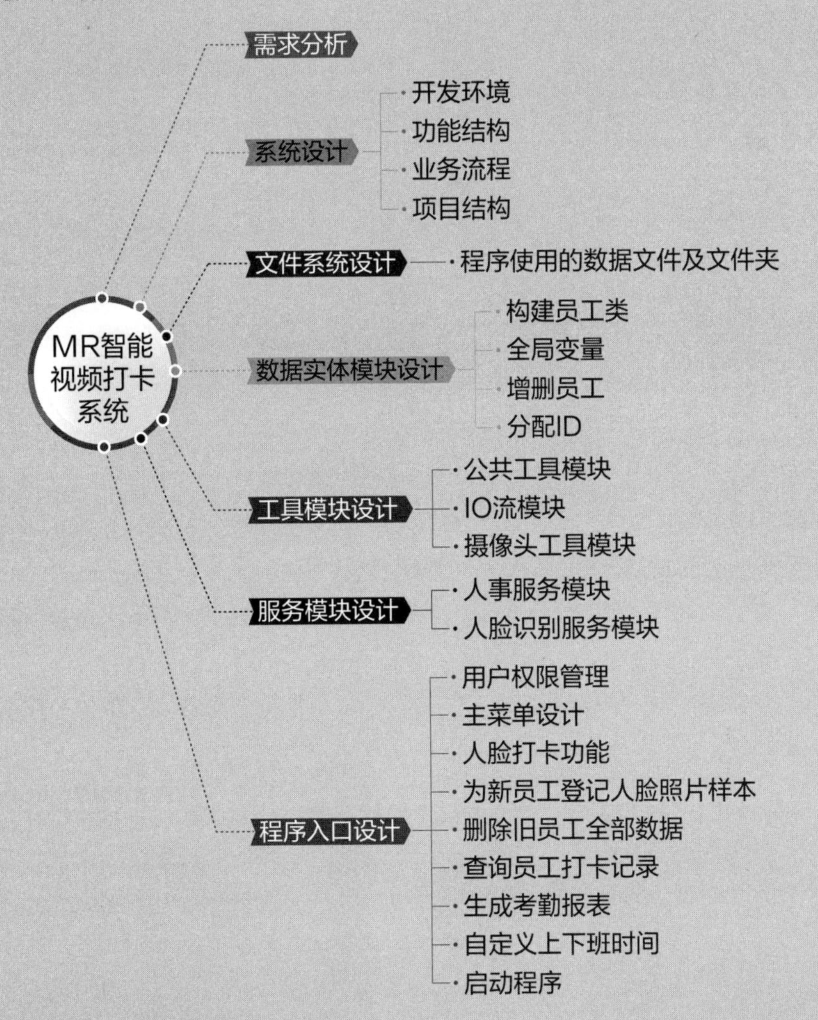

28.1 需求分析

打卡系统有三个核心功能：录入打卡人的资料、员工打卡和查看打卡记录，在满足核心功能的基础上需要完善一些附加功能和功能细节。在开发 MR 智能视频打卡系统之前，应先对本系统的一些需求进行拆解和分析。

（1）对数据模型的分析

本系统不使用第三方数据库，所有数据都以文本的形式保存在文件中，因此要规范数据内容和格式，建立统一模型。

若把软件的使用者设定为“公司”，那么打卡者身份可设定为“员工”，程序中数据模型就是员工数据类。

每一位员工都有姓名，“姓名”是员工类中必备的数据之一。

因为员工可能会重名，所以必须使用另一种标记作为员工身份的认证。为每一位员工添加不会重复的员工编号。员工编号为从 1 开始递增的数字，每添加一位新员工，员工编号就加 1。员工类中添加“员工编号”。

系统中必须保存所有员工的照片用于人脸识别。为了区分每位员工的照片文件，程序使用“特征码 + 随机值 .png”的规则为照片文件命名。如果使用员工编号作为特征码，1 号员工和 11 号员工的文件名容易发生混淆，所以特征码不能使用员工编号，而是一种“长度一致”“复杂性高”“不重复”的字符串。员工类中添加“特征码”。

员工与员工编号、姓名、特征码是一对一的关系，但员工与打卡记录是一对多的关系，所以打卡记录可以放在员工类中保存，而不是单独保存在打卡记录模型中。打卡记录需要记录每一个员工的具体打卡时间，并能以报表的形式体现。可以使用字段保存打卡记录模型，员工姓名作为 key，该员工的打卡记录列表作为 value。

（2）对打卡功能的分析

人脸打卡依赖于人脸识别功能。本程序可以使用 OpenCV 提供的人脸识别器实现此功能，建议使用正确率较高的 LBPH 识别器，其他识别器也可以考虑，但需要做好测试验证。

系统可以通过拍照方法保存员工的照片样本。当员工面对摄像头时，敲击 Enter 键就可以生成一张正面特写照片文件。为了增加识别准确率，每个员工应拍三张照片，也就是敲击三次 Enter 键才能完成录入操作。

OpenCV 提供的人脸识别器有一个缺陷：必须比对两种不同样本才能进行判断。如果公司第一次使用打卡系统，系统中没有录入任何员工，缺少比对样本，OpenCV 提供的人脸识别器就会报错。因此本系统应该给出几个无人脸的默认样本，保证即使只录入一个员工，该员工也能顺利打卡。

每次员工打卡成功后，都应该记录该员工的打卡时间，然后保存到文件中。

（3）对数据维护的分析

数据维护总结起来就是增、删、改、查四种操作。简化版的打卡系统可以忽略“改”的操作，由“先删除，再新增”的方式代替。

本系统除了提供录入新员工的功能之外，也应提供删除已有员工的功能。删除员工之前应输入验证码进行验证，以防用户操作失误，误删重要数据。确认执行删除操作后，不仅要删除员工的信息，也要同时删除员工的打卡记录和照片文件。完成删除操作之后，所有数据文件中不再存有被删员工的任何数据。

（4）对考勤报表的分析

每个公司的考勤制度都不同，很多公司都主动设置“上班时间”和“下班时间”来做考勤的标准。员工要在“上班时间”之前打卡才算正常到岗，在“下班时间”之后打卡才算正常离岗。未在规定时间内打卡的情况属于“打卡异常”，“打卡异常”通常分为三种情况：迟到、早退和缺席（或者叫缺勤）。

本系统会分析每一位员工在某一天的打卡记录，如果该员工在“上班时间”前和“下班时间”后都有打卡记录，则认为该员工当天全勤，该员工当天的其他打卡记录会被忽略。但如果该员工在“上班时间”前未能打卡，而是在“上班时间”后到中午 12 点前打卡，这种情况被视为迟到。如果该员工在“下班时间”后未能打卡，而是在中午 12 点之后到“下班时间”前打卡，这种情况被视为早退。当天没有打卡记录被视为缺席。

28.2 系统设计

28.2.1 开发环境

本系统所使用的开发环境如下。

☑ Python 版本：3.8.2。
☑ OpenCV 版本：4.2.0。
☑ numpy 版本：1.18.1。
☑ IED：PyCharm 2019.3.3 (Community Edition)。
☑ 操作系统：Windows 7/Windows 10。

28.2.2 功能结构

MR 智能视频打卡系统提供的功能如图 28.1 所示。

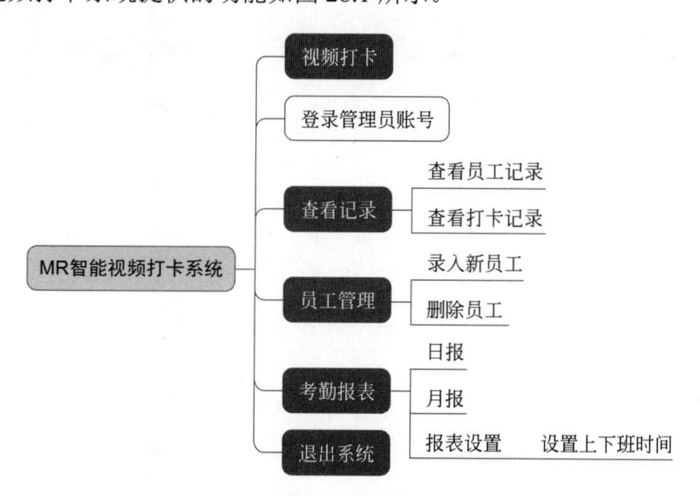

图 28.1　功能结构图

28.2.3 业务流程

MR 智能视频打卡系统的总体业务流程如图 28.2 所示。

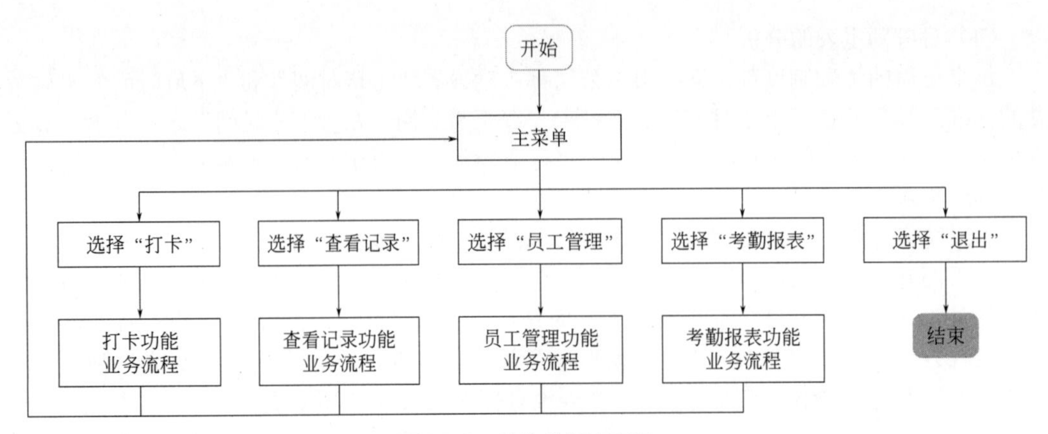

图 28.2 总体业务流程图

打卡功能的业务流程如图 28.3 所示。

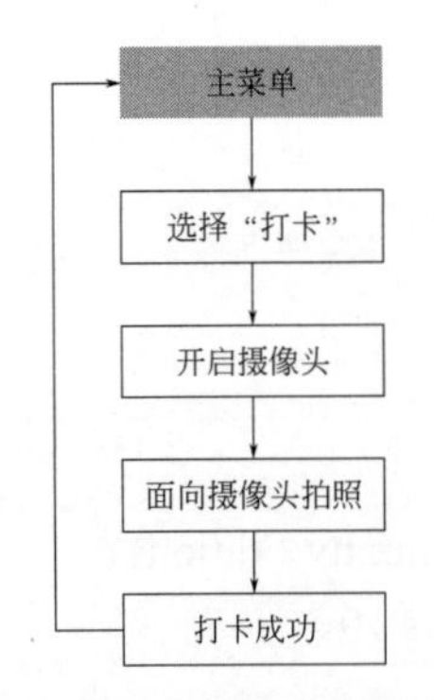

图 28.3 打卡功能的业务流程图

查看记录功能的业务流程如图 28.4 所示。

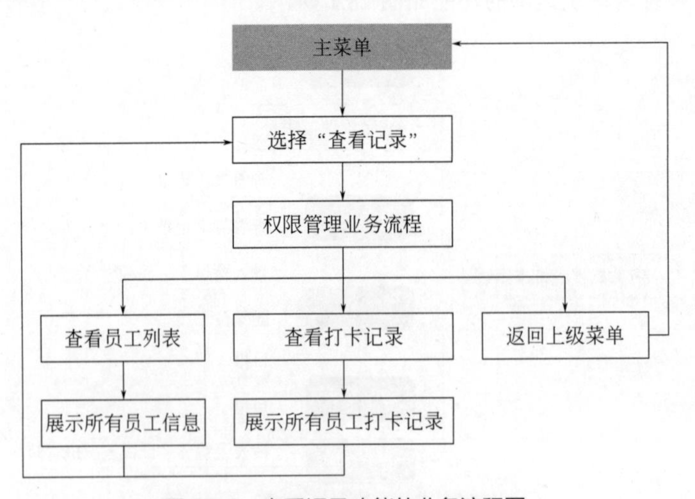

图 28.4 查看记录功能的业务流程图

员工管理功能的业务流程如图 28.5 所示。

考勤报表功能的业务流程如图 28.6 所示。

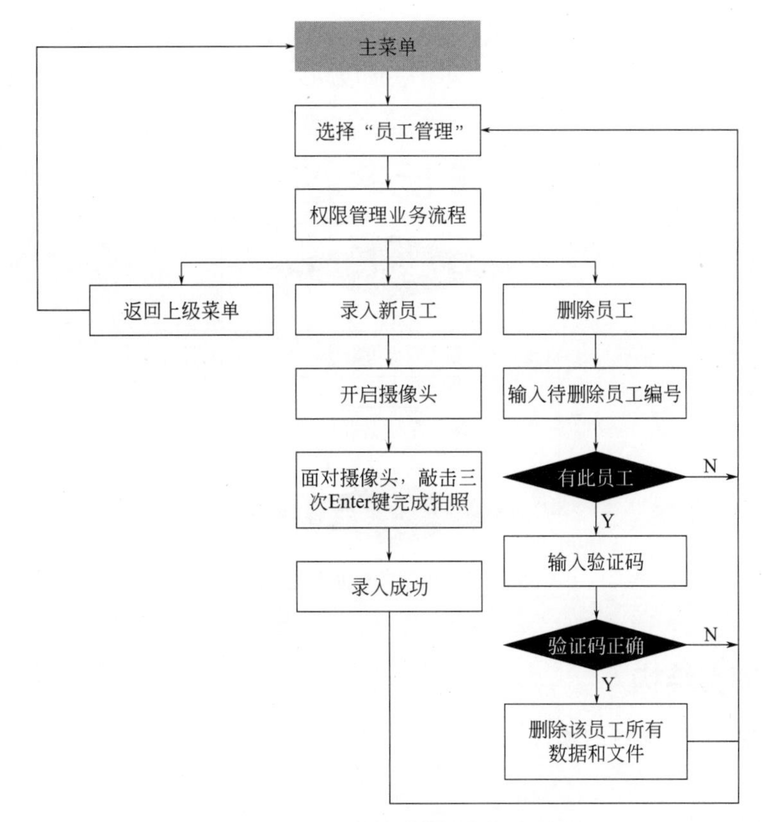

图 28.5　员工管理功能的业务流程图

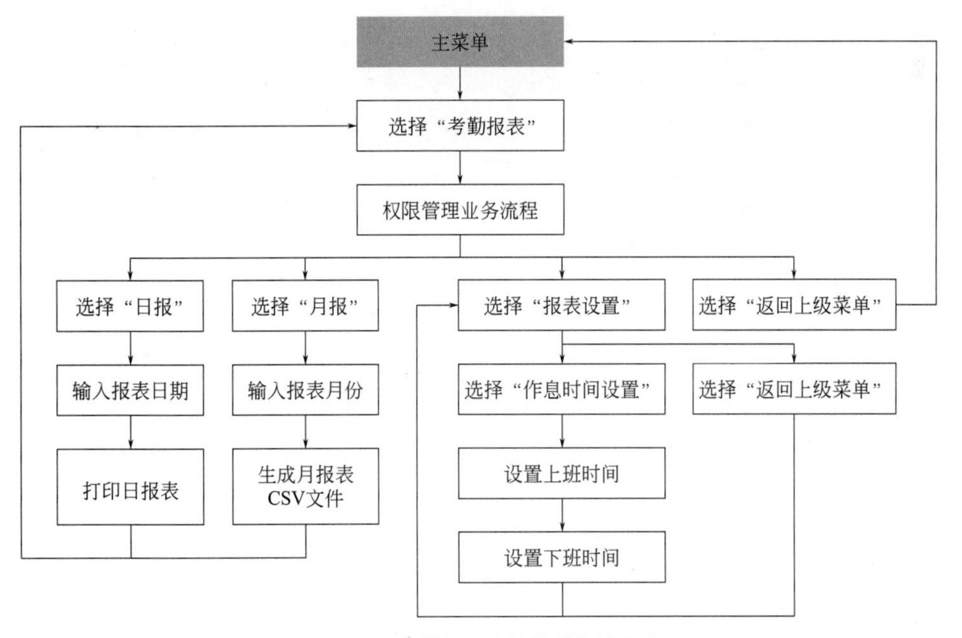

图 28.6　考勤报表功能的业务流程图

员工管理、查看记录和考勤报表这三个功能中都涉及了权限管理业务。如果用户想要使用这三个功能，需要登录管理员账号，只有登录成功之后才有权使用。权限管理业务流程如图 28.7 所示。

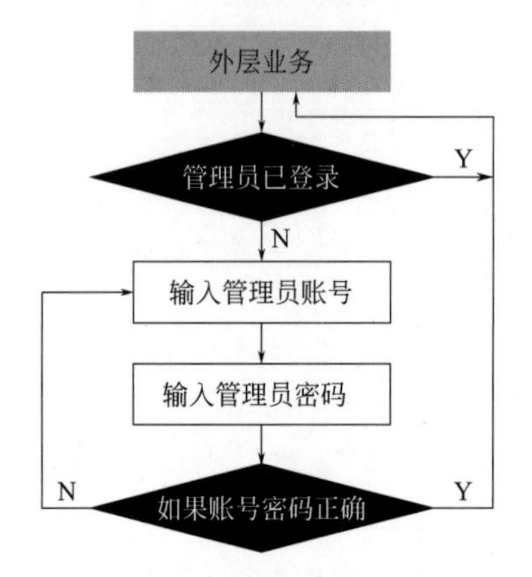

图 28.7　权限管理业务流程图

28.2.4　项目结构

MR 智能视频打卡系统的项目结构如下。

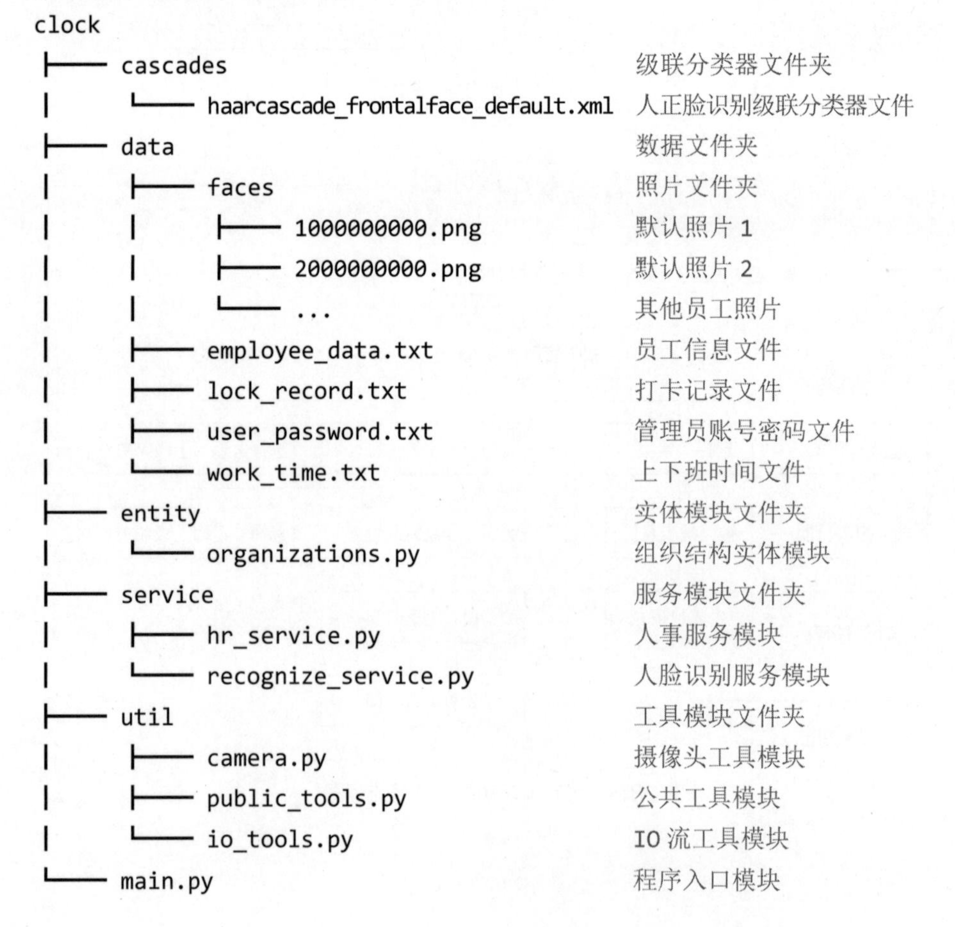

```
clock
├── cascades                                    级联分类器文件夹
│   └── haarcascade_frontalface_default.xml     人正脸识别级联分类器文件
├── data                                        数据文件夹
│   ├── faces                                   照片文件夹
│   │   ├── 1000000000.png                      默认照片 1
│   │   ├── 2000000000.png                      默认照片 2
│   │   └── ...                                 其他员工照片
│   ├── employee_data.txt                       员工信息文件
│   ├── lock_record.txt                         打卡记录文件
│   ├── user_password.txt                       管理员账号密码文件
│   └── work_time.txt                           上下班时间文件
├── entity                                      实体模块文件夹
│   └── organizations.py                        组织结构实体模块
├── service                                     服务模块文件夹
│   ├── hr_service.py                           人事服务模块
│   └── recognize_service.py                    人脸识别服务模块
├── util                                        工具模块文件夹
│   ├── camera.py                               摄像头工具模块
│   ├── public_tools.py                         公共工具模块
│   └── io_tools.py                             IO 流工具模块
└── main.py                                     程序入口模块
```

28.3 文件系统设计

本程序没有使用任何数据库保存数据，而是采用直接读写文件的方式来保存数据。项目中的所有数据文件都保存在 data 文件夹中。

程序使用的数据文件及文件夹如表 28.1 所示。

表 28.1　程序使用的数据文件及文件夹

所在路径	文件名	说明
/data/	employee_data.txt	保存所有员工信息的文件
/data/	lock_record.txt	保存所有员工打卡记录的文件
/data/	work_time.txt	保存上下班时间
/data/	user_password.txt	保存管理员的账号和密码
/data/face/	所有 PNG 格式图片文件	员工的照片（包括默认图像）

下面详细介绍每种数据文件的内容和格式。

① employee_data.txt 文件以字符串的形式保存所有员工的数据，数据之间用英文逗号隔开，一行保存一个员工。其格式如下。

```
编号 1, 姓名 1, 特征码 1
编号 2, 姓名 2, 特征码 2
……
```

例如，employee_data.txt 文件保存的实际内容可能如下。

```
1, 张三 ,526380
2, 李四 ,571096
3, 王五 ,381609
```

② lock_record.txt 文件以字符串的形式保存数据，数据格式为打卡记录字典的字符串内容，其格式如下。

```
{ 姓名 a: [ 日期 list], 姓名 b: [ 日期 list], …… , 姓名 n: [ 日期 list]}
```

例如，lock_record.txt 文件保存的实际内容可能如下。

```
{' 张三 ': ['2020-04-15 14:59:54'], ' 李四 ': ['2020-04-15 15:02:08'], ' 王五 ': ['2020-04-15
15:11:02', '2020-04-15 15:35:49']}
```

③ work_time.txt 文件以字符串的形式保存数据，其格式如下。

```
08:00:00/16:00:00
```

前一个时间为上班时间，后一个时间为下班时间，格式均为 %H:%M:%S。系统会以这两个时间为标准判断员工是否出现迟到、早退。

④ user_password.txt 文件以字符串的形式保存数据，数据格式为管理员账号密码字典的字符串内容，其格式如下。

```
{ 管理员账号 : 管理员密码 }
```

例如，user_password.txt 文件保存的实际内容可能如下。

```
{'mr': 'mrsoft', '123456': '123456'}
```

用户可以在这个文件中手动修改管理员账号和密码。

⑤ /data/face/ 文件夹下保存的是所有员工的照片文件，格式为 PNG。每张照片的大小都是 640×480。每名员工需保存三张照片。

该文件夹下还有两个默认的图像文件，文件名分别为 1000000000.png 和 2000000000.png。这是两幅纯色图像，用于辅助训练人脸识别器。

人脸识别器使用样本进行训练时，至少要有两个以上的标签分类。如果程序中仅保存了一位员工的照片，人脸识别器无法拿此员工照片与其他样本作对比，人脸识别器就会报错，此时两幅默认图像文件就充当了对比样本，以防止人脸识别器无法完成训练。当程序录入了足够多的员工信息后，这两幅默认图像虽然丧失了功能，但也不会影响识别器的识别能力。

28.4 数据实体模块设计

entity 包下的 organizations.py 文件用于封装数据模型。该文件中设计了员工类，并提供了一些维护数据的方法。接下来将详细介绍 organizations.py 中的代码。

（1）构建员工类

创建 Employee 类作为员工类，并创建包含三个参数的构造方法。三个参数分别是员工编号、员工姓名和员工的特征码。员工类将作为系统最重要的数据模型，以对象的方式保存每一位员工的信息。

员工类的代码如下所示。

（代码位置：资源包 \Code\16\clock\entity\organizations.py）

```
01 # 员工类
02 class Employee:
03     def __init__(self, id, name, code):
04         self.name = name  # 员工编号
05         self.id = id  # 员工姓名
06         self.code = code  # 员工的特征码
```

（2）全局变量

organizations.py 中的全局变量比较多，主要用来当作系统缓存保存所有数据。这些全局代码包括：

① LOCK_RECORD 实时保存员工的打卡记录。

② EMPLOYEES 实时保存所有员工信息。

③ MAX_ID 记录当前最大 ID，可在录入新员工时，为新员工分配新 ID。

④ 开发者可以通过修改 CODE_LEN 的值来控制员工特征码的长度，默认长度为 6 位。

⑤ WORK_TIME 是上班时间，用来判断员工打卡情况。程序启动时由 IO 流模块为其赋值。

⑥ CLOSING_TIME 是下班时间，功能同 WORK_TIME。

⑦ USERS 是系统所有管理员的账号和密码字典，用于校验用户输入的管理员账号和密码。

这些全局代码如下所示。

（代码位置：资源包 \Code\16\clock\entity\organizations.py）

```
01 LOCK_RECORD = dict()  # 打卡记录字典，格式为 { 姓名：[ 时间 1，时间 2]}
02 EMPLOYEES = list()  # 全体员工列表
03 MAX_ID = 0  # 目前可用的最大 ID
04 CODE_LEN = 6  # 特征码的默认长度
05 WORK_TIME = ""  # 上班时间
06 CLOSING_TIME = ""  # 下班时间
07 USERS = dict()  # 管理员账号密码
```

（3）增删员工

organizations.py 提供了添加新员工和删除员工的方法，其他模块需要调用这些方法来进行增删操作，不应直接修改 EMPLOYEES 列表中的数据。

add() 方法用于向组织中增加新员工，因为不需要对数据做校验，所以方法中的代码非常少。该方法代码如下所示。

（代码位置：资源包 \Code\16\clock\entity\organizations.py）

```
01 # 添加新员工
02 def add(e: Employee):
03     EMPLOYEES.append(e)
```

remove() 方法用于删除组织中的老员工，参数为员工编号。方法会遍历员工列表，找到该员工之后，将该员工删除，如果该员工有过打卡记录，会同时将其打卡记录清除。该方法代码如下所示。

```
01 # 删除指定 ID 的员工记录
02 def remove(id):
03     for emp in EMPLOYEES:
04         if str(id) == str(emp.id):
05             EMPLOYEES.remove(emp)  # 从员工列表中删除员工
06             if emp.name in LOCK_RECORD.keys():  # 如果存在该员工的打卡记录
07                 del LOCK_RECORD[emp.name]  # 删除该员工的打卡记录
08             break
```

（4）分配 ID

员工编号是员工的唯一标识，有新员工加入时，应为其分配最新编号。

get_new_id() 方法用于生成新员工编号，其生成规则为“当前最大的员工编号 + 1”，这样可以有效保证所有编号都不重复。该方法代码如下所示。

（代码位置：资源包 \Code\16\clock\entity\organizations.py）

```
01 # 获取新员工的 ID
02 def get_new_id():
03     global MAX_ID  # 调用全局变量
04     MAX_ID += 1  # 当前最大的 ID + 1
05     return MAX_ID
```

28.5 工具模块设计

本系统的工具模块包含三个文件：public_tools.py、io_tools.py 和 camera.py。本节将详细介绍这三个文件中的代码。

28.5.1 公共工具模块

uitl 文件夹下的 public_tools.py 就是本程序的公共工具模块，该模块提供了以下功能。

① 生成随机数和随机特征码。

② 校验时间字符串格式。

接下来将详细介绍 public_tools.py 中的代码。

（1）导入模块

公共工具涉及随机数和日期格式，所以导入 random 和 datetime 两个服务模块。生成随机特征码需要通过 organizations.py 获取特征码长度，所以也要导入数据实体模块。代码如下所示。

（代码位置：资源包 \Code\16\clock\util\public_tools.py）

```
01 import random
02 import datetime
03 from entity import organizations as o
```

（2）生成随机数字

特征码、照片文件名和验证码都用到了随机数，公共工具模块就提供了一个生成指定位数数字的 randomNumber() 方法，参数就是数字的位数。例如，参数为 4，生成的随机数就是 4 位数，且不会以 0 开头。该方法最后返回的是字符串类。

randomNumber() 方法的代码如下所示。

（代码位置：资源包 \Code\16\clock\util\public_tools.py）

```
01 # 随机生成长度为 len 的数字
02 def randomNumber(len):
03     first = str(random.randint(1, 9))  # 第一位取非 0 数
04     last = "".join(random.sample("1234567890", len - 1))  # 后几位随机拼接任意数字
05     return first + last
```

特征码实际上就是长度固定的随机码，特征码的长度保存在数据实体模块的 CODE_LEN 变量中，可以用直接调用 randomNumber(CODE_LEN) 的方式创建特征码。特征码最好保持 6 位以上，这样才能降低特征码重复的概率。

randomCode() 就是生成特征码的方法，该方法代码如下所示。

（代码位置：资源包 \Code\16\clock\util\public_tools.py）

```
01 # 随机生成与特征码长度相等的数字
02 def randomCode():
03     return randomNumber(o.CODE_LEN)  # 特征码的长度
```

（3）校验日期格式

valid_time() 是校验时、分、秒格式的方法，该方法代码如下所示。

```
01 # 校验时间格式
02 def valid_time(str):
03     try:
04         datetime.datetime.strptime(str, "%H:%M:%S")
05         return True
06     except:
07         return False
```

valid_year_month() 是校验年份和月份格式的方法，该方法代码如下所示。

```
01
02 # 校验年月格式
03 def valid_year_month(str):
04     try:
05         datetime.datetime.strptime(str, "%Y-%m")
06         return True
07     except:
08         return False
```

valid_date() 是校验日期格式的方法，该方法代码如下所示。

```
01 # 校验日期格式
02 def valid_date(date):
03     try:
04         datetime.datetime.strptime(date, "%Y-%m-%d")
05         return True
06     except:
07         return False
```

28.5.2　IO 流模块

uitl 文件夹下的 io_tools.py 是本程序的 IO 流工具模块，该模块提供了以下功能。

① 封装所有对文件的读写的操作，包括加载员工信息、加载打卡记录、加载照片文件、删除员工信息、删除打卡记录等。

② 文件自检功能。

③ 创建 CSV 文件。

接下来将详细介绍 io_tools.py 中的代码。

（1）导入模块

IO 流工具涉及将文件中的数据保存到数据实体模块中，所以导入 os 模块和 organizations.py 文件。因为删除图片需要员工特征码，所以需要人事服务模块提供相关功能。代码如下所示。

（代码位置：资源包 \Code\16\clock\util\io_tools.py）

```
01 from service import hr_service as hr
02 from entity import organizations as o
03 from service import recognize_service as rs
04 import os
05 import cv2
06 import numpy as np
```

（2）全局变量

全局变量中保存了各个数据文件配置，包含文件路径、文件名和照片的宽高。这里使用了 os 模块提供的 os.getcwd() 方法来获取项目根目录。全局变量的代码如下所示。

（代码位置：资源包 \Code\16\clock\util\io_tools.py）

```
01 PATH = os.getcwd() + “\\data\\”  # 数据文件夹根目录
02 PIC_PATH = PATH + "faces\\"  # 照片文件夹
03 DATA_FILE = PATH + "employee_data.txt"  # 员工信息文件
04 WORK_TIME = PATH + "work_time.txt"  # 上下班时间配置文件
05 USER_PASSWORD = PATH + "user_password.txt"  # 管理员账号密码文件
06 RECORD_FILE = PATH + "lock_record.txt"  # 打卡记录文件
```

```
07 IMG_WIDTH = 640  # 图像的统一宽度
08 IMG_HEIGHT = 480  # 图像的统一高度
```

（3）文件自检方法

为了防止用户误删数据文件而导致程序无法正常运行，公共工具模块提供了 checking_data_files() 文件自检方法。该方法会在程序启动时执行，然后自动检查所有数据文件的状态，如果发现丢失文件（或文件夹），就会自动创建新的空数据文件（或文件夹）。该方法代码如下所示。

（代码位置：资源包 \Code\16\clock\util\io_tools.py）

```
01 # 自检，检查默认文件缺失
02 def checking_data_files():
03     if not os.path.exists(PATH):
04         os.mkdir(PATH)
05         print(" 数据文件夹丢失，已重新创建：" + PATH)
06     if not os.path.exists(PIC_PATH):
07         os.mkdir(PIC_PATH)
08         print(" 照片文件夹丢失，已重新创建：" + PIC_PATH)
09     sample1 = PIC_PATH + "1000000000.png"  # 样本 1 文件路径
10     if not os.path.exists(sample1):
11         # 创建一个空内容图像
12         sample_img_1 = np.zeros((IMG_HEIGHT, IMG_WIDTH, 3), np.uint8)
13         sample_img_1[:, :, 0] = 255  # 改为纯蓝图像
14         cv2.imwrite(sample1, sample_img_1)  # 保存此图像
15         print(" 默认样本 1 已补充 ")
16     sample2 = PIC_PATH + "2000000000.png"  # 样本 2 文件路径
17     if not os.path.exists(sample2):
18         # 创建一个空内容图像
19         sample_img_2 = np.zeros((IMG_HEIGHT, IMG_WIDTH, 3), np.uint8)
20         sample_img_2[:, :, 1] = 255  # 改为纯蓝图像
21         cv2.imwrite(sample2, sample_img_2)  # 保存此图像
22         print(" 默认样本 2 已补充 ")
23     if not os.path.exists(DATA_FILE):
24         open(DATA_FILE, "a+")  # 附加读写方式打开文件，达到创建空文件的目的
25         print(" 员工信息文件丢失，已重新创建：" + DATA_FILE)
26     if not os.path.exists(RECORD_FILE):
27         open(RECORD_FILE, "a+")  # 附加读写方式打开文件，达到创建空文件的目的
28         print(" 打卡记录文件丢失，已重新创建：" + RECORD_FILE)
29     if not os.path.exists(USER_PASSWORD):
30         # 附加读写方式打开文件，达到创建空文件的目的
31         file = open(USER_PASSWORD, "a+", encoding="utf-8")
32         user = dict()
33         user["mr"] = "mrsoft"
34         file.write(str(user))  # 将默认管理员账号、密码写入到文件中
35         file.close()  # 关闭文件
36         print(" 管理员账号、密码文件丢失，已重新创建：" + RECORD_FILE)
37     if not os.path.exists(WORK_TIME):
38         # 附加读写方式打开文件，达到创建空文件的目的
39         file = open(WORK_TIME, "a+", encoding="utf-8")
40         file.write("09:00:00/17:00:00")  # 将默认时间写入到文件中
41         file.close()  # 关闭文件
42         print(" 上下班时间配置文件丢失，已重新创建：" + RECORD_FILE)
```

（4）从文件中加载数据

本系统中的所有数据都保存在文本文件中，当程序启动时，需要加载所有数据。需要加载的数据包括三类：员工信息、员工打卡记录和员工照片。这三类数据都有各自的加载方法。

load_employee_info() 是加载员工信息的方法，该方法会读取全局变量指定的员工信息文件，将文件中的内容逐行读取，然后通过英文逗号分隔，根据分割出的数据创建员工对象，最后把员工对象保存在员工列表中。这样就完成了员工信息的加载。

在读取员工数据的同时，方法也会记录出现过的最大员工编号，并将最大员工编号赋值给数据实体模块。

load_employee_info() 方法的代码如下所示。

（代码位置：资源包 \Code\16\clock\util\io_tools.py）

```
01 # 加载全部员工信息
02 def load_employee_info():
03     max_id = 1;  # 最大员工编号
04     file = open(DATA_FILE, "r", encoding="utf-8")  # 打开文件，只读
05     for line in file.readlines():  # 遍历文件中的行内容
06         id, name, code = line.rstrip().split(",")  # 去除换行符，并分割字符串信息
07         o.add(o.Employee(id, name, code))  # 组织结构中添加员工信息
08         if int(id) > max_id:  # 如果发现某员工的编号更大
09             max_id = int(id)  # 修改最大编号
10     o.MAX_ID = max_id  # 记录最大编号
11     file.close()  # 关闭文件
```

load_lock_record() 是加载员工打卡记录的方法。该方法读取全局变量指定的打卡记录文件，因为文件保存的是打卡记录字典的字符串内容，所以直接将文件中的所有文本读出来，然后转换成字典类型即可。将转换之后的字典对象直接赋值给数据实体模块即可。

load_lock_record() 方法的代码如下所示。

（代码位置：资源包 \Code\16\clock\util\io_tools.py）

```
01 # 载入所有打卡记录
02 def load_lock_record():
03     file = open(RECORD_FILE, "r", encoding="utf-8")  # 打开打卡记录文件，只读
04     text = file.read()  # 读取所有文本
05     if len(text) > 0:  # 如果存在文本
06         o.LOCK_RECORD = eval(text)  # 将文本转换成打卡记录字典
07     file.close()  # 关闭文件
```

load_employee_pic() 是加载员工照片文件的方法，该方法首先会遍历全局变量指定的照片文件夹，读取每一个照片文件并封装成 OpenCV 中的图像对象，然后从文件名中截取出特征码，将特征码作为人脸识别的标签，最后将图像、标签统一交给人脸识别服务进行训练。

load_employee_pic() 方法的代码如下所示。

（代码位置：资源包 \Code\16\clock\util\io_tools.py）

```
01 # 加载员工图像
02 def load_employee_pic():
03     photos = list()  # 样本图像列表
04     lables = list()  # 标签列表
05     pics = os.listdir(PIC_PATH)  # 读取所有照片
06     if len(pics) != 0:  # 如果照片文件不是空的
07         for file_name in pics:  # 遍历所有图像文件
08             code = file_name[0:o.CODE_LEN]  # 截取文件名开头的特征码
09             # 以灰度图像的方式读取样本
10             photos.append(cv2.imread(PIC_PATH + file_name, 0))
11             lables.append(int(code))  # 样本的特征码作为训练标签
12         rs.train(photos, lables)  # 识别器训练样本
```

```
13        else:  # 不存在任何照片
14            print("Error >> 员工照片文件丢失，请重新启动程序并录入员工信息！ ")
```

load_work_time_config() 是上下班时间配置文件的方法。因为配置文件中保存的数据格式非常简单，所以该方法直接将文件中的所有内容读取出来，按照“/”字符截取，并将截取出的数据赋值给数据实体的全局变量。

load_work_time_config() 方法的代码如下所示。

（代码位置：资源包 \Code\16\clock\util\io_tools.py）

```
01 # 加载上下班时间数据
02 def load_work_time_config():
03     file = open(WORK_TIME, "r", encoding="utf-8")  # 打开上下班时间记录文件，只读
04     text = file.read().rstrip()  # 读取所有文本
05     times = text.split("/")  # 分割字符串
06     o.WORK_TIME = times[0]  # 第一个值是上班时间
07     o.CLOSING_TIME = times[1]  # 第二个值是下班时间
08     file.close()  # 关闭文件
```

load_users() 是加载管理员账号、密码文件的方法。因为文件保存的是管理员账号和密码字典的字符串内容，所以直接将文件中的所有文本读出来，然后转换成字典类型即可。将转换之后的字典对象直接赋值给数据实体模块即可

load_users() 方法的代码如下所示。

（代码位置：资源包 \Code\16\clock\util\io_tools.py）

```
01 # 加载管理员账号和密码
02 def load_users():
03     file = open(USER_PASSWORD, "r", encoding="utf-8")  # 打开管理员账号文件，只读
04     text = file.read()  # 读取所有文本
05     if len(text) > 0:  # 如果存在文本
06         o.USERS = eval(text)  # 将文本转换成打卡记录字典
07     file.close()  # 关闭文件
```

（5）将数据保存到文件中

既然有加载数据的方法，也就应该有保存数据的方法。当数据发生变化时，程序应立即让变化之后的数据保存到本地硬盘上。公共工具模块提供了两种将数据保存到文件中的方法（保存新员工照片的方法由摄像头工具模块提供）。

save_employee_all() 方法可以将员工列表中的数据保存到员工数据文件中。该方法首先打开文件的写权限，以覆盖的方式替换掉文件中的内容，然后遍历所有员工，将员工信息通过英文逗号和换行符拼接到一起，最后将拼接的文本写入文件中。

save_employee_all() 方法的代码如下所示。

（代码位置：资源包 \Code\16\clock\util\io_tools.py）

```
01 # 将员工信息持久化
02 def save_employee_all():
03     file = open(DATA_FILE, "w", encoding="utf-8")  # 打开员工信息文件，只写，覆盖
04     info = "";  # 待写入的字符串
05     for emp in o.EMPLOYEES:  # 遍历所有员工信息
06         # 拼接员工信息
07         info += str(emp.id) + "," + str(emp.name) + "," + str(emp.code) + "\n"
08     file.write(info)  # 将这些员工信息写入到文件中
09     file.close()  # 关闭文件
```

save_lock_record() 方法可以将打卡记录字典中的数据保存到打卡记录数据文件中，其逻辑与保存员工数据的方法类似，只不过不需要拆分或拼接数据，而是直接把字典对象转换成字符串，将转换得到的字符串覆盖到打卡记录数据文件中。

save_lock_record() 方法的代码如下所示。

（代码位置：资源包 \Code\16\clock\util\io_tools.py）

```
01 # 将打卡记录持久化
02 def save_lock_record():
03     file = open(RECORD_FILE, "w", encoding="utf-8")  # 打开打卡记录文件，只写，覆盖
04     info = str(o.LOCK_RECORD)  # 将打卡记录字典转换成字符串
05     file.write(info)  # 将字符串内容写入到文件中
06     file.close()  # 关闭文件
```

save_work_time_config() 方法可以将数据实体中的上班时间和下班时间保存到文件当中。先按照“上班时间 / 下班时间”的格式拼接两个时间的字符串，然后将拼接好的内容写入上下班配置文件中。

save_work_time_config () 方法的代码如下所示。

（代码位置：资源包 \Code\16\clock\util\io_tools.py）

```
01 # 将上下班时间写到文件中
02 def save_work_time_config():
03     file = open(WORK_TIME, "w", encoding="utf-8")  # 打开上下班时间记录文件，只写，覆盖
04     times = str(o.WORK_TIME) + "/" + str(o.CLOSING_TIME)
05     file.write(times)  # 将字符串内容写入到文件中
06     file.close()  # 关闭文件
```

（6）删除照片

当一名员工被删除之后，该员工的照片就成了系统的垃圾文件，若不及时清除不仅会占用空间，还会加重人脸识别器的训练成本。

remove_pics() 方法就是公共工具模块提供的删除指定员工照片的方法，参数为被删除的员工编号。该方法首先会通过员工编号获取到该员工的特征码，然后到照片文件夹中遍历所有文件，只要文件名以此员工的特征码开头，就将文件删除。删除之后还要在控制台打印删除日志来提醒用户。

remove_pics() 方法的代码如下所示。

（代码位置：资源包 \Code\16\clock\util\io_tools.py）

```
01 # 删除指定员工的所有照片
02 def remove_pics(id):
03     pics = os.listdir(PIC_PATH)  # 读取所有照片文件
04     code = str(hr.get_code_with_id(id))  # 获取该员工的特征码
05     for file_name in pics:  # 遍历文件
06         if file_name.startswith(code):  # 如果文件名以特征码开头
07             os.remove(PIC_PATH + file_name)  # 删除此文件
08             print(" 删除照片：" + file_name)
```

（7）生成 CSV 文件

考勤月报是一个内容非常多的报表，不适合在控制台中展示，但很适合生成 Excel 报表来展示。因为使用 Python 技术创建 Excel 文件需要下载并导入第三方模块，会增加学习难度，所以这里使用更简单的 CSV 格式文件来展示报表。Excel 可以直接打开 CSV 文件。

CSV 文件实际上是一个文本文件，每一行文字都对应 Excel 中的一行内容。CSV 文件将每一行文字内容用英文逗号分隔，Excel 会自动根据这些英文逗号将文字内容分配到每一列中。

create_CSV() 方法专门用来创建 CSV 文件，第一个参数是 CSV 文件的文件名，这个名称不包含后缀；第二个参数是 CSV 文件写入的文本内容。方法会将 CSV 文件生成在 /data/ 文件夹下，因为大部分计算机都是用 Windows 系统，所以按照 gbk 字符编码写入内容，这样可以保证在 Windows 系统下使用 Excel 打开 CSV 文件不会发生乱码。

create_CSV() 方法的代码如下所示。

```
01 # 生成 csv 文件，采用 Windows 默认的 gbk 编码
02 def create_CSV(file_name, text):
03     file = open(PATH + file_name + ".csv", "w", encoding="gbk") # 打开文件，只写，覆盖
04     file.write(text)  # 将文本写入文件中
05     file.close()  # 关闭文件
06     print(" 已生成文件，请注意查看：" + PATH + file_name + ".csv")
```

28.5.3 摄像头工具模块

uitl 文件夹下的 camera.py 就是本程序的摄像头工具模块，该模块提供了以下功能。

① 开启摄像头打卡。

② 开始摄像头为员工拍照。

接下来将详细介绍 camera.py 中的代码。

（1）导入模块

摄像头模块需要调用 OpenCV 和人脸识别服务的方法来实现拍照和视频打卡功能。因为打卡成功之后要显示员工姓名，所以还需要调用人事服务模块提供的方法。代码如下所示。

（代码位置：资源包 \Code\16\clock\util\camera.py）

```
01 import cv2
02 from util import public_tools as tool
03 from util import io_tools as io
04 from service import recognize_service as rs
05 from service import hr_service as hr
```

（2）全局变量

录入新用户时需要为新用户拍照，用户需要通过敲键盘完成拍照。全局变量保存了键盘上 Esc 键和 Enter 键的 ASCII 码，OpenCV 会对比这两个变量来判断用户敲击了哪个按键。代码如下所示。

（代码位置：资源包 \Code\16\clock\util\camera.py）

```
01 ESC_KEY = 27  # Esc 键的 ASCII 码
02 ENTER_KEY = 13  # Enter 键的 ASCII 码
```

（3）为新员工拍照

执行 register() 方法就会开启本地默认摄像头，方法参数是被拍照员工的特征码，当用户敲击 Enter 键时，方法把摄像头的当前帧画面保存成图像文件，文件名以该员工特征码开头。每名新员工需要拍三张图片，也就是需要敲击三次 Enter 键，该方法才会结束。最后员工拍摄的照片都会保存在 /data/face/ 文件夹中，如图 28.8 所示。

```
data
  faces
    1000000000.png
    2000000000.png
    38160920576139.png
    38160926582371.png
    38160967123958.png
    52638019640813.png
    52638030328796.png
    52638094502187.png
    57109628560297.png
    57109635482367.png
    57109680543718.png
  employee_data.txt
  lock_record.txt
```

图 28.8　/data/face/ 文件夹中多了员工拍完的照片文件

register() 方法的代码如下所示。

（代码位置：资源包 \Code\16\clock\util\camera.py）

```
01 # 打开摄像头进行登记
02 def register(code):
03     cameraCapture = cv2.VideoCapture(0, cv2.CAP_DSHOW)  # 获得默认摄像头
04     success, frame = cameraCapture.read()  # 读取一帧
05     shooting_time = 0  # 拍摄次数
06     while success:  # 如果读到有效帧数
07         cv2.imshow("register", frame)  # 展示当前画面
08         success, frame = cameraCapture.read()  # 再读一帧
09         key = cv2.waitKey(1)  # 记录当前用户敲下的按键
10         if key == ESC_KEY:  # 如果直接按 Esc 键
11             break  # 停止循环
12         if key == ENTER_KEY:  # 如果按 Enter 键
13             # 将当前帧缩放成统一大小
14             photo = cv2.resize(frame, (io.IMG_WIDTH, io.IMG_HEIGHT))
15             # 拼接照片名：照片文件夹 + 特征码 + 随机数字 + 图片后缀
16             img_name = io.PIC_PATH + str(code) + str(tool.randomNumber(8)) + ".png"
17             cv2.imwrite(img_name, photo)  # 保存将图像
18             shooting_time += 1  # 拍摄次数递增
19             if shooting_time == 3:  # 如果拍完三张照片
20                 break  # 停止循环
21     cv2.destroyAllWindows()  # 释放所有窗体
22     cameraCapture.release()  # 释放摄像头
23     io.load_employee_pic()  # 让人脸识别服务重新载入员工照片
```

（4）开启摄像头打卡

执行 clock_in() 方法会开启本地默认摄像头，程序会扫描摄像头每一帧画面里是否有人脸，如果有人脸，就会将这一帧画面与所有员工照片样本做比对，判断当前画面里的人脸属于哪位员工。人脸识别服务会给出识别成功的特征码，人事服务可以通过特征码获得员工姓名，方法在最后会返回识别成功的员工姓名。如果屏幕中没有出现人脸或者识别不成功，摄像头会一直处于开启状态。

clock_in() 方法的代码如下所示。

（代码位置：资源包 \Code\16\clock\util\camera.py）

```
01 # 打开摄像头打卡
02 def clock_in():
```

```
03    cameraCapture = cv2.VideoCapture(0, cv2.CAP_DSHOW)  # 获得默认摄像头
04    success, frame = cameraCapture.read()  # 读取一帧
05    while success and cv2.waitKey(1) == -1:  # 如果读到有效帧数
06        cv2.imshow("check in", frame)  # 展示当前画面
07        gary = cv2.cvtColor(frame, cv2.COLOR_BGR2GRAY)  # 将彩色图片转为灰度图片
08        if rs.found_face(gary):  # 如果屏幕中出现正面人脸
09            # 将当前帧缩放成统一大小
10            gary = cv2.resize(gary, (io.IMG_WIDTH, io.IMG_HEIGHT))
11            code = rs.recognise_face(gary)  # 识别图像
12            if code != -1:  # 如果识别成功
13                name = hr.get_name_with_code(code)  # 获取此特征码对应的员工
14                if name != None:  # 如果返回的结果不是空的
15                    cv2.destroyAllWindows()  # 释放所有窗体
16                    cameraCapture.release()  # 释放摄像头
17                    return name  # 返回打卡成功者的姓名
18        success, frame = cameraCapture.read()  # 再读一帧
19    cv2.destroyAllWindows()  # 释放所有窗体
20    cameraCapture.release()  # 释放摄像头
```

28.6 服务模块设计

本系统的服务模块包含两个文件：hr_service.py 和 recognize_service.py。前者提供所有人事管理的相关功能，如增减员工、查询员工数据；后者提供人脸识别服务。本节将详细介绍这两个文件中的代码。

28.6.1 人事服务模块

service 文件夹下的 hr_service.py 就是本程序的人事服务模块，该模块专门处理所有人事管理方面的业务，其包含以下功能。

① 添加新员工。

② 删除某员工。

③ 为指定员工添加打卡记录。

④ 多种获取员工信息的方法。

⑤ 生成考勤日报。

⑥ 生成考勤月报（CSV 文件）。

接下来将详细介绍 hr_service.py 中的代码。

（1）导入模块

人事服务需要管理员工类列表、记录打卡时间，还要计算、对比负责的日期和时间数值，所以要导入数据实体模块、公共工具模块、时间模块和日历模块。代码如下所示。

（代码位置：资源包 \Code\16\clock\service\hr_service.py）

```
01 from entity import organizations as o
02 from util import public_tools as tool
03 from util import io_tools as io
04 import datetime
05 import calendar
```

（2）加载所有数据

程序启动的首要任务就是加载数据，人事服务模块将所有加载数据的方法封装成了 load_emp_data() 方法，程序启动时运行此方法就可以一次性载入所有保存在文件中的数据。该方法会依次进行文件自检、载入管理员账号和密码、载入打卡记录、载入员工信息和载入员工照片。

load_emp_data() 方法的代码如下所示。

（代码位置：资源包 \Code\16\clock\service\hr_service.py）

```
01 # 加载数据
02 def load_emp_data():
03     io.checking_data_files()  # 文件自检
04     io.load_users()  # 载入管理员账号
05     io.load_lock_record()  # 载入打卡记录
06     io.load_employee_info()  # 载入员工信息
07     io.load_employee_pic()  # 载入员工照片
```

（3）添加新员工

add_new_employee() 方法用于添加新员工，参数为新员工的姓名。该方法会通过公共工具模块创建随机特征码，通过数据实体模块创建新员工编号，然后结合姓名参数创建新员工对象，在员工列表中添加新员工对象，并将最新的员工列表写入到员工数据文件中，最后方法会返回该员工的特征码，摄像头服务会根据此特征码为员工创建照片文件。

add_new_employee() 方法的代码如下所示。

（代码位置：资源包 \Code\16\clock\service\hr_service.py）

```
01 # 添加新员工
02 def add_new_employee(name):
03     code = tool.randomCode()  # 生成随机特征码
04     newEmp = o.Employee(o.get_new_id(), name, code)  # 创建员工对象
05     o.add(newEmp)  # 组织结构中添加新员工
06     io.save_employee_all()  # 保存最新的员工信息
07     return code  # 新员工的特征码
```

（4）删除员工

remove_employee() 方法用来删除已有的员工资料，参数为被删除员工的编号。该方法首先会删除该员工的所有照片文件，然后在员工列表中清除该员工的所有信息，包括打卡记录，最后将当前员工列表和打卡记录覆盖到数据文件当中。这样数据文件里不会再有该员工的任何信息了。

remove_employee() 方法的代码如下所示。

（代码位置：资源包 \Code\16\clock\service\hr_service.py）

```
01 # 删除某个员工
02 def remove_employee(id):
03     tool.remove_pics(id)  # 删除该员工的所有照片
04     o.remove(id)  # 从组织结构中删除
05     io.save_employee_all()  # 保存最新的员工信息
06     io.save_lock_record()  # 保存最新的打卡记录
```

（5）添加打卡记录

add_lock_record() 方法用来为指定员工添加打卡记录，参数为员工的姓名。如果某个员工打卡成功，该方法首先会检查该员工是否有已经存在的打卡记录，如果没有记录就为其创

建新记录，如果有记录就在原有记录上追加新时间字符串。方法最后会把当前打卡记录保存到数据文件中。

add_lock_record() 方法的代码如下所示。

（代码位置：资源包 \Code\16\clock\service\hr_service.py）

```
01 # 为指定员工添加打卡记录
02 def add_lock_record(name):
03     record = o.LOCK_RECORD  # 所有打卡记录
04     now_time = datetime.datetime.now().strftime("%Y-%m-%d %H:%M:%S")  # 当前时间
05     if name in record.keys():  # 如果这个人有打卡记录
06         r_list = record[name]  # 删除他的记录
07         if len(r_list) == 0:  # 如果记录为空
08             r_list = list()  # 创建新列表
09         r_list.append(now_time)  # 记录当前时间
10     else:  # 如果这个人从未打过卡
11         r_list = list()  # 创建新列表
12         r_list.append(now_time)  # 记录当前时间
13         record[name] = r_list  # 将记录保存在字典中
14     io.save_lock_record()  # 保存所有打卡记录
```

（6）获取员工数据

人事服务提供了多种获取员工数据的方法，可以满足多种业务场景，接下来将分别介绍。

get_employee_report() 方法可以返回一个包含所有员工简要信息的报表，可用于在前端展示员工列表。该方法的代码如下所示。

（代码位置：资源包 \Code\16\clock\service\hr_service.py）

```
01 # 所有员工信息报表
02 def get_employee_report():
03     # report = list()  # 员工信息列表
04     report = "###############################################\n"
05     report += " 员工名单如下所示：\n"
06     i = 0  # 换行计数器
07     for emp in o.EMPLOYEES:  # 遍历所有员工
08         report += "(" + str(emp.id) + ")" + emp.name + "\t"
09         i += 1  # 计数器自增
10         if i == 4:  # 每四个员工换一行
11             report += "\n"
12             i = 0  # 计数器归零
13     report = report.strip()  # 清除报表结尾可能出现的换行符
14     report += "\n###############################################"
15     return report
```

删除员工操作需要让用户输入被删除员工的编号，程序应该对用户输入的值进行校验，如果用户输入的员工编号不在员工列表之中（无效编号），就认为用户操作有误，程序中断此业务。

check_id() 方法用来判断输入的编号是否有效，如果编号有效，就返回 True，否则就返回 False。该方法的代码如下所示。

（代码位置：资源包 \Code\16\clock\service\hr_service.py）

```
01 # 检查 id 是否存在
02 def check_id(id):
03     for emp in o.EMPLOYEES:
04         if str(id) == str(emp.id):
```

```
05             return True
06     return False
```

通过员工特征码获取该员工姓名的代码如下所示。

（代码位置：资源包 \Code\16\clock\service\hr_service.py）

```
01 # 通过特征码获取员工姓名
02 def get_name_with_code(code):
03     for emp in o.EMPLOYEES:
04         if str(code) == str(emp.code):
05             return emp.name
```

通过员工编号获取该员工特征码的代码如下所示。

（代码位置：资源包 \Code\16\clock\service\hr_service.py）

```
01 # 通过 id 获取员工特征码
02 def get_code_with_id(id):
03     for emp in o.EMPLOYEES:
04         if str(id) == str(emp.id):
05             return emp.code
```

（7）验证管理员账号和密码

valid_user() 方法用来验证管理员账号和密码，第一个参数为管理员账号，第二个参数为管理员密码。该方法首先会判断输入的管理员账号是否存在，如果存在的情况下再比对输入的密码，只有管理员账号存在且密码正确的情况下，方法才会返回 True，其他情况会返回 False。

valid_user() 方法的代码如下所示。

（代码位置：资源包 \Code\16\clock\service\hr_service.py）

```
01 # 验证管理员账号和密码
02 def valid_user(username, password):
03     if username in o.USERS.keys():  # 如果有这个账号
04         if o.USERS.get(username) == password:  # 如果账号和密码匹配
05             return True  # 验证成功
06     return False  # 验证失败
```

（8）保存上下班时间

save_work_time() 方法用来保存用户设置的上下班时间，第一个参数为上班时间，第二个参数为下班时间，两个参数均为字符串，且必须符合“%H:%M:%S”时间格式，如 08:00:00。该方法会直接修改数据实体中的全局变量，所以用户可以修改实时的上下班时间，即设置时间之后，日报和月报会立即使用新的时间分析考勤数据。

save_work_time() 方法的代码如下所示。

（代码位置：资源包 \Code\16\clock\service\hr_service.py）

```
01 # 保存上下班时间
02 def save_work_time(work_time, close_time):
03     o.WORK_TIME = work_time
04     o.CLOSING_TIME = close_time
05     io.save_work_time_config()  # 上下班时间保存到文件中
```

（9）打印考勤日报

打印考勤日报的方法有两个：get_day_report() 方法打印指定日期的日报，get_today_report()

方法打印今天的日报。下面分别介绍。

get_day_report() 方法打印哪一天的日报是由参数 date 决定的，参数 date 是一个字符串，且必须符合“%Y-%m-%d”的时间格式，如“2008-08-08”。该方法会创建出 date 指定的时间对象，分别计算出这一天 0 点、12 点和 23 点 59 分 59 秒的时间对象，并且会根据用户设置的上下班时间计算出这一天上班时间对象和下班时间对象，这些时间对象将用来分析员工的考勤情况。员工的打卡规则如表 28.2 所示。

表 28.2　打卡规则

打卡时间范围	打卡记录状态	分析结果
0:00:00 < 打卡时间 < 23:59:59	正常	不缺席
not (0:00:00 < 打卡时间 < 23:59:59)	不正常	缺席
打卡时间 <= 上班时间	正常	正常上班打卡
上班时间 < 打卡时间 <= 12:00:00	不正常	迟到
12:00:00 < 打卡时间 < 下班时间	不正常	早退

方法中分别创建了迟到名单、早退名单和缺席名单这三个列表，只要某员工出现不正常打卡记录，就会将员工姓名放到对应的不正常打卡状态的名单里，最后打印报表，给出各名单人数和明细。

get_day_report() 方法的代码如下所示。

（代码位置：资源包 \Code\16\clock\service\hr_service.py）

```
01 # 打印指定日期的打卡日报
02 def get_day_report(date):
03     io.load_work_time_config()  # 读取上下班时间
04     # 今天 0 点
05     earliest_time = datetime.datetime.strptime(date +
06                    " 00:00:00", "%Y-%m-%d %H:%M:%S")
07     # 今天中午 12 点
08     noon_time = datetime.datetime.strptime(date + " 12:00:00", "%Y-%m-%d %H:%M:%S")
09     # 今晚 0 点之前
10     latest_time = datetime.datetime.strptime(date +
11                    " 23:59:59", "%Y-%m-%d %H:%M:%S")
12     # 上班时间
13     work_time = datetime.datetime.strptime(date + " "
14                    + o.WORK_TIME, "%Y-%m-%d %H:%M:%S")
15     closing_time = datetime.datetime.strptime(date + " "
16                    + o.CLOSING_TIME, "%Y-%m-%d %H:%M:%S")  # 下班时间
17 
18     late_list = []  # 迟到名单
19     left_early = []  # 早退名单
20     absent_list = []  # 缺席名单
21 
22     for emp in o.EMPLOYEES:  # 遍历所有员工
23         if emp.name in o.LOCK_RECORD.keys():  # 如果该员工有打卡记录
24             emp_lock_list = o.LOCK_RECORD.get(emp.name)  # 获取该员工所有的打卡记录
25             is_absent = True  # 缺席状态
26             for lock_time_str in emp_lock_list:  # 遍历所有打卡记录
27                 lock_time = datetime.datetime.strptime(lock_time_str,
28                          "%Y-%m-%d %H:%M:%S")  # 打卡记录转为日期格式
29                 if earliest_time < lock_time < latest_time:  # 如果当天有打卡记录
30                     is_absent = False  # 不缺席
```

```
31                      if work_time < lock_time <= noon_time: # 上班时间后、中午之前打卡
32                          late_list.append(emp.name)  # 加入迟到名单
33                      if noon_time < lock_time < closing_time: # 中午之后、下班之前打卡
34                          left_early.append(emp.name)  # 加入早退名单
35              if is_absent:  # 如果仍然是缺席状态
36                  absent_list.append(emp.name)  # 加入缺席名单
37          else:  # 该员工没有打卡记录
38              absent_list.append(emp.name)  # 加入缺席名单
39
40      emp_count = len(o.EMPLOYEES)  # 员工总人数
41      print("--------" + date + "--------")
42      print(" 应到人数：" + str(emp_count))
43      print(" 缺席人数：" + str(len(absent_list)))
44      absent_name = ""  # 缺席名单
45      if len(absent_list) == 0:  # 如果没有缺席的
46          absent_name = "( 空 )"
47      else:  # 有缺席的
48          for name in absent_list:  # 遍历缺席列表
49              absent_name += name + " "  # 拼接名字
50      print(" 缺席名单：" + absent_name)
51      print(" 迟到人数：" + str(len(late_list)))
52      late_name = ""  # 迟到名单
53      if len(late_list) == 0:  # 如果没有迟到的
54          late_name = "( 空 )"
55      else:  # 有迟到的
56          for name in late_list:  # 遍历迟到列表
57              late_name += name + " "  # 拼接名字
58      print(" 迟到名单：" + str(late_name))
59      print(" 早退人数：" + str(len(left_early)))
60      early_name = ""  # 早退名单
61      if len(left_early) == 0:  # 如果没有早退的
62          early_name = "( 空 )"
63      else:  # 有早退的
64          for name in left_early:  # 遍历早退列表
65              early_name += name + " "  # 拼接名字
66      print(" 早退名单：" + early_name)
```

因为负责考勤的用户最常查看的就是今天的打卡情况，所以将今天打卡日报单独封装成了 get_today_report() 方法。该方法会自动生成今天的 date 字符串，并将其作为参数调用 get_day_report() 方法。

get_today_report() 方法的代码如下所示。

（代码位置：资源包 \Code\16\clock\service\hr_service.py）

```
01 # 打印今天的打卡日报
02 def get_today_report():
03     date = datetime.datetime.now().strftime("%Y-%m-%d")  # 今天的日期
04     get_day_report(str(date))  # 打印今天的日报
```

（10）生成考勤月报

与考勤日报不同，考勤月报是一种汇总形式的报表，可以展示员工整个月的考勤状况。因为月报表内容较多，所以不会在控制台中展示，而是生成独立的报表文件。

生成考勤月报的方法有两个：get_month_report () 方法生成指定月份的月报；get_pre_month_report () 方法打印上个月的月报。下面分别介绍。

考勤月报的校验逻辑与考勤日报基本相同，相当于一次性统计了整个月的日报数据。唯

一不同的就是统计月报的时候不是创建异常打卡名单，而是统计每一位员工每一天的打卡情况。每个员工的打卡情况用一个字符串表示，如果正常打卡，就追加正常打卡的标记，如果迟到，就追加迟到标记，以此类推。统计完所有员工整个月打卡情况之后再对每个字符串进行如下分析。

① 如果员工在 X 日有正常上下班打卡标记，则月报 X 日下不显示任何内容。迟到或早退标记都会被忽略，因为可能是员工误打卡。

② 如果员工在 X 日没有上班打卡标记，且有迟到标记，则在月报 X 日下显示“【迟到】”。

③ 如果员工在 X 日没有下班打卡标记，且有早退标记，则在月报 X 日下显示“【早退】”。

④ 如果员工在 X 日没有上班打卡标记，也没有迟到标记，则在月报 X 日下显示“【上班未打卡】”。

⑤ 如果员工在 X 日没有下班打卡标记，也没有早退标记，则在月报 X 日下显示“【下班未打卡】”。

⑥ 如果员工在 X 日没有任何打卡标记，则在月报 X 日下显示“【缺席】”。

月报采用 CSV 格式文件展示，CSV 文件会自动生成在项目的 /data/ 文件夹下。CSV 是文本文件，用换行符区分表格的行，用英文逗号区分表格的列。方法最后生成 CSV 格式月报，如果用记事本打开，其效果如图 28.9 所示；如果用 Office Excel 打开，则可以看到正常的表格内容，效果如图 28.10 所示。

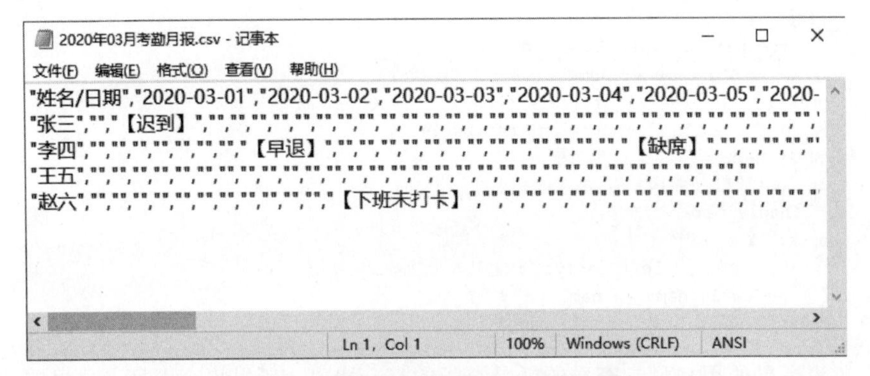

图 28.9 用记事本打开 CSV 格式的月报

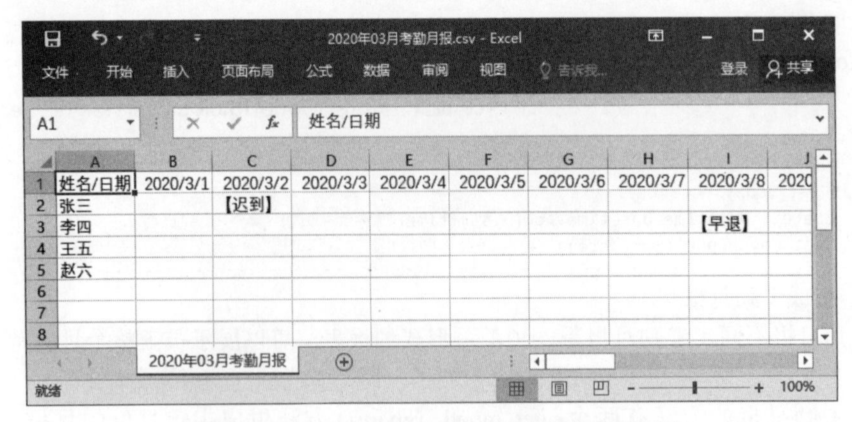

图 28.10 用 Office Excel 打开 CSV 格式的月报

get_month_report() 方法的代码如下所示。

（代码位置：资源包 \Code\16\clock\service\hr_service.py）

```
01 # 创建指定月份的打卡记录月报
02 def get_month_report(month):
03     io.load_work_time_config()  # 读取上下班时间
04     date = datetime.datetime.strptime(month, "%Y-%m")  # 月份转为时间对象
05     monthRange = calendar.monthrange(date.year, date.month)[1]  # 该月最后一天的天数
06     month_first_day = datetime.date(date.year, date.month, 1)  # 该月的第一天
07     month_last_day = datetime.date(date.year, date.month, monthRange)# 该月的最后一天
08 
09     clock_in = "I"  # 正常上班打卡标记
10     clock_out = "O"  # 正常下班打卡标记
11     late = "L"  # 迟到标记
12     left_early = "E"  # 早退标记
13     absent = "A"  # 缺席标记
14 
15     lock_report = dict()  # 键为员工名，值为员工打卡情况列表
16 
17     for emp in o.EMPLOYEES:
18         emp_lock_data = []  # 员工打卡情况列表
19         if emp.name in o.LOCK_RECORD.keys():  # 如果员工有打卡记录
20             emp_lock_list = o.LOCK_RECORD.get(emp.name) # 从打卡记录中获取该员工的记录
21             index_day = month_first_day  # 遍历日期，从该月第一天开始
22             while index_day <= month_last_day:
23                 is_absent = True  # 缺席状态
24                 earliest_time = datetime.datetime.strptime(str(index_day)
25                           + " 00:00:00", "%Y-%m-%d %H:%M:%S")  # 当天 0 点
26                 noon_time = datetime.datetime.strptime(str(index_day)
27                         + " 12:00:00", "%Y-%m-%d %H:%M:%S")  # 当天中午 12 点
28                 latest_time = datetime.datetime.strptime(str(index_day)
29                         + " 23:59:59", "%Y-%m-%d %H:%M:%S")  # 当天 0 点之前
30                 work_time = datetime.datetime.strptime(str(index_day) + " "
31                         + o.WORK_TIME, "%Y-%m-%d %H:%M:%S")  # 当天上班时间
32                 closing_time = datetime.datetime.strptime(str(index_day) + " "
33                           + o.CLOSING_TIME, "%Y-%m-%d %H:%M:%S")  # 当天下班时间
34                 emp_today_data = ""  # 员工打卡标记汇总
35 
36                 for lock_time_str in emp_lock_list:  # 遍历所有打卡记录
37                     lock_time = datetime.datetime.strptime(lock_time_str,
38                                     "%Y-%m-%d %H:%M:%S")  # 打卡记录转为日期格式
39                     # 如果当前日期有打卡记录
40                     if earliest_time < lock_time < latest_time:
41                         is_absent = False  # 不缺席
42                         if lock_time <= work_time:  # 上班时间前打卡
43                             emp_today_data += clock_in  # 追加正常上班打卡标记
44                         elif lock_time >= closing_time:  # 下班时间后打卡
45                             emp_today_data += clock_out  # 追加正常下班打卡标记
46                         # 上班时间后、中午之前打卡
47                         elif work_time < lock_time <= noon_time:
48                             emp_today_data += late  # 追加迟到标记
49                         # 中午之后、下班之前打卡
50                         elif noon_time < lock_time < closing_time:
51                             emp_today_data += left_early  # 追加早退标记
52                 if is_absent:  # 如果缺席
53                     emp_today_data = absent  # 直接赋予缺席标记
54                 emp_lock_data.append(emp_today_data) # 将员工打卡标记添加到打卡情况列表中
55                 index_day = index_day + datetime.timedelta(days=1)  # 遍历天数递增
56         else:  # 没有打卡记录的员工
57             index_day = month_first_day  # 从该月第一天开始
58             while index_day <= month_last_day:  # 遍历整月
```

```
59                emp_lock_data.append(absent)  # 每天都缺席
60                index_day = index_day + datetime.timedelta(days=1)  # 日期递增
61            lock_report[emp.name] = emp_lock_data  # 将打卡情况列表保存到该员工之下
62
63        report = "\"姓名/日期\""  # cvs 文件的文本内容，第一行第一列
64        index_day = month_first_day  # 从该月第一天开始
65        while index_day <= month_last_day:  # 遍历整月
66            report += ",\"" + str(index_day) + "\""  # 添加每一天的日期
67            index_day = index_day + datetime.timedelta(days=1)  # 日期递增
68        report += "\n"
69
70        for emp in lock_report.keys():  # 遍历报表中的所有员工
71            report += "\"" + emp + "\""  # 第一列为员工名
72            data_list = lock_report.get(emp)  # 取出员工的打卡情况列表
73            for data in data_list:  # 取出每一天的打卡情况
74                text = ""  # CSV 中显示的内容
75                if absent == data:  # 如果是缺席
76                    text = "【缺席】"
77                elif clock_in in data and clock_out in data:# 如果是全勤，不考虑迟到和早退
78                    text = ""  # 显示空白
79                else:  # 如果不是全勤
80                    if late in data and clock_in not in data:  # 有迟到记录且无上班打卡
81                        text += "【迟到】"
82                    # 有早退记录且无下班打卡
83                    if left_early in data and clock_out not in data:
84                        text += "【早退】"
85                    # 无下班打卡和早退记录
86                    if clock_out not in data and left_early not in data:
87                        text += "【下班未打卡】"
88                    # 无上班打卡和迟到记录
89                    if clock_in not in data and late not in data:
90                        text += "【上班未打卡】"
91                report += ",\"" + text + "\""
92            report += "\n"
93        # csv 文件标题日期
94        title_date = month_first_day.strftime("%Y{y}%m{m}").format(y="年", m="月")
95        file_name = title_date + "考勤月报"  # CSV 的文件名
96        io.create_CSV(file_name, report)  # 生成 csv 文件
```

因为负责考勤的用户最常查看的月报就是上个月的月报，所以将生成上个月月报单独封装成了 get_pre_month_report() 方法。该方法会自动生成上个月月份的 pre_month 字符串，并将其作为参数调用 get_month_report() 方法。

get_pre_month_report() 代码如下所示。

（代码位置：资源包 \Code\16\clock\service\hr_service.py）

```
01 # 创建上个月打卡记录月报
02 def get_pre_month_report():
03     today = datetime.date.today()  # 得到今天的日期
04     # 获得上个月的第一天的日期
05     pre_month_first_day = datetime.date(today.year, today.month - 1, 1)
06     pre_month = pre_month_first_day.strftime("%Y-%m")  # 转成年、月格式字符串
07     get_month_report(pre_month)  # 生成上个月的月报
```

28.6.2 人脸识别服务模块

service 文件夹下的 recognize_service.py 就是本程序的人脸识别服务模块，该模块提供人

脸识别算法，其包含以下功能。

① 检测图像中是否有正面人脸。

② 判断图像中的人脸属于哪个人。

接下来将详细介绍 recognize_service.py 中的代码。

（1）导入包

人脸识别服务需要导入 OpenCV 相关模块和 os 模块。代码如下所示。

（代码位置：资源包 \Code\16\clock\service\recognize_service.py）

```
01 import cv2
02 import numpy as np
03 import os
```

（2）全局变量

全局变量中创建了人脸识别器引擎和人脸识别级联分类器对象，PASS_CONF 为人脸识别的信用评分，只有低于这个值的人脸识别评分才认为相似度高。全局变量的代码如下所示。

```
01 RECOGNIZER = cv2.face.LBPHFaceRecognizer_create()  # LBPH 识别器
02 PASS_CONF = 45  # 最高评分，LBPH 最高建议用 45
03 FACE_CASCADE = cv2.CascadeClassifier(os.getcwd()
04         + "\\cascades\\haarcascade_frontalface_default.xml")  # 加载人脸识别级联分类器
```

（3）训练识别器

train() 方法专门用来训练人脸识别器，该方法仅封装了识别器对象的训练方法，方法参数为样本图像列表和标签列表，其代码如下所示。

（代码位置：资源包 \Code\16\clock\service\recognize_service.py）

```
01 # 训练识别器
02 def train(photos, lables):
03     RECOGNIZER.train(photos, np.array(lables))  # 识别器开始训练
```

（4）发现人脸

found_face() 方法用来判断图像中是否有正面人脸，参数为灰度图像。通过正面人脸识别级联分类器对象检测出图像中出现的人脸数量，最后返回人脸数量大于 0 的判断结果，有人脸就返回 True，没有就返回 False。

found_face() 方法的代码如下所示。

（代码位置：资源包 \Code\16\clock\service\recognize_service.py）

```
01 # 判断图像中是否有正面人脸
02 def found_face(gary_img):
03     faces = FACE_CASCADE.detectMultiScale(gary_img, 1.15, 4)  # 找出图像中所有的人脸
04     return len(faces) > 0  # 返回人脸数量大于 0 的结果
```

（5）识别人脸

recognise_face() 方法用来识别图像中的人脸属于哪位员工，方法参数为被识别的图像。该方法必须在识别器接受完训练之后被调用。识别器会给出分析得出的评分，如果评分大于可信范围，则认为图像中不存在任何已有员工，返回 –1，否则返回已有员工的特征码。

recognise_face() 方法的代码如下所示。

（代码位置：资源包 \Code\16\clock\service\recognize_service.py）

```
01 # 识别器识别图像中的人脸
02 def recognise_face(photo):
03     label, confidence = RECOGNIZER.predict(photo)  # 识别器开始分析人脸图像
04     if confidence > PASS_CONF:  # 忽略评分大于最高评分的结果
05         return -1;
06     return label
```

28.7 程序入口设计

main.py 是整个程序的入口文件，也负责在控制台中打印菜单界面，用户通过指令就可以使用系统中的全部功能，包括打卡、员工管理等，所以会有大量指令判断逻辑。

main.py 同时也需要导入摄像头工具模块、公共工具模块和人事服务模块。代码如下所示。

（代码位置：资源包 \Code\16\clock\main.py）

```
01 from util import camera
02 from util import public_tools as tool
03 from service import hr_service as hr
```

接下来详细介绍 main.py 中的代码。

28.7.1 用户权限管理

系统中除了打卡和退出这两项功能可以随意使用外，其他菜单都需要管理员权限才能使用。若用户选中了查看记录、员工管理和考勤报表菜单，系统会验证用户身份。如果不是管理员身份，就会弹出管理员登录提示，用户输入正确的账号和密码才可以继续使用这些功能。

main.py 文件中定义了一个全局变量 ADMIN_LOGIN，该变量表示管理员的登录状态，默认为 False，即管理员未登录。其代码如下所示。

（代码位置：资源包 \Code\16\clock\main.py）

```
ADMIN_LOGIN = False  # 管理员登录状态
```

login() 为管理员登录方法，该方法会弹出输入管理员账号和密码的提示，如果用户输入账号为字符串“0”，则认为用户取消了登录操作。如果用户输入了正确的账号和密码，就会将全局变量 ADMIN_LOGIN 的值改为 True，即管理员已登录状态，这样系统就会放开所有已设权限的功能，用户可以随意使用。

login() 方法的代码如下所示。

（代码位置：资源包 \Code\16\clock\main.py）

```
01 # 管理员登录
02 def login():
03     while True:
04         username = input("请输入管理员账号（输入 0 取消操作）：")
05         if username == "0":  # 如果只输入 0
06             return  # 结束方法
```

```
07        passowrd = input("请输入管理员密码：")
08        if hr.valid_user(username.strip(), passowrd.strip()):  # 校验账号和密码
09            global ADMIN_LOGIN  # 读取全局变量
10            ADMIN_LOGIN = True  # 设置为管理员已登录状态
11            print(username + "登录成功！请选择重新选择功能菜单")
12            break
13        else:
14            print("账号或密码错误，请重新输入！")
15            print("---------------------------")
```

28.7.2　主菜单设计

start() 方法是程序的启动方法，在初始化方法执行完毕之后执行。该方法会在控制台中打印程序的主功能菜单，效果如图 28.11 所示。

此时用户需要先输入菜单对应的数字，再按 Enter 键进入具体功能菜单中。如果用户输入的数字不在功能菜单之中，则会提示指令有误，请用户重新输入。

如果当前用户没有管理员权限，在选中查看记录、员工管理和考勤报表菜单时，会要求用户先登录管理员的账号。效果如图 28.12 所示。

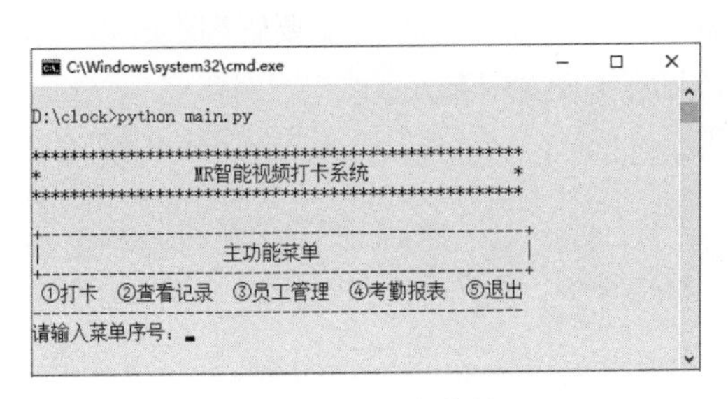

图 28.11　主菜单

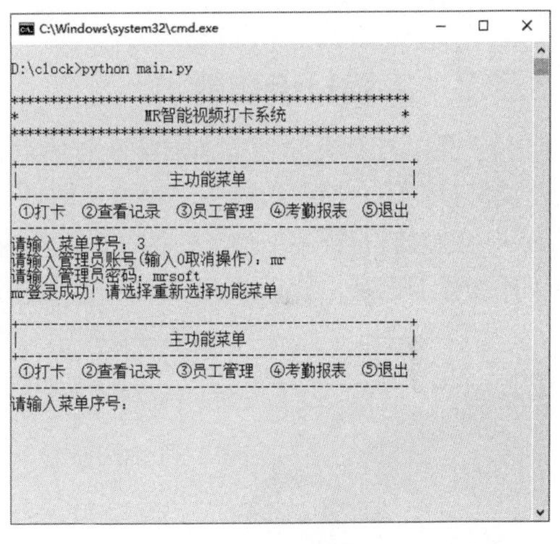

图 28.12　用户需要登录管理员账号才能使用员工管理功能

start() 方法的代码如下所示。

（代码位置：资源包 \Code\16\clock\main.py）

```
01 # 启动方法
02 def start():
03     finish = False  # 程序结束标志
04     menu = """
05 +--------------------------------------------------+
06 |                     主功能菜单                     |
07 +--------------------------------------------------+
08   ①打卡　②查看记录　③员工管理　④考勤报表　⑤退出
09 ---------------------------------------------------"""
10     while not finish:
11         print(menu)  # 打印菜单
12         option = input("请输入菜单序号：")
```

```
13         if option == "1":  # 如果选择 " 打卡 "
14             face_clock()  # 启动人脸打卡
15         elif option == "2":  # 如果选择 " 查看记录 "
16             if ADMIN_LOGIN:  # 如果管理员已登录
17                 check_record()  # 进入查看记录方法
18             else:
19                 login()  # 先让管理员登录
20         elif option == "3":  # 如果选择 " 员工管理 "
21             if ADMIN_LOGIN:
22                 employee_management()  # 进入员工管理方法
23             else:
24                 login()
25         elif option == "4":  # 如果选择 " 考勤报表 "
26             if ADMIN_LOGIN:
27                 check_report()  # 进入考勤报表方法
28             else:
29                 login()
30         elif option == "5":  # 如果选择 " 退出 "
31             finish = True  # 确认结束，循环停止
32         else:
33             print(" 输入的指令有误，请重新输入！ ")
34     print("Bye Bye !")
```

28.7.3 人脸打卡功能

face_clock() 是人脸打卡功能的执行方法，该方法会调用摄像头工具模块提供的打卡方法，此时只要用户面向摄像头，摄像头即可自动扫描人脸并识别特征，如图 28.13 所示。如果镜头中的人脸符合某个员工的特征，则会返回该员工的姓名，然后调用人事服务模块为此员工添加打卡记录，最后提示该员工打卡成功，过程如图 28.14 所示。

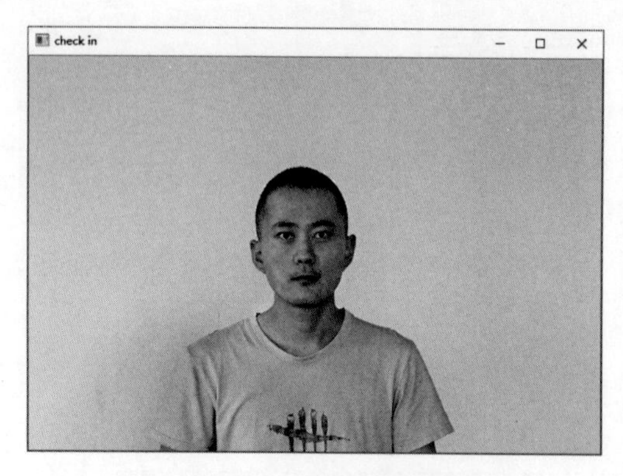

图 28.13　打卡者需正向面对镜头

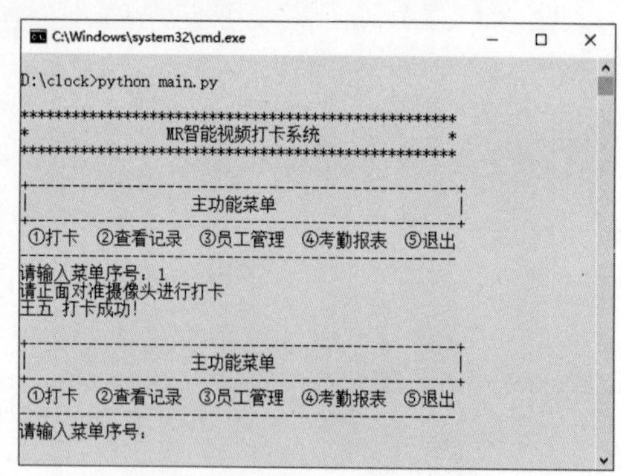

图 28.14　员工王五打卡成功

face_clock() 方法的代码如下所示。

```
01 # 人脸打卡
02 def face_clock():
03     print(" 请正面对准摄像头进行打卡 ")
04     name = camera.clock_in()  # 开启摄像头，返回打卡员工名称
05     if name is not None:  # 如果员工名称有效
06         hr.add_lock_record(name)  # 保存打卡记录
07         print(name + " 打卡成功！ ")
```

28.7.4　为新员工登记人脸照片样本

employee_management() 方法是员工管理功能的执行方法，该方法会在控制台打印员工管理功能菜单，效果如图 28.15 所示。此时用户需要先输入菜单对应的数字，再按 Enter 键进入具体功能菜单中。

如果用户在员工管理功能菜单中输入数字 1 并按 Enter 键，则开始执行新员工录入操作。首先用户要输入新员工名称，输入完毕后程序会打开默认摄像头，此时请让新员工面对摄像头，程序会将摄像头拍摄的画面展示在如图 28.16 所示的 register 窗体中。在 register 窗体上按三次 Enter 键，会自动保存三张摄像头拍摄的照片文件，最后提示录入成功。操作过程如图 28.17 所示。

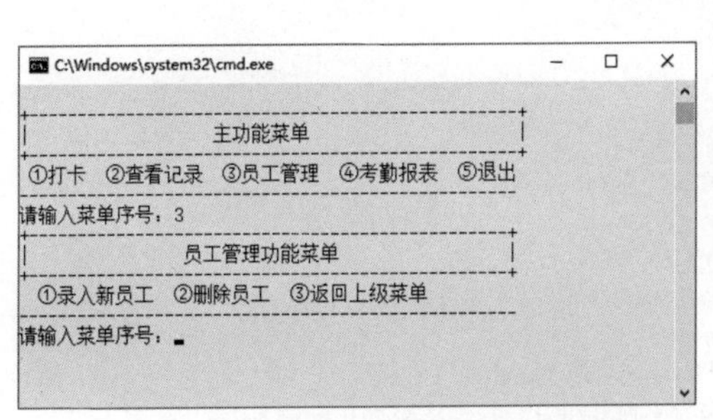

图 28.15　进入员工管理功能菜单

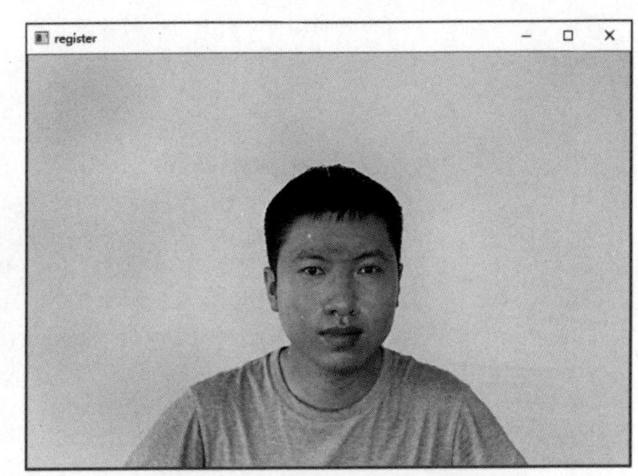

图 28.16　打开摄像头给新员工拍照

28.7.5　删除旧员工全部数据

如果用户在员工管理功能菜单中输入数字 2 并按 Enter 键，则开始执行删除员工操作。首先程序会将所有员工的名单打印到控制台中，用户输入想要删除的员工编号并按 Enter 键，程序会给出一个验证码让用户输入。如果用户输入的验证码正确，该员工的员工信息、打卡记录和照片文件都会被清除；如果用户输入的验证码错误，则会取消删除员工操作，员工数据不会丢失。删除员工操作的过程如图 28.18 所示。

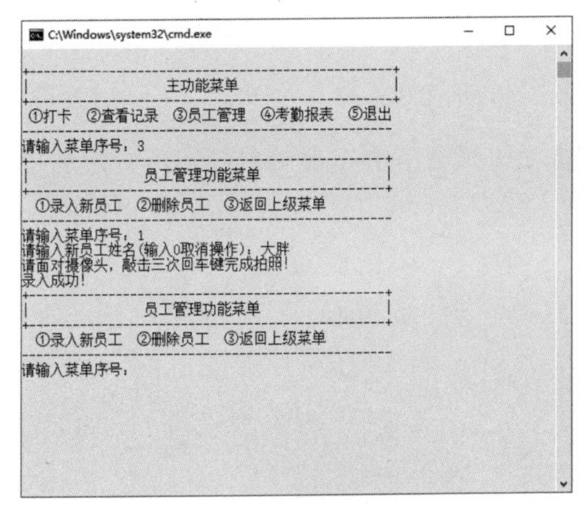

图 28.17　录入新员工的过程

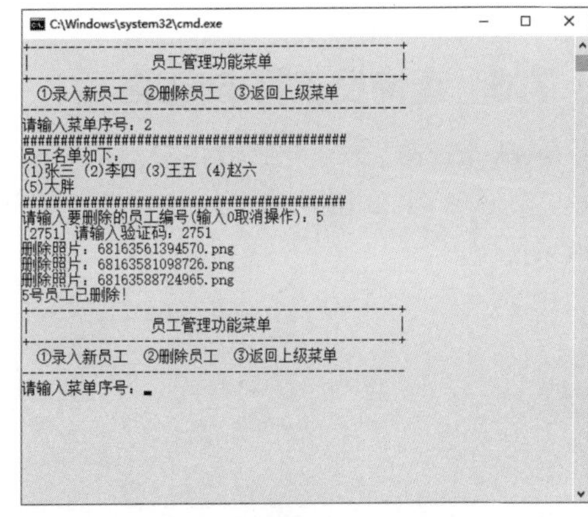

图 28.18　删除员工操作的过程

employee_management() 方法的代码如下所示。

（代码位置：资源包 \Code\16\clock\main.py）

```
01 # 员工管理
02 def employee_management():
03     menu = """+---------------------------------------------+
04 |                员工管理功能菜单               |
05 +---------------------------------------------+
06   ①录入新员工  ②删除员工  ③返回上级菜单
07 -----------------------------------------------"""
08     while True:
09         print(menu)  # 打印菜单
10         option = input("请输入菜单序号：")
11         if option == "1":  # 如果选择"录入新员工"
12             name = str(input("请输入新员工姓名(输入0取消操作)：")).strip()
13             if name != "0":  # 只要输入的不是0
14                 # 人事服务添加新员工，并获得该员工的特征码
15                 code = hr.add_new_employee(name)
16                 print("请面对摄像头，敲击三次回车键完成拍照！")
17                 camera.register(code)  # 打开摄像头为员工照相
18                 print("录入成功！")
19                 # return  # 退出员工管理功能菜单
20         elif option == "2":  # 如果选择"删除员工"
21             # show_employee_all()  # 展示员工列表
22             print(hr.get_employee_report())  # 打印员工信息报表
23             id = int(input("请输入要删除的员工编号(输入0取消操作)："))
24             if id > 0:  # 只要输入的不是0
25                 if hr.check_id(id):  # 若此编号有对应员工
26                     verification = tool.randomNumber(4)  # 生成随机4位验证码
27                     # 让用户输入验证码
28                     inputVer = input("[" + str(verification) + "] 请输入验证码：")
29                     if str(verification) == str(inputVer).strip():  # 如果验证码正确
30                         hr.remove_employee(id)  # 人事服务删除该员工
31                         print(str(id) + "号员工已删除！")
32                     else:  # 无效编号
33                         print("验证码有误，操作取消")
34                 else:
35                     print("无此员工，操作取消")
36         elif option == "3":  # 如果选择"返回上级菜单"
37             return  # 退出员工管理功能菜单
38         else:
39             print("输入的指令有误，请重新输入！")
```

28.7.6 查询员工打卡记录

check_record() 方法是查看记录功能的执行方法，该方法会在控制台打印查看记录功能菜单，效果如图 28.19 所示。此时用户需要先输入菜单对应的数字，再按 Enter 键进入具体功能菜单中。

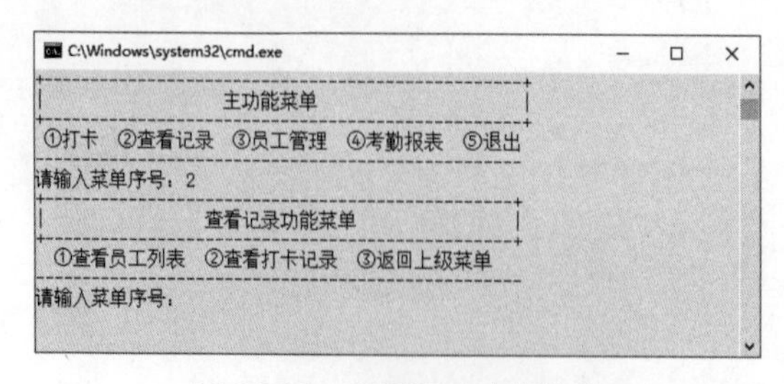

图 28.19 查看记录功能菜单

如果用户在查看记录功能菜单中输入数字 1 并按 Enter 键，程序会将所有员工的名单打印到控制台中，效果如图 28.20 所示。

如果用户在查看记录功能菜单中输入数字 2 并按 Enter 键，程序会将所有员工的打卡记录打印到控制台中，效果如图 28.21 所示。

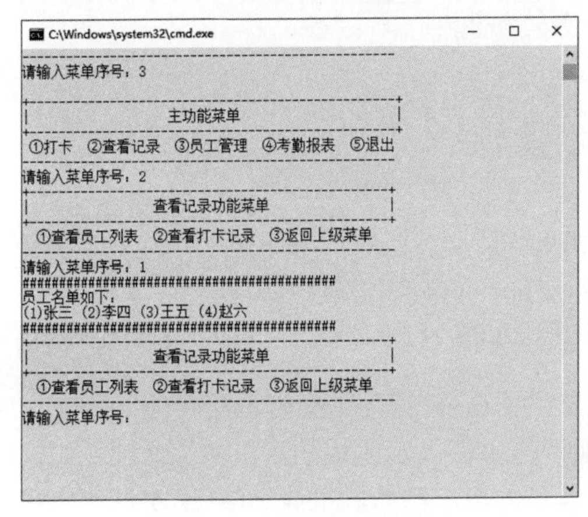

图 28.20　查看员工列表

```
C:\Windows\system32\cmd.exe
+------------------------------------------+
|             查看记录功能菜单             |
+------------------------------------------+
 ①查看员工列表  ②查看打卡记录  ③返回上级菜单
请输入菜单序号：2
张三  打卡记录如下：
2020-03-01 08:33:17
2020-03-01 17:29:20
2020-03-02 09:16:37
2020-03-02 17:29:37
2020-03-03 08:55:59
2020-03-03 17:15:24
2020-03-04 08:11:50
2020-03-04 17:50:19
2020-03-05 08:28:55
2020-03-05 17:15:30
2020-03-06 08:49:58
2020-03-06 17:38:25
2020-03-07 08:11:21
2020-03-07 17:37:54
2020-03-08 08:19:36
2020-03-08 17:18:11
2020-03-09 08:15:31
2020-03-09 17:13:28
2020-03-10 08:43:33
2020-03-10 17:36:10
2020-03-11 08:45:24
2020-03-11 17:46:47
```

图 28.21　查看打卡记录

check_record() 方法的具体代码如下所示。

（代码位置：资源包 \Code\16\clock\main.py）

```
01 # 查看记录
02 def check_record():
03     menu = """+-------------------------------------------+
04 |                查看记录功能菜单                |
05 +-------------------------------------------+
06  ①查看员工列表  ②查看打卡记录  ③返回上级菜单
07 -------------------------------------------"""
08     while True:
09         print(menu)  # 打印菜单
10         option = input(" 请输入菜单序号：")
11         if option == "1":  # 如果选择 " 查看员工列表 "
12             print(hr.get_employee_report())  # 打印员工信息报表
13         elif option == "2":  # 如果选择 " 查看打卡记录 "
14             report = hr.get_record_all()
15             print(report)
16         elif option == "3":  # 如果选择 " 返回上级菜单 "
17             return  # 退出查看记录功能菜单
18         else:
19             print(" 输入的指令有误，请重新输入！ ")
```

28.7.7　生成考勤报表

check_report() 方法是考勤报表功能的执行方法，该方法会在控制台打印考勤报表功能菜单，效果如图 28.22 所示。此时用户需要先输入菜单对应的数字再按 Enter 键进入具体功能菜单中。

如果用户在考勤报表功能菜单中输入数字 1 并按 Enter 键，则会提示用户输入日期。用户按照指定格式输入日期后，即可看到该日期的考勤日报。如果用户直接输入数字“0”，可以直接打印今天的考勤日报。例如，打印 2020 年 3 月 2 日考勤日报的效果如图 28.23 所示。

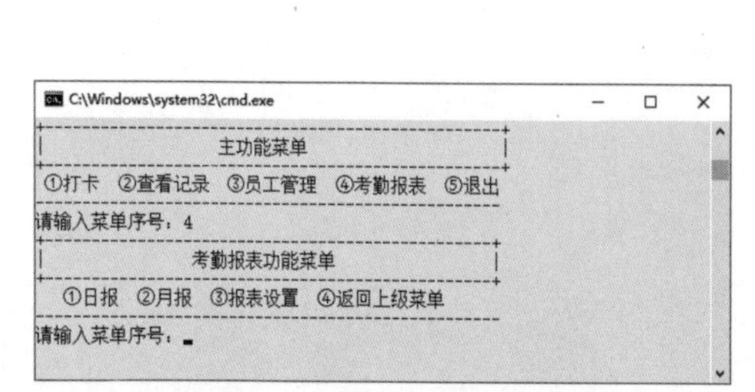

图 28.22 考勤报表功能菜单

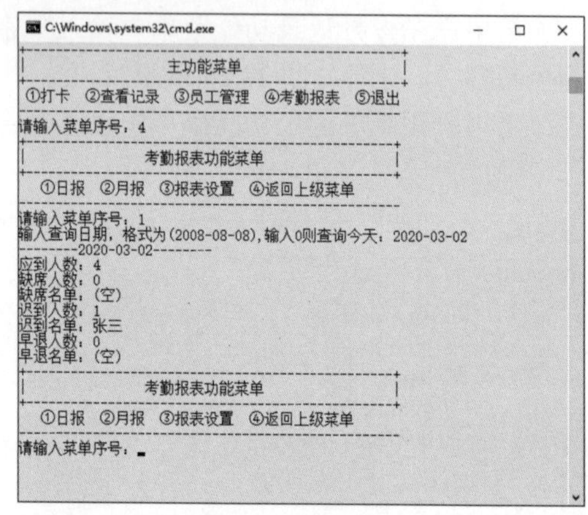

图 28.23 打印 2020 年 3 月 2 日的考勤日报

如果用户在考勤报表功能菜单中输入数字 2 并按 Enter 键，则会提示用户输入月份。用户按照指定格式输入月份后，即可生成该月考勤月报，并显示生成的月报文件地址。如果用户直接输入数字“0”，可以直接生成上个月的考勤月报。例如，生成 2020 年 3 月考勤月报的效果如图 28.24 所示。

图 28.24 中提示“2020 年 3 月考勤月报 .csv”文件保存在了 D:\clock\data\ 文件夹中，打开这个文件夹即可以看到月报文件，如图 28.25 所示，用 Office Excel 打开月报即可看到如图 28.26 所示的表格内容。

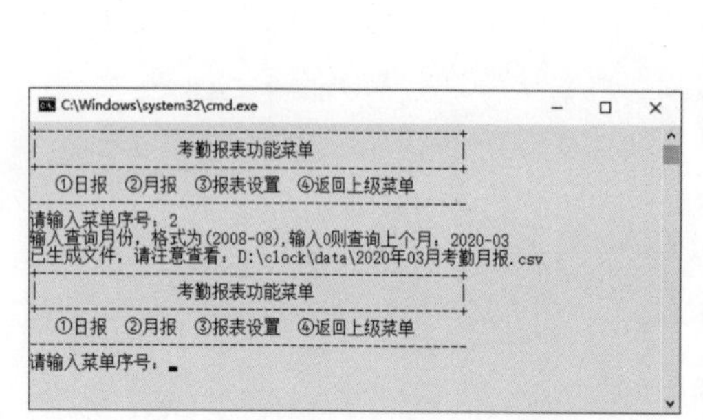

图 28.24 生成 2020 年 3 月考勤月报

图 28.25 CSV 文件的位置

图 28.26 使用 Office Excel 打开月报的效果

check_report() 方法的代码如下所示。

（代码位置：资源包 \Code\16\clock\main.py）

```
01 # 考勤报表
02 def check_report():
03     menu = """+-----------------------------------------------+
04 |                考勤报表功能菜单                 |
05 +-----------------------------------------------+
06    ①日报  ②月报  ③报表设置  ④返回上级菜单
07 ---------------------------------------------"""
08     while True:
09         print(menu)  # 打印菜单
10         option = input("请输入菜单序号：")
11         if option == "1":  # 如果选择"日报"
12             while True:
13                 date = input("输入查询日期，格式为(2008-08-08)，输入 0 则查询今天：")
14                 if date == "0":  # 如果只输入 0
15                     hr.get_today_report()  # 打印今天的日报
16                     break  # 打印完之后结束循环
17                 elif tool.valid_date(date):  # 如果输入的日期格式有效
18                     hr.get_day_report(date)  # 打印指定日期的日报
19                     break  # 打印完之后结束循环
20                 else:  # 如果输入的日期格式无效
21                     print("日期格式有误，请重新输入！")
22         elif option == "2":  # 如果选择"月报"
23             while True:
24                 date = input("输入查询月份，格式为(2008-08)，输入 0 则查询上个月：")
25                 if date == "0":  # 如果只输入 0
26                     hr.get_pre_month_report()  # 生成上个月的月报
27                     break  # 生成完毕之后结束循环
28                 elif tool.valid_year_month(date):  # 如果输入的月份格式有效
29                     hr.get_month_report(date)  # 生成指定月份的月报
30                     break  # 生成完毕之后结束循环
31                 else:
32                     print("日期格式有误，请重新输入！")
33         elif option == "3":  # 如果选择"报表设置"
34             report_config()  # 进入"报表设置"菜单
35         elif option == "4":  # 如果选择"返回上级菜单"
36             return  # 退出考勤报表功能菜单
37         else:
38             print("输入的指令有误，请重新输入！")
```

28.7.8　自定义上下班时间

report_config() 方法是报表设置功能的执行方法，如果用户在考勤报表功能菜单中输入数字 3 并按 Enter 键，则会进入报表设置功能菜单，效果如图 28.27 所示。在这个菜单中，可

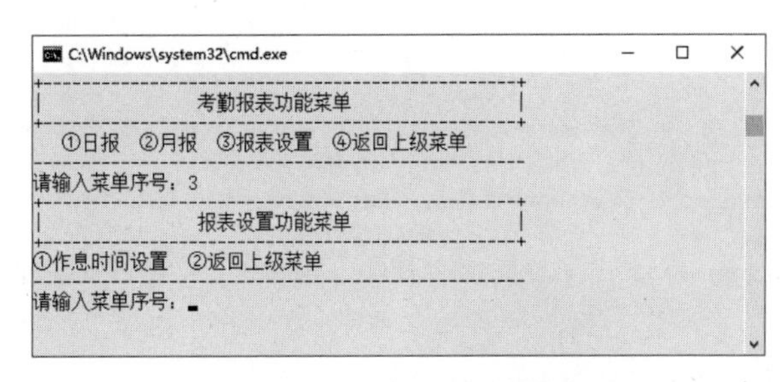

图 28.27　报表设置功能菜单

以设置用于分析考勤记录的上下班时间。

如果用户在报表设置功能菜单中输入数字 1 并按 Enter 键，则会分别提示用户输入上班时间和下班时间，效果如图 28.28 所示。如果用户输入的时间格式错误，程序会要求用户重新输入。当用户设置完后，上下班时间会立即生效，此时再打印考勤报表就会按照最新的上下班时间进行分析。

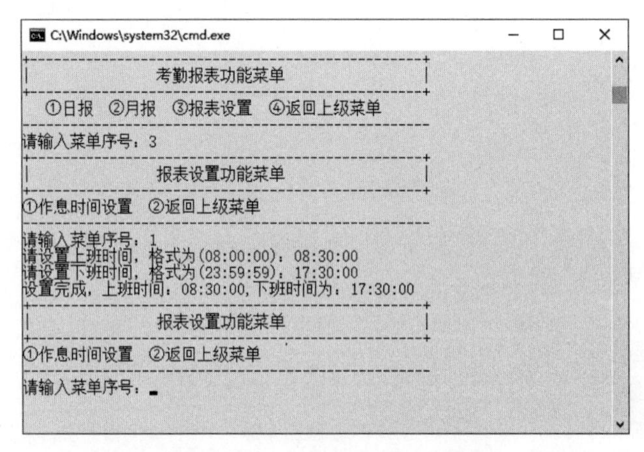

图 28.28　用户设置上下班时间

report_config() 方法的代码如下所示。

（代码位置：资源包 \Code\16\clock\main.py）

```
01 # 报表设置
02 def report_config():
03     menu = """+-----------------------------------------------+
04 |                  报表设置功能菜单                  |
05 +-----------------------------------------------+
06 ①作息时间设置  ②返回上级菜单
07 -------------------------------------------------"""
08     while True:
09         print(menu)  # 打印菜单
10         option = input(" 请输入菜单序号：")
11         if option == "1":  # 如果选择 " 作息时间设置 "
12             while True:
13                 work_time = input(" 请设置上班时间，格式为 (08:00:00)：")
14                 if tool.valid_time(work_time):  # 如果时间格式正确
15                     break  # 结束循环
16                 else:  # 如果时间格式不对
17                     print(" 上班时间格式错误，请重新输入 ")
18             while True:
19                 close_time = input(" 请设置下班时间，格式为 (23:59:59)：")
20                 if tool.valid_time(close_time):  # 如果时间格式正确
21                     break
22                 else:  # 如果时间格式不对
23                     print(" 下班时间格式错误，请重新输入 ")
24             hr.save_work_time(work_time, close_time) # 保存用户设置的上班时间和下班时间
25             print(" 设置完成，上班时间：" + work_time + ", 下班时间为：" + close_time)
26         elif option == "2":  # 如果选择 " 返回上级菜单 "
27             return  # 退出查看记录功能菜单
28         else:
29             print(" 输入的指令有误，请重新输入！ ")
```

28.7.9　启动程序

main.py 定义完所有全局变量和方法之后，代码的最下方就是整个系统的启动脚本：首先执行系统初始化操作，然后启动系统。代码如下所示。

（代码位置：资源包 \Code\16\clock\main.py）

```
01 hr.load_emp_data()  # 数据初始化
02 tital = """
03 ****************************************************
04 *                MR 智能视频打卡系统                *
05 ****************************************************"""
06 print(tital)  # 打印标题
07 start()  # 启动程序
```

小结

本章详细地讲解了一个 Python OpenCV 的小型项目的开发流程。这个小型项目主要包括 5 大功能：打卡、退出、查看记录、员工管理和考勤报表。其中有 3 个功能需要管理员权限才能够使用，它们分别是查看记录、员工管理和考勤报表菜单。为了与计算机进行交互，这个项目将在命令提示符窗口中完成指令操作。命令提示符窗口虽然有些简陋，但是丝毫不影响这个项目的思维逻辑性。